GENERAL EDUCATION

高等学校通识教育系列教材

数据结构与算法简明教程（Java语言版）

叶小平 陈瑛 编著

清华大学出版社
北 京

内容简介

本书是"数据结构与算法"课程(Java语言描述)的基本教材。全书突出数据逻辑结构主线,在编写思路和材料组织上具有体现整体架构、注重本质关联、彰显关键细节和强化实例讲解等特点。书中基本算法和实例实现程序都经过Java 8标准版(JDK 1.8版本)平台调试运行,能够实现课程的教材学习到实验操作的有效对接。

本书可分为三部分(共10章):第一部分是课程概述(第1章);第二部分是基于内存的数据结构(第2～7章),包括线性结构(第2～4章)、树结构(第5～6章)、图结构(第7章);第三部分是高级部分(第8～10章),包括查找(第8章)、排序(第9章)和文件(第10章)。

本书可作为高等院校计算机信息科学与技术及其相关专业本科生教材,也可作为非计算机专业开设相应计算机专业基础课的教材,还可作为自学教材。

图书在版编目(CIP)数据

数据结构与算法简明教程:Java语言版/叶小平,陈瑛编著. —北京:清华大学出版社,2016 (2022.1重印)
(高等学校通识教育系列教材)
ISBN 978-7-302-43982-0

Ⅰ.①数… Ⅱ.①叶… ②陈… Ⅲ.①数据结构-高等学校-教材 ②算法分析-高等学校-教材 ③JAVA语言-程序设计-高等学校-教材 Ⅳ.①TP311.12 ②TP312

中国版本图书馆CIP数据核字(2016)第120551号

责任编辑:刘向威 王冰飞
封面设计:文 静
责任校对:焦丽丽
责任印制:丛怀宇

出版发行:清华大学出版社
网 址:http://www.tup.com.cn,http://www.wqbook.com
地 址:北京清华大学学研大厦A座 **邮 编**:100084
社 总 机:010-62770175 **邮 购**:010-83470235
投稿与读者服务:010-62776969,c-service@tup.tsinghua.edu.cn
质量反馈:010-62772015,zhiliang@tup.tsinghua.edu.cn
课件下载:http://www.tup.com.cn,010-83470236
印 装 者:北京国马印刷厂
经 销:全国新华书店
开 本:185mm×260mm **印 张**:21.5 **字 数**:519千字
版 次:2016年9月第1版 **印 次**:2022年1月第7次印刷
印 数:5001～5600
定 价:59.00元

产品编号:069652-02

前言

"数据结构"是计算机及相关领域重要专业基础课之一。近年来,随着计算机网络技术的快速发展,Java 语言使用日趋普遍;同时,计算机相关领域对计算机软件技术使用的需求与层次也在不断地深化,非计算机专业开设诸如"数据结构与算法"等计算机课程也已逐步成为一种常态。根据不同层次学科专业编写基于 Java 语言相关教材业已形成一种日益明显的现实需求。本书就是在这种实际背景之下根据近年来教学实践编写完成的。

本书可分为三部分(共 10 章):第一部分是课程概述(第 1 章);第二部分是基于内存的数据结构(第 2~7 章),包括线性结构(第 2~4 章)、树结构(第 5~6 章)、图结构(第 7 章);第三部分是高级部分(第 8~10 章),包括查找(第 8 章)、排序(第 9 章)和文件(第 10 章)。"数据结构与算法"早已成为经典课程,本书组织体系建立在常规框架之内;但由于"经典"通常都具涉及面广泛以及"重点"与"难点"同步情形,因此"数据结构"常常被认为是需要下工夫才能"教好"和花气力方可"学通"的专业基础课程之一,对于非计算机专业的相应教学来说更是如此。本书编著者和其他计算机科研与教学领域的同仁们一样,期望在本课程教学与改革方面尽自己的一份努力。通过基于 C 和 C++ 语言"数据结构与算法"教学积累与基于 Java 语言数据结构方面教学实践,希望在教材中体现出下述特点,以适应现实教学方面的需求。

(1) 突出主线,从整体上理解相关内容。数据逻辑结构是本课程主线,课程所有内容都围绕其展开。既然是主线,就可以在各个层面上都有所体现。在教材开首"绪论"中提出"集合—线性表—树形—图"的基本逻辑结构线索,同时在讲授其后各章具体内容中也不断展开螺旋式上推强化。

① 线性结构的基础性。"线性表"是所有逻辑结构的基础,这可从下述两个方面进行描述,首先,体现在线性表内容的组织编排上:线性表的一般概念与技术,基于更新限制的线性表——"栈"和"队列",基于元素数据类型扩充与限制的线性表——"多维数组"和"字符串";另外,其他逻辑结构在最终技术处理的末端都能归结为线性表:通过"遍历"技术,"树"和"图"实际上转化为线性表进行处理,"查找"和"排序"初始结构以线性表为基础。

② 集合结构的灵活性。"集合"作为一种逻辑数据结构,其结构约束最为简洁,由于"查找"和"排序"内容众多、技术复杂,使用集合作为初始数据结构就为各种具体算法实现提供了灵活展开的平台,如将所需排序的数据集合视为按照"工作顺序"组成的查找表时,就可根据实际需要采用基于"顺序表"查找、基于"树表"查找和基于"散列表"查找等。

③ 逻辑结构的层次性。图型结构是最为一般的数据结构,树形可视为"无环有根"的图结构,线性表可视为至多只有唯一父结点和子结点的树结构,集合可视为按照"工作顺序"得到的线性表,由此"高层复杂"结构可以通过适当方法转化"底层基本"结构进行操作。

(2) 强调实例,从具体中把握抽象原理。“数据结构”课程中不少概念和算法都比较抽象,如树和二叉树的递归定义、模式匹配的KMP算法、平衡树算法和希尔算法等。其抽象性表现在两个方面,首先是一般描述抽象,其次是编程实现抽象。大凡抽象之物都是人们出于各种需要对“具体实际”进行了不同层面和角度的“加工”,越是抽象,就越需要弄清其“直观”的本源,越需要通过“具体”的形象作为理解与把握方面的支撑。实际上,只有建立在“直观实例”之上的理解才是真正哲学和心理学意义上的理解。因此,选择和编排好相应的实例图示是讲清讲透抽象概念与算法的关键点。本书努力做到在保持科学性和逻辑性前提之下,凡是重要的概念、原理和算法都配有相应的直观图解,而难度较高的部分其相应图示都尽量详尽细微。实践证明,这样做教师可能会感觉“好讲”,同学们也可能会感到“易学”。

(3) 注重关联,从逻辑网络中建构知识。“数据结构”课程涉及概念和算法众多,初看起来似乎内容庞杂。实际上,作为一门经典课程,经过无数专家们的千锤百炼,早已成为一个逻辑脉络清晰与彼此精密套接的科学体系,问题是在教和学的过程当中实时进行把握和梳理,并不断地加以强调和体现。各个知识点只有放在整体体系合适的部位才能彰显其意义和作用,才能具有“鲜活”机体部件的价值。“数据结构”就是数据元素之间的“组织关系”,这种关系从计算机逻辑处理角度上考虑,是按照集合的“具有相同类型”的非结构特征语义关系、线性表的“前驱/后继”顺序关系、树形结构的“双亲/子女”层次关系和图结构的“邻接/路径”的到达关系等由简单到复杂的“正向”逐次推进;而如果从技术处理角度上来看,却又是“图”通过“生成树”与树关联、“树”通过“遍历”与线性表关联这样由复杂到简单的“反向”递解推回。此外,“图”的各种概念繁多,但其中逻辑框架却可以理清:图的基础元语是“顶点”和“边(弧)”,表示数据元素的顶点之间的关系元语是“邻接”。具邻接关系的顶点可以看作具有“强”关系,由非邻接关系分出一类“弱”关系——路径相连关系,这与树结构中从“父子关系”到“祖先子孙关系”演进过程类似。图的其他众多概念与算法都以此为初始,例如所有顶点都具“邻接关系”的图是“完全图”、所有顶点都具“路径连接”的图是“连通图”,再继续一般化,在非连通图中分解出连通分支等,如此这般,各基本概念都在图的元语整体框架中找到自己的位置,由此又有对这些概念进行处理验证和应用的各类算法,分散的个别对象形成同一的严密整体。

(4) 突出细节,由精微处体现关键。从某种意义上来看,“数据结构与算法”课程中许多概念,特别是算法都堪称“艺术精品”,而艺术品成功的关键在于其有“闪光细节”的展现。其实,课程中许多“细节”还是理解和掌握相应问题的关键所在,正如常说的“细节决定品质”和“一滴水中见太阳”。在理清整体脉络框架的前提之下,讲清有关“精微细节”,不仅可以有效深刻地掌握相应概念算法,同时也可以使得略显枯燥的课程能不时闪现出自己特有的魅力,激发学习者的学习热情。如在相关概念当中,单链表头结点的意义、链栈和链队不设头结点的缘由、循环队列辅助存储单元rear的设置、广义表嵌套性与数据树形结构的关联以及二分查找的中点mid设计等。再如相关算法当中,KMP算法“已有匹配信息”有效重用,顺序查找算法中“监视哨”的设立,希尔排序中的“跳跃式”分组,快速排序中的“大跨步”移动数据元素和堆排序中的“输出和调整”策略等等。这些也许并不适合仅做“描述性”的一般讲授,可能需要参透讲清,这些“细节”实际上正是课程极为精彩的组成部分,既是理解和把握相关原理技术的“牛鼻子”,也是值得课程学习者欣赏和玩味的闪光点。

当然,上述只是我们编写教材的一些基本设想并依此进行了初步实践,相关考虑还多有商榷之处，即使有了一些想法也未必在书中就得到比较满意的实现。实际上，由于编著者水平所限，教材中疏漏和不足之处在所难免，恳请专家和同仁们不吝指教。

本书编写过程中参考借鉴了国内外相关教材，其中主要部分参见教材的参考书目，特在此向各位专家作者表示衷心感谢！

本书可作为计算机专业和非计算机相关专业“数据结构与算法”教材，也适合于具有Java语言基础的读者自学。

教材由叶小平组织统筹，其中第1、2、3、8和9章主要由叶小平编写，第4、5、6、7和10章主要由陈瑛编写，何文海参与第7、10章工作并编写测试教材中主要程序。

编　者

2016年5月

目录

第1章　绪　论

作为计算机学科重要的专业基础课,“数据结构与算法”早在1968年就开始作为一门独立课程出现在高校计算机专业课程设置当中。计算机需要处理的对象是“数据”,而数据经历了一个由主要用于“科学计算”的纯粹“数值型数据”到主要用于字符、表格以及图形图像等具有一定结构的“非数值型数据”的发展过程。事实上,现今计算机都在大量和经常性地存储、加工和处理各类非数值型数据。无论是数值型还是非数值型数据,其进入计算机的前提都是需要建立相应数据模型或数据结构。数值型数据的模型通常是数学公式或数学方程,其着重点在于数据“值”的精确或近似计算;非数值型数据的模型主要是线性表、树和图等基本结构,其着重点在于数据元素之间的“关联”描述和“结构”处理。本教材内容就是学习非数值型数据模型,也就是数据结构以及建立在其上相应数据操作,它是计算机学科的核心课程之一,也是各类后续课程和各种应用设计的必备基础。本章是全书内容的概述,目的在于对课程学习内容有一个整体性的概括了解,同时提出了在以后各章学习中需要深入理解和熟练使用的各种基本概念、原理与方法。在本章内容学习过程中,需要注意以下问题:

- 数据、数据元素和数据对象等基本概念;
- 数据类型和抽象数据类型的联系区别及其意义;
- 数据逻辑结构和存储结构,存储结构需要同时存储数据本身和数据元素间关系;
- 算法概念与特性,算法的效率评估。

1.1　数据与数据类型

理解数据结构意义和作用的前提是掌握数据基本概念与相关特征。

1.1.1　数据的基本概念

作为信息的载体,从某种意义上考虑,数据可以看作是能够被人们识别、存储和加工处理的各种形式的总和,其表现形式或为实体印记(如古时的结绳刻痕等),或为抽象符号(如现代的数目字符等)。但“数据”是一个“元概念”,难以给出严格意义上的定义,通常是基于其基本特征进行“描述性”的界定。在计算机应用环境下来讲,可以将数据看作是能够进入计算机并能由计算机处理的抽象符号集合。

数据是计算机程序加工的原始材料,其要点一是“符号”集合,二是表达一定的含义。但数据的含义或语义依赖于人们使用时的语境,常常需要进行解释才能予以确定,即从数据中获取信息。例如28在直观意义之下应该可以看作数据,但在没有特定的背景之下,通常难以确定28是“年份”还是“年龄”,是天气的摄氏温度还是两个地点间的距离。

从计算机处理数据角度来看,有“数值型”和“非数值型”数据之分。

(1) **数值型数据**的特征是通过简单的数制转换进入计算机并由计算机“直接计算”结果,这类数据主要包括整数、实数和复数等。计算机对数值型数据进行的操作主要是加减乘除等四则运算,这类数据主要应用于计算方法、工程计算和商务处理等领域中的数值计算问题,例如,利用数值分析方法解代数方程的程序的处理对象都是整数和实数。数值型数据的“直接计算”往往需要应用深奥的数学原理和建立复杂的数学公式或方程。数值型数据是“计算数学”或“数值分析”等学科的基本研究对象。

(2) **非数值型数据**的特征是需要经过各种比较复杂的编码方式才能进入计算机,计算机系统对这些数据主要不是进行“直接计算”,而是着眼于数据之间各种关系的存储和处理,其主要研究在文字处理、多媒体管理以及更为复杂的逻辑推理等领域当中的数据组织、管理和查找等与“直接计算”无关的课题。这类数据主要包括字符、图形、图像、音频和视频等,非数值型数据的处理方法相对简单,而数据间关系的计算机存储与管理却相当复杂,涉及的数据量也极为庞大。整个计算机学科特别是本课程主要讨论非数值型数据。

1.1.2 数据项与数据元素

“数据”自身不能严格定义,但对“数据”进行描述性界定之后,却可以在其基础之上进一步地引入数据项、数据元素和数据对象等相关概念,以便有效地描述和使用数据概念。

1. 数据项

研究任何问题都需要设定一个所处理项目的最小“粒度(单位)”,计算机管理数据的“语义粒度”就是“数据项”。

数据项(Data Item):计算机进行数据语义(意义)管理中不可再分割的最小单位,具有自身独立含义。

表 1-1 是一个教学班级同学的学籍表格,用于存储学生相关数据。其中每一行是一个学生的数据记录,这些记录中每一个字段就是该记录的一个数据项,如姓名、住址等。数据项也称为数据属性,它在数据记录中具有“原子性”,如“赵向伟”这个姓名数据项不能再进行分解,否则难以得到学生姓名特征的实际辨识。

表 1-1 学生学籍表(Students)

学号 Sno	姓名 Sname	性别 Ssex	籍贯 Snplace	年龄 Sage	住址 Sadd
2015101	赵向伟	男	湖南	20	长沙
2015102	李爱萍	女	广东	19	广州
⋮	⋮	⋮	⋮	⋮	⋮

2. 数据元素

实际问题中不同数据项一般具有相关性,例如,一个同学的“学号”、“姓名”、“性别”和“籍贯”等都是个别意义下的数据项,但彼此相关,都从某个侧面表达了该同学的相关信息,在实际中通常会“一并”使用。基于此考量,计算机技术处理的不是单个数据项,而是相关数据项的“整体”,这就是“数据元素”的概念。

数据元素(Data Elements):计算机对数据进行技术处理过程中一个不再进行分割的最小单位,它在计算机程序中作为一个整体考虑。

表 1-1 中第 2 行起以后每一行都是“学生学籍表”中的一个数据元素。数据元素也称为(数据)记录,在关系数据库中称为元组。数据元素可分为“单数据项”和“多数据项”数据元素两类情形。

(1) **单数据项元素**由单个数据项组成,也称为或原子型数据元素,如整数 8、字符 d 等。

(2) **多数据项元素**由多个数据项组成,如程序语言中常用的“结构”和“数组”等。表 1-1 中从第 2 行开始以后的数据元素就是由学号、姓名、性别、籍贯、出生年月和住址等 6 个数据项组成,而这些数据项具有不尽相同的类型特征,例如“学号”是整型、“姓名”是字符型和“出生年月”是日期型等。这种由不同类型的多个数据项组成的就是“结构”型数据元素。如果数据元素是由相同类型的多数据项构成,这样的数据元素就是“数组”,例如全班同学“数据结构”课程期末考试成绩数据项组成的数据元素就是一个(一维)数组。

在 Java 中,数据元素表示为类的成员变量,而相应数据项的访问权限通常都为 private。上述“学生学籍表”就是一个类,其中类成员部分用 Java 表示如下。

```
private class students{
    private long Sno;
    private char Sname;
    private char Ssex;
    private char Snplace;
    private int Sage;
    private char Sadd;
}
```

3. 数据对象

计算机处理数据是一个对多数据元素“同时”操作的过程,因此,一个计算过程中的材料不会是单个数据元素而是“同类”数据元素的整体,这个“整体”就是“数据对象”概念。

数据对象(Data Object):“同类”数据元素的集合,它是相应研究问题的一个子集。

例如,整数数据对象是由单项数据元素整数构成的集合 N={0,±1,±2,…},字母数据对象是由单项数据对象字符构成的集合 C={'A','B',…,'Z'};而表 1-1 就是同型的多项数据项构成的数据元素——记录或元组的集合,数据对象在关系数据库中也称为关系表。

本课程中使用的“数据”概念在没有特殊说明情况下都是指“数据元素”。

1.1.3 数据类型与抽象数据类型

使用计算机处理数据,首先需要解决下述问题。

(1) 计算机存储。为进入计算机数据分配适当大小的存储空间,然后再根据分配的存储空间进行具体实际的存储。

(2) 计算机操作。对于存储的数据能够进行相关的数据运算,运算需要具有封闭性,运算结果仍然能够按照参与运算对象的存储格式进行存储并能“再”参与运算。

数据通常需要解释其语义,描述“语义”的基础是“数据值”,因此数据总是与“值”密切相关,解决上述问题也需要根据“数据值”进行探讨。通常是对将要使用的数据规定其“值”的种类,这样在使用某种高级程序设计语言进行数据处理过程中,就需要根据数据“值”的“种类”来刻画程序操作对象的特征并完成相应存储与操作。程序设计语言当中“数据类型”就是一个用于刻画程序操作对象即数据“值”种类形态的基本概念。

1. 数据类型

数据元素中每个数据项主要是通过将其作为程序设计语言中的变量、常量或表达式而进入计算机,而数据项取值需要有一个表明其"值"特性的且确定的数据"类型"。

数据类型(Data Type):一组性质相同的值的集合以及定义在该集合上一组操作。数据类型需要明显或隐含地规定计算机数据处理期间变量或表达式所有可能的取值范围和在相应数据值上的各种操作。因此,"数据类型"概念实际上包含如下两方面信息。

- 该类型数据可能的取值范围,即数据值的特定集合;
- 该类型数据可执行的一组运算,即数据值的特定操作。

数据类型概念来源于高级程序设计语言,其本质在于给定了数据的类型就确定了数据的存储方式和相应操作。例如,C 语言里的整型、字符型等数据类型就是数据类型实例,整型数据取值范围是-32 768—32 767,可执行加、减、乘、除和取模等一组运算;字符型数据取值范围为 ASCII 码范围所确定,可以执行字符串的串接与匹配等基本操作。

数据类型是数据取"值"特性的刻画和相关数据操作的设定,按照数据"值"的不同组织形式和特点,可将数据类型分为"内置数据类型"和"用户定义类型"。

(1) **内置数据类型**。如 C 语言中的整型、实型、字符型、指针型和布尔型等基本类型等,其基本特征是数据值不可进行再分解,通常由语言系统预先内置,用户只需直接调用。内置数据类型也称为原子类型,具有原子类型的数据元素通常由单个数据项组成。

(2) **用户定义类型**。如 C 语言中的"数组"和"结构"等都是属于此种类型,其基本特征是数据值可以进行分解,相应数据元素由多数据项组成。其中,"数组"类型中所有数据项都属于同一数据域即具有相同数据类型,既可以是同一原子数据类型,也可以是同一的已由用户定义数据类型;"结构"数据类型中数据项通常属于不同数据域即具有不同数据类型。如表 1-1 中的学籍记录就是一个用户定义数据类型实例,它由 6 个数据域组成,每个数据域都定义了各自数据类型。用户定义类型也称为复杂类型,在高级程序设计语言中,复杂类型由用户根据需要定义,具有很大的灵活性和方便性。

在高级程序设计语言中引入数据类型概念的意义在于:

(1) 向计算机解释进入内存中数据的值含义和操作特征。

(2) 将数据的计算机操作与实现细节封装,对用户不必了解的底层信息进行屏蔽。

Java 中使用的数据类型主要有内置的基本数据类型和引用数据类型,如图 1-1 所示。

各种基本数据类型存储空间与取值范围如表 1-2 所示。

表 1-2 Java 数据类型存储与取值

类型	存储	取值范围
byte	8b	-128～127
short	16b	-32 768～32 767
int	32b	-2 147 483 648～2 147 483 647
long	64b	-9 223 372 036 854 775 808～9 223 372 036 854 775 807
float	32b	-3.4E38～-3.4E38
double	64b	-1.7E318～-1.7E318
char	16b	Unicode
boolean		true,false

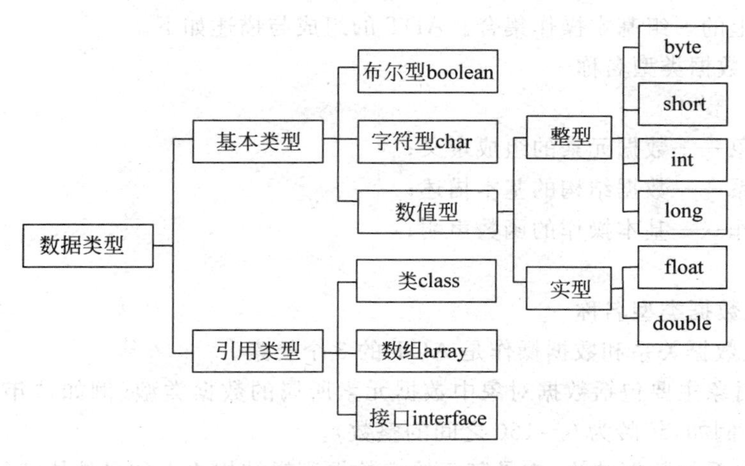

图 1-1 Java 数据类型

在 Java 中，基本数据类型按其取值范围可表示为(从低级到高级)(byte，short，char)→int→long→float→double，低级类型变量可直接自动转换为高级类型变量，高级类型变量转换为低级类型变量则需强制转换，并可能导致溢出或精度下降。byte、short、char 这 3 种类型是平级的，因此不能自动转换，但可以强制转换。Java 中数据类型合法转换如图 1-2 所示，其中实线、箭头表示自动转换，虚线箭头表示可强制转换。

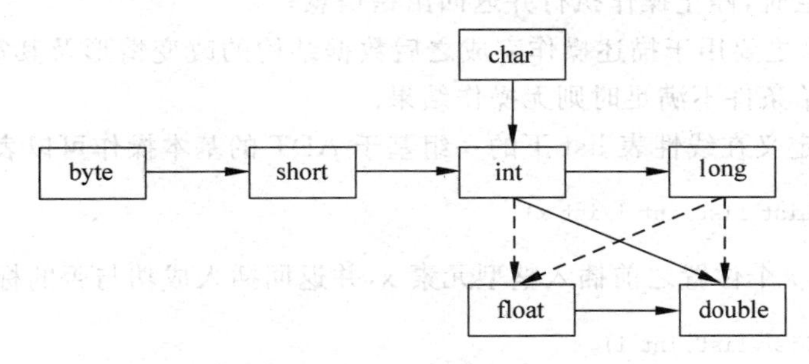

图 1-2 Java 基本数据类型合法转换

还有其他转换如利用包装类进行转换、字符串型与其他数据类型的转换等，可查阅类库中各个类提供的成员方法，这里不再详述。

2. 抽象数据类型

如前所述，引入数据类型目的是明确数据值的相关信息，以便机器分配相应存储空间和调用相关操作，以及屏蔽用户不必了解的计算机底层信息，但这样会涉及到不同机器的硬件属性。在计算机发展过程中，由于各阶段处理器不同，对于同一种数据类型数据的实现(存储)与处理(操作)也可能会有所不同。但从更高层面来看，计算机所需处理数据的相互间关系与相应数据操作在“逻辑”上却不会因为机器不同而改变。例如“整数”之间的“大小”关系和整数的四则运算操作在逻辑描述层面上对于任何机器都会相同。随着计算机技术的发展，特别是广泛地使用面向对象方法思想，人们发现需要将数据中这种不依赖于具体实现的一组逻辑特性和数据操作提取出来以适应更为一般的应用，这就引入了“抽象数据类型”概念。

抽象数据类型(Abstract Data Type，ADT)：基于某种应用的数据模型(结构)和定义于该模型(结构)上的一组基本操作集合。ADT 的组成与描述如下。

ADT 抽象数据类型名称

{

数据对象——数据元素的组成定义;

数据关系——数据结构的基本描述;

数据操作——基本操作的函数声明;

}

ADT 抽象数据类型名称

数据对象、数据关系和数据操作是 ADT 的 3 个要素。

(1) 数据对象主要包括数据对象中数据元素所属的数据类型(例如,"年龄"为整型)和所在集合界定(例如,年龄为 0～150 之间的整数)。

(2) 数据关系即数据结构,它是基于给定数据逻辑结构之上的具体描述。

(3) 数据操作的相关函数特别是用户自定义函数特质的声明(不包括具体程序设计语言的实现),其基本声明格式如下。

- **基本函数名称**(参数列表):主要有赋值参数(为操作提供数据输入)和以 & 引导的引用参数(提供数据输入和结果输出);
- **初始条件**:这里的参数初始条件表示操作开始之前的数据结构与参数条件,当初始条件不满足时,停止操作执行并返回出错信息;
- **操作结果**:主要用于描述操作完成之后数据结构的改变情形及其需要返回的结果,其中当初始条件不满足时则无操作结果。

例如,某用户定义在线性表 list 下的一组基于 ADT 的基本操作可以表示为:

```
int InsertPre(List list,int i,int x)
```

在 list 中的第 i 个位置之前插入整型元素 x,并返回插入成功与否的标志。

```
int DeletePos(List list,int i)
```

在 list 中的删除第 i 个位置上的元素,并返回删除成功与否的标志。

⋮

3. ADT 作用与意义

ADT 本质在于确定所定义数据的一组逻辑属性和建立其上的数据操作,但不涉及这些属性在各类计算机内部的表示与实现。在 ADT 框架下,机器内部结构的任何变化都不会对用户的外部使用带来影响。在实际应用过程当中,ADT 通常是由用户定义的具有一组基本数据操作的数据类型。

ADT 与数据类型在严格意义上可看作是属于同一范畴,但两者具有不同特征。

(1) 数据类型来源于程序设计语言,或多或少带有"面向机器"的痕迹,可以将其看作是在"机器内"的数据界定。

(2) ADT 来源于更高抽象层次,具有不依赖于具体机器、更强调操作和更注重动态(数据操作可根据需要增删,操作具体含义也不是一成不变)的意味,具有"面向问题(对象)"的特征,可以将其看作是在"机器外"的数据抽象。

(3) 数据类型和 ADT 都是对数据实现和数据操作的一种封装技术，但从历史发展上考虑，数据类型的"封装"在于配置实现存储和技术操作特质，ADT 的"封装"在于突出数据类型的数学抽象特质。

ADT 在编程过程中可以直接调用，其实质是将反映一个基本操作的本质点抽取出来，而忽略操作本身实现的细节问题，这样既考虑了程序的安全性，又使程序更具一般性。用户只需了解调用操作的接口，无须知晓隐藏在类型内部的处理细节。把抽象数据类型的处理细节封装起来，有利于编码、调试和修改，也提高了程序的可读性和稳定性。

ADT 的意义还在于提高软件算法程序的重用率，体现近代程序设计方法学中一个重要思想，即一个"好的"软件系统实现框架需要建立在数据结构之上而不是建立在具体操作之上。按照 ADT 模式，在软件系统中需要在其各个对立的模块内部定义数据的实现和操作细节，而在模块之外用户只是使用抽象数据结构和抽象数据操作。这样，一种"数据类型"抽象程度越好，基于该类型的软件模块重用性就会更高。

在实际应用当中，ADT 通常用于表示用户自定义数据类型，而在 Java 语言中，ADT 通常使用抽象类或接口表示。

1.2 数据逻辑与存储结构

将问题进行抽象而建立适当模型是实际应用过程中首要的和必需的步骤，对于数据的讨论与应用也是如此，即需要建立起数据模型。

数据模型(Data Model)：描述数据类型、数据关系、数据运算以及一致性约束的基本概念。

对于数值型数据来说，数据模型是相应的数学公式和基于其上的各类"数值"计算；对于非数值型数据而言，数据模型可被视为数据结构，也就是本门课程需要讨论的线性表、树和图等以及基于其上的数据处理。

1.2.1 数据逻辑结构

数据结构实际上可以简单地表示为："数据"+"结构"。

计算机所要处理的不是单个数据元素而是具有某种共同特性的数据对象——数据元素集合。集合中数据元素由于其自身的语义特质实际上并非孤立存在，相互之间通常都会存在某种由于"共同特性"而产生的"相互关联"。例如，2016 级物联网专业的同学数据由于其"学号"语义存在"线性顺序关联"；一个家族的成员数据由于"辈分"语义存在"层次关联"；广州地铁的各个站点数据由于"通达"语义存在"邻接关联"等。这种关联在抽象层面上的描述就是数据的逻辑结构。不同的逻辑结构是划分不同数据种类的依据。

数据结构(Data Structure)：数据相互之间存在一种或多种特定关联的逻辑描述，相应的结构模式需要能够同时反映数据元素的数据"值"信息和数据间的语义"关联"信息。由于数据逻辑结构具有较高的抽象层面，在某些情况下，人们所说的"数据结构"通常就是"数据逻辑结构"。

根据计算机应用问题的不同，所涉及数据对象的逻辑结构也会不同。通常将这些不同的逻辑结构分为集合、线性、树和图等 4 种结构类型。

(1) **集合关联**。其中数据元素只有相同的语义特征而无结构方面关联的描述,也就是说,集合中各个数据元素都和其他任何元素没有确定的逻辑关联表述而彼此孤立存在,如图 1-3(a)所示。正是由于集合中数据元素只具有“松散”的语义关系,在实际应用中反而为使用线性表、树或图结构描述集合提供了可能。

(2) **线性结构**。其中数据元素存在“一对一关系”,这种一对一关系在数据结构中通常由数据元素的“前驱”和“后继”方式进行描述和实现,直观上呈现出“线状”特征,也称线性表(List),如前面所提到的学生学籍表,数据记录一个接连着一个形成一条线状形式。

(3) **树形结构**。其中数据元素存在“一对多关系”,这种一对多关系在数据结构中通常由数据结点的“孩子”-“双亲”方式进行描述与实现,直观上呈现出“层次(树形)”特征。如文件系统中的文件夹管理,形如一棵倒挂的树。本书讨论的树形结构主要有树结构和二叉树。

(4) **图形结构**。其中数据元素之间存在“多对多关系”,这种多对多关系在数据结构中通常由数据顶点之间的“邻接”关联进行描述和实现,在直观上呈现出“网状”特征。如交通网络中公交站点。

在实际问题讨论当中,所涉及问题的“直观图示”是一个非常有用的思维分析工具。数据结构是本课程的核心元语,通常使用“圆点”表示“数据”本身,使用“直线段”表示数据之间的关系,由此得到相应数据结构的图示,如图 1-3 所示。

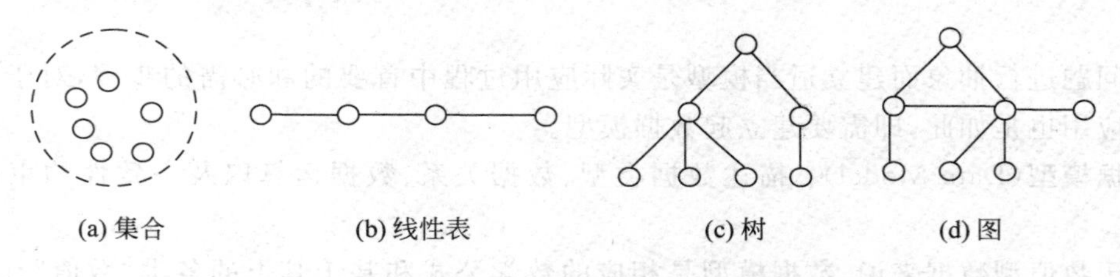

图 1-3　4 种基本逻辑数据结构

1.2.2　数据存储结构

如前所述,计算机数据是能够进入计算机并为计算机所处理的符号集合,使用计算机处理数据的前提是能够将数据存放在计算机存储设备(主存储器即内存)当中。计算机数据是具有“值”信息和“关联”信息的整体,数据存储到计算机的目的是借助机器高效地实现数据的相应操作,而不是“为保存而保存”。数据本身的存储是进行计算机数据处理的前提,这种仅仅存储数据本身(“值”信息)的技术相对容易实现,就如同将 10 000 本书籍简单堆放在一个房间当中;但数据之间的“关联”即结构信息却是计算机对数据进行有效处理的关键依据,就如同在不对存放在房间中的 10 000 本图书进行编目分类而进行查找检索就非常困难甚至做不到。存储数据的结构信息比较复杂,需要有专门的研究与技术,就像书籍的编目比书籍的堆放更为困难一样。由此可知,数据的计算机存储既要包括数据本身(数据“值”信息),更要包括数据之间的关联(数据“结构”信息),而后者也是“数据”存储的要害所在。从某种意义而言,数据存储结构本质上就是逻辑结构(数据之间的关系信息)在存储地址上的映像实现。逻辑结构是数据结构的抽象,存储结构是数据结构在计算机上的具体实现,两者相辅相成,不可分离。

数据存储结构(Storage Structure):数据值和数据关联(逻辑结构)在计算机内存中的

存储方式。

在数据逻辑结构中，数据间的“关联”信息可以在数据的“值”之外单独描述，但在数据存储结构中，数据“关联”信息和“值”信息必须“统一”描述与实现，也就是说，数据的“值”与“关联”信息需要同时存储。

通常将数据元素“值”和“关联”信息的整体称为数据结点，每个数据结点的存储区域称为存储结点。在一个存储结点内，既要包含数据自身内容，更要包含数据之间的关联即逻辑结构。由此可知，数据的存储结构具有两个基本点。

(1) 选取适当的内存空间存储数据元素自身。

(2) 采用合适的方法技术存储数据元素相互间的逻辑关系。

其中的关键是“(2)”。本课程当中，主要讨论下述 4 种常用的数据存储结构。

1. 顺序存储

顺序存储(Sequential Storage)：使用一个连续的地址空间并按某个次序依次存放数据元素本身，数据之间逻辑关系通过物理位置关系隐式表示。

作为一种基本存储方式，顺序存储结构通常借助程序设计语言中内置的数组进行描述与实现。数组里依次放着各个数据元素，数组里物理上的相邻关系也体现了逻辑上的相邻关系。顺序存储能够实现随机存储，同时还具有存储密度高等优点。顺序存储是一种基于数据关系的集中式存储。

2. 链式存储

链式存储(Linked Storage)：使用任意可用的地址空间来存放数据元素本身，数据之间逻辑关系通过附加指针显式实现。这里，地址空间“任意”的含义是指计算机随机分配空闲地址，存储的区域可以是不连续的和零星分布的。此时，存储空间根据需要实时申请，当不需要时，也可以释放。在链式存储技术中，数据结点通常分为两个部分，一个是指针域，用来存储数据之间关联的信息；另一个是数据域，用来存储数据本身的值信息。链式存储方式灵活，应用广泛。链式存储是一种基于数据关系的分散式存储。

3. 索引存储

索引存储(Index Storage)：将数据元素分组，通过事先设计好的索引表，将各个分组内的数据元素的地址指引到某段存储地址区间，从而方便地读取到数据元素。在索引存储技术中，存储数据结点信息同时，还需要建立附加的索引表。索引表中的每一个数据项称为索引项，其一般形式为：关键码+数据地址。其中关键码用以标识数据结点。如果每个结点在索引表中都对应一个索引项，那么，索引项地址就确定了该结点的存储位置，此时就称该索引表为稠密索引(Dense Index)；如果多个数据结点在索引表中都对应同一个索引项，那么，该索引项只能确定这些数据结点的起始存储位置，此时就称该索引表为稀疏索引(Spare Index)。索引存储是一种基于数据内容面向数据查找的存储。

4. 散列存储

散列存储(Hash Storage)：选择一个适当的散列函数，将数据元素关键码作为自变量，通过该函数将关键码映射到相应存储地址中去。这里，数据元素看来是随意存储，但实际上是通过散列函数计算得到。散列存储的关键在于选择一个合适散列函数和处理散列过程中的冲突。散列存储适合高效率的检索，也是一种基于数据内容面向数据查找的存储。

上述 4 种存储结构中，顺序存储和链式存储是基本结构，而索引存储和散列存储的具体实现通常都需要建立在顺序或链式存储基础之上。顺序和链式存储可以独立使用,也可以根据需要组合使用。如以后学习的树的子结点存储和图的邻接表存储等都是顺序存储与链式存储的整合使用的例子。需要说明的是,同一种逻辑结构往往存在多种存储结构。根据存储结构的不同,即使在某个逻辑结构上相同的运算,其操作实现也会不同,这就是所谓的数据行为特征。存储结构没有绝对优劣之分,应用中需要熟悉每种存储结构的各种操作的行为特征,相互进行比较,视需要的场合以及考虑到主要操作的要求,权衡利弊,选择合适的存储结构。

1.3 数据运算与算法

数据结构起源于算法设计,并随着算法设计的发展而发展,最终提炼出数据结构的内容体系,所以,数据结构与算法两者密不可分。在学习每一种数据结构时都需要设计在其上施加的操作,都需要算法的支持。只有通过对算法的设计和程序的编写,才能比较深刻地理解数据结构的定义和作用;在分析设计算法时,也要涉及对数据元素的组织,不同的数据组织形式可能对应算法不同的实现方式;对于数据元素的逻辑和存储结构的不同选择,还会影响算法的实际效率。数据结构和算法是支撑起程序设计的两大支柱,相辅相成,互相依赖。

1.3.1 数据运算

计算机数据需要计算机对其进行必要的管理与处理。数据管理基础是数据的存储,而数据处理技术就是数据的运算。

数据运算:在数据逻辑结构上对数据进行的操作,可以看作是在数据逻辑结构框架下对数据进行的一种加工和再处理。加工处理的结果需要保持原先的数据类型和数据逻辑结构不变,即数据运算具有数据逻辑结构的"封闭性"。因此,数据运算不能脱离数据的逻辑结构而独立存在。每种逻辑结构框架下定义的各种运算就构成了相应逻辑结构的一个运算集合,这也是前述 ADT 的核心部件。

根据参与运算数据元素最终改变与否,数据运算分为"引用型"与"加工型"两种类型。

(1) **引用型运算**。运算后参与其中的数据本身结构与内容没有发生改变,这主要表现在只对数据进行某些内容的提取,例如,数据查找与遍历等。

(2) **加工型运算**。运算后参与其中的数据本身结构与内容发生了改变,运算结果数据与运算前数据并不相同,这主要表现在对数据的更新和销毁,例如,数据的插入与删除等。

根据运算本身所在组成层次不同,可以将运算分为基本运算和复杂运算两种情形。

(1) **基本运算**。如果一个运算中的操作实现不依赖于其他运算,而其他运算的操作实现却需要调用该项运算,则可称其为基本运算。每种逻辑结构都有相关的基本运算集合,例如,线性表中的查找就是一种基本运算。

(2) **复杂运算**。如果一种运算可以分解为多种其他运算,则就可称其为复杂运算。例如,线性表的删除运算可以分解为查找运算和相应的删除操作。

在程序设计过程中,基本运算和复杂运算的区分具有重要的意义,它可将复杂问题基本化,将整体问题部分化,将未知问题已知化,有利于减低程序设计难度和提高程序设计效率。

1.3.2 算法及其基本要求

数据运算与数据(逻辑)结构不可分割,但建立在逻辑结构之上的运算并不能直接在计算机上予以实现。数据运算在计算机上的具体实现需要通过算法来完成。算法实际上就是相应数据运算在计算机上的技术实现途径,由此算法与数据的存储结构密切相关。

算法:对实际问题求解步骤的特定描述,表现为一系列解题指令构成的运算序列。

1. "合法"算法

在实际应用中,计算机实行的算法不能是简单的一般操作步骤序列,还需要满足一定的语法格式要求,以便成为一个"合法"的算法,这些要求通常有:

(1) **输入**。输入算法需要操作的零个或多个数据元素。数据可以由键盘输入,也可以是文件读取,或者其他程序的运行结果等多种形式。

(2) **有限**。对于任何合法数据输入,算法必须在有限步骤后结束,同时每一步骤都需要在有限时间内完成。此时"有限"不单只是数学意义上的,而是对于机器合理可接受的。

(3) **确定**。算法中每一个指令都有确切含义而无歧义,任何状况下算法只能处于唯一一条执行路径之中。在任何条件下,执行一条指令后,下一条指令是确定的;同时,对于同一条指令而言,当输入相同时,执行结果必须相同。

(4) **可行**。算法中的操作能够通过已实现的、更为基本的操作执行有限次完成,即可以使用现有的某种计算机程序语言完成执行。

(5) **输出**。算法执行结果与输入存在某种关联。算法必须有输出,而且输出可能是一个或多个,可以是最终结果、中间结果,甚至只是打印输出。

算法并不等同于程序。算法描述了一个问题在机器上的解决方法,而程序使之实现,可在计算机上执行;算法不涉及使用何种高级语言,程序必须建立在某种程序设计语言之上。原则上,一个算法与使用何种语言实现无关,理论上任何一种程序设计语言均可实现算法。

2. "好的"算法

如果一个算法"合法"只能说明该算法满足了"最低"要求或必要条件,还不一定是一个在应用中可以接受的"好"的算法。计算机学科属于"工科"范畴,工程上的一个基本问题就是强调"正确性"和"有效性"。"合法"的算法并不能自动地成为工程意义下的"合适"的算法。除"合法性"的最基本要求之外,一个"好的"、"合适的"算法通常还需要满足下述4方面要求。

(1) **正确性**(Correction)。算法必须保证能得到正确的结果,否则就不用它来解决提出的问题,得出的结果也没有意义。

(2) **可读性**(Readability)。好的算法要便于用户理解、交流和重用。可读性好的程序便于读者理解、调试与修改,这有赖于程序设计员平时编程风格的形成和良好编程习惯的培养。

(3) **鲁棒性**(Robustness)。也称为健壮性和容错能力,即对非法输入的抵抗能力。当输入一个非法数据时,算法能够识别并进行提示,而不是输出一个错误结果,甚至直接瘫痪。

(4) **高效性**(Effectiveness)。一个算法需要具有较高的实现效率。算法的效率主要指是算法的执行时间。一个算法,即使能得出正确结果,但是与其他能解决同样问题的算法相比,花费的时间更长,与问题的难度和规模不成比例,也不能算是一个好的算法。

3. 算法基本描述方式

算法需要使用某种方式进行有效的表示或描述,通常使用一种合适的语言形式来完成此项工作。按照选择语言的不同,通常算法描述可以分为下述3种情形。

(1) **程序设计语言描述**即采用某种高级程序设计语言,例如C、C++或Java来描述算法。程序设计语言具有高效、灵活和精炼等突出特点,类型丰富,语句严谨,描述的算法结构化程度较高,可在计算机上直接执行,能够使给定问题在有限时间内被机械性地求解。但使用这种描述方式需要具有一定计算机专业素养,有一定难度,同时也不够直观,通常需要借助注释来提高算法可读性。

(2) **自然语言描述**即采用自然语言,同时添加上高级程序设计语言中的基本控制语句,例如while、for和if等。这种描述方法的特点是简单易懂,无须熟悉高级程序设计语言,但不够严谨,难以确切描述某些较为复杂的算法。

(3) **类语言描述**也称为伪语言或伪码,是一种介于程序设计语言和自然语言之间算法描述形式,其特征是突出算法设计的主体部分而有意忽略其中某些过于严格的语法细节。类语言也称为伪码,它不能直接在计算机上运行,但却比自然语言更贴近于程序设计语言,能够比较容易地转换为高级程序设计语言编写的算法;同时伪码比较简洁,易于编写,容易阅读,多用于教学和交流。

另外,算法还可以使用适当的图形描述,例如流程图等,其特点是更为直观简单,易于分析与研究算法。作为一种算法描述辅助手段,图形描述可以比较容易地转化为上述3种语言描述。

1.3.3 算法设计与分析

在实际应用过程中,需要评价一个算法的效率以及数据结构或存储结构会对算法产生怎样的影响,下面可通过一个具体实例进行分析。

【例 1-1】 输出数据集合中的第 i 个元素。采用线性结构,元素类型为整型。

情形 1:用数组 a[]组织数据。执行输出第 i 个元素的指令为:

```
System.out.printf(" %d", a[i]);
```

情形 2:用单链表 head 组织数据。执行输出第 i 个元素的指令为:

```
p = head;
for (k = 0;k < i;k++)
    p = p.getNext();
System.out.printf(" %d",p.getData());
```

显然,完成同一个问题,采用不同的存储结构,实现算法也不相同,执行时间产生差异。面对一个问题的提出,选择合适的数据结构和存储结构至关重要。而选择的前提应该是对每种数据结构以及该数据结构采用不同存储结构时的操作规则都有比较深入的理解和掌握,进而互相比较,权衡利弊,做出正确的选择,这是编写一个高效率的算法的前提。

评价一个算法的效率主要看完成整个算法需要花费多少机器资源,机器资源指的是完成某求解问题规模为 n 的算法所需要的时间和执行算法过程中需要占用的空间,记为 $S(n)$ 和 $T(n)$,分别称为空间复杂度和时间复杂度。

1. 时间复杂度

完成一个算法的时间大致等于其所有语句执行时间的总和。语句的执行时间与具体执行的机器的软件和硬件环境密切相关。为将时间复杂度和具体执行的机器分离开来，通常将完成一个语句时间视为单位时间 1，那么只需讨论完成算法所需执行语句的次数即可。在人们直观上，执行同一个算法时，如果输入的数据量越大，则算法中基本语句的执行次数就越多，从而计算消耗的时间就越长。因此，可以将执行算法所花费的时间看作基本语句执行次数的函数，因而看作是输入数据量即数据规模的函数：$T(n)$，其中 T 表示执行时间，n 表示输入数据的规模。

【例 1-2】 计算下列程序片段的执行时间。

```
01  x = 0;
02  y = 0;
03  for (int i = 0;i < n;i++) {
04      x = x + i;
05      y = x + i;
06    }
```

以上程序片段中，语句 01 和语句 02 各执行一次，这里花费的单位时间为 2；语句 04 和语句 05 是语句 03 for 语句的循环体，for 语句的循环次数为 n，所以语句 03 花费的单位时间是 $2n$；整个程序片段花费的时间 $T(n)=2+2n$。

由于实际问题的复杂性，要得到对应算法时间复杂度 $T(n)$的具体计算公式通常并非易事，但估计 $T(n)$所处的“数量级”却相对简便，而且当数据量规模很大时，$T(n)$就由其“最高阶项”完全确定，而其中涉及到的“系数常数”和“低阶项”所发生的影响甚小，从数学上来说就可以忽略不计。例如当 $T(n)=2n^2+n+1020$，当 n 足够大时，对计算机而言，n 以及 1020 要比 n^2 小很多，以至于可以忽略不计。而 $2n^2$ 和 n^2 也没有质的区别。此时 $T(n)$的数量级取值就是“n^2”。

显然，执行时间函数 $T(n)$的数量级取值也是数据规模 n 的函数，通常记为 $O(n)$，而将 $T(n)$用数量级函数 $O(n)$近似表示，即 $T(n)\cong O(n)$，例如，$T(n)=2n^2+2n+1020$ 时，相应有 $O(n^2)$。此时 $T(n)$就是所谓“渐进时间复杂度”，但在不引起混淆情况下，也可简称为时间复杂度(函数)。

一般数据结构中常见的时间复杂度的数量级主要有下述 7 个。

常数型：$O(1)$　　线性型：$O(n)$　　对数型：$O(\log_2 n)$

二维型：$O(n\log_2 n)$　　平方型：$O(n^2)$　　立方型：$O(n^3)$

指数型：$O(2^n)$

当 n 足够大时，时间复杂度的增长趋势可做如下排序。

$$O(1)<O(\log_2 n)<O(n)<O(n\log_2 n)<O(n^2)<O(n^3)<O(2^n)$$

【例 1-3】 计算下列程序片段的渐进时间复杂度。

```
01  x = 0;
02  for (int i = 0;i < n;i++)
03      for (int j = 0;j < n;j++) {
04            x = x + i;
05            y = x + i;
06          }
```

以上程序片段中,语句01执行1次,语句04、05是语句03的循环体,执行$2n$次,语句03是语句02的循环体,执行$2n^2$次,所以时间复杂度$T(n)=1+2n^2=O(n^2)$。这个例子告诉我们,计算时间复杂度大可不必每个语句分析执行次数,只需关注程序操作的主体,即时间主要花费在哪些语句上,特别是循环语句,关心循环次数。循环体里有几个语句,会体现在系数上,循环体外的语句总的时间是$O(1)$,就算认真考虑了,最终也会忽略不计的。

【例1-4】 计算下列程序片段的时间复杂度。

```
01  for (int i = 0;i < n;i++)
02       for (int j = 0;j < i;j++)
03            x = x + i;
```

以上程序片段中,语句02的循环次数依赖于语句01的循环变量的值。当$i=0$时,语句2执行0次;当$i=1$时,语句02执行1次;……;当$i=n-1$时,语句02执行$n-1$次。所以时间复杂度$T(n)=0+1+2+\cdots+(n-1)=n^2/2-n/2=O(n^2)$。在这个例子中,内循环次数与外循环循环变量有关,循环变量与问题规模n有关,所以,内循环次数归根到底,还是与n有关。这样考虑的结果就是,不必细细计算语句的执行次数,也可以得出执行次数关于n的数量级。况且,并非每个循环语句都可以清楚容易地计算出具体的执行次数的,只要抓准了数量级就可以了。

考察下列程序片段的时间复杂度。

```
01  for (int i = 0;i < n;i++)
02       for (int j = 0;j < i;j++)
03            for (int k = 0;k < j;k++)
04                 x = x + i;
```

以上程序片段,时间复杂度为$O(n^3)$。

在同一个问题的不同解决方案中,要选择时间复杂度增长趋势较小的算法。

2. 空间复杂度

程序在机器上执行时,除需要存储算法本身和输入输出数据占用的空间外,还需要一些对数据进行操作的辅助空间。如两个变量交换,就需要一个变量作为寄存其中一个变量的中转站,这个变量所占的空间就是辅助空间。

空间复杂度指完成整个算法过程中需要占用的辅助空间,通常是将一个简单变量占用的空间视为单位空间1,然后分析空间大小与问题规模n形成的函数,同样只关心数量级,用大O记号标记。如两个简单变量交换值的程序的空间复杂度为$S(n)=O(1)$。

算法的时间复杂度和空间复杂度往往是相互制约的,在保证算法时间效率的同时往往要以牺牲空间为代价。由于计算机硬件的发展速度远高于软件发展速度,常常以时间复杂度作为衡量一个算法优劣的主要指标。

假设需要将一个数组a[]中元素顺序相反排列后保存在另一个数组b[]当中,此时相应算法中就有两个参数:原数组参数a和新数组b。相应的算法可以描述如下。

```
Static void reverseA(int[] a,int[] b){
     int n = b.length;
     int i;
     for(i = 0;i < n;i++)
```

```
        b[i] = a[n - i - 1];
    }
```

在算法运行过程中，需要为函数 reverseA(int[] a,int[] b)中的虚参数引用 a、b 以及局部变量 n、i 分配存储空间。无论数组 a 的数据元素有多少，即 n 有多大，执行算法时只需为 n 和 i 分配辅助存储空间，在 Java 中，这只需 32×2b 内存空间，因此，上述算法空间复杂度为 $O(1)$。

关于算法分析，还需要注意下述两点。

由于计算存储技术的飞速发展，在一般情况下，算法所需要的辅助工作空间已经不是算法分析的主要关注点。事实上，不少算法可能会采用比较大的辅助存储空间而换取更小的时间复杂度，即所谓“空间换时间”。

算法可以根据输入数据的情形其时间复杂度而相异，因此需要考虑相应“最好”、“最坏”和“平均”的时间复杂度。通常关注的都是“最坏”情况下的算法复杂度。例如，在排序算法中需要考虑输入数据是完全“倒序”时的情形。当然也有考虑“平均”情况下的算法复杂度的。

1.4 “数据结构”课程的地位与教材内容

在教育部高等学校计算机科学与技术教学指导委员会编撰的《高等学校计算机科学与技术专业发展战略研究报告暨专业规范(试行)》(高等教育出版社，2006)指出，“‘数据结构与算法’是计算机学科本科教学计划中的骨干基础课程，对学生基本的计算机问题求解能力的培养具有重要意义。”

1.4.1 “数据结构”课程的地位

“数据结构”在整个课程体系中处于承上启下的地位，是计算机科学的核心课程之一。

1. 由基础课进入专业基础课

“数据结构”课程可看作是众多计算机前修基础课程的汇集处与深化者，标志学习者由初始的基础课学习进入到专业基础课阶段。

(1) “数据结构”研究数据的集合、线性表、树和图等组织形式和数据之间的关系，从而成为“离散数学”课程基本内容的深化与扩展。

(2) “数据结构”研究各种算法的设计与实现，为“程序设计语言”等课程完成了一般性的理论与方法指导，是对程序设计语言的重要补充和扩展，成为程序设计常用方法与技巧在更高层面上和更广阔语境中的总结与升华。

(3) “数据结构”研究算法的时间与空间复杂性，在具体算法设计的平台上展开了“计算概论”等课程中算法可行性和算法复杂度的基本理念和原理，同时也在实际操作环境下展开了对“概率统计”课程相关原理与方法的进一步的理解掌握与实战训练。

2. 各类专业课的重要支撑

“数据结构”也是计算机专业“操作系统”、“编译原理”、“网络技术”、“数据库技术”和“图形图像处理”许多重要应用课程的基础，标志着通过本课程学习就可以进入各类计算机专业课程的学习阶段。

以“数据库技术”为例，“数据结构”中研究的“树形”和“图型”数据结构就是层次数据库与网状数据库中相应数据模型的基本结构；数据库中对于数据静态查询与动态更新的“集成”处理也可看作是“抽象数据类型”的一个重要应用与实现；“数据结构”中的“查询”、“索引”、“排序”和“散列”等原理和方法更是现代数据库(例如,XML 数据库、移动对象数据库等)必需的技术基础与操作框架。因此,“数据结构”可以看作是各类计算机常规应用与新型应用的承载平台和技术的提供源。

“数据结构”与计算机专业其他课程的关系如图 1-4 所示。

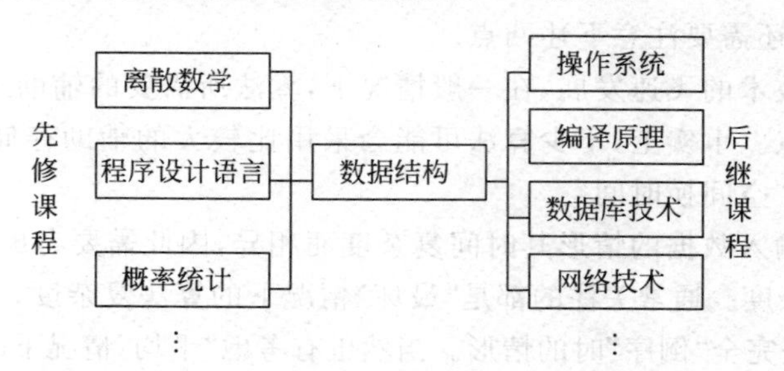

图 1-4 “数据结构”与其他课程关系图

通过学习“数据结构”所培养起来的对知识内容的理解、技术方法的掌握和思维方式的习惯,都影响着对后续课程的理解和掌握,对学习者的软件设计能力的培养至关重要。

需要说明的是,“程序设计语言”课程是“数据结构”的先行课,但一味地在“程序设计语言”中钻研,没有通过数据结构原理的指导和技术的训练,若想在软件设计方面提高程序设计能力,通常是不现实的。“数据结构”对每种抽象数据类型的定义、设计、实现展开深入的讨论,从提出问题、分析问题、解决问题的过程中提升计算机学生的专业素养。

1.4.2 本书内容组织

本书为“数据结构与算法”的基础教程,主要内容分为 3 个模块共有 10 章。

1. 模块 1——概论部分

这是整个课程的基本概述和引言,由第 1 章绪论组成。

该章是对整个课程学习内容的整体说明,其中包括数据和数据结构基本概念的描述、算法与算法分析的基本原理等。本章对于全书的学习至关重要,因为只有对学习内容的整体框架和内容关联有所了解,才可能对具体内容有较好的理解与掌握。这些整体性或全局性问题应当包括:数据结构课程研究什么问题,研究这些问题的思路和方法如何,这些问题之间具有怎样的关联和递进关系,这些问题与已经学过的计算机专业内容有何联系,对于后续计算机专业课程又具有怎样的意义和作用等。

2. 模块 2——基础部分

这是本课程的主干与核心,由第 2 章～第 7 章组成,其主体内容按照数据逻辑结构递进展开。

第 2 章～第 4 章讨论线性表及其基本特例。第 2 章讨论一般线性表及其建立在基本存储结构上的数据运算与实现。第 3 章讨论两种更新受限的线性表,即堆栈和队列。所谓操作受限就是不能对线性表中任意数据进行插入和删除操作,堆栈只能在线性表的表尾即栈顶进行插入与删除,队列只能在表尾即队尾进行插入,在表头即队头进行删除。堆栈和队列是线性表两种最基本使用方式,需要深刻的理解和熟练的应用。

第 4 章讨论两种组成特殊的线性表,即数组和字符串。数组可以看作是所有组成数据元素都具有同一数据类型的线性表,字符串或串是所有组成元素都是字符的线性表。在"数据结构"课程中,数组不仅具有独立研究意义,更是数据顺序存储的描述工具与基础;字符串具有与一般线性表情形很不相同的特性和运算,具有广泛的应用范围。

第 5 章讨论非线性结构——树与森林。实际应用中很多问题不能归结为线性表结构,而树是一种最为基本的非线性结构。树可以看作是线性表的拓广,又是更为复杂的非线性结构——图的基础。

第 6 章讨论最基本的非线性结构——二叉树。二叉树在研究和应用中占有非常重要的地位,也是"数据结构"课程中核心内容之一。

第 7 章讨论更为复杂的非线性结构——图。现实世界中很多问题都可以通过图特别是带权值的图(网图或网络)描述,同时由于树也是一种特殊的图型结构,通过图的学习可以进一步加深对树的理解与把握,而图的各类实际应用更可加深对本课程价值与意义的认识。

3. 模块 3——高级部分

讨论基于集合结构上的数据查找和排序以及基于外存的文件操作,这由第 8 章～第 10 章组成。

第 8 章～第 9 章讨论一般数据集合上基本数据管理与操作。这里,讨论的重点不是数据结点之间关系的存储与处理,而是着眼于数据内容的查找与组织。其中,第 8 章讨论数据集合中特定数据的查找,包括基于线性表查找、基于二叉树查找和基于散列查找等内容;第 9 章讨论数据集合元素之间的排序。排序对于计算机数据的处理非常基本,它不仅可以揭示数据中蕴含的组织结构,同时也可以大大提高相关数据操作比如查找的效率。

第 10 章讨论文件的组织与管理。与前述各章基于内存数据管理的出发点不同,第 10 章讨论的是基于外存的文件管理。

本书基本内容的组织体系结构如图 1-5 所示。

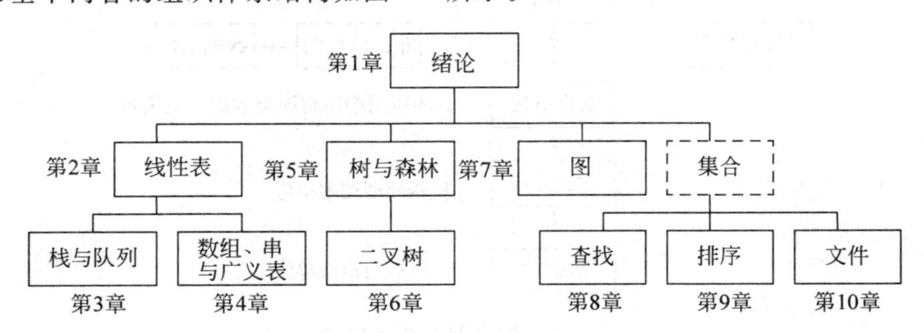

图 1-5 本书内容组织

本章小结

计算机已经在人类经济活动与社会生活各个方面得到广泛而深入的应用。从技术角度来看,计算机的每项实际应用都是计算机程序的运行;计算机程序运行的过程实质上都是对各种数据进行存储和运算的过程;计算机存储和处理数据的前提都是建立在研究和构建各类数据的逻辑结构、物理结构和实现建立其上的各类数据操作的基础之上。因此,“数据结构与算法”也就成为了计算机即相关专业的专业核心基础课之一。

1. 数据与非数值型性数据

理解和掌握数据及其相关概念是数据结构课程的基本要求。数据是没有严格意义下定义的元概念,通常根据其基本特征进行描述性的界定。

- **广义数据**:反映客观事物或其特征的符号集合;
- **狭义数据**:能够进入计算机并能为计算机所管理与处理的符号集合。

从数据操作运算技术方式考虑,计算机数据可以分为数值型与非数值型两种情形。

(1) **数值型数据**。数据模型是数学公式,主要数据操作是数值计算,研究课题是数据数值“计算”方法的实现,相应学科是计算数学或数值分析。

(2) **非数值型数据**。数据模型是数据结构,主要数据操作是数据处理,研究课题是数据间关联的表述、存储与处理,相应学科是计算机科学与技术。

2. 数据相关概念对象

基于不同的层面考虑,可以引入不同层面的计算机数据的相关元语概念。

- 数据项:实际应用中不能再进行分割的最小语义单位称为数据项,如数据记录中的字段。这是基于语义层面的数据描述。
- 数据元素:计算机处理过程中不能再进行分割的最小技术单位。这是基于机器处理层面的数据描述。
- 数据对象:相同类型数据元素集合。这是某一具体处理过程中所有数据的整体描述。

数据项组成数据元素;数据元素组成数据对象;数据对象通常也简称为数据。

数据概念描述及其相关概念关联如图 1-6 所示。

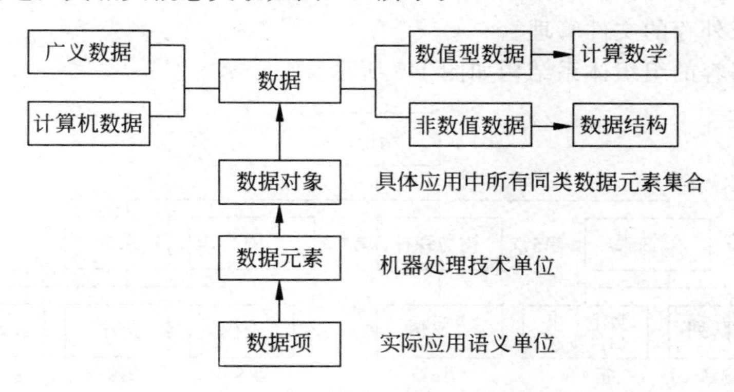

图 1-6　数据及其相关概念

3. 数据类型与 ADT

数据使用与数据“取值”密切关联。数据取值的范围和建立在取值范围之内的一组运算就构成了数据所属的数据类型。

早期数据类型的实现依赖于不同机器,但无论怎样的机器,数据定义与操作的数学描述与属性总不会改变,因此引入抽象数据类型 ADT 的重要概念。ADT 是建立的一个数学模型和其上的一组操作。

• 数据类型可以看作数据在计算机内部的数据界定与实现；
• 抽象数据类型可以看作是数据在计算机外部抽象层面上的数据类型，其规定了数据在逻辑层面上的特征与操作。

ADT 与数据类型在本质上属于同一范畴，但在使用上，抽象数据类型更注重于数据描述的抽象数学化和数据操作的动态性。ADT 由数据对象、数据关系和数据操作三部分组成。

4. 数据结构

事物集合的结构是组成集合各个事物元素之间相互关系的抽象描述。

数据结构是数据集合中各个数据元素之间相互关系的抽象描述，是数据数学模型的关键组成部分，有些情况下也与数据模型同义使用。

数据结构分为数据的逻辑结构与存储结构。

(1) **数据逻辑结构**。数据之间抽象逻辑关系的描述，主要包括集合、线性表、树和图 4 种情形。

(2) **数据存储结构**。数据集合本身和其逻辑结构在计算机物理存储层面上的映射方式。存储结构研究的重点是数据逻辑关系的保存，主要包括面向一般计算机数据处理的顺序存储与链式存储结构，还包括面向内容查询的索引存储和散列存储结构。

数据各种基本结构及其关联如图 1-7 所示。

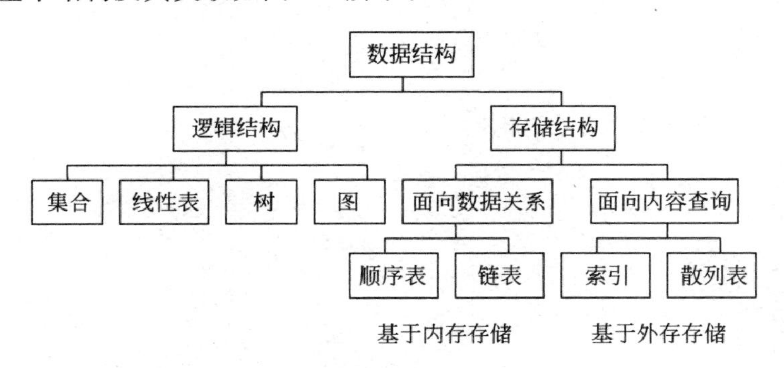

图 1-7　数据结构及相关概念

5. 算法

计算机管理数据的基础是数据存储，而计算机处理数据的基础是算法。如同讨论数据存储结构首先需要研究数据逻辑结构一样，讨论基于存储结构上的数据算法需要首先研究基于逻辑结构上的数据运算。

依据参与运算数据在运算后是否改变可分为"引用型"运算与"加工型"运算。

依据运算复杂层次可分为"基本运算"与"复合"运算。

数据运算是建立在数据逻辑结构上的数据处理；算法主要考虑数据运算在相应存储结构上的技术实现。

算法是对实际问题求解步骤的特定描述，表现为一系列解题指令构成的运算序列。

• 满足"输入"、"有限"、"确定"、"可行"和"输入"等基本要求的是"合法"算法；
• 满足"正确"、"可读性"、"鲁棒性"和"高效性"的合法算法是"好的"算法。

算法通常采用程序设计语言、类代码和自然语言 3 种常用描述方式。

6. 算法分析

在解决实际问题当中,设计一个运算速度快和占用空间少的算法是人们自然的追求;算法的比较评估过程就是算法分析;算法分析的结果表现为“时间复杂度”和“空间复杂度”。

- 由于机器存储设备的发展,算法分析关注的重点是时间复杂度;
- 由于实际问题的复杂性和数据规模的海量性,时间复杂度采用基于数据规模的“数量级”函数形式;
- 由于输入数据的复杂多样性,通常关注“最坏”情况下的算法复杂度。

数据运算与算法及相关概念如图1-8所示。

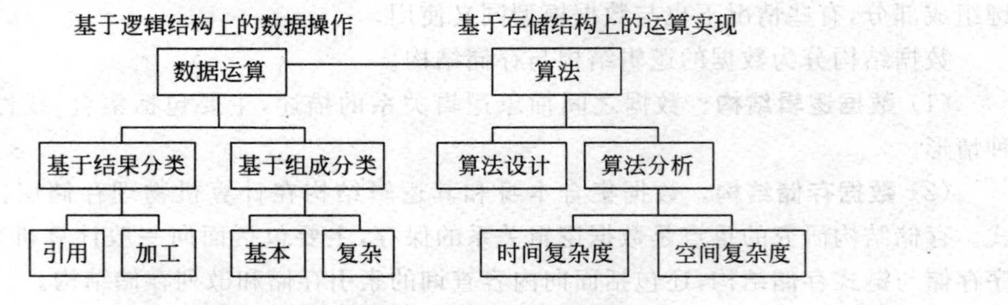

图1-8 数据运算与算法及相关概念

第 2 章　线　性　表

线性表是一种简单而常用的数据结构，也是其他复杂数据逻辑结构的基础。线性表特点是元素之间满足以"前驱和后继"表示的"顺序"关系。本章主要学习线性表的概念、ADT表示、顺序存储和链式存储结构，以及在这两种存储结构下的各种操作实现。在本章内容学习过程中，需要注意以下问题。

- 线性(表)结构的"逻辑"表示和基本特征，线性逻辑结构是其中数据元素之间的"前驱/后继"关系；
- 线性表数据元素间逻辑关系在顺序和链式结构中的存储实现；
- 循环链表、具对称结构双向链表和静态链表。

2.1　线性表概念

线性表是将给定数据对象中数据元素"一个接着一个"依次排列而得到的一种数据结构。此时的"排列"并不表示线性表中元素具有通常语义下的"有序"结构。线性表中元素的"依次"只是一种"操作"次序，没有常规"有序"含义，例如，在售票窗口的排队就是一种线性表，但其中队伍的次序只由"先来后到"确定，至此而已，而不是按照个子高矮、年龄大小、学历高低等语义确定。理解这一点对于第 9 章的学习是有益的。

2.1.1　线性表逻辑结构

线性表(List)：由具有相同数据类型的有限个数据元素组成的序列。

线性表中元素个数称为该线性表长度，这是线性表最基本的参数。

- 长度为零的线性表称为空表；
- 长度为 $n(n\geqslant 0)$ 的线性表表示为：$L=(a_0,a_1,a_2,\cdots,a_{n-1})$。

线性表实际上是将数据元素一个接一个排列而得到的一种逻辑结构，如图 2-1 所示。

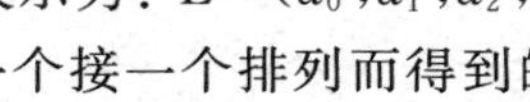

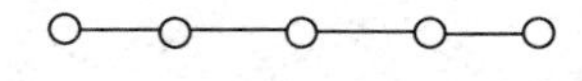

图 2-1　线性表的逻辑结构

对于线性表 $L=(a_0,a_1,a_2,\cdots,a_{n-1})$ 来说，数据元素 a_i 在 L 中的逻辑次序位于 a_{i+1} 之前，故称 a_i 是 a_{i+1} 的直接前驱(元素)；所有逻辑次序在 a_{i+1} 之前元素都称为 a_{i+1} 的前驱(元素)。a_i 在线性表里的逻辑次序紧跟在 a_{i-1} 之后，故称 a_i 是 a_{i-1} 的直接后继(元素)；所有逻辑次序在 a_i 之后的元素都称为 a_i 的后继(元素)，如图 2-2 所示。为方便叙述，除特殊声明外，以后所提前驱(元素)和后继(元素)均指直接前驱(元素)和直接后继(元素)。由此可知，线性表逻辑结构表现为其中元素之间的“前驱-后继”关系。

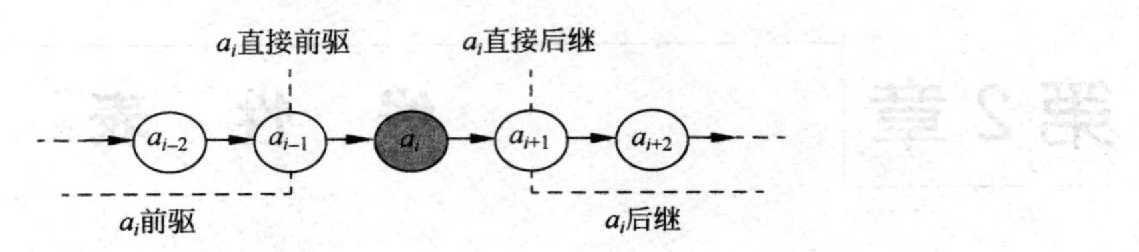

图 2-2　数据元素 a_i 的前驱与后继

从线性表逻辑结构可知,一个非空线性表有如下特征。

- 存在唯一一个没有后继的数据元素,称其为线性表的表头(元素);
- 存在唯一一个没有后继的数据元素,称其为线性表的表尾(元素);
- 除表头和表尾元素之外,其余每个数据元素都有且仅有一个前驱和后继;
- 线性表长度是其基本的逻辑参数,在算法中用于判定线性表的表满和表空情形。

线性表是其中数据元素之间最多具有单一前驱和单一后继关系的一种逻辑结构,这是最基本的逻辑数据结构,也是其他数据逻辑结构的基础,其中涉及的链表更是本课程中会反复出现的基本技术。

同一个线性表中数据元素需要具有相同的数据类型。在不同应用场合,数据元素表可以是原子类型(整型、实型、字符型或布尔型等),也可以是复杂类型(结构或数组)等。

2.1.2　线性表 ADT 描述

抽象数据类型(ADT)核心是确定了数据元素的一组基本操作,这些操作都是定义在相应逻辑结构之上,与数据元素的数据类型和存储结构无关。设有线性表 List(简写为 L),其中数据元素类型为 DataType,List 的 ADT 定义可以描述如下。

ADT List is

{数据对象:$D=\{a_i \mid a_i \in DataType, i=0,1,2,\cdots,n-1, n \geqslant 0\}$

数据关系:$R=\{<a_{i-1}, a_i> \mid a_{i-1}, a_i \in D, i=1,2,\cdots,n-1\}$

基本操作:

① getsize()

② isEmpty()

③ search(e)

④ insertAt(i,e)

⑤ insertAfter(p,e)

⑥ remove(e)

⑦ removeAt(i)

⑧ get(i)

⑨ display()

} ADT List

具体操作及其输入输出参数如表 2-1 所示。

表 2-1　线性表 ADT 基本操作

序号	操作	描　述
01	getSize()	输入参数：无 输出参数：非负整数 基本功能：返回线性表大小，即线性表中数据元素个数
02	isEmpty()	输入参数：无 输出参数：boolean 基本功能：线性表空，返回 true；否则，false
03	search(e)	输入参数：数据元素 e 输出参数：整数 基本功能：数据元素 e 在线性表中序号，若 e 不在表中，返回 −1
04	insertAt(*i*,e)	输入参数：序号 *i*，数据元素 e 输出参数：boolean 基本功能：e 插入到 *i* 号位置，成功返回 true；*i* 越界，则返回 false
05	insertAfter(p,e)	输入参数：对象 p 和数据元素 e 输出参数：boolean 基本功能：e 插入到 p 之后，成功，返回 true；否则，false
06	remove(e)	输入参数：数据元素 e 输出参数：boolean 基本功能：删除表中第一个与 e 相等数据元素，成功，返回 true；否则 false
07	removeAt(*i*)	输入参数：序号 *i* 输出参数：boolean 基本功能：删除表中第 *i* 号位置数据元素，成功，返回 true；否则，false
08	get(*i*)	输入参数：序号 *i* 输出参数：数据元素 基本功能：返回表中第 *i* 号位置元素，*i* 越界报错
09	display()	输入参数：无 输出参数：无 基本功能：输出线性表中的元素

ADT 是程序设计过程中的逻辑模型，并不涉及其中操作的具体实现。在 Java 中，ADT 大多都通过接口予以实现，接口实际上就是 ADT 的一个用户入口。

例如，线性表 ADT 的 Java 接口可以如下定义

```
public interface List{
    public object getSize();
    public object isEmpty();
    public object insert();
    public object remove();
}
```

线性表提供的操作比较灵活，用户根据不同场合需要而定义的 ADT 可能会有所不同，提供的接口也允许不尽一致。

ADT 定义了一组最基本操作，其他一些更为复杂的操作可由若干基本操作构成。如需

要删除一个值为 e 的数据元素，可先使用查找值为 e 的元素位置的操作，然后再调用删除指定位置的操作，其他合并、复制、拆分等操作均可这样通过调用基本操作的组合来实现。

线性表 ADT 定义的各种操作都基于线性表的逻辑结构，这些操作的具体实现与线性表采用何种存储结构相关。在 Java 的标准类库中，提供了 java.util.List 接口来定义线性表的 ADT 描述，并提供了 java.util.ArrayList＜T＞和 java.util.LinkedList＜T＞来具体完成线性表的技术实现。

2.2 线性表的顺序存储

线性表各种基本操作实现与存储结构有关。本节讨论线性表在顺序存储结构下的特征和基本操作的具体实现。

2.2.1 顺序存储结构

线性表顺序存储结构：使用一组地址"连续"的存储单元"依次"存放线性表中各个元素。

采用顺序结构存储的线性表通常称为顺序表。

由于线性表中所有数据元素都具有相同数据类型，所以通常采用数组实现顺序表。

如前所述，一种存储结构需要解决以下两个问题。

(1) 选取适当的空间位置存储数据元素本身。

(2) 采用适当的技术方法存储数据元素之间的逻辑关系。

对于线性表的顺序存储而言，处理上述问题的方式如下。

- 选取一段位置"连续"的内存空间存储线性表中的数据元素；
- 采用逻辑结构中"顺序相连"数据元素在物理存储中也"位置相邻"的方法"依次"存储线性表中数据元素"前驱/后继"逻辑关系。

从直观上来看，"连续"就是存储的数据之间不能留有"空"的存储单元；"依次"就是数据元素的逻辑顺序和物理存储单元中存储结点地址顺序相同，即数据元素逻辑上的相邻关系也就是物理上的相邻关系。在表现形式上，线性表中数据元素序号集合和相应数据标号集合之间存在着一一对应关系。需要指出的是，在 Java 中，数组标号是由 0 开始的，因此，线性表中第 i 号数据元素通常存储在数组中的第 $i-1$ 号位置。

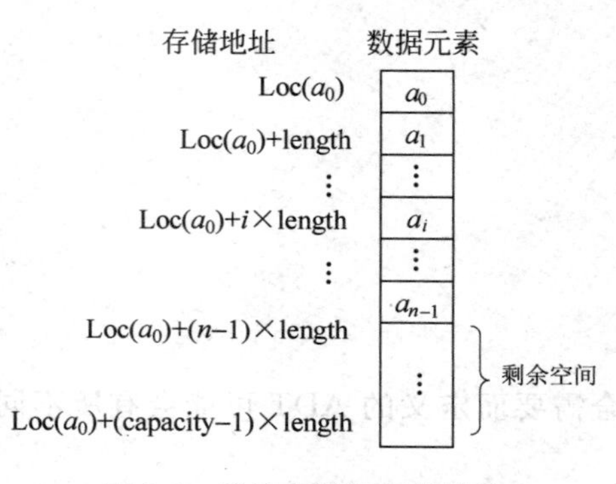

图 2-3 线性表顺序存储结构

线性表中数据元素具有相同数据类型，每个数据元素占用的存储空间大小都相同，可设为 length 个单元。如图 2-3 所示，Loc(a_0)到 Loc(a_0)+(capacity)×length 代表了一段连续的地址空间，最多可存放 capacity 个数据元素，capacity 代表线性表的容量。当前线性表中有 n($n \leqslant$ capacity-1)个元素，从低地址标号到高地址标号依次存放 a_0、a_1、…、a_{n-1} 等 n 个元素。

线性表初始地址(基地址)设为 Loc(a_0)，Loc(a_i)代表第 i 个元素地址，则成立：

$$Loc(a_1) = Loc(a_0) + length$$
$$Loc(a_2) = Loc(a_1) + length = Loc(a_0) + 2 \times length$$
$$Loc(a_3) = Loc(a_2) + length = Loc(a_0) + 3 \times length$$
$$\vdots$$

由此可得出线性表第 i 个元素地址的求址公式：

$$Loc(a_i) = Loc(a_0) + i \times length \tag{2-1}$$

综上可知，顺序表中数据元素存储地址是相应线性表中元素序号的一个线性函数，在顺序表中数据存储的起始位置也就是基位置确定之后，查找任意数据元素的存储位置的计算开销都是相同的，通常称具有这种查找特征存储方式为随机存取存储结构。

顺序表实际上是由“表示同型数据元素的数组”和“表示该数组长度的整型变量 n”组成的结构体，由此，需要先定义相关数据类型——顺序表类。

【算法 2-1】 定义顺序表类。

```
00  public class ListArray implememts List <T> {
01    private int capacity;               //数组容量大小
02    private int size;                   //线性表中数据元素的个数
03    private Object elements[];          //数据元素数组
04  }
```

算法分析：上述算法中需要注意下述几点。

(1) 上述定义了一个泛型结构类 ListArray ＜T＞，该类实现接口 List，同时 ListArray＜T＞由 capacity、size 和 elements[] 3 个数据成员组成。需要注意，接口 List 给出了实现线性表功能的任何一个类必须具有的成员函数，这里的实现类包括“顺序表”类和后面将要学习的“链表”类，各个类中只是实现的具体方法不同，但所实现功能和调用形式都一样。由此可以体会到，Java 中“接口”就是各个“实现类”的外部公共接口。

(2) 上述算法中的 T 代表数据元素的类型，这个定义是泛型类型，具体使用时可以是 int、char 等简单类型，也可以是自定义 class 等复杂的数据类型，为不失一般性，采用 T 统一表示。在以后的章节中，也是如此。

(3) 算法中出现了 capacity 和 size 两个量，其中 capacity 表示数组所开辟的空间即数组的容量，表示线性表最多可以有 capacity 个元素；size 是线性表中元素的数量即数组中实际存放元素的个数，数组中实际有存放元素的下标区间为 0～size－1。

注：elements 数组的数据类型本来应该是 T 类型，但 Java 中对泛型数组对象无法通过常规方式创建。为了方便用户使用上述定义的 ListArray ＜T＞类，故将 elements 数组的数据类型设置为 Object，同时，对类中涉及数组元素添加、删除、查找等操作还是要求用户使用 T 数据类型。

定义顺序表数据类型之后，就可创建(初始化)一个空的顺序表。

【算法 2-2】 创建空顺序表。

```
00  public ListArray(int capacity) {
01      capacity = capacity;
02      size = 0;
03      elements = new Object[capacity];
04  }
```

算法分析：上述算法第 01 行设定顺序表的存储容量，第 02 行表示当前顺序表长度为 0，即空表。第 03 行为顺序表中定义的数组 elements 分派存储空间。例如，可通过 ListArray<Integer>sList＝new ListArray<Integer>(10)定义 sList 为一个 ListArray<T>类型的对象变量，sList 的容量为 10。

在顺序表操作过程中，常伴随着求顺序表的实际元素个数、判断顺序表是否为空、求顺序表第 i 个元素等操作。

【算法 2-3】 求顺序表元素个数。

```
00  public intgetSize() {                    //返回顺序表长度，即数据元素的个数
01    return size;
02  }
```

【算法 2-4】 判断顺序表是否为空。

```
00  public boolean isEmpty(){                //确定顺序表是否为空，若空返回 true，否则返回 false
01    return size == 0;
02  }
```

【算法 2-5】 求顺序表第 i 个元素。

```
00  public T get(int i){
01        if ((i < 0) || (i > size - 1))     //判断输入的位置 i 是否合法
02        {
03              System.out.printf("位置不合法!");
04              return null;                 //返回插入失败的标志
05        }
06        return (T)elements[i];
07  }
```

如果定义 sList 是一个 ListArray <T>类型的对象变量，由上述 ListArray<T>类型概念可知：

- sList.getSize()：表示顺序表中实际存放元素的个数；
- sList.isEmpty()：表示判断顺序表是否为空；
- sList.get(i)：返回顺序表中的第 i 个元素。

2.2.2 顺序表的基本操作

由于数组中元素地址可以统一由式(2-1)求得，即可以实现随机存取，因此，读取任一元素时间开销都相同。以下讨论顺序表的基本操作，并假设数据元素的类型都为整型。

1. 插入给定数据元素

设有顺序表 sList，待插入数据元素为 e＝5，将 e 插入到 sList 中的第 3 号元素位置上。顺序表在 e 插入前后的情况如图 2-4 所示。

【算法 2-6】 在第 i 个位置上插入元素 e。

```
00  public boolean insertAt(int i, T e) {
01    int j;
02    if ((i < 0) || (i > size))             //判断输入的位置 i 是否合法
03    {
```

```
04          System.out.printf("插入位置不合法!");
05          return false;                    //返回插入失败的标志
06      }
07      if (size == capacity)
08          expandSpace();
09      for (j = size - 1; j >= i; j--) {                    //i位置以及之后所有元素后移一位
10          elements[j + 1] = elements[j];
11      }
12      elements[i] = e;                     //将 e 放入第 i 个位置
13      size++;                              //顺序表元素个数加 1
14      return true;                         //返回插入成功的标志
15      }
16  private void expandSpace(){
17      Object[] a = new Object[elements.length * 2];
18      for (int i = 0; i < elements.length; i++)
19          a[i] = elements[i];
20      elements = a;
21  }
```

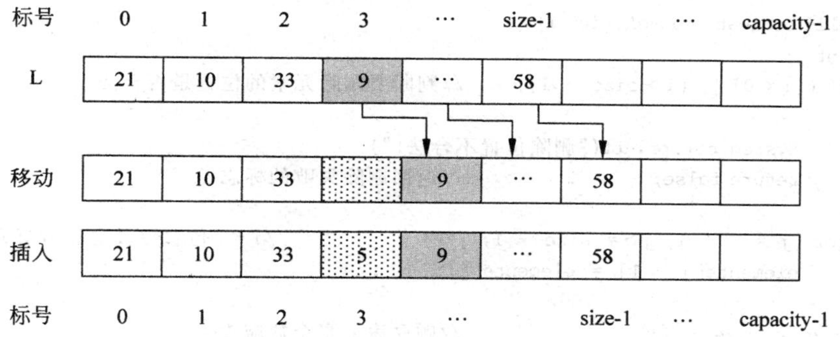

标号	0	1	2	3	…	size-1		…	capacity-1
L	21	10	33	9	…	58			
移动	21	10	33		9	…	58		
插入	21	10	33	5	9	…	58		
标号	0	1	2	3	…		size-1	…	capacity-1

图 2-4　顺序表插入元素

算法分析：上述算法中程序首先要做合法性的判断，i 的合法范围是 0 ～ size，当 i=size 时，表示元素要插入的位置下标是 size，即插入到最后一个元素后面。

由于顺序表中元素的逻辑顺序必须和物理顺序保持一致，在第 i 个元素位置插入 e 之前，要先把第 i 个位置空出来。空出来的办法是将第 i 个元素以及其后的所有元素均后移一位，一共要移动(size−i)个元素。注意移动的时候要从最后一个元素开始，以免元素被冲掉。负责移动元素的 for 语句(程序第 09 行)，循环变量 j 的初值是 size−1，当 i=size 时，不会执行到 for 语句的循环体，直接将 e 放入到第 i 个位置。

算法 2-6 的时间主要花费在移动元素上，所以，该算法的执行时间与元素的插入位置有关。我们可以计算出平均情况下插入一个元素需要移动的元素个数。顺序表元素个数 size 即为问题规模 n，该算法合法的插入位置一共有(n+1)个。在第 0 个位置插入要移动 n 个元素，在第 1 个位置插入要移动 n−1 个元素，在第 2 个位置插入要移动 n−2 个元素……在第 n 个位置插入要移动 0 个元素，计算平均移动次数 k，则有：

$$k = [n + (n-1) + (n-2) + \cdots + 0]/(n+1) = n/2$$

插入一个元素，平均要移动一半的元素，当 n 比较大时，效率较低。我们也可以估算出这个算法的时间复杂度,由于平均移动次数与 n 的一次方有关,所以时间复杂度 $T(n)=O(n)$。

2. 删除指定位置元素

设有顺序表 sList,将 2 号位置上的元素 33 删除。删除前后的情况如图 2-5 所示。

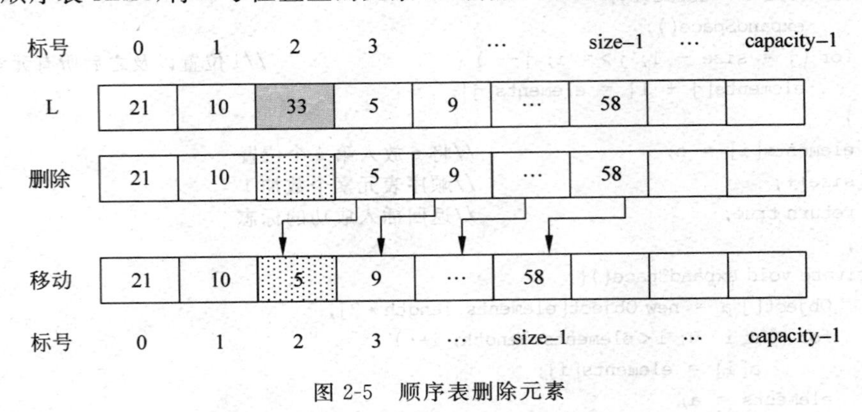

图 2-5　顺序表删除元素

【**算法 2-7**】 删除顺序表中第 i 个元素并返回。

```
00  public boolean removeAt(int i) {
01      int j;
02      if ((i < 0) || (i > size - 1))        //判断要删除元素的位置是否合法
03      {
04          System.out.printf("删除位置不合法!");
05          return false;                     //返回删除失败的标志
06      }
07      for (j = i + 1; j >= size - 1; j++) {          //i+1 位置以及之后所有元素前移一位
08          elements[j - 1] = elements[j];
09      }
10      size = size - 1;                      //顺序表元素个数减 1
11      return true;                          //返回删除成功的标志
12  }
```

算法分析:上述算法程序首先要做合法性判断(程序第 02～06 行),i 的合法范围是 0～size−1,当 $i<0$ 或 $i>$size−1 时,i 是不合法下标,返回删除失败。

由于顺序表中元素的逻辑顺序必须和物理顺序保持一致,且中间是没有空位的,删除了第 i 个位置上的元素,要将第 $i+1$ 个元素以及其后的所有元素均前移一位,一共要移动(size−i−1)个元素,由程序第 07～09 行完成。注意移动的时候要从最前一个元素开始,以免元素被冲掉。

算法 2-7 的时间主要花费在移动元素上,所以,该算法的执行时间与元素的删除位置有关。我们可以计算出平均情况下删除一个元素需要移动的元素个数。顺序表元素个数 size 即为问题规模 n,合法的删除位置一共有 n 个。在第 0 个位置删除要移动 $n-1$ 个元素,在第 1 个位置插入要移动 $n-2$ 个元素,在第 2 个位置插入要移动 $n-3$ 个元素……在第 $n-1$ 个位置插入要移动 0 个元素,计算平均移动次数 k,则有:

$$k=[(n-1)+(n-2)+\cdots+0]/n=(n-1)/2$$

删除一个元素,平均大概要移动一半的元素,当 n 比较大时,效率较低。由此,我们也可以估算出这个算法的时间复杂度,由于平均移动次数与 n 的一次方有关,所以时间复杂度

$T(n)=O(n)$。

注意：该算法在移动元素之前，并没有将第 i 个元素取出来，这样第 i 个元素直接被冲掉了。在实际应用中要根据情况决定是否需要先将第 i 个元素取出来。

3. 查找给定值元素

设有顺序表 sList，查找给定值 e 在顺序表中的位置，如查找不成功，返回－1。

查找给定值 e，可以采取将给定值与顺序表中的元素从头到尾一个个比较的方法。如查找到与给定值相等的数据元素，返回该元素的下标；如一直比对到最后一个元素都找不到，则返回－1，表示查找不成功。

【算法 2-8】 查找给定数据元素 e。

```
00  public int search(T e) {
01     int i = 0;
02     while ((i < size) && (elements[i] != e))
03        i = i + 1;                        //当位置 i 的元素不等于 e 时,继续向下比对
04     if (i == size)                       //判断比对位置是否已经超出地址范围
05        return (-1);                      //返回查找不成功的标志
06     else
07        return (i);                       //返回查找到的给定值所在下标
08  }
```

算法分析：算法 2-8 的时间主要花费在将 e 与数组中的元素一个个比对上，当位置 i 上的元素不等于 e 时，继续向下比对，即程序第 02～03 行。最后退出 while 语句时，如果 $i=$ size，说明数组从头到尾都没有找到与给定值 e 相等的元素，返回查找不成功的标志。

该算法的执行时间与给定值在顺序表中的位置有关。我们可以计算出平均情况下找到这个给定值需要比较的次数。size 即为问题规模 n，查找成功的位置一共有 n 个。在第 0 个位置查找成功要比较一次，在第 1 个位置查找成功要比较两次，在第 2 个位置查找成功要比较 3 次……在第 $n-1$ 个位置查找成功要比较 n 次，计算平均比较次数 k，则有：

$$k=(1+2+3+\cdots+n)/n=(n+1)/2$$

由此也可估算出这个算法的时间复杂度，由于平均比较次数与 n 的一次方有关，所以时间复杂度 $T(n)=O(n)$。

【例 2-1】 设有两个顺序表 this 和 anotherList，其元素均为非递减有序序列，将它们合并成一个顺序表 mergedList，要求 mergedList 也是非递减有序序列。如 this＝(2,4,4,6)，anotherList＝(1,3,3,5)，则 mergedList＝(1,2,3,3,4,4,5,6)。

【算法 2-9】 顺序表的合并。

```
00  public ListArray<T> merge(ListArray<T> anotherList) {
01     int i = 0, j = 0, mergedk = 0;
02     ListArray<T> mergedList =
         new ListArray<T>(this.capacity + anotherList.capacity);
03     while ((i < this.size) && (j < anotherList.getSize()))
                                         //当 i 和 j 都在合理范围内时
04        if (this.get(i).compareTo(anotherList.get(j))<0) {
05           mergedList.elements[mergedk] = this.elements[i];
06           i++;
07           mergedk++;
```

```
08          } else {
09      mergedList.elements[mergedk] = anotherList.elements[j];
10              j++;
11              mergedk++;
12          }
13      if (i < this.size)              //如果 index 还在合理范围内,即还有剩余元素
14          while (i < this.size)       //将列表中的剩余元素放入 mergedList 中
15          {
16              mergedList.elements[mergedk] = this.elements[i];
17              i++;
18              mergedk++;
19          }
20      else
21      while (j < anotherList.size)
                                        //将 anotherList 的剩余元素放入 mergedLis 中
22          {
23              mergedList.elements[mergedk] = anotherList.elements[j];
24              mergedk++;
25              j++;
26          }
27      mergedList.size = mergedk;      //mergedList 中的元素总数
28      return (mergedList);            //返回 mergedList
29  }
```

算法分析:在算法 2-9 中,this 和 anotherList 中的所有元素都要扫描一遍,所以时间复杂度 $T(n)=O(\text{this.size}+\text{anotherList.size})$。

上述算法在初始时 mergedList 为空表,要将 this 或 anotherList 中的元素一个个放过来。由于 this 和 anotherList 已经是非递减有序序列,可根据这个特征,this 和 anoterLish 都从头开始比较,值小的放入 mergedList 中。完成这个功能需要设置 3 个指示变量,其中 i 和 j 初始时分别指向 this 和 anotherList 的第 0 个元素,mergedk 指向 mergedList 当前可放入元素的第 1 个空位,初始时为 0(程序第 01 行)。当 this 和 anotherList 中还有元素时,比较 this.get(i)和 anotherList.get(j)的大小,小的放入 mergedList 中,同时相应的指示变量后移一位,继续比较、移动,直到 this 或 anotherList 扫描完毕(程序第 04～12 行)。然后判断 this 或 anotherList 中是否有剩余元素(语句第 13 行),将顺序表剩余的元素也放入 mergedList 中。

顺序表特点可以总结如下。

(1) 顺序表中的元素依次存放在连续地址中,所以元素的地址体现了逻辑关系即物理相邻=逻辑相邻。

(2) 顺序表中每个元素的地址能通过统一的公式求得,计算时间一样,故能实现随机存取,即可以快速地存取顺序表中的任意位置的元素,读取某元素的时间复杂度为 $O(1)$。

(3) 顺序表的所有操作必须在事先申请分配好的一块连续空间内进行,属于静态管理。虽然 Java 提供了扩展空间的机制,但在很多情况下预留空间还是会造成冗余。

(4) 顺序表在插入或删除一个元素时,可能要移动大量元素,时间复杂度间为 $O(n)$。

2.3 线性表的链式存储

顺序表中数组容量一经定义难以改变，存在表满的问题。同时，删除和插入数据元素需要移动大量数据元素，效率较低。为此，需要引入线性表的链式存储结构。链式存储基本点是存储中的数据元素不再具有连续地址，同时还可根据需要随时申请或释放空间，更为灵活高效。

2.3.1 单链表概念

设 L 是线性表，对于 L 中每个数据元素 e 来说，对应存储结点是由一个数据域和一个指针域组成的结构体，其中数据域存放数据元素 e 本身信息，指针域存放 e 的后继结点地址。L 中所有结点通过指针域链接起来。这样的存储结构就称为 L 的(单)链式存储结构，基于(单)链式存储的线性表称为(单)链表(linked list)，其中“单”表示数据结点只有一个指针域。单链表结点结构如图 2-6 所示。

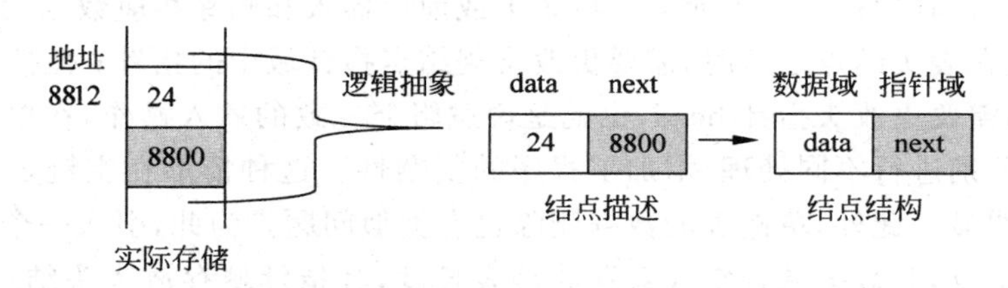

图 2-6 单链表结点结构

由上述定义可知，线性表的链式存储具有下述特征。

(1) 选取“任意可用”的内存空间存储线性表中数据元素本身，因此，链表中结点地址可以是零星分散而不连续。

(2) 采用“指针”技术存储线性表数据元素之间的“前驱”和“后继”逻辑关系。

在 C 和 C++ 中会提供指针以表示元素在内存中的地址，但这会带来安全上的较大风险。在 Java 中并没有显式的指针类型，但进行对象访问实际上是使用指针来实现的，即 Java 中是使用对象引用替代指针。实际应用中，Java 基本类库提供 java. util. LinkedList 类表示链表，以便用户使用，用户能够通过该类简单实现有关指针的操作。因此，用 Java 实现上述结点结构时，一个结点本身就是一个对象。结点数据域 data 可使用一个 Object 类型对象来实现，用于存储任何类型的数据元素，并通过对象引用指向该元素；而指针域 next 可通过结点对象引用实现。

数据域存储的是对象引用，数据实际上是通过指向数据的物理存储地址完成存储，也就是说实际操作中 Java 通过“对象引用”间接访问数据元素而不是“指针”直接访问，但在本书的图示中，为了叙述简便起见，仍然借用指针的图示“直接”指向数据元素，即在本书图示中都将数据元素直接画到了数据域中，此时需要注意实际状态与相应图示之间的区别。

线性表 L 中表头元素没有前驱，需要由辅助指针存储表头结点地址。指向表头结点的指针称为单链表的头指针变量，简称为头指针 head。头指针可以看作单链表的标识，访问表中任何一结点都必须从头指针开始：由头指针找到表头结点，再由表头结点的指针域中存放指针找到第 2 结点,依次找下去直到找到所需访问结点。当单链表为空表时,头指针 head=∧(head=null)。

线性表 L 的表尾元素没有后继,需要对表尾结点指针进行处理。通常将表尾结点的指针域置为空值∧或用 null 表示。

单链表结构如图 2-7 所示。

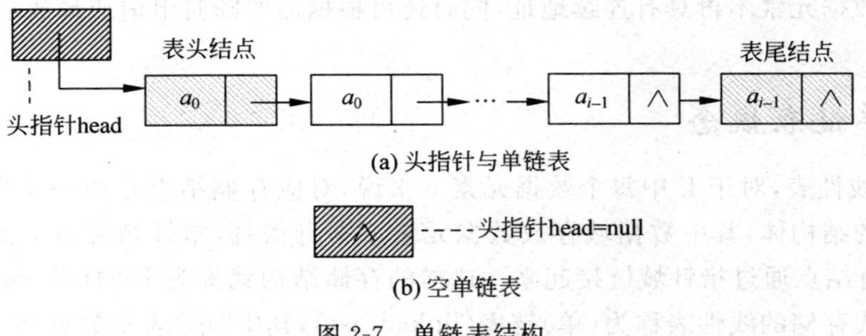

(a) 头指针与单链表

∧ ----头指针head=null

(b) 空单链表

图 2-7　单链表结构

线性表可以在其中任何一个元素的位置上或前后插入和删除相应数据元素。以插入为例,当插入位置在表头结点之后时,需要更改常规结点指针域中的指针;但插入位置在表头结点之前时,却需要更改头指针 head,也就是说逻辑上一致的插入操作,在单链表存储下需要按两种情形分别进行不同处理,增加了程序的复杂性。这种情形在空链表和非空链表的数据插入尤为明显。此外,单链表的数据删除也有类似问题。为此,引入一个与数据结点结构相同的辅助结点,其数据域置空或者存放链表长度,其指针域存放表头结点地址,这个辅助结点就称为头结点,此时,单链表的头指针 head 就不再指向表头结点而指向头结点,链表为空就是头结点指针域为空。如此的单链表称为具头结点单链表,如图 2-8 所示。

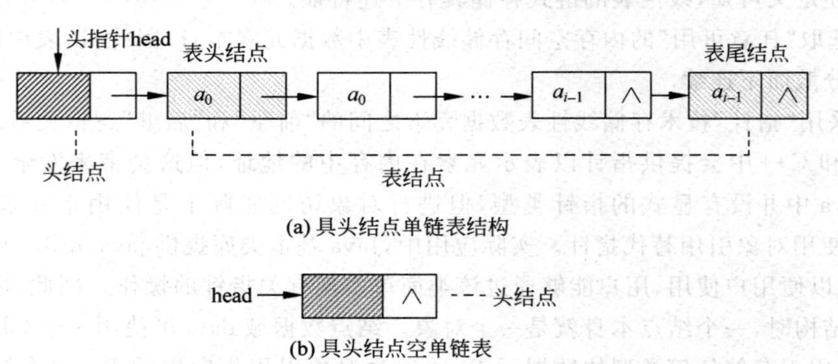

(a) 具头结点单链表结构

head → ∧ ---头结点

(b) 具头结点空单链表

图 2-8　具头结点单链表

头结点是个辅助结点,与链表中其他结点同型,因此,引入头结点后链表数据操作可得到统一处理,简化相关程序设计,提高链表操作执行效率。在具头结点单链表中,除头结点外的其他结点都称为表结点。需要注意的是,头结点是辅助结点,而表头结点是数据结点,两者不要混淆。本教材中,除非特殊说明,所涉及的单链表都是指具头结点单链表。

图 2-9(a)表示为内存中某段存储地址中的内容,表头结点的地址存储在头结点 head 的指针域中,由此找到表头结点,读取其值,再顺着该结点的指针域找到下一结点地址,如此循环,依次读取到线性表中的每个元素,直到遇到空地址结束。在分析和研究问题过程中,通

常只关心单链表中元素的逻辑顺序而不是实际存储地址,因此采用箭头将各个数据元素"串"起来,以更直观地表现结点间逻辑关联,这种情形在图 2-7 和图 2-8 中已经表明。图 2-9(a)中具体链式存储情况如图 2-9(b)所示。

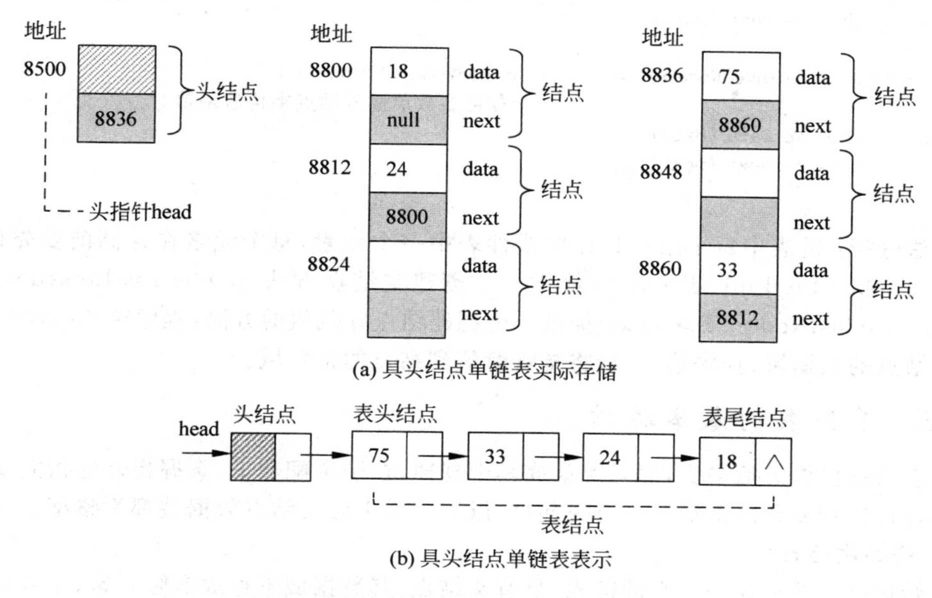

图 2-9　具头结点单链表实际存储与表示

按照上述描述,单链表中结点可以根据需要动态申请,而结点地址可以零星分散而不连续,线性表 L 中的逻辑顺序通过数据结点的指针予以实现。图 2-6 所示的单链表结点结构类型由算法 2-10 给出,并给出结点接口,在接口中定义关于所有结点的数据操作,即对结点中存储数据的存取。

【算法 2-10】 创建单链表结点类。

```
00 public class ListLinkedNode<T> {
01     private T data;
02     private ListLinkedNode<T> next;
03     public T getData() {
04         return data;
05     }
06     public void setData(T data) {
07         this.data = data;
08     }
09     public ListLinkedNode<T> getNext() {
10         return next;
11     }
12     public void setNext(ListLinkedNode<T> next) {
13         this.next = next;
14     }
15 }
```

创建结点接口后,就可通过实现结点接口完成创建单链表结点。

【算法 2-11】 创建单链表结点。

```
00  public ListLinkedNode () {                  //不带参数单链表结点类构造函数
01      this.setData (null);
02      this.setNext (null);
03  }
04  public ListLinkedNode (T data, ListLinkedNode<T> next) {
                                                //带参数单链表结点类构造函数
05      this.setData (data);
06      this.setNext (next);
07  }
```

算法分析：链表中每个结点只存储线性表中一个元素，每个元素在存储前要先进行结点申请。public ListLinkedNode ()提供一个创建空结点方法，public ListLinkedNode (T data, ListLinkedNode<T> next)提供一个创建结点并赋值的方法，程序第 05 行将元素值赋值到结点的数据域，程序第 06 行将指针赋值到结点的指针域。

2.3.2 单链表的基本操作

链表数据操作灵活多变，但只要掌握其中规律，在图示配合下，掌握指针的指向变化，则可理解各种比较复杂的情形。为方便起见，以下图示中假设结点数据域都为整型。

1. 初始化链表

初始化链表即创建一个空的链表，只有头结点，其数据域不存放实际元素，指针域为空。该头结点也必须是申请得来，如图 2-10 所示。

【算法 2-12】 初始化链表[①]

```
00  public ListLinked() {
01      head = new ListLinkedNode<T>();
02      head.setData(null);
03      head.setNext(null);
04  }
```

算法分析：如图 2-10 所示，空单链表只有一个结点头结点而没有表结点，头结点需要先进行申请(程序第 01 行)，然后将数据域和指针域置空(程序第 02～03 行)。

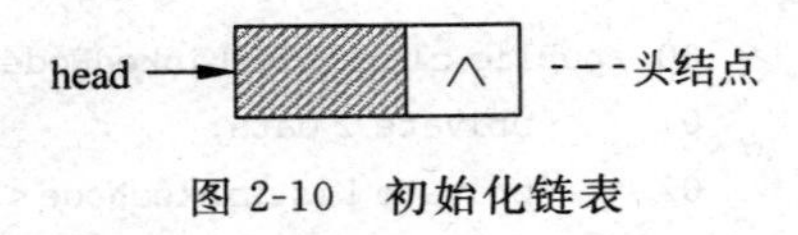

图 2-10 初始化链表

2. 插入算法与创建链表

由于链表可以为空，因此，创建链表可看作是初始化一个链表，再向初始化后空链表插入相应结点。因此，创建新链表关键点是链表插入算法。

链表插入可分为“头插法”和“尾插法”两种情形，相应也就有“头插法创建链表”和“尾插法创建链表”两种方法。

1) 头插法创建单链表

建立链表包含初始化链表以及往链表中插入所需元素。插入元素的方式有多种，可以每次都将新元素 e 插入到表头，这种建立链表的方法叫头插法建立链表。如图 2-11 所示，图中虚线代表结点 p 完成插入后的指针指向。从图中可以想到，链表中结点的顺序将与输

---

① 以下单链表基本操作需要定义一个单链表类 ListLinked，基本操作算法均为该类中的方法函数。ListLinked 类通过语句“private ListLinkedNode<T> head 定义 head 对象，算法 2-12 为该类的构造函数。

入元素的顺序相反。

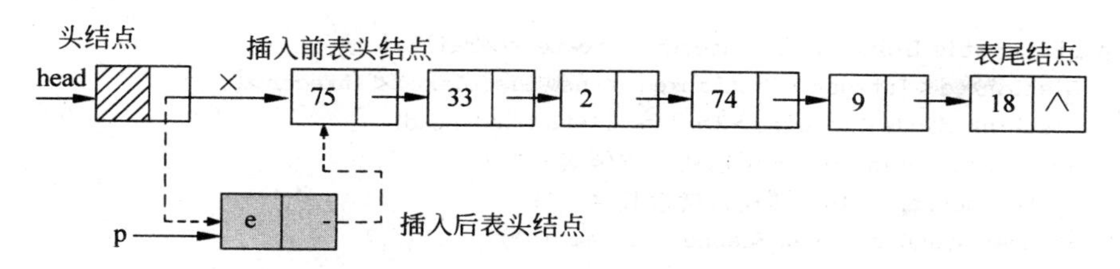

图 2-11 头插法建立单链表

【算法 2-13】 头插法建立链表。

```
00  public void addFromHead(T e) {
01      ListLinkedNode<T> p = new ListLinkedNode<T>();
02      p.setData(e);
03      p.setNext(head.getNext());
04      head.setNext(p);
05  }
06  public static ListLinked<Integer> createFromHead(){
07    ListLinked<Integer> listLinked = new ListLinked<Integer>();
08    System.out.println("-头插法建立链表-");
09    System.out.println("请输入链表长度:");
10    Scanner scanner = new Scanner(System.in);
11    int n = scanner.nextInt();
12    System.out.println("请输入值:");
13    for (int i = 0; i<n; i++) {
14        System.out.print("请输入第" + i + "个值:");
15        int value = scanner.nextInt();
16        listLinked.addFromHead(value);              //调用 addFromHead()将 value 插入表头
17    }
18    System.out.println("链表创建完毕!");
19    return listLinked;
20  }
```

算法分析：头插法建立链表先初始化单链表(程序第 07 行)，然后根据链表长度 n，输入 n 个元素，对每个元素执行 addFromHead()完成插入到表头操作。具体插入到表头需要 3 个步骤，一是为元素申请结点(程序第 01 行)，然后新结点赋值(程序第 02 行)，最后程序第 03 行新结点指针域赋值为原来的表头，程序第 04 行头结点指针域赋值为新结点，至此完成数据元素插入到表头操作。

2）尾插法创建单链表

建立链表还可以采用尾插法，此时建立链表元素顺序与数据输入顺序一致。如图 2-12 所示，图中虚线代表结点 p 完成插入后的指针指向。

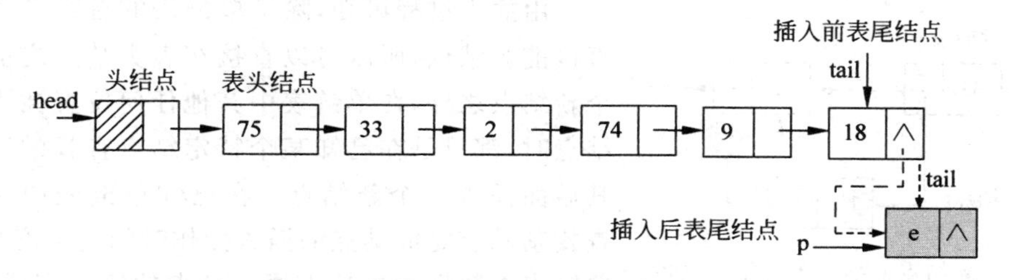

图 2-12 尾插法建立单链表

【算法 2-14】 尾插法建立链表。

```
00  public static ListLinked<Integer> createFromTail(){
01    ListLinked<Integer> listLinked = new ListLinked<Integer>();
02    ListLinkedNode<Integer> tail = listLinked.head;            //tail 为尾指针
03    System.out.println("-尾插法建立链表-");
04    System.out.println("请输入链表长度:");
05    Scanner scanner = new Scanner(System.in);
06    int n = scanner.nextInt();
07    System.out.println("请输入值:");
08    for (int i = 0; i<n; i++) {
09        System.out.print("请输入第" + i + "个值:");
10        int e = scanner.nextInt();
11        ListLinkedNode<Integer> p = new ListLinkedNode<Integer>();
12        p.setData(e);
13        p.setNext(null);
14        tail.setNext(p);
15        tail = p;
16    }
17    System.out.println("链表创建完毕!");
18    return listLinked;
19  }
```

算法分析:尾插法建立链表同样需要先初始化单链表(程序第 01 行),然后不断地插入元素到表尾。直接采用尾插法建立链表每次都需要遍历链表中结点直到尾结点,相对于头插法开销较大。因此,程序需要一个 tail 变量指向尾指针,方便每次的插入到表尾操作。注意到 tail 在链表为空时初值为头结点(程序第 02 行),新结点由于是插入到表尾,新结点的指针域置为空(程序第 13 行),并将新结点链到 tail 之后(即程序第 14 行),则将新结点作为新的表尾,保证下一次的插入正确,由程序第 15 行完成。

建立单链表的方式不止以上两种,实际上,建立链表就是不断地往链表中插入元素的过程,插入元素是很灵活的,可以插入元素到有序链表使之保持有序,或者插入元素到指定位置等,下面讨论数据元素按位插入。

3. 数据元素按位插入

在单链表中数据元素的按位插入,需定位到所需插入的结点位置,然后通过在链表中插入数据元素所属的结点来完成。对于链表的不同位置,插入过程会有一些差别。新结点可能插入到表头、表尾和某结点 q 之后(前),分别如图 2-11、图 2-12 及图 2-13 所示。图 2-13 中虚线代表结点 p 完成插入后的指针指向。

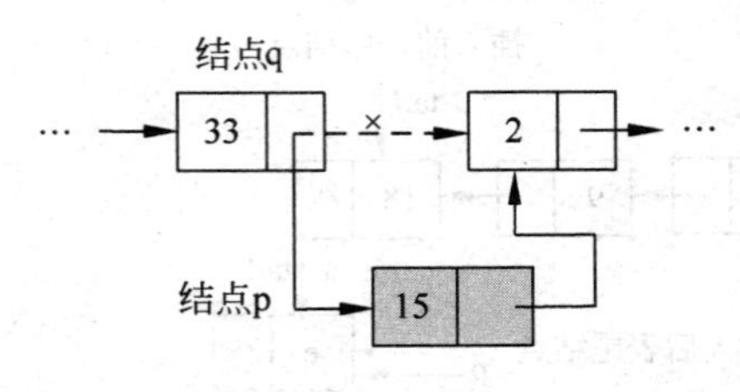

图 2-13　新结点 p 插入到 q 结点之后

由插入过程可知,除了单链表的首结点由于没有直接前驱结点,所以可以直接在表头结点之前插入一个新结点之外,在单链表中其他任何位置插入一个新结点时,都只是在已知某个特定结点查找的基础上在其后面插入一个新结点。在已知单链表中某个结点查找基础上完成结点的插入操作时间复杂度是 $O(1)$。单链表中数据元素插入通过结点的插入完成,因此在单链表中完成数据元素的插入操作要比在数组中完成数据元素的插入操作所需 $O(n)$ 的时间要少许多。

【算法 2-15】 将数据元素 e 插入到单链表中第 i 号位置。

```
00  public boolean insertAt(int i, T e){
01      ListLinkedNode<T> q = head;
02      int index = 0;
03      while(q!= null){
04          if(index == i - 1){
05              break;
06          }
07          q = q.getNext();
08          index++;
09      }
10      if(index == i - 1){
11          ListLinkedNode<T> p = new ListLinkedNode<>();
12          p.setData(e);
13          p.setNext(q.getNext());
14          q.setNext(p);
15          return true;
16      }
17      else{
18          return false;
19      }
20  }
```

算法分析：完成插入数据元素需分 3 个步骤。首先，查找到元素插入的位置，程序第 03～09 行将 q 定位到单链表的第 $i-1$ 个结点，新结点将插入到该结点之后。其次，为待插入数据元素申请结点并赋值。单链表中每个结点存储一个数据元素，由程序第 11～12 行完成。最后，完成插入，由程序第 13～14 行完成。

建立单链表可由链表初始化和插入数据元素共同来完成。在一个空的单链表的基础上，不断地按要求插入元素，即可建立需要的链表。

4. 单链表数据元素查找

在单链表中进行查找操作，只能从链表的首结点开始，通过引用每个结点的 next 依次访问链表中的相关结点，以完成查找。例如，需要在单链表中查找是否包含某个数据元素 e，则使用一个循环变量 p，起始时从单链表的头结点开始，每次循环判断 p 所指结点的数据域是否和 e 相同。如果相同，则可以返回 true；否则，继续循环直到链表中所有结点均被访问，此时 p 为 null，如图 2-14 所示。

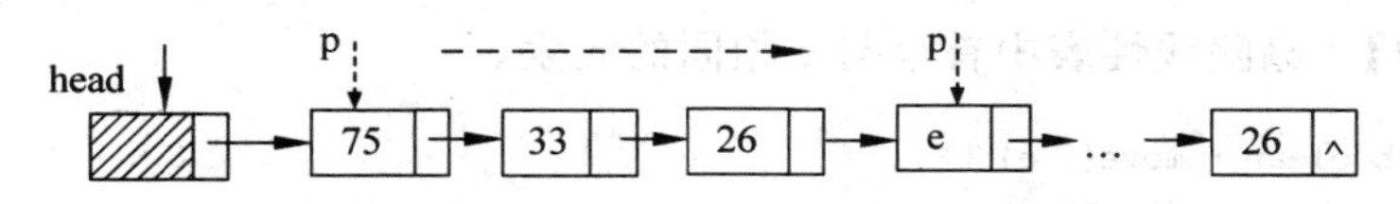

图 2-14 基于单链表的数据元素查找

【算法 2-16】 查找给定值结点。

```
00  public ListLinkedNode<T> search(T e) {
01    ListLinkedNode<T> p = head.getNext();
```

```
02      while (p != null && p.getData().compareTo(e) != 0) {
03          p = p.getNext();
04      }
05      return p;
06  }
```

算法分析：该程序的返回值是p，e找到与否还需要对p进行判断，如果p是一个空值，说明找不到，否则p为e所在结点的查找引用。

链表中已知条件只有头结点地址head，在链表中查找某个值只能按顺序从头到尾地查找。设置一个结点变量p，p初始值定位在头结点，依次将p结点值与给定值相比较。相等，则找到；不相等，则p去到下一个结点继续比较，直到找到与e相等的结点返回找到信息，或者直到p指向空结点返回找不到信息。从头到尾不断地进行比较循环体由程序第02～04行完成。

5. 单链表数据元素删除

单链表中数据元素删除通过结点的删除完成。在链表不同位置删除结点，操作过程会有一些差别。图2-15(a)、(b)和(c)分别说明在单链表的表头、表尾以及表中删除结点的过程。

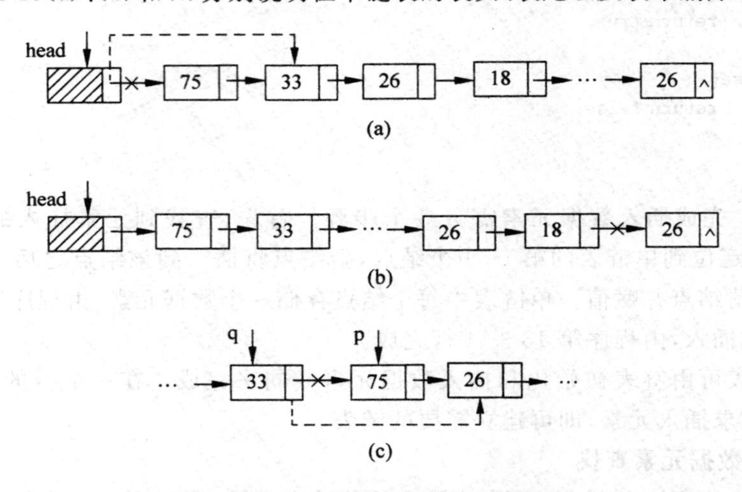

图2-15　基于单链表的数据元素删除

由上述过程可知，在单链表中删除一个结点时，除首结点外都须施行该结点的直接前驱结点的引用。在已知单链表中某个结点查找引用基础上，完成其后续结点的删除操作所需时间复杂度为$O(1)$。单链表数据元素删除通过结点删除完成，在单链表中完成数据元素删除操作时间复杂度会比在顺序表中数据删除时间复杂度$O(n)$要好。

【算法2-17】　删除线性表中首个与e相同的元素。

```
00  public boolean remove(T e) {
01      ListLinkedNode<T> q = head;
02      ListLinkedNode<T> p = head.getNext();
03      while ((p != null) && (p.getData().compareTo(e)!= 0)) {
04          q = p;
05          p = p.getNext();
06      }
07      if (p == null) {
```

```
08              return false;
09          } else {
10              q.setNext(p.getNext());
11              return true;
12          }
13  }
```

算法分析：程序需先查找元素值为 e 的结点，由语句 01～06 行完成，如查找成功，程序第 10 行实施删除。查找过程中，考虑到删除结点 p，受影响的是 p 结点前驱的指针域，故在查找 p 结点的同时，需要记录 p 的前驱 q，做法是当前结点不是要找的结点时，先由第 04 行完成将 p 结点赋值给 q，然后第 05 行 p 结点指向后继结点，即 q 是 p 的前驱。应该注意到的是，在进入 03 行的 while 循环前，需对 p 和 q 进行赋初值，p 为表头结点，q 为头结点，此时 q 也是 p 的前驱。

【算法 2-18】 删除线性表中序号为 *i* 的元素。

```
00  public ListLinkedNode<T> remove(int i) {
01      if(i<1){
02          System.out.println("下标 i 错误!");
03      }
04      int index = 1;
05      ListLinkedNode<T> q = head;
06      ListLinkedNode<T> p = head.getNext();
07      while ((p != null) && (index<i)) {
08          q = p;
09          p = p.getNext();
10          index = index+1;
11      }
12      if (index == i) {
13          q.setNext(p.getNext());
14          return p;
15      } else {
16          System.out.println("下标 i 错误,超出列表长度!");
17          return null;
18      }
19  }
```

算法分析：算法 2-18 与算法 2-17 的区别在于，算法 2-18 不需比较给定值，只需定位到链表中的第 *i* 个元素。算法如删除成功，返回被删除结点的地址，可以方便查看被删结点信息。不过链表只能顺序操作的特性，也要求只能从头到尾，利用 index 进行记数，逐步定位到第 *i* 个元素。

6. 输出单链表

已知单链表头结点为 head，输出整个单链表。

【算法 2-19】 输出单链表。

```
00  public void display() {
01      System.out.print("[");
02      ListLinkedNode<T> p = head.getNext();
03      while(p!= null){
04          T value = p.getData();
05          System.out.print(value.toString());
```

```
06        p = p.getNext();
07        if(p!= null){
08          System.out.print(", ");
09        }
10      }
11    System.out.println("]");
12  }
```

算法分析：可以采用在对链表从头到尾扫描一遍的过程中，一边输出结点信息的方法。先用指针 p 指向链表的第 1 个元素，输出 p 结点的值，然后指针 p 指向下一个结点，继续输出，继续后移，直到 p 已到链表的末尾。该部分功能由程序第 03～09 行语句完成。

在这个对链表进行遍历的过程中，还可以做一些其他操作，例如，计算结点的个数，只要在适合的地方加入计数的语句即可，这个任务交给读者来完成。又例如，也可以对输出语句做一点小修改，改成只输出偶数等。掌握对链表的遍历语句是很重要的，如找表尾、查找给定值等，都是基于链表遍历基础上的。

2.3.3 线性表存储结构比较

顺序表和链表是线性表两种重要的存储结构，这两种表示方法在不同场合各有优缺点，所以不能说孰优孰劣，只能说在某个特定环境下，综合权衡，选择出一种更优方案。

1. 空间性能比较

(1) 从存储分配方式来讲，顺序表采用的顺序存储结构，是在一块连续的地址空间依次存放元素，数据元素的逻辑关系通过元素的物理存储位置来体现，能实现随机存取。这样的存储方式要求在分配空间之初，要估计存储规模，并预留最大的存储规模，因为这片空闲空间一旦确定，难以扩充。预留最大空间的结果，防止了溢出，但同时在很多情况下，也造成了冗余。静态链表虽然也是静态分配的，但若同时存在若干个结点类型相同的链表，则它们可以共享空间，使各链表之间能够相互调节余缺，减少溢出机会。动态链表则可以根据需要随时申请空间与释放空间，结点之间的逻辑顺序靠指针域来引导。这种存储方式不需要预留空间，操作也非常灵活，不过结点的访问只能按顺序访问，不能实现随机存取。

(2) 从存储密度来讲，顺序表中的所有存储单元都可以用来存储数据元素，存储密度为 1。存储密度指的是数据元素占用的存储空间占实际分配的存储空间的比例。链表中的每个结点分为两个域，数据域存放数据元素，另外还有一个指针域(静态链表或者也叫光标域)指向下一结点地址。数据元素占用的存储空间只是数据域的部分，实际分配的还有指针域，所以存储密度小于 1。不过要指出的是，顺序表往往并不是满的，因为预留最大空间的要求往往会造成冗余。

2. 时间性能比较

时间性能的比较要说明是何种操作，先举例说明如下。

(1) **按位查找**。顺序表能实现随机存取，直接读取某位元素，时间复杂度为 $O(1)$。链表只能通过指针域按顺序存储，时间复杂度为 $O(n)$。

(2) **按值查找**。在顺序表或链表中查找某一指定值结点的位置，如采用的都是从头到尾一个个比较查找的方式，则时间复杂度均为 $O(n)$。

(3) **插入删除**。顺序表的物理顺序体现了逻辑顺序，插入删除可能要移动大量元素，与表的长度有关，平均情况下时间复杂度为 $O(n)$。链表只要确定了插入删除的位置，即可在局部修改链表，而不会影响到链表的其余位置，时间复杂度为 $O(1)$。

由此可以得到下述结论。

（1）若要求经常按位存取，很少插入删除，或者线性表元素位置基本不变时，可采用顺序存储结构；而常做插入删除操作的，可采用链式存储结构。

（2）若线性表中元素个数可预测，则采用顺序存储结构有更高的存储密度；如个数常变或变化较大，为避免冗余或溢出，可采用链式存储结构更加灵活。

具体选用还需根据实际情况，权衡利弊，综合考虑，才能选定最合适的存储方式。

2.4 链式存储其他实现方式

根据实际应用需要，除了单链表外，线性表的链式存储还有诸如循环链表、双链表以及静态链表等实现方式。

2.4.1 循环链表

在单链表中，对结点的访问必须按顺序进行访问，因为每个结点只存储了其后继的地址，所以从任一结点 p 出发，无法访问链表中的所有结点，同样无法找到其前驱结点。在实际运用中，为了某些操作实现方便，常将单链表中的最后一个结点的指针域指向头结点，这样就形成了首尾相连的模式，称为循环单链表，如图 2-16 所示。

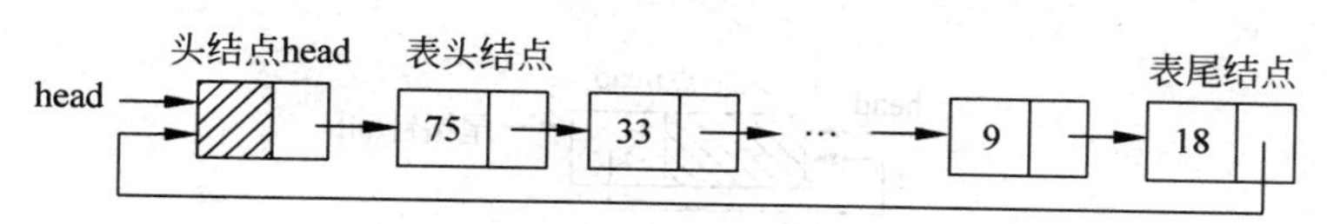

图 2-16 循环单链表

在循环单链表中，所有结点形成了一个回路，从任一结点出发，都能访问到其余的任一结点。空循环单链表的头结点指针指回其本身，如图 2-17 所示。

由上述定义可知，如果将循环单链表和普通单链表进行对比，那么可以发现，除了表尾结点有所不同之外，两者其余结点在结点结构或指针指向等各方面并无区别。循环单链表各种操作的实现基本和单链表类似，只是判别当前结点 p 是否为表尾结点的条件不同。

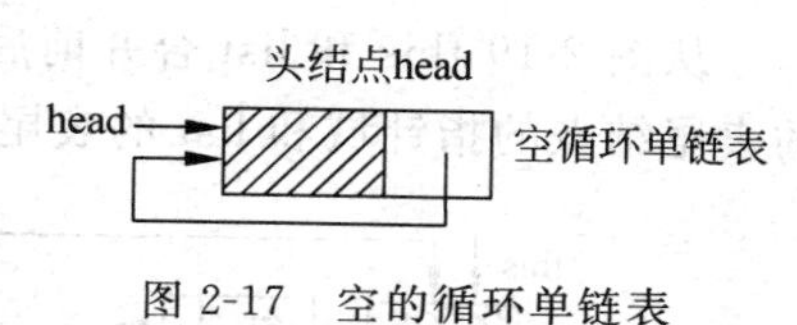

图 2-17 空的循环单链表

【算法 2-20】 输出循环单链表。

```
00  public void display() {
01    System.out.print("[");
02    ListLinkedNode<T> p = head.getNext();
03    while(p != head){
04      T value = p.getData();
05      System.out.print(value.toString());
06      p = p.getNext();
07      if(p != head){
```

```
08            System.out.print(",");
09        }
10      }
11    System.out.println("]");
12  }
```

算法分析：将算法 2-20 与"算法 2-19 输出单链表"比较可见，两个算法仅在判断变量 p 是否移动到最末尾有区别。在各种操作算法中，只要将单链表中的判别条件 p!=null 或 p.getNext()!=null 相应地改成 p!=head 或 p.getNext()!=head 即可。

有时在循环单链表中还可以设置尾指针，即循环单链表的结构不变，另设尾指针指向表尾结点，如图 2-18 所示。在仅带头结点的循环单链表中查找表尾结点时，需要从表头结点出发，顺着指针域一个一个向后查找，经过每个结点后到达表尾，时间复杂度是 $O(n)$；而在带有尾指针的循环单链表中，表尾结点即为 tail，时间复杂度为 $O(1)$。在带头结点循环单链表中查找表头结点，需要的时间复杂度是 $O(1)$；而在带尾指针的循环单链表中，表头结点即为 tail.getNext().getNext()，时间复杂度为 $O(1)$，并没有更为复杂。所以，在实际中，可以根据需要考虑采用带头结点的循环单链表还是带尾指针的循环单链表。

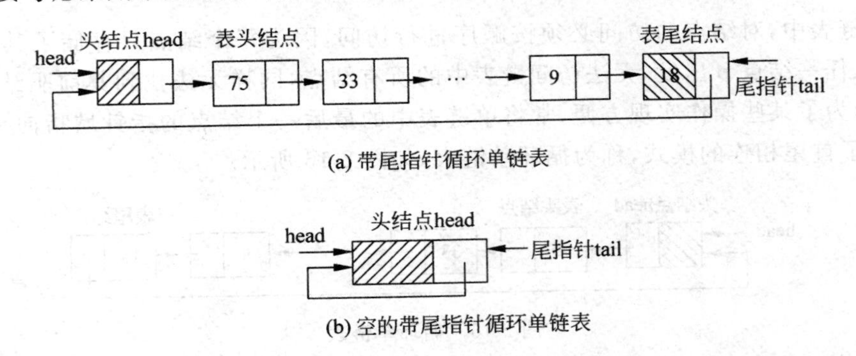

图 2-18　带尾指针的循环单链表

【例 2-2】　将当前循环单链表 this 和另外一个循环列表 list 合并到当前列表 this 中。

从图 2-19 this 和 list 合并前后的对比可知，合并后两个链表受到影响的地方仅为 this 的表尾结点的指针域和 list 的表尾结点的指针域，其他不变。

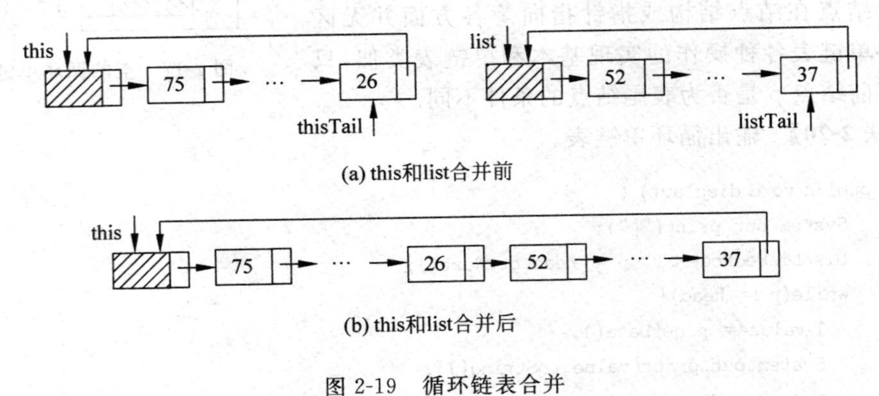

图 2-19　循环链表合并

【**算法 2-21**】 带头结点的循环单链表的合并。

```
00  public CycleLinkedList< T > mergeInUsingHead(CycleLinkedList< T > list){
01      ListLinkedNode< T > thisTail  =  this.head.getNext();
02      ListLinkedNode< T > listTail  =  list.head.getNext();
03      while(thisTail.getNext()!= this.head){
04          thisTail  = thisTail.getNext();
05      }
06      while(listTail.getNext()!= list.head){
07          listTail  =  listTail.getNext();
08      }
09      listTail.setNext(this.head);
10      thisTail.setNext(list.head.getNext());
11      return this;
12  }
```

算法分析：算法 2-21 先找到两个链表的表尾结点 thisTail 和 listTail(由程序第 03～08 句完成)，再修改这两个结点的指针域(由程序第 09～10 句完成)。在算法中，找到链表的表尾的时间和链表的长度有关，设 this 中有 n 个结点，list 中有 m 个结点，时间复杂度为 $O(n+m)$。

【**例 2-3**】 将两个带尾指针循环单链表 this 和 list 合并为 this。

【**算法 2-22**】 带尾指针的循环单链表的合并。

```
00  public CycleLinkedList< T > mergeInUsingTail(CycleLinkedList< T > list){
01    ListLinkedNode< T > thisHead  =  this.tail.getNext();
02    ListLinkedNode< T > listHead  =  list.tail.getNext();
03    this.tail.setNext(listHead.getNext());
04    list.tail.setNext(thisHead);
05    this.tail  =  list.tail;
06    return this;
07  }
```

算法分析：将例 2-3 与例 2-2 对比，功能一样，不过已知条件不同。完成合并功能要修改的是两个表尾结点的指针域，本例中两个表尾结点地址已知，不需花费时间寻找表尾结点。list 的 next 域要修改为指向 this 的头结点，而 this 的头结点也可很方便地找到(程序第 01 行)。

在算法 2-22 中，直接根据表尾指针就可找到每个需要修改的指针域的地址，算法时间复杂度和两个链表的长度都无关，时间复杂度为 $O(1)$。

2.4.2 双向链表

在单链表的基本操作中，对于删除某指定结点的操作，必须先找到该结点的前驱，再将该结点删除，问题转化为查找某结点的前驱。不管是在普通的单链表，还是在循环单链表中，已知某结点，查找其前驱，都是困难的，要从头结点开始，一个一个扫描，耗费的时间是 $O(n)$。如果需要经常查找指定结点的前驱，则还有另外一种链表结构可供采用，就是**双向链表**。双向链表与单链表的不同之处在于每个结点都增加了一个指向其前驱的指针域，其余不变。双向链表的结

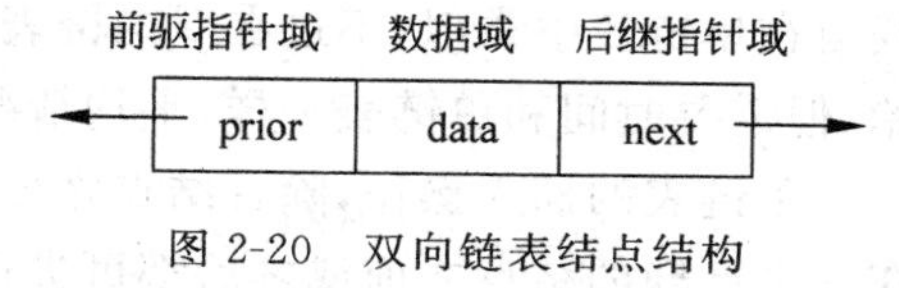

图 2-20　双向链表结点结构

点结构如图 2-20 所示。这样链表中就有了两条不同方向的链,故称双向链表。

双向链表的结点结构定义如下。

```
00  public class DoubleLinkedListNode<T>{
01      private T data;                          //数据域类型及名称
02      private DoubleLinkedListNode<T> next;    //下一结点地址
03      private DoubleLinkedListNode<T> prior;   //前一结点地址
04  }
```

双向链表与单链表类似,也可增加头结点,头结点的 next 域指向表头结点地址,使得双向链表的某些操作简便。同时也可与循环单链表类似,表尾结点的 next 域指向头结点,头结点的 prior 域指向表尾结点,称为双向循环链表。带头结点的双向链表如图 2-21 所示。

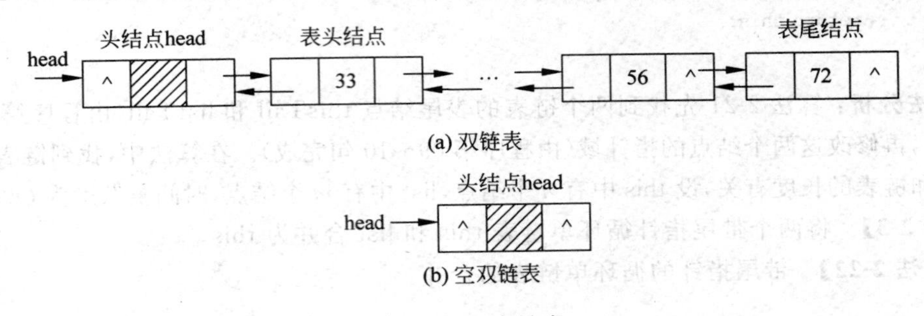

图 2-21　双向链表

双向链表中既有指向前驱结点的指针域,又有指向后继结点的指针域,寻找上一结点和下一结点非常方便。关于双向链表的基本操作,与单链表类似,在修改指针域时需要注意涉及前驱和后继的两个指针域都要修改。

1. 双向链表初始化

初始化双向链表即为创建一个空的双向链表,需创建一个新结点作为双向链表头结点,并将前驱以及后继域置为空。

【算法 2-23】 双向链表初始化。

```
01  public class DoubleLinkedList<T extends Comparable<T>>{
02      private DoubleLinkedListNode<T> head;
03      public DoubleLinkedList(){
04          head = new DoubleLinkedListNode<T>();
05          head.setData(null);
06          head.setNext(null);
07          head.setPrior(null);
08      }
09  }
```

在双向链表中同样需要完成数据元素的查找、插入、删除等操作。在双向链表中进行查找与在单链表中类似,不过在双向链表中查找操作可从链表的首结点开始,也可从尾结点开始,但需要时间和单链表一样,平均情况下需比较大约一半的数据元素,即 $T(n)\approx n/2$。

单链表的插入操作,除首结点之外须在某个已知结点后面进行,而双向链表中插入操作在一个已知的结点之前或之后都可进行。

2. 插入结点到指定结点之前

已知双向链表中的某结点 q 以及一个孤立结点 p，执行插入 p 结点到 q 结点之前的操作，如图 2-22 所示。

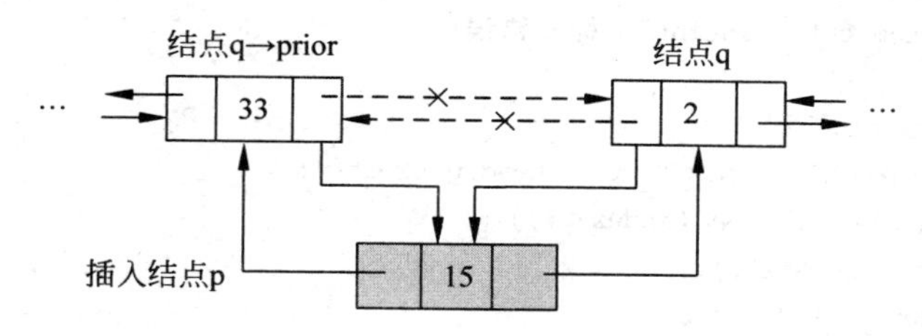

图 2-22 结点 p 插入到 q 之前

虚线代表插入 p 结点后的指针，使用 Java 语言实现整个过程的关键语句如下。

```
00  p.setPrior (p.getPrior());
01  q.getPrior().setNext(p);
02  p.setNext(q);
03  q.setPrior(p);
```

算法分析：从图 2-22 中可见，插入 p 结点后受到影响的指针域有 4 个，由 4 个语句来完成。在做孤立结点插入到链表中的操作时，有两个原则可遵循。一个就是先修改孤立结点的相关指针域，再修改链表，以免丢失某些指针域中原本的值。程序中的第 01 行和第 02 行就是修改 p 结点的两个指针域，next 域指向 q 结点，prior 域指向 q 结点的前驱结点。另一个原则是当有多个需要修改的指针域时，先修改与已知条件距离比较远的，再修改与已知条件距离比较近的指针域，以免互相距离较远的指针域受到距离较近的指针域改变的影响。在本例中，已知条件是 q 结点，原链表中要修改的是 q 的前驱域和 q 前驱结点的后继域，应先修改后者(程序第 03 行)，再修改前者(程序第 04 行)。

3. 删除结点

已知双向链表中的某结点 p，执行删除 p 的操作，如图 2-23 所示。

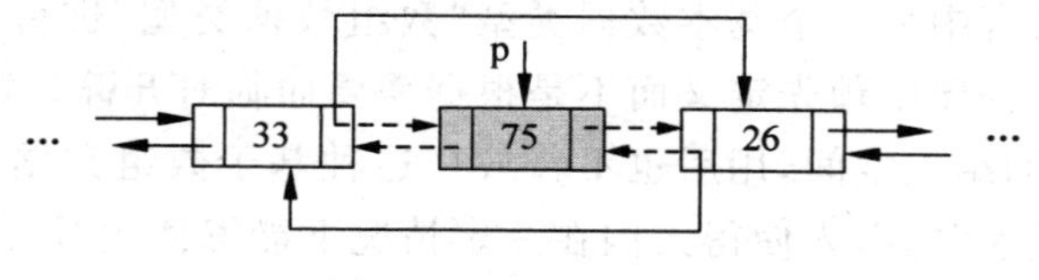

图 2-23 删除 p 结点

虚线代表删除 p 结点后的指针，使用 Java 语言实现整个过程的关键语句如下。

```
00  p.getPrior().setNext(p.getNext());
01  p.getNext().setPrior(p.getPrior());
```

在双向链表中删除 p 结点，受影响的域有 p 前驱结点的后继域(程序第 01 行)和 p 后继结点的前驱域(程序第 02 行)，要分别从两个方向修改两条链表，才能完成删除操作。

如果删除的结点是首结点或尾结点时，情况会更加简单，请读者自己分析。

在双向链表中删除某结点 p，需先查找到需要的指定结点，如删除第 i 个元素，需先将 p 定位到需删除的第 i 个元素。

【算法 2-24】 双向链表删除给定第 i 位置元素。

```
00  public DoubleLinkedListNode<T> remove(int i){
01      if(i<1){
02          System.out.println("下标 i 错误!");
03      }
04      int index = 1;
05      DoubleLinkedListNode<T> p = head.getNext();
06      while ((p != null) && (index<i)) {
07          p = p.getNext();
08          index = index + 1;
09      }
10      if (index == i) {
11          p.getPrior().setNext(p.getNext());
12          p.getNext().setPrior(p.getPrior());
13          return p;
14      } else {
15          System.out.println("下标 i 错误(超出链表长度)!");
16          return null;
17      }
18  }
```

算法分析：程序 01～03 行对参数 i 进行合法性判断。程序 04～09 行对第 i 个结点进行定位,由头结点开始,顺着指针域往下找,并由 index 进行计数。如退出循环时 index== i 则完成定位,可删除,删除由程序第 11～12 行完成；否则 i 超出链表长度,无法删除。

2.4.3 静态链表

线性表逻辑结构体现在其中数据元素之间的"前驱/后继"关系。链表通过"指针"链接存储这种逻辑关系。在算法实现过程中,链表结点通常借助于高级语言中"指针数据类型",再根据需要使用标准函数动态申请分配和释放回收,故可将其称之为动态链表。在实际应用中,也可借助高级语言中另一个基本数据类型"数组数据类型"进行链表的模拟仿真。此时,数组中结点需要在程序中预先定义而不是根据需要而临时开辟。定义时要指定其大小,即事先分配一定个数的结点空间,用后也不释放。这种基于数组数据类型实现的链表就是"静态链表"。"静态链表"的引入使得人们在一定情况下能够使用"静态"类型表示"动态"链表,在顺序存储和链式存储方式之间进行了某种意义下的沟通,为线性表的实际应用提供了存储选择方面的多样性和灵活性。

实现静态链表的一维数组是结构体数组,即数组元素为数据信息域和游标指示域组成的结构类型。信息域用来存放结点的数据信息；游标指示域指示其后继结点在结构体数组中的相对位置(即数组下标),简称游标域。结构体数据元素如图 2-24 所示。

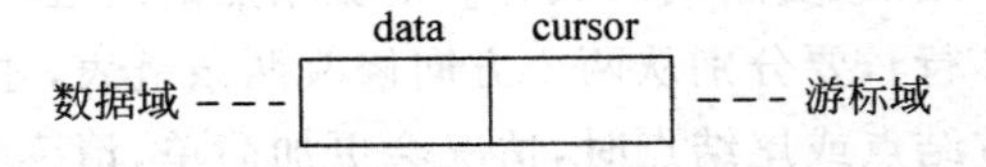

图 2-24　静态链表中的结构体数据元素

需要指出的是，这里的结构体数组元素相当于链表中的结点，而游标就相当于链表中的指针。数组的第 0 个分量可以设计成静态链表的头结点，作用相当于动态链表的头结点，头结点游标域指示了链表中第 1 个结点即表头结点的位置。静态链表中最后一个结点的游标域设定为－1，相当于动态链表中最后一个结点，即表尾结点的指针域为 null，表示静态链表的结束。

设有单链表如图 2-25(a)所示，相应的两个静态链表如图 2-25(b)和 2-25(c)所示。这表明同一单链表可以由不同静态链表进行模拟，从而体现出相应的灵活性。

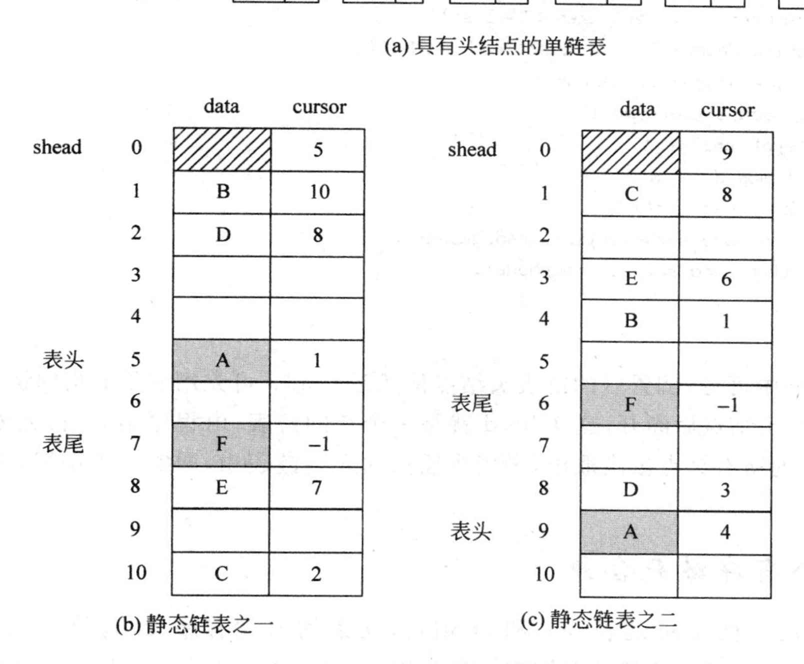

图 2-25　单链表与静态链表

静态链表的一个基本应用就是“间接寻址”，即将数组和指针整合起来使用，此时，结构体数据元素的“游标域”存放的不是数组元素的标号，而是一个单链表头结点的头指针，从而引导一个单链表。第 5 章中树的“子结点存储法”和图的“邻接表存储法”都使用了如此的存储结构，这在随后的章节学习中需要加以注意。

2.5　单链表应用及迭代器

单链表的应用广泛而灵活，下面讨论其中的一些应用实例。

2.5.1　单链表倒置

【例 2-4】　已知单链表 head 如图 2-26(a)所示，编写算法，将链表倒置，倒置后的链表如图 2-26(b)所示。

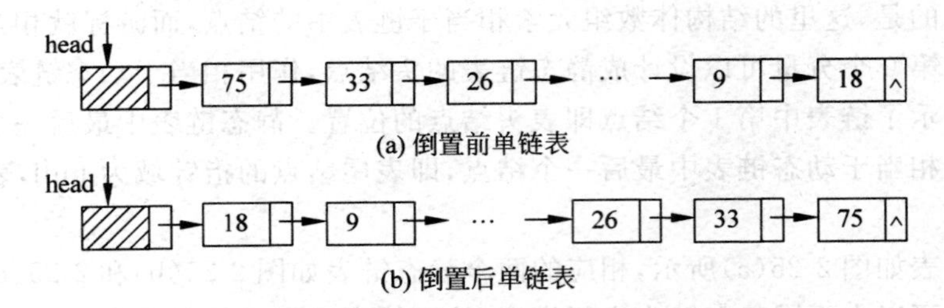

(a) 倒置前单链表

(b) 倒置后单链表

图 2-26　单链表倒置

【算法 2-25】　单链表倒置。

```
00  public void reverse(ListLinked<T> list){
01      ListLinkedNode<T> p = list.head.getNext();
02      ListLinkedNode<T> tempNode;
03      list.head.setNext(null);
04      while(p!= null){
05          tempNode = p;
06          p = p.getNext();
07          tempNode.setNext(list.head.getNext());
08          list.head.setNext(tempNode);
09      }
10  }
```

从图 2-26(b)中可见,倒置后的链表头结点依然是 head。可先用变量 p 指向链表的第 1 个结点,将链表在头结点后断开,这样 head 就是一个空的链表,由程序第 03 行完成。然后将 p 以及 p 之后的所有结点依次取出,采用头插法插入到链表中,即实现了倒置,由程序第 04～09 行完成。

2.5.2　两个有序链表合并

【例 2-5】　已知两个单链表 one 和 another,元素均递增有序,编写算法,将 one 和 another 合并成一个按元素递增的单链表 mergedList,要求用 one 和 another 中的原结点组成,不能重新申请结点。

【算法 2-26】　两个有序列表的合并(不改变 one 和 another)。

```
00  public ListLinked<T> mergeSortedList(ListLinked<T> one,ListLinked<T> another){
01    ListLinkedNode<T> p = one.head.getNext();
02    ListLinkedNode<T> q = another.head.getNext();
03    ListLinked<T> mergedList = new ListLinked<T>();
04    ListLinkedNode<T> mergedListHeadNode = mergedList.head;
05    ListLinkedNode<T> mergedListTailNode = mergedList.head;
06    while(p != null && q!= null){
07     ListLinkedNode<T> node;
08     if(p.getData().compareTo(q.getData())<= 0){
09         node = p;
10         p = p.getNext();
11     }
12     else{
```

```
13            node = q;
14            q = q.getNext();
15        }
16        node.setNext(null);
17        mergedListTailNode.setNext(node);
18        mergedListTailNode = node;
19      }
20      while(p!= null)
21          mergedListTailNode.setNext(p);
22      while(q!= null)
23          mergedListTailNode.setNext(q);
24      return  mergedList;
25  }
```

利用 one 和 another 原本已经递增有序的特点，设定两个指针 p 和 q 分别指向 one 和 another 的表头（程序第 01～02 行），p 与 q 的值进行比较，将当前值较小者插入到 mergedList 的表尾，并后移一个结点。如此循环反复，直到 p 或 q 为空。最后判断 one 或 another 中哪个链表有剩余的结点，插入到 mergedList 中，由程序第 20～23 行完成。

2.5.3 一元多项式计算

一元多项式指的是形如 $P_0+P_1x^1+P_2x^2+\cdots+P_nx^n$ 的多项式，可以进行加减乘除等运算。

【例 2-6】 编写程序，通过键盘输入两个一元多项式 headA 和 headB，能够按照指数升序排列建立并输出多项式，然后对它们进行相加运算，结果存储到 headA 中并将结果输出。如输入的一元多项式分别是 $x_1=10-8x+6x^2+3x^5$ 和 $x_2=17+8x+3x^2+5x^4+4x^6$，则它们相加的结果为 $x_1=x_1+x_2=27+9x^2+5x^4+3x^5+4x^6$。

【算法 2-27】 一元多项式相加。

```
000 public class PolynomialList {
001   private PolynomialNode head;

002   public PolynomialList(){
003       head = new PolynomialNode();
004       head.setNext(null);
005   }

006   public void addNode(PolynomialNode node){
007       if(head.getNext() == null){
008           head.setNext(node);
009           return;
010       }
011       PolynomialNode priorNode = head;
012       PolynomialNode p = head.getNext();
013       PolynomialNode nextNode;
014       while(p!= null){
015           nextNode = p.getNext();
016           if(node.getExponent() == p.getExponent()){
```

```
017                 int coefficient = node.getCoefficient() + p.getCoefficient();
018                 if(coefficient == 0){
019                     priorNode.setNext(nextNode);
020                 }else{
021                     p.setCoefficient(coefficient);
022                 }
023                 break;
024             }else{
025                 if(node.getExponent()> p.getExponent()){
026                     if(p.getNext()!= null) {
027                         priorNode = priorNode.getNext();
028                         p = p.getNext();
029                     }else{
030                         p.setNext(node);
031                         break;
032                     }
033                 }else{
034                     priorNode.setNext(node);
035                     node.setNext(p);
036                     break;
037                 }
038             }
039         }
040     }
041     public void removeNode(PolynomialNode node){
042     }
043     public PolynomialList addPolynomialList(PolynomialList list){
044         PolynomialNode priorNode = head;
045         PolynomialNode p = priorNode.getNext();
046         PolynomialNode q = list.head.getNext();
047         PolynomialNode tempNode = null;
048         while(p.getNext()!= null && q.getNext()!= null){
049             if(p.getExponent() < q.getExponent()){
050                 p = p.getNext();
051                 priorNode = priorNode.getNext();
052             }else if(p.getExponent() > q.getExponent()){
053                 PolynomialNode newNode = new PolynomialNode();
054                 newNode.setCoefficient(q.getCoefficient());
055                 newNode.setExponent(q.getExponent());
056                 newNode.setNext(p);
057                 priorNode.setNext(newNode);
058                 q = q.getNext();
059             }else{
060                 int newCoefficient = p.getCoefficient() + q.getCoefficient();
061                 if(newCoefficient == 0){
062                     priorNode.setNext(p.getNext());
063                     p = p.getNext();
064                     q = q.getNext();
065                 }else {
066                     p.setCoefficient(newCoefficient);
```

```
067                 priorNode = p;
068                 p = p.getNext();
069                 q = q.getNext();
070             }
071         }
072     }
073     if(q!= null){
074         p.setNext(q);
075     }
076     return this;
077 }

078 public void display(){
079     PolynomialNode p = head.getNext();
080     while(p!= null){
081       if(head.getNext()!= p && p.getCoefficient()> 0){
082             System.out.printf(" + ");
083         }
084         if(p.getExponent() == 0){
085             System.out.printf(" %d",p.getCoefficient());
086         }
087         else{
088       System.out.printf(" %dx ^ %d", p.getCoefficient(),p.getExponent());
089         }
090         p = p.getNext();
091     }
092     System.out.println();
093 }

094 public static void main(String[] args) {
095     PolynomialList x1 = new PolynomialList();
096     x1.addNode(new PolynomialNode(10,0));
097     x1.addNode(new PolynomialNode(-8,1));
098     x1.addNode(new PolynomialNode(6,2));
099     x1.addNode(new PolynomialNode(3, 5));
100     System.out.print("x1 = ");
101     x1.display();
102     PolynomialList x2 = new PolynomialList();
103     x2.addNode(new PolynomialNode(17, 0));
104     x2.addNode(new PolynomialNode(8, 1));
105     x2.addNode(new PolynomialNode(3,2));
106     x2.addNode(new PolynomialNode(5,5));
107     x2.addNode(new PolynomialNode(4, 6));
108     System.out.print("x2 = ");
109     x2.display();
110     x1.addPolynomialList(x2);
111     System.out.print("x1 + x2 = ");
112     x1.display();
113 }
114 }
```

算法分析：上述算法需要注意下述几点。

(1) 一元多项式的项数不确定，并且指数虽然是升序排列，但不一定相连；而且两个多项式经过相加后，this 每一项都可能会变化，可能指数没变，系数变了，则要进行修改结点操作；也可能 this 中原没有指数为 i 的结点，相加后有了，则要进行结点的插入操作；也可能 this 中原来指数为 i 的结点的系数，与 list 中指数为 i 的结点的系数正好相互抵消，则要进行结点的删除操作。由于常进行插入、删除操作，从效率上考虑，宜采用链表存储结构。

(2) 分析任意一元多项式的描述方法可知，一元多项式每一项的格式统一，都由系数、底数和指数构成，并且底数都为 x；如 $3x^5$ 系数为 3、底数为 x、指数为 5；$-8x$ 系数为 -8、底数为 x、指数为 1；17 系数为 17、底数为 x、指数为 0。所以多项式的结构定义可用结构体，结构体包含两项内容，即系数和指数，底数默认 x，可以不需要存储。一个一元多项式的每一个子项都是由“系数-指数”两部分来组成的，所以可以将它抽象成一个由“系数-指数对”构成的线性表，结点的定义如下。

```
public class PolynomialNode {
    private int exponent = -1;
    private int coefficient = 0;
    private PolynomialNode next = null;
}
```

(3) 输入并建立多项式的功能模块 addNode (PolynomialNode node)。此模块要求按照指数递增的顺序创建各个子项的“系数-指数对” PolynomialNode 结点对象，这部分功能由程序第 095～099 行完成。

(4) 多项式相加的功能模块 addolynomialList(PolynomialList list)。此模块根据建立的两个多项式 this 和 list 进行相加的运算，存放在 this 中，并不改变 list 链表。可以采用如下的方法进行设计。

设指针 p、q 分别指向描述多项式的链表 this 和 list 的第 1 个结点，priorNode 指向 p 的前驱。按程序要求，p 与 q 的指数域进行比较，如果 p 结点的指数小于 q 结点的指数，则 priorNode 与 p 同时后移一位(程序第 49～51 行)；如果 p 结点的指数大于 q 结点的指数，则新增一个结点 newNode，插入到 priorNode 与 p 之间，q 后移一位(程序第 52～58 行)；如果 p 结点的指数等于 q 结点的指数，则将两个结点的指数相加(程序第 60 行)，如相加后的指数为 0，要删除 p 结点，然后 p 与 q 同时后移一位(程序第 61～64 行)；如相加后的指数不为 0，要修改 p 结点的指数，然后 p 与 q 同时后移一位(程序第 66 行)。

(5) 打印多项式的功能模块 display()。此模块用于多项式的显示，程序可以使用文本界面，用“系数 $x^{指数}$”的形式表达式，如 $x_1=10-8x^1+6x^2+3x^5$。

2.5.4 迭代器

迭代器(Iterator)是程序设计的一种模式，它属于设计模式中的行为模式，它的功能是提供一种方法以顺序访问一个聚集对象中各个元素，而又不需暴露该对象的内部表示。

多个对象聚在一起形成的总体称之为聚集(Aggregate)，聚集对象是能够包容一组对象的容器对象。聚集依赖于聚集结构的抽象化，具有复杂性和多样性。例如，数组就是一种最基本的聚集。聚集对象需要提供一种方法，允许用户按照一定的顺序访问其中的所有元素。

而迭代器提供了一个访问聚集对象中各个元素的统一接口，简单地说，迭代器就是对遍历操作的抽象。一个迭代器中一般需要提供操作如表2-2所示。

表2-2 迭代器支持的操作类型

序号	操作	描 述
1	hasNext()	输入参数：无 输出参数：布尔值 操作功能：是否存在下一页
2	next()	输入参数：无 输出参数：元素值 操作功能：返回集合的下一个元素
3	remove()	输入参数：无 输出参数：无 操作功能：删除由next()返回的最新元素项

根据以上定义的操作，可给出迭代器的Java接口定义。

【算法2-28】 迭代器接口定义。

```
01  public interface Iterator<E> {
02      boolean hasNext();
03      E next();
04  }
```

迭代器的实现可以根据不同的聚集对象给出不同的实现，下面结合聚集对象ListLinked对象，来实现针对ListLinked的迭代器。

【算法2-29】 基于ListLinked的迭代器ListLinkedIterator。

```
00  public Iterator<T> iterator() {
01    return new ListLinkedIterator (0);
02  }
03  private class ListLinkedIterator implements Iterator<T> {
04      private ListLinkedNode<T> lastReturned;
05      private ListLinkedNode<T> next;
06      private int nextIndex;
07      ListLinkedIterator  (int index) {
08          next = (index == size()) ? null : getNode(index);
09          nextIndex = index;
10      }
11      public boolean hasNext() {
12          return nextIndex < size();
13      }
14      public T next() {
15          if (!hasNext())
16              throw new NoSuchElementException();
17          lastReturned = next;
18          next = next.getNext();
19          nextIndex++;
20          return lastReturned.getData();
21      }
22  }
```

算法分析：由于本迭代器是基于链接表聚集对象的，因此在类中有一个成员变量为链表对象引用；除此之外，还有一个用于返回当前元素的结点对象引用。ListLinkedIterator代码中各方法的正确性不难理解，且各个方法均在 $O(1)$ 时间内完成。

基于 ListLinked 的迭代器 ListLinkedIterator 实现以后，可对迭代器接口提供的方法直接使用。

【算法 2-30】 基于 ListLinked 的迭代器 ListLinkedIterator 的使用。

```
00  ListLinked<Integer> listLinked = new ListLinked<Integer>();
01  listLinked.addFromHead(1);
02  listLinked.addFromHead(2);
03  listLinked.addFromHead(3);
04  Iterator<Integer> iter = listLinked.iterator();
05  while(iter.hasNext()){
06      System.out.println(iter.next());
07  }
```

算法分析：代码 00～03 行，构建一个列表并添加 3 个元素。代码 04～07 行是使用迭代器遍历列表所有元素的代码，其中第 04 行程序通过列表对象 listLinked 获取其迭代器对象 iter；程序 05～07 行，使用 while 循环遍历列表元素。使用 hasNext()方法判断，列表中是否还有下一个为遍历元素；使用 next()方法，返回当前元素的值，并将“游标”指向下一项。

本章小结

1. 线性表概念

线性表是一种简单和基本的逻辑数据结构。

- 简单性。首先，其中数据元素具有同种数据类型；其次，其中数据元素之间“依次”排成一个“线”状结构；
- 基本性。线性表是更为复杂的逻辑数据结构(如树和图等)的基础。

线性表中数据元素之间的逻辑关系：“前驱/后继”关系。

2. 线性表存储结构

任何存储结构都要解决下列两个问题。

- 数据元素自身存储；
- 数据元素逻辑关系存储。

(1) 使用顺序结构存储的线性表就是顺序表。顺序表存储基本特征如下。

- 数据存储。使用“地址连续”的一段内存空间存储线性表中的数据元素；
- 存储关系。采用“逻辑顺序相连”的数据其“存储地址也相连”方式存储数据元素间“前驱/后继”逻辑关系。

因此，顺序存储基本特征是数据元素“逻辑关系”上的相邻与相应数据结点“物理地址”上的相邻是一一对应的。

(2) 使用链式结构存储的线性表就是链表。链表存储基本特征如下。

- 存储数据。使用“任意可用”的内存空间存储线性表中的数据；
- 存储关系。采用“指针”技术存储数据元素间“前驱/后继”逻辑关系。

因此，链式存储基本特征是数据元素逻辑关系通过相应数据结点附加“指针”实现。

(3) 线性表中数据元素逻辑关系的存储方式不同，导致了相应数据操作上基本差异。

顺序表中数据查找效率较高，但数据删除和数据插入效率较低。因此，顺序存储结构适用于数据更新不频繁(静态或准静态)的线性表。

链表中数据查找效率较低，但数据删除与数据插入效率较高。因此，链式存储结构适合于数据更新较为频繁的动态线性表。

3. 线性表操作

(1) 数据操作需要具有结构和类型上的封闭性。顺序存储结构基本特征是数据存储在一片具有连续地址的内存空间中。为了保证插入和删除后所有数据仍然“依次”存放在一片连续地址的存储空间中，需要对表中相应数据进行移动。大量的移动数据是顺序表结构关于操作的封闭性所决定。

(2) 头指针 head 指向单链表中的表头结点，是该单链表的标识。初始化单链表就是创建相应头指针，只不过 head=null，表明此时是空链表。创建链表是在初始化后向空链表中调用插入算法逐次添加数据结点。线性表可在其中任意适当位置上插入数据。由于存储头指针的单元与存储数据的结点结构不同，因此在表头结点之前和在表头结点之后各个位置上插入应该具有不同的实现方式。链表中数据删除也属此类问题。

(3) 为统一处理单链表中插入删除操作，设置一个与数据结点同型的辅助结点即头结点，此时链表头指针 head 指向头结点而不再是表头结点，如此的链表就称为具头结点的单链表。初始化就是创建具头结点的空链表，头结点的数据域置空或做其他处理，指针域为空。在具头结点单链表中，所有的插入删除操作都在头结点之后位置进行，因而统一了操作实现方式，减少运算程序复杂性。在没有特殊说明情况下，单链表通常都是指具有头结点单链表。

(4) 创建单链表可采用头插法和尾插法，但头插法复杂度是 $O(1)$ 而尾插法复杂度是 $O(n)$。这是由于采用尾插法时，每插入一个数据都需要由头结点出发走到尾结点，当插入数据规模较大时，执行开销也较大。解决此问题有两种考虑：

- 由线性表的表尾数据开始，逆向依次使用头插法；
- 设立尾指针以使用尾插法。

单链表基本操作如图 2-27 所示。

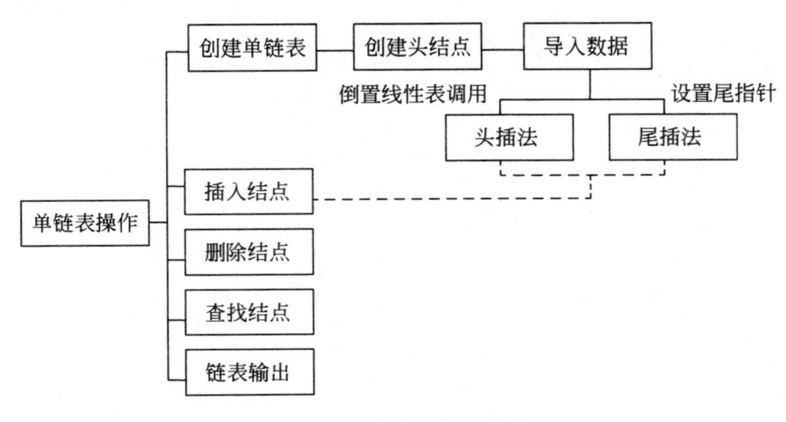

图 2-27　单链表基本操作

线性表基本内容要点如图 2-28 所示。

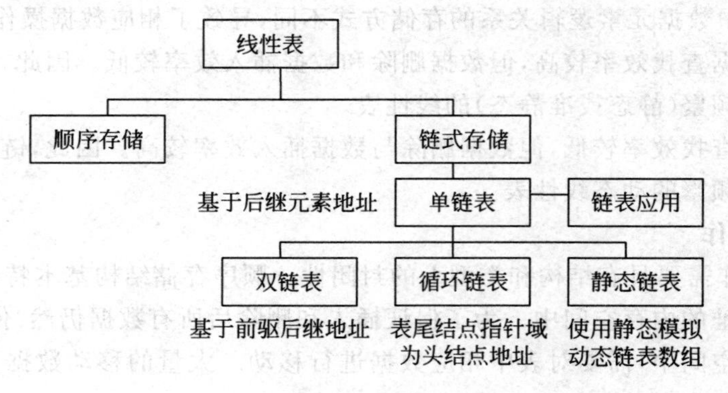

图 2-28　第 2 章基本内容要点

第3章 栈和队列

线性表是一种常用数据结构,也是讨论树、图和集合等数据结构的基础。在实际应用中,还需要使用一些对数据操作进行了某种限定的线性结构,这些特殊的线性表在不少算法实现过程中具有重要的应用。栈和队列就是这样两种限定型的基本线性结构。栈是限定只能在一端进行插入和删除操作的线性表;队列是限定只能在一端进行插入而在另一端进行删除操作的线性表。在学习本章内容过程中,需要注意以下问题。

- 栈和队列基本概念、结构特征和操作要点;
- 栈在顺序和链式存储结构下各种操作实现,栈满与栈空判定;
- 队列在顺序和链式存储结构下各种操作实现,队满与队空判定;
- 循环队列基本概念,循环队列的队空与队满判定;
- 栈和队列的基本应用及要点。

3.1 栈

栈也称为堆栈。在逻辑上可看作是一种特殊线性表,其特殊性在于数据插入与数据删除受限,只能在线性表同一端进行,对应数据操作与一般线性表有较大区别。栈在计算机技术中有着广泛应用。

3.1.1 栈基本概念

栈(stack):只能在一端进行插入和删除操作的线性表。其中,能够进行操作的一端称为“栈顶”(top),不能进行操作的一端称为“栈底”(bottom)。

如图3-1所示,栈像一个一端封闭的井,不管插入元素或删除元素都只能从开口端进行,此“开口”就是栈顶,封闭端就是栈底。栈中最后插入的元素称为栈顶元素,新元素只能插入在栈顶元素之后并成为新的栈顶元素。删除元素也是删除栈顶元素,删除后次顶元素就成为新的栈顶元素。栈的插入和删除被形象地称为进(压push)栈和出(弹pop)栈。

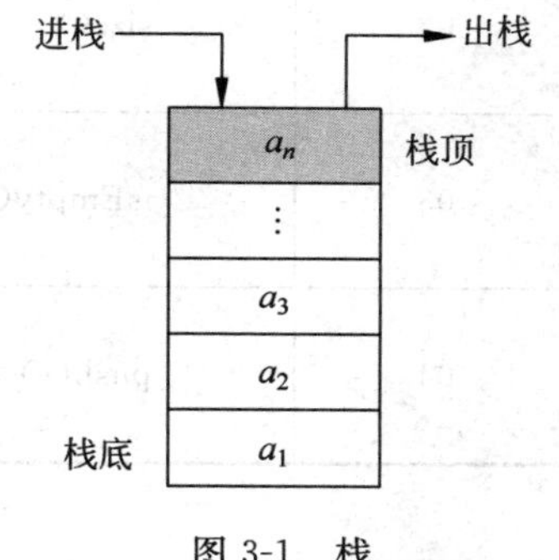

图3-1 栈

对于栈来说,越迟进入的元素,反而越早被删除,即栈的操作原则为“后进先出”(last in,first out,LIFO)。现实中栈的例子比较常见,如人们在清洗盘子时,最先洗好的盘子放在最底层,最后洗好的盘子放在最上层;使用时,从最上层取走盘子,即“最后”放置的“最先”取走。

【例 3-1】 设一个栈进栈顺序为 1、2、3、4,中间可穿插出栈操作,以下出栈顺序是否可能?

A. 1 2 3 4　　B. 4 3 1 2　　C. 2 1 4 3
D. 3 2 1 4　　E. 3 4 2 1　　F. 3 4 1 2

此类问题的要点在于上述各项中,排在第 1 位的是哪个数字,就表示由 1 到该数字的所有各项都已依次进栈。由此可知,上述 B、F 是不可能的。在 B 中,最先出栈的是 4,说明 1、2、3、4 已经依次入栈,才有可能最先出来的是 4,而 2 压着 1,根据后进先出原则,不可能先出 1 再出 2。在 F 中,最先出栈的是 3,说明 1 和 2 已经依次入栈,1 上面压着 2,1 不能先于 2 出。

栈的基本数据操作除进栈、出栈外,还有初始化栈、判断栈空、判断栈满和取栈顶元素等。假设栈 S 的类型是 Stack,数据元素类型是 DataType,栈的 ADT 定义可以描述如下。

ADT Stack is
{数据对象:D=$\{a_i \mid a_i \in \text{DataType}, i=0,1,2,\cdots,n-1, n\geqslant 0\}$
数据关系:R=$\{<a_{i-1},a_i> \mid a_{i-1},a_i \in \text{D}, i=1,2,\cdots,n-1\}$,约定 a_{n-1} 为栈顶,a_0 为栈底。
基本操作:
① clear()
② size()
③ isEmpty()
④ push(e)
⑤ pop()
⑥ getTop()
} ADT Stack

栈的基本操作及其输入输出参数如表 3-1 所示。

表 3-1　栈 ADT 基本操作

序号	操作	描　述
01	clear()	输入参数:栈 输出参数:无 基本功能:清空栈中数据元素
02	size()	输入参数:无 输出参数:非负整数 基本功能:返回栈大小,即栈中数据元素个数
03	isEmpty()	输入参数:无 输出参数:boolean 基本功能:栈空,返回 true;否则,返回 false
04	push(e)	输入参数:数据元素 e 输出参数:无 基本功能:数据元素 e 进栈

序号	操作	描　　述
05	pop()	输入参数：无 输出参数：boolean 操作功能：栈顶数据元素出栈
06	getTop()	输入参数：无 输出参数：数据元素 操作功能：获取栈顶数据元素，但不出栈

出栈操作和取栈顶操作区别：出栈是将栈顶元素删除，操作后原来的次顶元素成为新的栈顶元素；取栈顶则只是读取了栈顶元素，栈顶并无改变。

栈的ADT描述中各种操作都定义在栈的逻辑结构之上，既与数据元素类型无关，也与存储结构无关。栈数据操作的具体实现依赖于栈采用何种存储结构。

3.1.2 栈的顺序存储

作为一种操作受限线性表，栈的顺序存储结构也是使用数组依次存储栈中数据元素，此时的栈称为顺序栈。一般而言，可以选取相应线性表两端的任意一端作为"栈底"，而另一端作为"栈顶"，但通常为符合直观通常都是选择数组中下标最小的数据元素端作为"栈底"，下标最大作为"栈顶"，入栈时从低地址到高地址依次存放。栈顶元素是相应线性表的"表尾"元素。

由于栈只能在表的同一端即栈顶端完成进出栈操作，数据操作时首先需要扫描数组中栈顶元素位置，栈顶元素位置是栈的基本参数。为此设置一个整型变量top指示栈顶元素位置(栈中数组元素的最大下标变量)，并随着栈顶元素变化而动态改变。

- 初始化栈时，栈为空，不存在栈顶元素，此时top = −1；
- 栈空等价于top = −1；
- 栈满等价于top=capacity−1，其中capacity为顺序表中数组容量。

图3-2给出了top取值的各种情形。

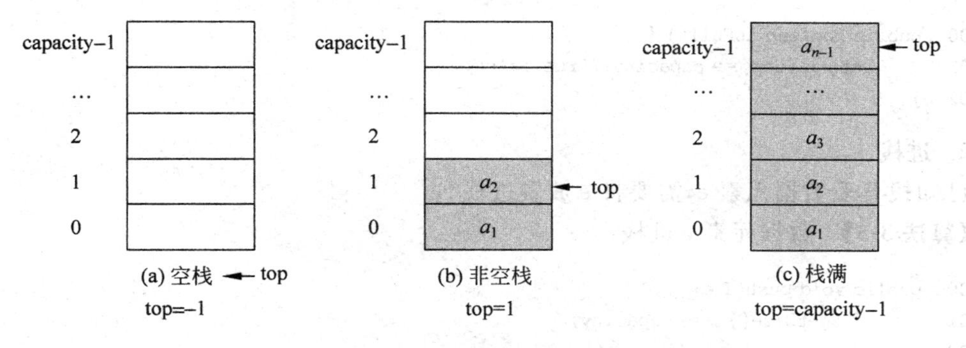

图3-2　顺序栈整型栈顶变量top

从图3-2中可知，一般情况下，top在−1和capacity−1之间动态变化，指示栈顶元素的位置，而栈的长度即栈中数据元素个数可用top表示为：top+1。

由于栈的数据操作只涉及栈顶元素，因此与一般线性表相应操作不同，对栈进行插入和删除时不需要移动栈中的其他数据元素。

1. 顺序栈初始化和基本操作

栈顺序存储结构的 Java 语言可描述如下。

【算法 3-1】 定义及初始化栈。

```
00  public class StackArray<T>{
01      private int capacity;                  //栈的最大容量
02      private int top;                       //栈顶元素所在的位置
03      private Object elements[];
04      public StackArray(int capacity){
05          this.capacity = capacity;
06          elements = new Object[capacity];
07          top = -1;
08      }
09  }
```

算法分析:以上语句定义了一个顺序存储结构的栈类型 StackArray,其中 T 代表数据元素的类型,capacity 是顺序栈最大容量,top 指向栈顶元素所在位置。初始时 top 值为 −1,表示此时是一个空栈。

常用方法有返回栈元素个数、判断栈是否为空、判断栈是否为满等,见算法 3-2～算法 3-4。

【算法 3-2】 返回栈的元素个数。

```
00  public int getSize() {
01      returntop + 1;
02  }
```

【算法 3-3】 判断栈是否为空。

```
00  public boolean isEmpty() {
01      return (top == -1)?true:false;         //top == -1 成立时代表栈空
02  }
```

【算法 3-4】 判断栈是否为满。

```
00  public boolean isFull() {
01      return (top == capacity)?true:false;
02  }
```

2. 进栈

已知栈 S 及数据元素 e,需要将 e 放置进栈 S。

【算法 3-5】 数据元素 e 进栈。

```
00  public void push(T e) {
01      if (getSize() == capacity)
02          expandSpace();
03      top++;
04      elements[top] = e;
05  }
06  private void expandSpace(){
07      Object[] a = new Object[elements.length * 2];
```

```
08        for (int i = 0; i < elements.length; i++)
09            a[i] = elements[i];
10        elements = a;
11    }
```

算法分析：顺序栈需考虑容量问题。数据 e 进栈前要求先判断栈是否满（程序第 01 行）。程序第 01 行中的 getSize()返回栈的元素个数，直接在此采用 top+1 也是一样的。如栈满，则调用程序第 06 行的方法对栈容量进行扩展。如不需扩展，也可直接提示栈满无法入栈。由于 top 指向栈顶元素位置，元素进栈前 top 应先上移一位（程序第 03 行），指向新的栈顶位置，元素再放进 top 指向的位置（程序第 04 行），这样保证操作结束后 top 含义不变。

3. 出栈

已知顺序栈 S，相应出栈算法描述如下。

【算法 3-6】 出栈。

```
00  publicboolean pop()  {
01      if (getSize() == 0){
02          System.out.print("栈是空的,无法出栈!");
03          return false;
04      }
05      top = top - 1;
06      return true;
07  }
```

算法分析：由于 top 指向栈顶元素位置，如果栈不空，元素出栈只要将 top 下移一位即可，表示当前 top 指向的才是新的栈顶。实际上，在存储单元中，原来的栈顶存在，但 top 已经不指向它，它的存在与否并不重要。当有新的元素再次入栈时会把它冲掉。至于原来的栈顶元素在被删除前是否要先取出来，视实际情况而定。

4. 取栈顶元素

已知栈 S，取出栈顶元素算法如下。

【算法 3-7】 取栈顶元素。

```
01  public T getTop() {
02      if(top == -1){
03          System.out.print("栈是空的,无法取栈顶元素!");
04          return null;
05      }
06      return elements[top];
07  }
```

算法分析：取栈顶有别于出栈，取栈顶只是把栈顶元素的值读取出来，并不修改栈的内容。当栈非空时，可以取栈顶，栈顶即 top 所指向的元素（第 06 行）。

进栈、出栈、取栈顶等算法时间复杂度都是 $O(1)$。进栈和出栈相当于在顺序表中进行插入和删除，只是此时操作对象总是线性表的最后一个元素，因此，与一般顺序表不同，无须移动大量元素。从本质上来讲，栈的操作是对线性表操作的“简化”，顺序表允许“在任意适当位置进行数据操作”，而在栈中则不会被进行。

从上面分析可知，顺序栈有容量限制，如栈元素个数较多无法确切估计栈容量时，存在因栈满而无法插入的“上溢”现象，这在栈的应用中往往会带来错误。即使 Java 提供扩充容量机制，也很费时，况且并非所有高级语言都允许扩充顺序表的容量。此时，可以采用两栈共享空间方法，即采用两栈共享一个足够大数组，此时的栈就称为双端栈，如图 3-3 所示。双端栈的原理是利用栈只能在栈顶端进行操作的特性，将两个栈的栈底分别设在同一个数组的头端和尾端，两个栈的栈顶在数组中动态变化，栈 S1 元素比较多时就占用比较多的存储单元，元素少时就让出存储单元供栈 S2 使用，从而提高了数组的利用率。

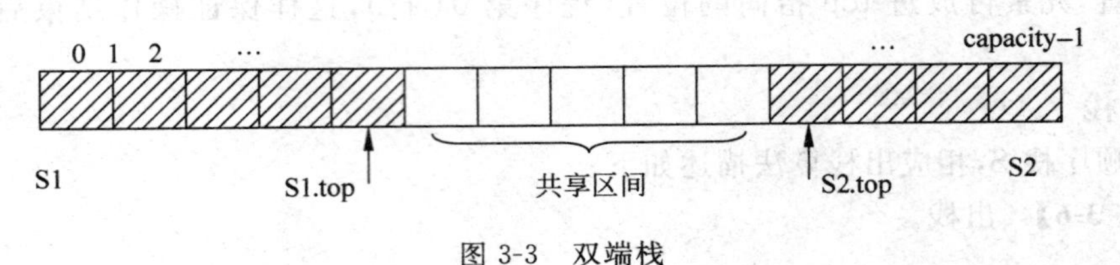

图 3-3　双端栈

在 S1 中做入栈操作时，S1. top 要加 1，在 S2 中做入栈操作时，S2. top 要减 1。随着 S1. top 和 S2. top 的动态变化，数组中间一段形成了共享区间。需要注意的是，当 S1 中元素较多，若 S2 中元素也较多，两者之和超出数组容量时，还是有可能出现上溢。多栈共享技术只是减少了上溢的发生，作为解决上溢的一种折中手段，双端栈并不能完全解决问题。如要做到根据栈的容量需求，随时申请和释放空间，就要采用链式存储结构。

3.1.3　栈的链式存储

栈的链式存储结构就是使用链表存储栈中数据元素，此时的栈称为链栈。

如前所述，一般线性表的单链表存储设立头结点是为应对“头指针所指数据结点”和“头指针所指结点之后结点”实行插入与删除数据时存在不同处理。由于栈数据操作的特殊性，插入和删除都只针对栈顶元素即头指针所指向数据结点，无须考虑“之后”问题，此时再设立头结点反而会降低算法运行效率。因此，链栈就以栈顶指针 top 作为“头指针 head”而不再增设辅助的“头结点”。链栈通常是不具头结点的单链表。

链栈为空充要条件：top 指针为空。

栈的链式存储如图 3-4 所示。

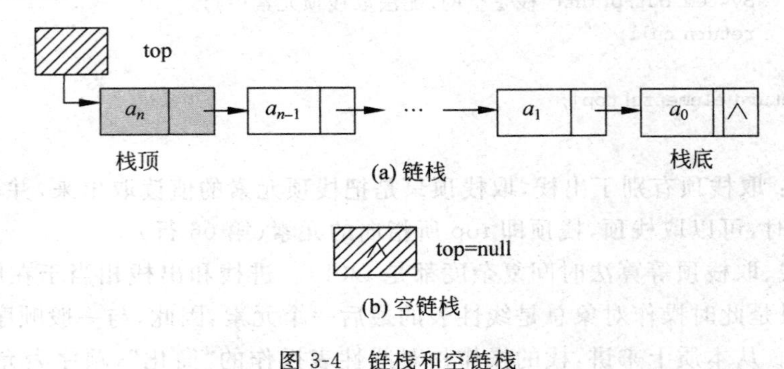

图 3-4　链栈和空链栈

1. 链栈初始化

链栈由结点组成,每个结点存储一个数据元素,在建立链栈之前,需要先对结点类进行定义。

【算法 3-8】 链栈结点类定义。

```
00  public class StackLinkedNode<T> {
01      private T data;
02      private StackLinkedNode<T> next;
03      public T getData() {
04          return data;
05      }
06      public void setData(T data) {
07          this.data = data;
08      }
09      public StackLinkedNode<T> getNext() {
10          return next;
11      }
12      public void setNext(StackLinkedNode<T> next) {
13          this.next = next;
14      }
15  }
```

结点类定义完毕可创建空链栈,即链栈初始化,见算法 3-9,初始化链栈如图 3-5 所示。

【算法 3-9】 初始化链栈。

```
00  public StackLinked(){
01      top = null;
02  }
```

图 3-5　初始化链栈

算法分析:由于栈的操作位置仅在栈顶,不像普通单链表,不设置头结点会带来插入、删除操作的差异,链栈可以不设置头结点。链栈初始化即将 top 置为空即可(程序第 01 行)。通过判断 top 是否为 null 判断栈是否为空。当栈非空时,top.getData()表示栈顶元素的值。链表没有"满"的情形,因此链栈也无须处理栈满,只要还有可用空间,就可以根据需要申请空间来存放元素,不需要事先估计栈的最大容量。

2. 进栈

已知一个数据域为 e=49 的结点 p 以及链栈 top,完成 e 进栈操作如图 3-6 所示。

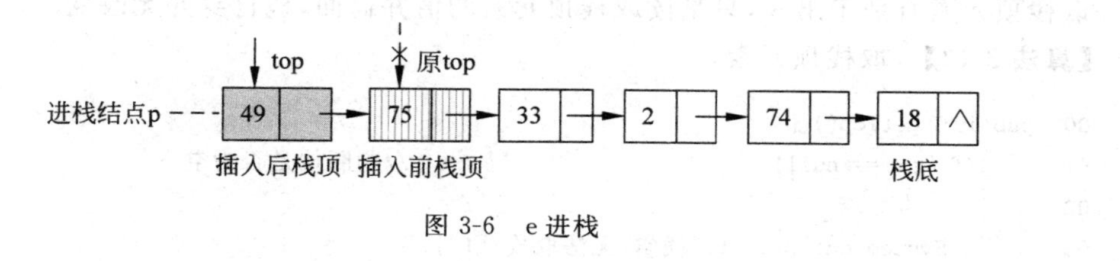

图 3-6　e 进栈

【算法 3-10】 数据元素 e 进栈。

```
00  public void push(T e) {
01      StackLinkedNode<T> p = new StackLinkedNode<T>();
02      p.setData(element);
03      p.setNext(top);
04      top = p;
05  }
```

算法分析：如图 3-6 所示，假设该栈中数据元素类型为整型。虚线代表 p 进栈后的指针指向。数据 e 进栈需要先为 e 申请一个结点空间 p 并赋值为 e(程序第 01～02 行)，再将 p 插入到 top 结点之后(程序第 03～04 行)，类似单链表中的插入结点到表头。e 所在结点 p 插入到 top 结点之后，成为了新的栈顶结点。

3. 出栈

出栈即删除栈顶结点。只要栈是非空的，删除 top 结点所指向的元素，操作类似于单链表中删除指定结点的后继，如图 3-7 所示。

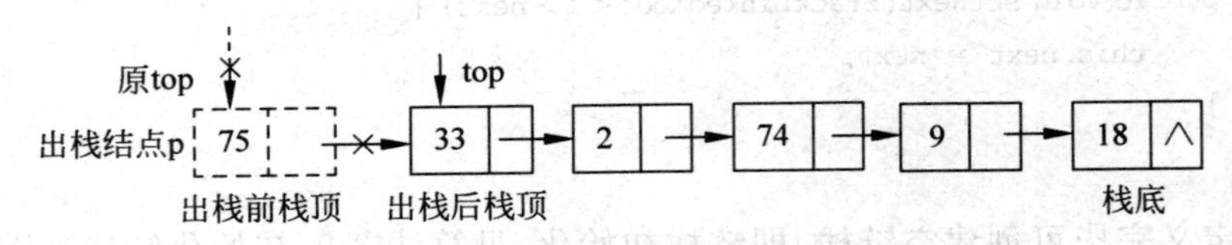

图 3-7　出栈

已知链栈 S，要求完成出栈操作。

【算法 3-11】 栈顶元素出栈。

```
00  public boolean pop() {
01      if (top == null)                          //判断栈是否为空
02      {
03          System.out.printf("栈空，无法出栈!");
04          return false;
05      }
06      top = top.getNext();                      //p指向栈顶，待删除
07  return true;                                  //top结点指针域跳过p，指向p的后继
08  }
```

算法分析：算法中先判断栈是否为空，空栈无法出栈(程序第 01～05 行)。在栈不空的情况下，删除 top 指针域所指向的结点(程序第 06 行)，即栈顶结点。

4. 取栈顶元素

取栈顶元素有别于出栈，只是读取栈顶元素的值并返回，栈自身并无改变。

【算法 3-12】 取栈顶元素。

```
00  public T getTop() {
01      if (top == null)                          //判断栈是否为空
02      {
03          System.out.printf("栈空，无法取栈顶!");
```

```
04          return(null);
05      }
06  return(top.getData());
07  }
```

算法分析：取栈顶同样需要判断栈是否为空，栈非空时，返回 top 指针所指向结点的值（程序第 06 行），即栈顶元素的值。

上述操作算法复杂度是 $O(1)$。

链栈操作实际上还是单链表操作，只需注意只能对栈顶元素进行的操作要点即可。链栈解决了顺序栈"上溢"问题。实际中通常需要根据情况考虑选用顺序栈还是链栈。例如，当栈中元素最大个数可确定，且变化不大时可选用顺序栈；当栈元素个数不可估计，或者长度变化较大时可选用链栈。

3.2 栈的应用

栈所具有的"后进先出"特性，使得栈成为程序设计中的有用工具。本节将讨论栈的几个典型应用。

3.2.1 数制转换

进制转换是一种常见的数值计算问题，例如，将十进制数转换成八进制数、八进制转换为二进制等。进制转换可以通过重复下述步骤实现，直到 N 等于 0。

（1）$X=N \bmod d$　　其中，mod 为求余运算。

（2）$N=N \operatorname{div} d$　　其中，div 为整除运算。

最后将得到的一系列余数"倒转"排列就是转换后所需要的结果。

例如，求十进制数 2007 相应的八进制数，其运算过程如图 3-8 所示。设初始 $N=2007$，对其不断地进行关于 $d=8$ 的求余运算，得到的结果依次为 7、2、7、3，将其"反转"排列就得到 $(2007)_{10}=(3727)_8$。

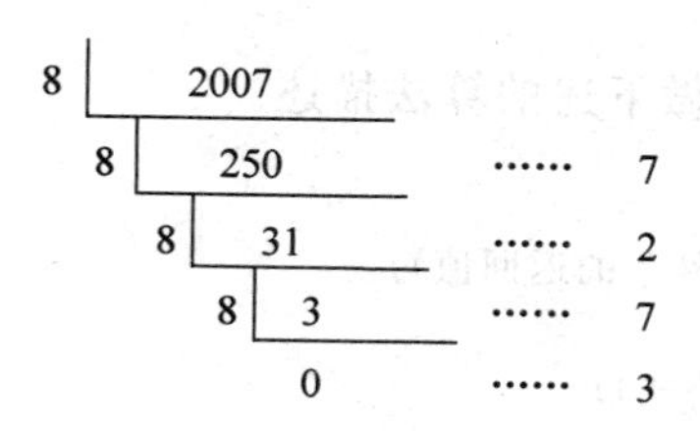

图 3-8　数制转换实例

上述过程是从低位到高位产生八进制数的各个数位，而在输出时需要从高位到低位进行输出，这正好产生数位的顺序相反。即越晚生成的数位越早需要输出，此时，数位使用具有"后出现先使用"特点，因此运算生成的结果数位可使用栈进行存储，然后从栈顶开始依次输出，即得到相应转换结果。

算法 3-13 实现十进制到八进制转换，输入十进制正整数 x，输出打印相应的八进制数。

【算法 3-13】 十进制数转换成八进制数。

```
00  public void baseConversion(int x){
01      StackLinkedNodestack = new StackLinked();
02      while (x>0){
03          stack.push(i%8);
04          i = i/8;
05      }
06  while (!stack.isEmpty() {
07      System.out.print((String)stack.getTop());
08          stack.pop();
09      }
10  }
```

算法分析：程序第 01 行初始化一个链栈，程序第 02～05 行依次将 x 的求余结果入栈，然后再依次出栈输出(程序第 06～09 行)即为转换结果。注意程序第 07 行为输出栈顶，并不影响栈中其他数据，程序第 08 行为出栈即将栈顶删除。

3.2.2 栈在递归中的应用

递归是一种特殊的嵌套调用，即在调用一个函数过程中又出现直接或间接地调用该函数本身的情形。递归调用基本思想是把一个大型复杂问题逐步转化为一个与原问题相似但规模较小的问题，即将一个难直接解决的“大”问题逐层分解为越来越小、越来越容易解决的“小”问题，其中分解的特征是每一次分解得到的问题，其解决都依赖于下次分解问题的解决。如此一直到达“不能”再分解的位置，而该位置上的问题是有明确解答的，然后通过逐步回溯，由反向前层“较小”问题的解决回过头来解决反向后层“较大”问题的解决。

递归过程需要解决递归计算公式和递归结束条件两个问题。

(1) **递归计算公式**。大问题在变成次大问题中的表现出来的规律，需要清楚表达这个大问题与下一级的次大问题有什么联系。

(2) **递归结束条件**。解决递归问题中的分解不能无终止地分解下去，需有一个结束的条件，这样才可以由结束递归再返回层层解套，最终解决整个问题。递归的结束条件也称为递归出口。

上述递归问题的解决大致做下述的算法描述。

```
if (递归结束条件)
        return (递归结束条件下的返回值);
else
        return  (递归计算公式);
```

递归要点是递归子函数的调用，这是模块化程序设计的一个重要体现。调用子函数就是运行子程序，需要在运行子程序时记录相应的诸如中间结果和存储地址等信息，以便返回使用。这里子程序运行结果的存储与调用具有“先进后出”的特征，因此通常可采用栈作为辅助存储结构进行保存。使用栈完成子程序调用与结果返回规程如图 3-9 所示。

1. 阶乘计算

n 阶阶乘 $f(n)=n!=n(n-1)!$ 的计算过程体现了递归思想的应用。

n 阶阶乘(factorial)$n!$ 是基斯顿 · 卡曼(Christian Kramp，1760—1826)于 1808 年提出

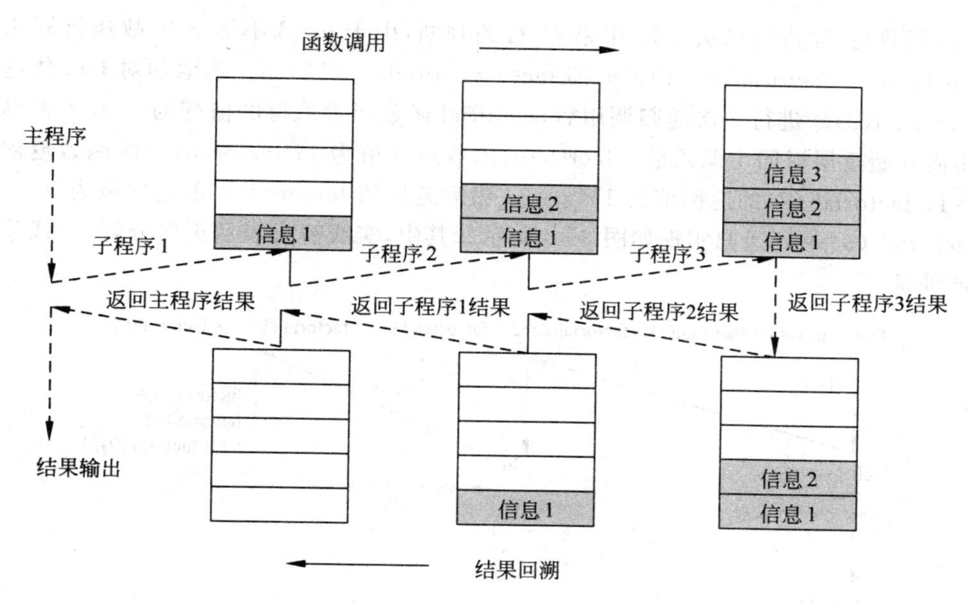

图 3-9 函数调用与结果返回

的运算符号。n 阶阶乘 $n!$ 指从 1 乘以 2 乘以 3 乘以 4 一直乘到所要求的自然数 n，即前 n 个自然数的连乘。如所要求的数是 3，则阶乘式是 $1\times2\times3$，得到的积是 6，6 就是 3 的阶乘结果。如所要求的数是 n，则阶乘式是 $1\times2\times3\times\cdots\times n$，设得到的积是 x，x 就是 n 的阶乘结果。求 $n!$ 时，如 n 比较大，$n!$ 就会很大，一般比较难计算，用计算机计算是常用的快捷方法。

使用递归的思想来考虑 $n!$ 的计算，即要求解 $n!$，先要求解 $(n-1)!$；要求解 $(n-1)!$，又要先求解 $(n-2)!$ ……要求解 2!，先求解 1!；要求解 1!，要先求解出 0!。而 $0!=1$ 是递归结束的返回值，即 $n=0$ 就是递归出口。然后再返回层层解套：$1!=0!\times1=1$，进而求 2!，3!……$n!$。相应如算法 3-14 所示。

【算法 3-14】 递归方法求解 n 的阶乘。

```
00  public int factorial(int n){
01      int fact = 1;
02      if(n == 0){
03          fact = 1;
04      }else{
05          fact = factorial(n - 1) * n;
06      }
07      return fact;
08  }
```

算法分析：上述算法程序中给出的阶乘函数 factorial 是一个递归函数。假设输入的 n 是合法的，即 $n\geqslant0$。如果 $n==0$ 时将结束函数的执行，否则就递归调用 factorial 函数自身。由于递归调用的实参为 $n-1$，即把 $n-1$ 的值赋予形参 n；当 $n-1$ 的值为 1 时，此时 $n-1$ 不等于 0，继续作递归调用，当形参 n 的值为 0 时，递归终止。然后逐层退回。假设执行上述程序时输入为 3，即求 3!。在主函数中的调用语句即为 fac＝factorial(3)，进入

factorial 函数后,先进行算法 3-14 中第 02 行的判断,由于 $n=3$ 不等于 0,故执行算法 3-14 中第 05 行 fac= factorial($n-1$)×n,即 fac= factorial(3−1)×3。该语句对 fact 作递归调用即 factorial(2)。进行 2 次递归调用后,factorial 函数形参取得的值变为 0,故不再继续递归调用而开始逐层返回主调函数。fact(0)的函数返回值为 1; factorial(1)的函数返回值为 1×1=1; factorial (2)的返回值为 1×2=2; 最后返回值 factorial(3)的返回值为 2×3=6。

factorial (3)=3!递归实现如图 3-10 所示。其中,实线箭头表示正向分解,虚线箭头表示反向回溯。

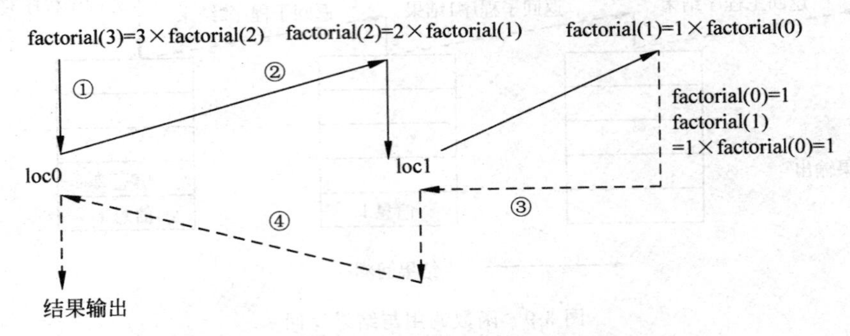

图 3-10 基于递归的 3!计算过程

递归过程中函数调用需要考虑下述几个基本问题。

(1) **实际参数**。即每次调用中与形式参数相关联的实在参数,其中包括函数名称,引用参数和实在参数等,例如,在图 3-10 首次调用过程中需要将实参 3 传递给 factorial(n)的形参 n。

(2) **计算结果**。即回溯过程中每次得到的计算结果,例如,factorial(1)=1,factorial(2)=2,factorial(3)=6。

(3) **返回地址**。即回溯过程中需要返回的地址,也就是上一层中本次调用自身语句的后继语句位置,例如,图 3-10 中的 loc0 和 loc1 等。

(4) **局部变量**。即计算过程中涉及到的局部变量,例如,算法 3-14 中的 fact。

上述四点通常构成递归过程中的工作记录,它们记录了当前调用的现场环境。每进行一次递归调用,就产生一项工作记录,它们需要逐个保存,以保证回溯过程的正确进行。

显然,"较后"产生的工作记录在回溯过程中却是"较先"使用,即需要保存的工作记录具有"后进先出"的特征,因此可以使用一个工作栈来保存递归过程中的工作记录。也就是说,利用栈的 LIFO(Last In First Out,后进先出)特性,在大问题分解为次大问题前,将工作记录存储在工作栈里面,每次递归返回时,栈顶元素出栈,使相应的实参和局部变量恢复为调用前的值,然后转向返回地址指定的位置继续运行。递归是一种层层深入嵌套、再层层解套的过程,因此其工作记录的保存与使用符合栈 LIFO 的特性。

由上述分析可知,递归过程中的工作记录是递归得以实现的基本保证,而工作记录能够使用栈进行存储,这就是栈在递归过程中应用的基本要点。

栈在计算 factorial(3)=3!中的使用过程如表 3-2 所示。其中,"执行"栏中表示算法 3-14 中的程序行号; 工作栈中存放的工作记录为四元组: ＜实参 n,局部变量 fact,返回地址 loc,计算结果 fact＞; 而=、* ①和 * ②分别表示程序运行中出现的赋值运算符=以及第 1 次和第 2 次出现的运算符 * 。

表 3-2　3！计算过程中工作栈的使用

步骤	运算	执行	地址	工作栈	操作说明
00	fact(3)	03,06	中断：=	3,3,=,∧	中断地址为=，入栈，继续 fact(2)
01	fact(2)	03,06	中断：*① 中断：=	2,2,*①,∧ 3,3,=,∧	中断地址为*，入栈，继续 fact(1)
02	fact(1)	03,06	中断：*② 中断：*① 中断：=	1,1,*②,∧ 2,2,*①,∧ 3,3,=,∧	中断地址为*，入栈，继续 fact(0)
03	fact(1)	03,04 06	返回：*② 返回：*① 返回：=	1,1,*②,1 2,2,*①,∧ 3,3,=,∧	由 fact(0)得 f(1)=1，出栈，返回地址为*②
04	fact(2)	06	返回：*① 返回：=	2,2,*①,2 3,3,=,∧	由 fact(1)得 f(2)=2，出栈，继续返回地址为*①
05	fact(3)	06	返回：=	3,3,=,6	得 f(3)=6，出栈，继续返回地址为=
06	fact(3)	07	∧	∧	返回 fact(3)

递归目的是简化程序设计，使程序易读。对于一个能够找出递归规律的函数，通常比较容易将其程序化，再考虑到一些边界问题就可以编写出递归程序，如前述 factorial 算法。但递归也会迅速地增加系统开销，在时间上，反复执行函数的调用与返回，次数要比非递归函数大得多；在空间上，栈空间会占用大量资源，每递归一次，栈内存就多占用相应的存储空间。递归函数在时空开销上的不利因素会对算法性能产生较大的影响。

下面算法 3-15 是 factorial 函数的非递归算法。

【算法 3-15】　非递归方法求解 n 的阶乘。

```
00  public int factorialUsingNonRecursion(int n){
01      int result = 1;
02      for(int i = 1;i <= n;i++){
03          result  =  result * i;
04      }
05      return result;
06  }
```

大多数的递归函数都能用非递归函数来替代，理论上也已经有了递归函数到非递归函数的形式转换方法。但递归方法作为对特殊问题的一种处理方法，仍占编程的一席之地，许多高难算法的简洁描述，往往采用递归，而且递归在迅速推出栈结构的技术处理上还能受到溢出异常等机制的意外帮助。如下面将要讨论的 Hanoi 塔问题，用递归描述简洁明了，其非递归算法则比较繁复。

2. Hanoi 塔问题

Hanoi 塔是印度的一个古老传说。据说开天辟地的神勃拉玛在一个神庙里留下 3 根金刚石杆。第 1 根上面套着 64 个金圆盘，最大一个在最下边，其余一个比一个小，依次叠加上去。庙里众僧必须一刻不停地将它们一个个地从这根杆搬到另一根杆上，规定可利用中间一根杆作为辅助杆，但每次只能搬一个，使用辅助杆时大的圆盘也不能放在小的上面。假设僧侣们每秒钟移动一次圆盘,则需要 18 446 744 073 709 551 615 即大约 10E19 秒才能最终完成。一旦移完最后一张圆盘,世界就会在轰隆一声巨响当中化为灰烬。按照最新科学估计,现有宇宙年龄为 10E10 年的量级(137 亿年),一年大约是 10E7 秒的量级(65×24×60×60=31 536 000 秒),所以宇宙年龄为 10E17 秒量级(137×31 536 000=432 043 200 000 000 000 秒)。也就是说,僧侣们还需要 100 倍的宇宙年龄才能完成他们的工作。另外,人们估计,地球的寿命大约为 10E9 年量级(70 亿年左右,已经过去了 46 亿年),换算为秒为 10E16 秒量级(70×31 536 000=2 207 520 000 000 000 000 秒),来不及等待移完圆盘,实际上地球早就没有了。人们将这个传说逐渐演变为下述的 Hanoi 问题。

- 设有 3 根杆子 A、B、C。A 杆上有 n 个圆盘,从小到大相叠着,编号由 1 到 n;
- 每次移动一块圆盘到另外一个杆上,但要求每个杆上的圆盘只能是小的叠在大的上面;
- 把所有圆盘从 A 杆全部移到 C 杆上,可利用 B 杆作为过渡。

当 $n=3$ 时,圆盘搬动过程如图 3-11 所示。

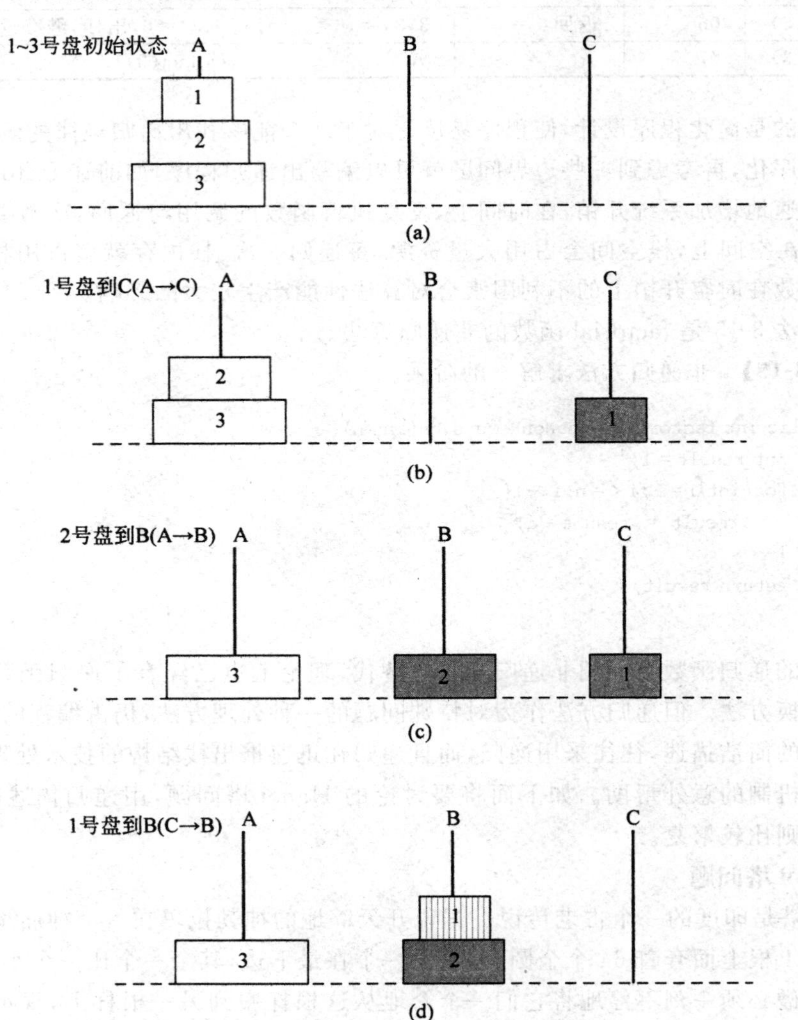

图 3-11　三阶 Hanoi 问题求解过程

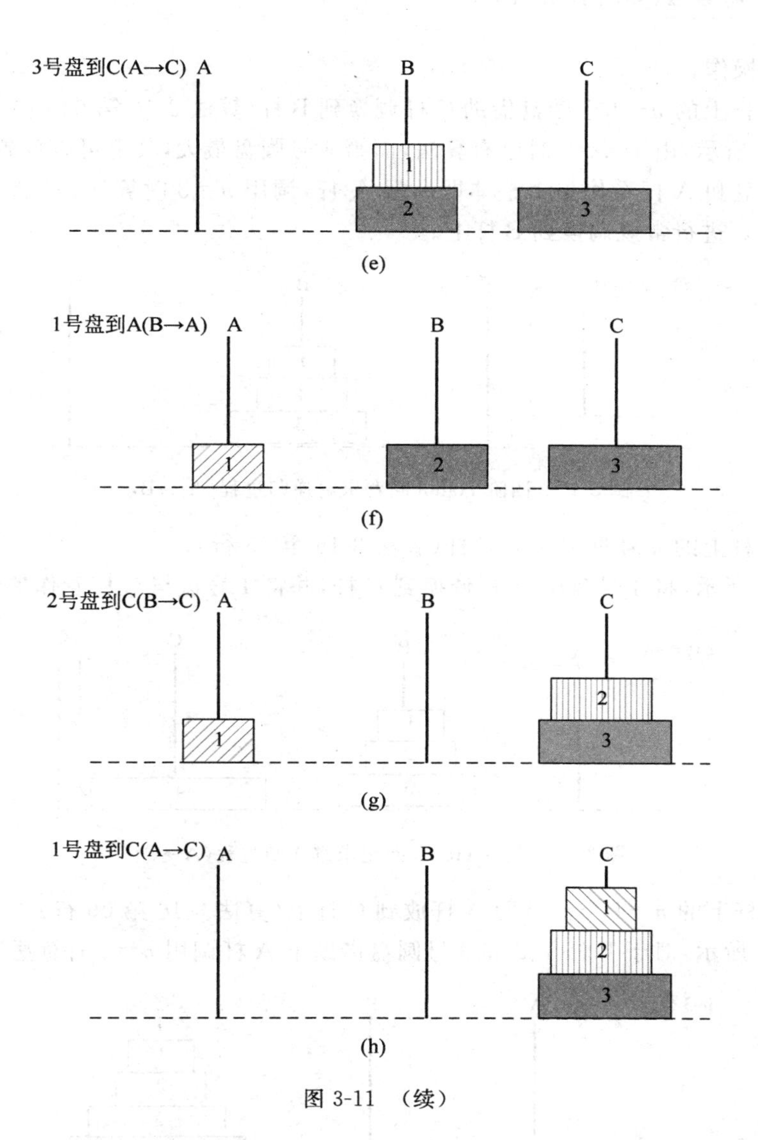

图 3-11 （续）

从直观上考虑，当 n 较大时相应问题可能更为复杂。但通过研究发现，圆盘移动过程有规律可循。设 n 是任意自然数。

假设需要将 n 个圆盘由 A 柱移动到 C 柱，而 B 作为辅助暂时存放圆盘。

- 当 $n=1$ 时，只须将 A 杆上的一个圆盘直接放到 C 杆上（算法 3-16 第 02 行）。
- 当 $n>1$ 时，将编号 1 到 $n-1$ 的圆盘视为一个整体，即将这 $n-1$ 个圆盘视为问题规模少 1 的一个问题整体。

如图 3-12 所示，这里设 $n=4$。

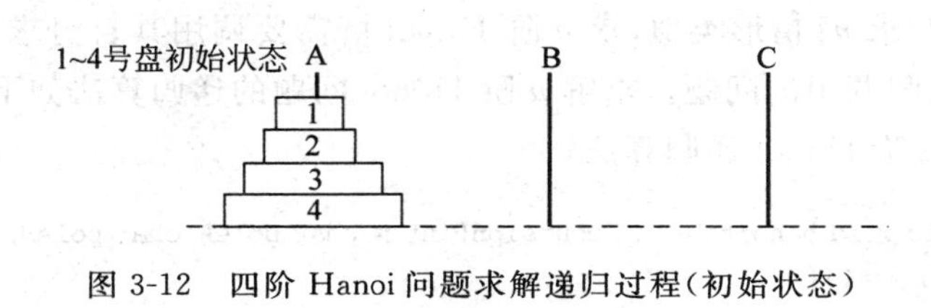

图 3-12 四阶 Hanoi 问题求解递归过程（初始状态）

完成下述操作。

(1) 将 A 杆上的 $n-1$ 个圆盘借助 C 杆调换到 B 杆(算法 3-16 第 04 行)。

如图 3-13 所示,由于 $n=3$ 时已有算法,而第 4 号圆盘最大,其上可以放置任何圆盘,故可以将 4 号圆盘和 A 杆看作一个整体即一根 A′杆,调用 $n=3$ 时算法,对 A′杆上 1、2 和 3 号圆盘借助于 C 进行常规调换到 B 杆上。

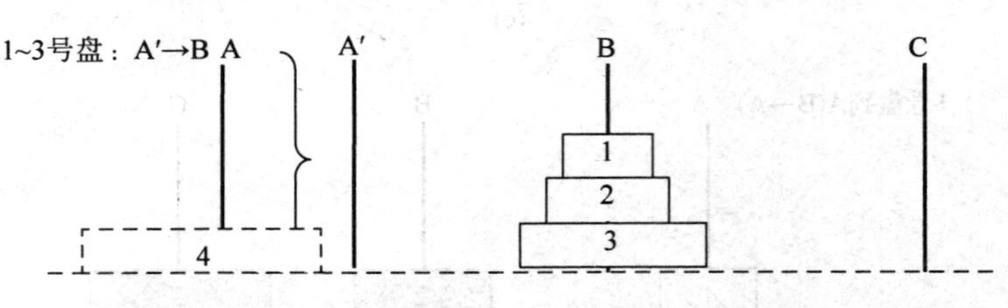

图 3-13 四阶 Hanoi 问题求解递归过程(A′→B)

(2) 将 A 杆上的 n 号盘调换至 C 杆(算法 3-16 第 05 行)。

如图 3-14 所示,将 4 号盘由 A 杆调换到 C 杆,并将 4 号盘与 C 杆看作整体为 C′杆。

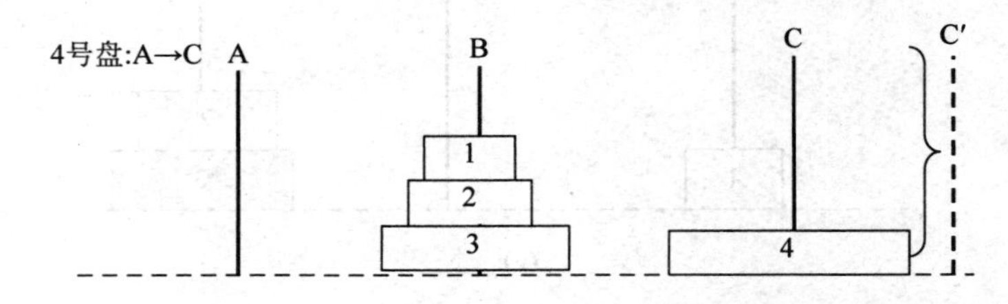

图 3-14 四阶 Hanoi 问题求解递归过程(A→C)

(3) 将 B 杆上的 $n-1$ 个盘借助 A 杆放到 C 杆上(算法 3-16 第 06 行)。

如图 3-15 所示,对于 B 杆 1、2 和 3 号圆盘借助于 A 杆调用 $n=3$ 时算法调换至 C′杆。

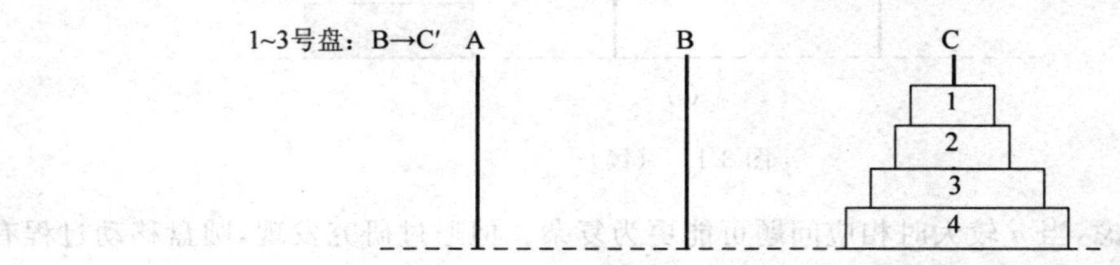

图 3-15 四阶 Hanoi 问题求解递归过程(B→C′)

此时,上述(1)、(2)、(3)可以看作一个操作块(函数),通过这个操作模块求解 n 阶 Hanoi 塔问题需要调用该模块自身以求解 $n-1$ 阶 Hanoi 塔。这是因为移动 $n-1$ 个圆盘的方法与移动 n 个圆盘的方法完全相同,只是目标杆和辅助杆不同而已。这样又可再将 $n-1$ 阶问题归结为如何移动 $n-2$ 个圆盘的 $n-2$ 阶问题,……,由此层层细化,直到问题变成移动一个圆盘。此时与求 $n!$ 情形类似,求 n 阶 Hanoi 塔需要调用其自身求 $n-1$ 阶 Hanoi 塔算法,因此是一个递归调用的问题。求解 n 阶 Hanoi 问题的递归算法如下。

【算法 3-16】 n 阶 Hanoi 递归算法。

```
00  public static void hanoitaUsingRecursion(int n,char poleA,char poleB,char poleC){
01          if(n == 1){
```

```
02                      move(1,poleA,poleC);
03          }else{
04                      hanoitaUsingRecursion(n - 1,poleA,poleC,poleB);
05                      move(n, poleA, poleC);
06                      hanoitaUsingRecursion(n - 1,poleB,poleA,poleC);
07          }
08  }
```

从上面例子可看出，递归程序对问题的描述很简洁，结构清晰。递归程序遵循"先调用后返回"的原则，在编写过程中要注意找出分解问题的规律以及一定要有退出递归的条件，防止无限调用以致系统死机。但如前所述，递归算法具有时空开销大的不足。关于 n 阶 Hanoi 非递归算法描述如下。

【算法 3-17】 n 阶 Hanoi 非递归算法。

```
00 public static void hanoitaUsingNonrecursion(int n,char poleA,char poleB,char poleC)
01 {
02   StackLinked<HanoitaNode> stack = new StackLinked<HanoitaNode>();
03   HanoitaNode node = new HanoitaNode();
04   node.setN(n);
05   node.setFrom(poleA);
06   node.setBy(poleB);
07   node.setTo(poleC);
08   stack.push(node);
09   while(!stack.isEmpty()){
10     HanoitaNode topNodeData = stack.getTop();
11     stack.pop();
12     if(topNodeData.getN()>1){
13       HanoitaNode node3 = new HanoitaNode();
14       node3.setN(topNodeData.getN() - 1);
15       node3.setFrom(topNodeData.getBy());
16       node3.setBy(topNodeData.getFrom());
17       node3.setTo(topNodeData.getTo());
18       stack.push(node3);
19       HanoitaNode node2 = new HanoitaNode();
20       node2.setN(1);
21       node2.setFrom(topNodeData.getFrom());
22       node2.setTo(topNodeData.getTo());
23       stack.push(node2);
24       HanoitaNode node1 = new HanoitaNode();
25       node1.setN(topNodeData.getN() - 1);
26       node1.setFrom(topNodeData.getFrom());
27       node1.setBy(topNodeData.getTo());
28       node1.setTo(topNodeData.getBy());
29       stack.push(node1);
30     }else{System.out.printf("%c==>%c\n",topNodeData.getFrom(),topNodeData.getTo());}}}
31 public static void main(String[] args) {
32       System.out.println("非递归解决方案结果:");
33       Hanoita.hanoitaUsingNonrecursion(4, 'A','B','C'); }
34 class HanoitaNode {
35     private int n;
```

```
36        private char from;
37        private char by;
38        private char to;
39      public int getN() { return n; }
40      public void setN(int n) { this.n = n; }
41      public char getFrom() { return from; }
42      public void setFrom(char from) { this.from = from; }
43      public char getBy() { return by; }
44      public void setBy(char by) { this.by = by; }
45      public char getTo() { return to; }
46      public void setTo(char to) { this.to = to; }
47    }
```

算法分析：在算法 3-17 中，需要用到一个栈结构，保存待需要解决的 Hanoi 问题的条件，包括几个圆盘 n、原杆 poleA、中间杆 poleB 和目标杆 poleC。调用 hanoitaUsingNonrecursion 函数，函数分为两部分。

(1) 原始问题条件入栈，即 n 个圆盘从 A 到 B，C 辅助的问题(程序中第 03～08 行)。

(2) 当栈不空时，待解决问题条件出栈(程序中第 10 行)，如当前需要搬动的圆盘数 n_1 大于 1 时，将当前需要解决的问题分解成 3 个小问题入栈，即：

- 移动 n_1-1 个圆盘问题作为有待解决问题存入栈中，从 A 到 B，C 辅助(程序第 23～28 行)；
- 移动一个圆盘(即 1 号圆盘)的问题作为有待解决的问题入栈中，从 A 到 C(程序中第 18～22 行)；
- 移动 n_1-1 个圆盘的问题作为有待解决问题入栈中，从 B 到 C，A 辅助(程序第 12～17 行)。

注意：*这 3 个小问题解决的次序应该和入栈的顺序相反，后入栈的问题先得到解决。*

如当前需要搬动的圆盘数 n_1 不大于 1(即 1)时，直接可以解决，打印解决方法，直接从原杆搬动到目标杆。

3.2.3 栈在括号匹配中的应用

表达式中通常包含 3 种括号，它们是圆括号、方括号和花括号，并且它们可以任意相互嵌套。

例如{[{}]([])}或[{()[]}]等为正确格式，而{[( ])}或({[()})等均为不正确的格式。该问题可按“期待匹配消解”思想设计算法：对表达式中每一个左括号都期待一个相应的右括号与之匹配，表达式中越迟出现并且没有得到匹配的左括号，期待匹配的程度越高。不是期待出现的右括号则是非法。上述算法显然具有“后进先出”特点。

算法基本思想：配置一个辅助栈，读入数据过程中如下。

- 若是左括号就直接入栈，等待相匹配的同类右括号；
- 若是右括号且与当前栈顶左括号匹配，则将栈顶左括号出栈；不匹配，则属于非法情况；
- 若是读到一个右括号而栈为空，则表明没有左括号与之匹配，属于非法情况；
- 若是数据读完而栈不为空，则表明有左括号没有得到匹配，属于非法情况；

• 若是数据读完同时栈为空，且在匹配过程中没有发现不匹配的情况，则表明所有括号匹配。算法中输入为字符串 str，输出匹配结果并返回 boolean 值。

【算法 3-18】 括号匹配判定。

```
00  public static boolean bracketsMatcher(String expression) {
01  StackLinked<Character> stack = new StackLinked<Character>();
02  for (int i = 0; i < expression.length(); i++) {
03          char c = expression.charAt(i);
04          if (c == '(' || c == '[' || c == '{') {
05              stack.push(c);
06          }
07          if (c == ')') {
08              if (stack.isEmpty()) {
09                      System.out.printf("缺少'('!");
10                  return false;
11              } else if (stack.getTop().getData() == '(') {
12                  stack.pop();
13              } else {
14                      System.out.printf("%c不匹配!", stack.getTop());
15                  return false;
16              }
17          }
18          if (c == ']') {
19              if (stack.isEmpty()) {
20                      System.out.printf("缺少'['!");
21                  return false;
22              } else if (stack.getTop().getData() == '[') {
23                  stack.pop();
24              } else {
25                      System.out.printf("%c不匹配!", stack.getTop());
26                  return false;
27              }
28          }
29          if (c == '}') {
30              if (stack.isEmpty()) {
31                      System.out.printf("缺少'{'!");
32                  return false;
33              } else if (stack.getTop().getData() == '{') {
34                  stack.pop();
35              } else {
36                      System.out.printf("%c不匹配!", stack.getTop());
37                  return false;
38            }
39        }
40  }
41  if (stack.isEmpty()) {
42      return true;
43  } else {
44      return false;
45  }
46  }
```

算法分析：在算法中涉及的类及相关方法如 stack.push()、stack.pop()和 stack.isEmpty()分别为本章算法 3-5、算法 3-6 和算法 3-3。注意本算法中栈类型应为字符型。

3.2.4 表达式求值

表达式求值是高级语言编译中一个基本问题，也是栈应用的典型实例。为讨论简便，以下主要讨论算术表达式并假设其是正确的。一般将算术表达式中的符号分为操作数与运算符，假设表达式中只包含有数字，加、减、乘、除号，左、右小括号。

如果将算术表达式从左到右计算，显然是不能得到所需要的结果的，如 3＋5×2，从左到右计算的结果为 16，结果错误。在计算过程中需要根据算术四则运算的规则来进行计算。

(1) 从左算到右。

(2) 先乘除，后加减。

(3) 先括号内，后括号外。

编写算法计算算术表达式，必须将四则运算法则融入到计算过程中，这就需要建立算符优先表(如表 3-3 所示)作为计算表达式计算顺序的依据。

表 3-3　算符优先关系表

q_1 \ q_2	＋	－	*	/	)	#
＋	＞	＞	＜	＜	＞	＞
－	＞	＞	＜	＜	＞	＞
*	＞	＞	＞	＞	＞	＞
/	＞	＞	＞	＞	＞	＞
(	＜	＜	＜	＜	＝	
#	＜	＜	＜	＜		＝

表中 q_1 代表“先到”的算符，q_2 代表跟着其后的算符。以 q_1 与 q_2 比较，优先级比较高的要先计算。如 3＋5＋7 中，前面的＋为 q_1，后面的＋为 q_2，在这个表达式中，要先计算 3＋5，得到结果再计算＋7 的部分，所以算符优先关系表中有＋＞＋的关系；又如 3＋2＊7 中，前面的＋为 q_1，后面的＊为 q_2，根据法则先计算 2＊7，再计算 3＋，所以算符优先关系表中有＋＜＊的关系。

算术表达式计算实现步骤描述如下。

(1) 设置两个工作栈。

一个是运算符栈，用于存放暂时未参与运算的运算符；一个是操作数栈，存放暂时未参与运算的操作数和中间结果。

(2) 对栈初始化。

为方便判别表达式结束，在表达式的最前最后增加(虚拟)起始符＃。栈初始化时设操作数栈为空，运算符栈的栈顶元素为表达式起始符＃，表示计算即将开始。

(3) 从左到右依次读入表达式中的字符。

字符有操作数和运算符两种。判断读取到字符是属于操作数还是运算符后做如下处理。

① 操作数压入操作数栈。

② 要将运算符栈栈顶元素与该读取到的算符比较优先级。有下述 3 种情形。

- 栈顶算符优先级>待处理运算符优先级：运算符栈出一算符，操作数栈出两操作数，计算，结果压入操作数栈；
- 栈顶算符优先级=待处理运算符优先级：运算符栈出一算符与读取到的算符抵消；
- 栈顶算符优先级<待处理运算符优先级：压入运算符栈。

(4) 重复执行(3)。

直到读取到＃号，与运算符栈顶的＃相抵消，最后运算符栈为空，操作数栈只有一数值，即为结果。

下面以计算表达式＃(15－5)/2＃为例说明程序过程中两个工作栈变化情况，如表 3-4 所示。

表 3-4 计算＃(15－5)/2＃栈的变化过程

运算符栈	操作数栈	剩余表达式	执行操作
＃	∧	(15－5)/2＃	操作符＃入栈
＃,(	∧	15－5)/2＃	操作符(入栈
＃,(	15	－5)/2＃	操作数 15 入栈
＃,(,－	15	5)/2＃	操作符 － 入栈
＃,(,－	15,5	)/2＃	操作数 5 入栈
＃,(,－	15,5	)/2＃	进行运算：15 － 5＃
＃,(	10	)/2＃	－,15,5 出栈,10 入栈
＃	10	/2＃	(与)抵消：(出栈
＃,/	10	2＃	操作符/入栈
＃,/	10,2	＃	操作数 2 入栈
＃	10,2	＃	进行运算：10 / 2
＃	5	＃	/,10,2 出栈,5 入栈
∧	5	∧	＃ 与 ＃抵消：＃出栈,10 为表达式结果

以下给出表达式求值的算法程序。

【算法 3-19】 表达式求值。

```
000  public class ExpressionEvaluator
001  {
002    private static int getOperatorIndex(String operator) {
003        String[] operators = {"+", "-", "*", "/", "(", ")", "#"};
004        for (int i = 0; i < operators.length; i++) {
005            if (operator.equalsIgnoreCase(operators[i])) {
006                return i;
007            }
008        }
009        return -1;
010    }
011    private static boolean isOperator(String c) {
012        int index = getOperatorIndex(c);
```

```
013        if (index == -1) {
014            return false;
015        } else {
016            return true;
017        }
018    }
019    private static String priority(String operatorA, String operatorB) {
020        String[][] priorityMatrix = {
021                {">", ">", "<", "<", "<", ">", ">"},
022                {">", ">", "<", "<", "<", ">", ">"},
023                {">", ">", ">", ">", "<", ">", ">"},
024                {">", ">", ">", ">", "<", ">", ">"},
025                {"<", "<", "<", "<", "<", "=", ""},
026                {">", ">", ">", ">", "", ">", ">"},
027                {"<", "<", "<", "<", "<", "", "="}
028        };
029            return priorityMatrix[getOperatorIndex(operatorA)][getOperatorIndex
            (operatorB)];
030    }
031    public static String[] splitExpression(String expression) {
032        List<String> units = new ArrayList<String>();
033        units.add("#");
034        String unit = "";
035        Pattern p = Pattern.compile("\\d+(\\.\\d+)*");
036        Matcher m = p.matcher(expression);
037        int i = 0;
038        while (i < expression.length()) {
039            if (isOperator(String.valueOf(expression.charAt(i)))) {
040                units.add(String.valueOf(expression.charAt(i)));
041                i++;
042            } else {
043                if (m.find()) {
044                    units.add(m.group());
045                    i = i + m.group().length();
046                }
047            }
048        }
049        units.add("#");
050        String[] u = new String[units.size()];
051        units.toArray(u);
052        return u;
053    }
054        public static String calculate(String leftOperand, String operand, String
        rightOperand) {
055        double left = Double.parseDouble(leftOperand);
056        double right = Double.parseDouble(rightOperand);
057        double result = 0;
058        switch (operand) {
059            case "+":
060                result = left + right;
061                break;
```

```
062             case " - ":
063                 result = left - right;
064                 break;
065             case " * ":
066                 result = left * right;
067                 break;
068             case "/":
069                 result = left / right;
070                 break;
071         }
072         return String.valueOf(result);
073     }
074     public static double evaluate(String expression) {
075         String result = null;
076         StackLinked<String> operatorStack = new StackLinked<String>();
077         StackLinked<String> operandStack = new StackLinked<String>();
078         String[] units = splitExpression(expression);
079         int unitIndex = 1;
080         operatorStack.push(units[0]);
081         String u = units[unitIndex];
082         while ((!u.equalsIgnoreCase(" # "))
            || (!operatorStack.getTop().getData().equalsIgnoreCase(" # "))) {
083             if (isOperator(u)) {
084                 String priority = priority(operatorStack.getTop().getData(), u);
085                 switch (priority) {
086                     case "<":
087                         operatorStack.push(u);
088                         unitIndex++;
089                         break;
090                     case " = ":
091                         operatorStack.pop();
092                         unitIndex++;
093                         break;
094                     case ">":
095                         String rightOperand = operandStack.getTop();
096                         operandStack.pop();
097                         String leftOperand = operandStack.getTop();
098                         operandStack.pop();
099                         String operand = operatorStack.getTop();
100                         operatorStack.pop();
101                         result = calculate(leftOperand, operand, rightOperand);
102                         operandStack.push(result);
103                         break;
104                 }
105             } else {
106                 operandStack.push(u);
107                 unitIndex++;
108             }
109             u = units[unitIndex];
110         }
111         return Double.parseDouble(result);
112     }
```

```
113     public static void main(String[ ] args) {
114         Scanner scanner = new Scanner(System.in);
115         System.out.print("请输入表达式<比如:(15 - 5)/2#:");
116         String expression = scanner.next();
117         double result = evaluate(expression);
118         System.out.println(expression + " = " + result);
119         return;
120     }
121 }
```

算法 3-19 的时间复杂度为 $O(n)$,n 为表达式的长度。

在编写此程序过程中,主要解决下列问题:如何存储算符优先表;如何判断字符是操作符还是运算符;如果出现大于两位数的操作数如何解决。有兴趣的读者可参阅有关资料。

3.2.5 迷宫求解

求解从迷宫中起点到某个终点的路径如图 3-16 所示。使用计算机求解迷宫问题时,通常采用系统地尝试所有可能路径:即从起点出发,顺着某个方向朝前探索,例如向当前位置左方探索,若当前位置除向左之外还有其他方向没被访问过的邻接点,则在向左探索之前,按固定次序记录下当前位置其他可能的探索方向;若当前位置向左不能再走下去,则换到当前位置其他方向进行探索;如果当前位置所有方向探索均结束却未到达终点,则沿路返回当前位置的前一个位置,并在此位置还没有探索过的方向继续探索,直到所有可能的路径都被探索到为止。

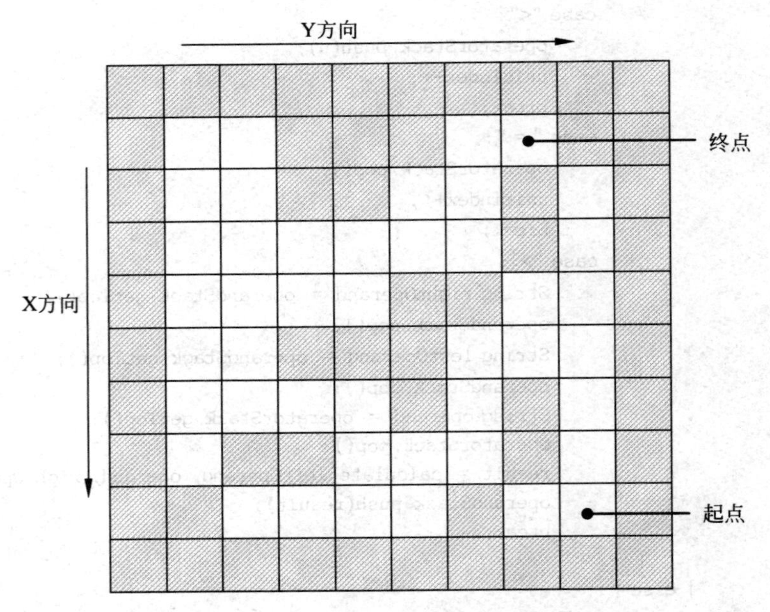

图 3-16 迷宫

为保证在任何位置上都能原路返回,需使用一个“后进先出”的存储结构来保存从起点到当前位置的路径及在路径上各位置还可能进行探索的方向。因此,可以在求解迷宫问题中使用栈。

通常使用一个二维字符数组来描述迷宫，为此给出下列符号表示。

- 字符“1”：表示迷宫中墙体即灰色方块；
- 字符“0”：表示迷宫中可以通过的道路即白色方块；
- 字符“*”：表示起点到终点路径上的位置。

根据上述表示方法，图 3-16 所示的迷宫可以用图 3-17(a)的二维字符数组表示，求解起点到终点的路径后结果如图 3-17(b)所示。

```
1 1 1 1 1 1 1 1 1 1
1 0 0 1 1 1 0 0 1 1
1 0 0 1 1 0 0 1 0 1
1 0 0 0 0 0 0 1 0 1
1 0 0 0 0 1 1 0 0 1
1 0 0 1 1 1 0 0 0 1
1 0 0 0 0 1 0 1 0 1
1 0 1 1 0 0 0 1 0 1
1 1 0 0 0 0 1 0 0 1
1 1 1 1 1 1 1 1 1 1
```

(a)

```
1 1 1 1 1 1 1 1 1 1
1 0 0 1 1 1 * * 1 1
1 0 0 1 1 * * 1 0 1
1 * * * * * 0 1 0 1
1 * 0 0 0 1 1 0 0 1
1 * 0 1 1 1 * * * 1
1 * * * * 1 * 1 * 1
1 0 1 1 * * * 1 * 1
1 1 0 0 0 0 1 0 * 1
1 1 1 1 1 1 1 1 1 1
```

(b)

图 3-17　迷宫的二维数组模拟

求解迷宫算法基本思想如下。

```
初始化，将起点加入栈；
while(当栈非空时){
    取栈顶位置作为当前位置；
    如果当前位置是终点，则使用栈记录的路径标记从起点至终点的路径；
    否则{
        按照向下、右、上、左的顺序将当前位置的下一个可探索但未被探索过的位置
        进栈；(出栈进行探索的顺序是左、上、右、下)
        如果当前位置四周均不可通，则当前位置出栈；
    }
}
```

迷宫中当前位置的下一个“可以探索但未被探索过”的位置，是指该位置不但是通道块而且不被纳入到路径中。这可以通过对每一个位置设置一个标志，来表明该位置是否曾被纳入路径中，即是否曾经进栈。

为在算法中可对每一个位置进行操作，先定义迷宫中的每一个位置。

【算法 3-20】 迷宫单元的定义。

```
00 class Cell{
01   int x = 0;                              //单元所在行
02   int y = 0;                              //单元所在列
03   boolean visited = false;                //是否曾经进栈
04   char c = ' ';              //1 代表该位置是墙，0 代表是通路，* 代表该位置在路径上
05   public Cell(int x, int y, char c, boolean visited){
06       this.x = x;
07       this.y = y;
08       this.c = c;
09       this.visited = visited;
10   }
11 }
```

【算法 3-21】 迷宫中从起点到终点路径的求解算法。

```
00 public class Maze {
01   private Cell[][] cells;
02   public Maze(char[][] maze){
03       cells = createMaze(maze);                       //创建迷宫
04   }

05   private Cell[][] createMaze(char[][] maze){
06       Cell[][] cells = new Cell[maze.length][];
07       for (int x = 0;x < maze.length;x++){
08            char[] row = maze[x];
09            cells[x] = new Cell[row.length];
10            for (int y = 0; y < row.length;y++)
11                cells[x][y] = new Cell(x,y,maze[x][y],false);
12       }
13       return cells;
14   }

15   public void printMaze(){
16       for (int x = 0;x < cells.length;x++){
17            for (int y = 0;y < cells[x].length;y++)
18                System.out.print(cells[x][y].c);
19            System.out.println();
20       }
21   }

22   public void findPath(int sx,int sy, int ex,int ey){
23       StackLinked s = new StackLinked();              //构造栈
24       Cell startCell = cells[sx][sy];                 //起点
25       Cell endCell = cells[ex][ey];                   //终点
26       s.push(startCell);                              //起点入栈
27       startCell.visited = true;                       //标记起点已被访问
28       while (!s.isEmpty()){
29           Cell current = (Cell)s.getTop();
30           if (current == endCell){                    //路径找到
31               while(!s.isEmpty()){
32                   Cell cell = (Cell)s.pop();          //沿路返回将路径上的单元设为"*"
33                   cell.c = '*';
34                   while(!s.isEmpty()&&!isAdjoinCell((Cell)s.getTop(),cell))
     //相邻的单元才是路径的组成部分,除此之外,栈中还有记录下来但是
     //未继续向下探索的单元,这些单元直接出栈
35                       s.pop();
36               }
37               System.out.println("找到从起点到终点的路径.");
38               printMaze();
39               return;
40           }
41           else {                                      //如果当前位置不是终点
```

```
42              int x = current.x;
43              int y = current.y;
44              int count = 0;
45              if(isValidWayCell(cells[x+1][y])){        //向下
46                  s.push(cells[x+1][y]); cells[x+1][y].visited = true; count++;
47              }
48              if(isValidWayCell(cells[x][y+1])){        //向右
49                  s.push(cells[x][y+1]); cells[x][y+1].visited = true; count++;
50              }
51              if(isValidWayCell(cells[x-1][y])){        //向上
52                  s.push(cells[x-1][y]); cells[x-1][y].visited = true; count++;
53              }
54              if(isValidWayCell(cells[x][y-1])){        //向左
55                  s.push(cells[x][y-1]); cells[x][y-1].visited = true; count++;
56              }
57              if (count == 0) s.pop();                  //如果是死点,出栈
58          }                                             //end of if
59      }                                                 //end of while
60      System.out.println("没有从起点到终点的路径.");
61  }

62  private boolean isAdjoinCell(Cell cell1, Cell cell2){
63      if (cell1.x == cell2.x&&Math.abs(cell1.y - cell2.y)< 2) return true;
64      if (cell1.y == cell2.y&&Math.abs(cell1.x - cell2.x)< 2) return true;
65      return false;
66  }

67  private boolean isValidWayCell(Cell cell){
68      return cell.c == '0'&&!cell.visited;
69  }

70  public static void main(String[] args){
71      char[][] mazeChars = {
72              {'1','1','1','1','1','1','1','1','1','1'},
73              {'1','0','0','1','1','1','0','0','1','1'},
74              {'1','0','0','1','1','0','0','1','0','1'},
75              {'1','0','0','0','0','0','0','1','0','1'},
76              {'1','0','0','0','0','1','1','0','0','1'},
77              {'1','0','0','1','1','1','1','0','0','1'},
78              {'1','0','0','0','0','1','0','1','0','1'},
79              {'1','0','1','1','0','0','0','1','0','1'},
80              {'1','1','0','0','0','0','0','0','0','1'},
81              {'1','1','1','1','1','1','1','1','1','1'},
82      };
83      Maze maze = new Maze(mazeChars);
84      System.out.println("迷宫如下所示: ");
85      maze.printMaze();
86      Scanner scanner = new Scanner(System.in);
```

```
87          int sx,sy,ex,ey;
88          System.out.println("请输入起点坐标所在行(1-8): ");
89          sx = scanner.nextInt();
90          System.out.println("请输入起点坐标所在列(1-8): ");
91          sy = scanner.nextInt();
92          System.out.println("请输入起点坐标所在行(1-8): ");
93          ex = scanner.nextInt();
94          System.out.println("请输入起点坐标所在行(1-8): ");
95          ey= scanner.nextInt();
96          maze.findPath(sx,sy,ex,ey);
97      }
98  }
```

算法分析：算法 3-21 实现迷宫中从起点到终点路径的求解。首先输入表示迷宫的字符数组 mazeChars，以及起点和终点的坐标。程序第 71 行的数组将迷宫的外围均设置为 1，代表迷宫四周有墙，因此从当前位置向四周探索时，数组下标不会越界；如果迷宫四周没有墙，则在向四周探索时，要验证探索位置的下标是否越界。

程序在找路径时，首先将起点入栈，当栈不空时，判断栈顶是否终点；是则标记路径上的位置(程序第 31～36 行)，程序结束；否则，往下探索。探索的原则是按栈顶位置下、右、上、左的顺序查看相邻位置是否可通并且未被探索过，是则进栈，作为可能的备选路径。如下、右、上、左四个位置都无可探索，则栈顶出栈。按此规则循环，如直至栈空均找不到路径，表示迷宫起点到终点无路径可达，程序结束。

其中程序第 62～66 行的 boolean isAdjoinCell(Cell cell1, Cell cell2)，判断两个位置 cell 和 cell2 是否相邻，在标记路径时需要调用。这是因为栈里的位置除了路径上的位置外，还有其他可能路径上待探索的位置，算法 3-21 在找到第 1 条路径时结束，标记路径时需要将这些点过滤掉，只有相邻的位置才是路径上的位置，所以需要调用判断两位置是否相邻函数。

程序第 67～69 行的 private boolean isValidWayCell(Cell cell)，判断 cell 是否是可探索的位置，只有该位置为可通并且未被探索过，才可以作为可探索的位置进栈。

3.3 队　列

和栈情形类似，队列也是一种对数据插入和删除进行限制的线性表。正是由于相应限制，使得队列数据操作与一般线性表具有较大差异，也使得队列有着广泛应用。在日常生活中，人们进行购物和买票等活动时都需要按照先后顺序排成队列，排在队头的先得到服务，后到的人需要排在队尾等待服务。在有多个程序需要运行的计算机中，各个程序运行结果也需要按照先后顺序进行排队输出，排在队头的先行输出，后来的程序运行结果需要排在队尾等候输出。

3.3.1 队列基本概念

队列(Queue)：限定只能在一端进行插入而在另一端进行删除的线性表。队列简称队。

允许插入的一端称为队尾(rear),允许删除的另一端称为队头(front),如图 3-18 所示。

队列的插入删除只在指定端位置进行。在队头删除元素称为“出队(列)”,在队尾插入元素为“进队(列)”。

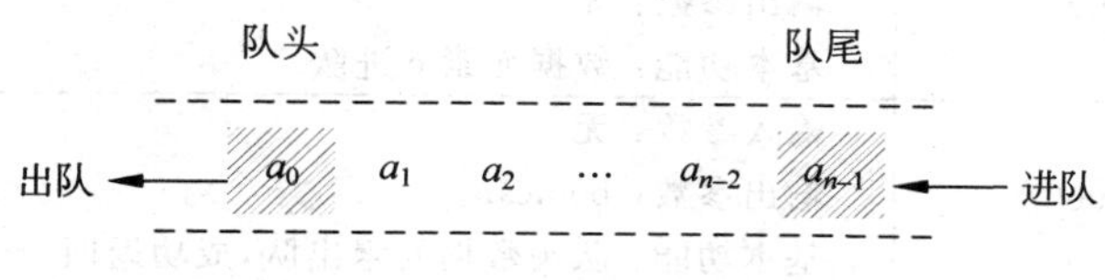

图 3-18　队列

由队列概念可知,越先进入队列的元素,越早被删除,即队列操作原则为“先进先出”(First In,First Out,FIFO)。如某队列进队顺序是 1、2、3、4,那么出队顺序也只能是 1、2、3、4。在程序设计中,队列也有着比较广泛的应用,如银行事务处理等。

队列基本操作有初始化队列、进队和出队、判定队列空和队列满以及取队头或队尾元素等。

假设队列 Q 的类型是 Queue,数据元素类型是 DataType,队列抽象数据类型定义如下。

ADT Queue is

{ 数据对象:$D=\{a_i \mid a_i \in \text{DataType}, i=0,1,2,\cdots,n-1,n\geqslant 0\}$

数据关系:$R=\{\langle a_{i-1},a_i\rangle \mid a_{i-1},a_i \in D, i=1,2,\cdots,n-1\}$,约定 a_{n-1} 为队尾,a_0 为队头。

基本操作:

① clear()

② size()

③ isEmpty()

④ enQueue(e)

⑤ deQueue()

⑥ getFront()

} ADT Queue

队列基本方法操作及其输入输出参数如表 3-5 所示。

表 3-5　队列 ADT 基本操作

序号	操作	描　述
01	clear()	输入参数:队列 输出参数:无 基本功能:清空队列中数据元素
02	size()	输入参数:无 输出参数:非负整数 基本功能:返回队列大小,即队列中数据元素个数
03	isEmpty()	输入参数:无 输出参数:boolean 基本功能:队空,返回 true;否则,返回 false

续表

序号	操作	描　述
04	enQueue(e)	输入参数：数据元素 e 输出参数：无 基本功能：数据元素 e 进队
05	deQueue()	输入参数：无 输出参数：boolean 基本功能：队头数据元素出队，成功返回 true；否则，返回 false
06	getFront()	输入参数：无 输出参数：数据元素 基本功能：获取队头数据元素，但不出队

学习队列基本操作时需要注意，进队列是从队尾入，出队列是从队头出，因此队列操作类型本质上与线性表基本一致，只是由于对队列做出了相应限定，可执行操作可能相对较少。与栈类似，队列操作是对线性表操作的简化，如何具体操作与队列的存储结构有关。

3.3.2 队列的顺序存储

作为一种特定线性表，队列顺序存储与一般线性表情形相同。由于队列特殊性，实际应用中可以采用更为有效的循环队列结构。

1. 顺序队列

队列顺序存储就是使用数组依次存储相应数据元素，此时队列称为顺序队列(顺序队)。

通常，进队列时数据由低地址位到高地址位依次存放，队头元素是数组中首元素，队尾元素是数组中最后一个元素。

由于队列基本操作"进队列"(插入)只在"队尾"进行以及和"出队列"只在"队头"进行，队头元素和队尾元素的位置就成为顺序队数据操作的基本参数。设置变量 front 指示队头元素位置，同时设置变量 rear 指示队尾元素所在的下一个位置。

需要注意整型变量 front 与 rear 和队头和队尾元素位置的联系与区别。

- front 指示的位置＝队头元素位置。
- rear 指示的位置＝队尾元素所在位置的下一位置。

如此设置主要是为了叙述与操作方便。由于数组下标从 0 开始计数，此时就可以方便地将队列长度即其中元素个数就表示为 rear－front。当然，也可以使用 rear 表示队尾实际位置，而用 front 表示队头元素前面一个位置的。

整型位置变量 front 和 rear 随着队列中元素的进出而动态地变化。

- 当数据元素出队列时，front＝front＋1，即 front 后移一位，指向新的队头元素；
- 当数据元素进队列时，rear＝rear＋1，就元素放在当前 rear 所示位置处，rear 后移一位，指向新队尾元素位置的下一个空位。

由此可知，对于顺序队列情形，出队时 front 单调增加；入队时 rear 也单调增加。

图 3-19 给出了 front 和 rear 取值情形，此时假设数组容量为 capacity＝7。

在图 3-19(a)中，初始化队列时，队列为空，没有队尾元素，但为方便考虑，可认为队尾下一个空位就是数组第 1 个单元位置 0，所以 rear＝0。考虑到元素进队列从队尾进，并不会改变 front 的值，空队列状态下，进队列一个元素后 front 应为 0，所以空队列时 front 的值也应为 0。由此可知，队列初始化(初始化队空)等价于 front=rear=0。

在图 3-19(b)中，数据元素 a、b 和 c 连续进队，rear 依次后退，但始终指向队尾元素的下一个位置。

在图 3-19(c)中，数据元素 a 出队，front 后退到下一个位置。

在图 3-19(d)中，数据元素 b 和 c 依次出队，front 依次后退到 rear 的位置，此时通过出队操作的执行出现"队空"，因此队列(经过操作后)队空等价于 front=rear。

在图 3-19(e)中，数据元素 d、e、f 和 g 连续进队，rear 依次后退直到 rear=capacity=7，而队尾元素下标为 capacity－1=6，此时"队满"。顺序队列队满等价于 rear=capacity。

由图 3-19(e)可知，实际上数组此时还有空位，因为经过此前一些出队操作，front 之前位置都是空的，但 rear 已经指示到了 capacity，这时应该认为队列已经满了。这种判断上已满而实际上还有空位的现象称为"假溢出"。为解决假溢出就需采用循环队列技术。

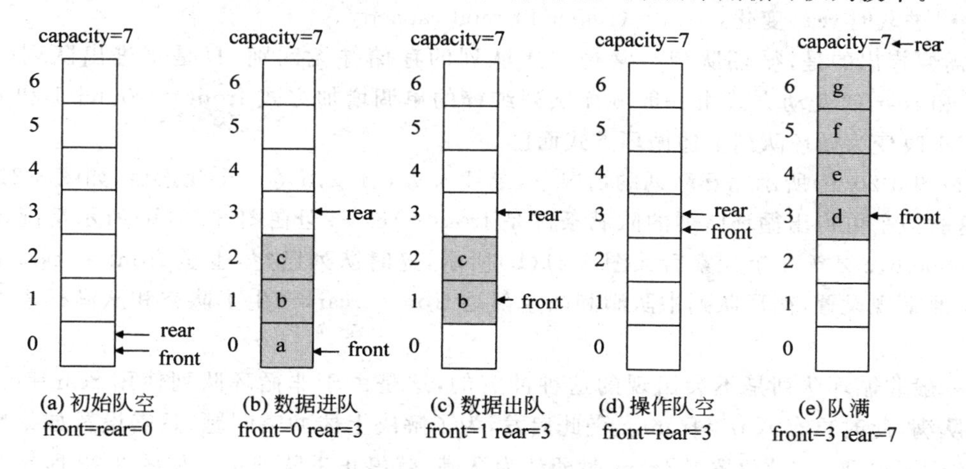

图 3-19　顺序队列

2. 循环队列

循环队列是将顺序队列看成是一个首尾相连的数组 data[]，其中，data[capacity－1]后直接连上 data[0]。当 rear=capacity 时，如果 front≠0，则存在已经出队后留下的空余空间，rear 直接"跳接"到 rear=0，从而重复使用已经出队了的元素的空间，避免前述的"假溢出"情形。进行了如此技术处理的顺序队列就称为循环队列(circular queue)。队满标志不能再是 rear=capacity。一个由 capacity=8 数组表示的循环队列如图 3-20 所示，其中图 3-20(a)表示无溢出的常规情形，而图 3-30(b)表示 rear 出现循环的情形。

图 3-20(a)中 rear=7，元素 d 进队后放入 rear 所示位置，rear 后移一位就跳接到 rear=0。常规顺序队列中，rear 和 front 都随相应数据操作而单调增加，而循环队列中可能需要由 capacity"跳减"到 0 的情形，如何才能将"增加"与"跳减"统一处理呢，也就是如何实现循环队列中的 rear 以及 front 在 0～capacity－1 之间的往复循环呢，即如何实现 0 的下一个 rear 值是 1，1 的下一个 rear 值是 2……capacity－1，而 capacity－1 的下一个 rear 值是 0 呢？这就需要借助于数学中的求模运算。

当一个数据元素 d 进(出)队后，rear(front)按照下述实现在 0 ～ capacity－1 间循环

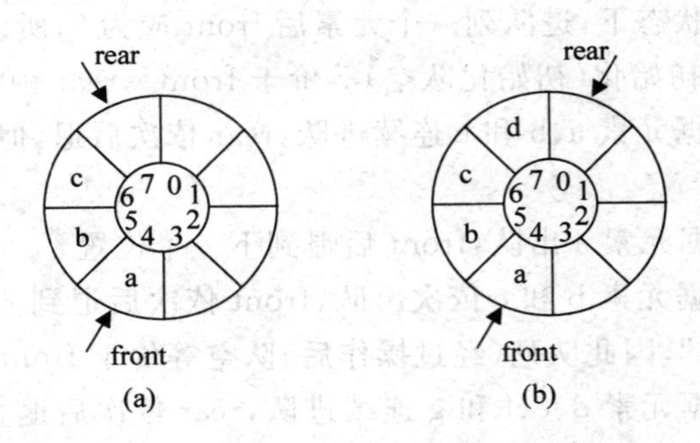

图 3-20　长度为 8 的循环队列

变化：

- **出队时 front 变化**：front＝(front＋1) mod capacity；
- **进队时 rear 变化**：rear＝(rear＋1) mod capacity。

需要指出的是，循环队列与常规顺序队列的存储并无区别，只是将进出队列时变量 front 和 rear 的变动方式由一般顺序队列纯粹的单调增加方式 front＝front＋1 和 rear＝rear＋1 改变为循环队列上述循环方式而已。

在图 3-20(b)所示循环队列的情况下，继续入队 e、f、g、h 等 4 个元素后，如图 3-21(a)所示，这时似乎可得出循环队列的队满条件是 front＝rear。但在图 3-20(b)所示情况下再继续出队 a、b、c、d 等 4 个元素后如图 3-21(b)所示，这时队列已空，也是 front＝rear，也就是说，按照常规设置，循环队列中队满和队空都是 front＝rear，产生了队空和队满标志冲突的问题。

一般非循环队列是不会出现的这种冲突的，这是由于非循环队列使用 rear＝capacity 标识队满，此时总有 rear＞front。受此启发，为了解决上述冲突问题，只需设置如果判断当前 rear 值的“下一个”位置是 front 时即认为队满，就停止进队即可。如图 3-22 所示为长度为 8 的循环队列队满的情况。这样，rear 永远在 front 之后，不会因不断进队而从后面追上 front，从而保证了与队空标志的区别。

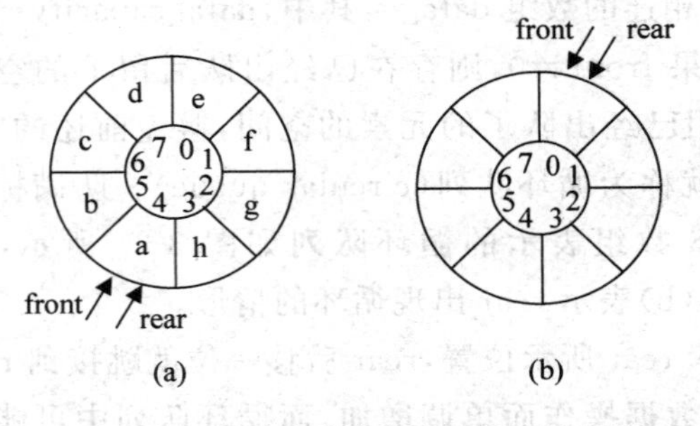

图 3-21　循环队列队空、队满冲突示例

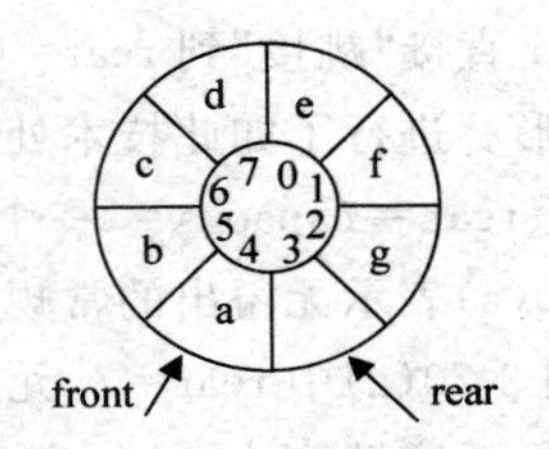

图 3-22　循环队列队满示例

由此可得：循环队列队满与队空的等价条件如下。

- **循环队列满充要条件**：(rear＋1) mod capacity＝front；
- **循环队列空充要条件**：rear＝front。

上述队满条件实际上是要求循环队列中 rear 位置不能存储实际数据元素而需空置。

如同单链表中“头结点”情形，rear 只是一个辅助单元，而此时长度为 n 的循环队列最多存放 $n-1$ 个数据元素。注意到在未采用循环队列时，长度为 n 的队列最多能存放 n 个元素的（队列一直入队直到队满，而从无出队操作时）；采用循环队列后，为解决假溢出最多只能放 $n-1$ 个元素，以“牺牲”一个存储单元的代价排除了假溢出。

【例 3-2】 设循环队列容量为 70（序号 0～69），现经过一系列进队和出队后，下列情况下循环队列中实际上还各有多少个数据元素。

(1) front＝14，rear＝21。

(2) front＝23，rear＝12。

3. 顺序队列基本操作

循环队列和一般顺序队列在逻辑描述上有所不同，但在技术处理上区别只是将一般顺序中 front 和 rear 随进队和出队操作直接单调增加改换为由相应模计算方式循环往复且队满判定条件不同而已。以下顺序队列的数据操作虽然都是以循环队列为例，但对于一般顺序队列都是类同的。

1) 队列定义与初始化

【算法 3-22】 队列类及初始化。

```
00  public class QueueArray<T> implements  Queue {
01  private int capacity;
02  private Object[] elements;
03  private int front;
04  private int rear;
05  public QueueArray(int capacity){
06  this.capacity = capacity;
07  elements = new Object[capacity + 1];
08  front = 0;
09  rear = 0;
10  }
11  }
```

算法分析：算法定义了一个循环队列的数据类型 QueueArray，其中 T 代表数据元素的类型，capacity 指的是队列的最大容量。QueueArray 中还包含一个 elements 数组存放队列元素，整型变量 front 和 rear，分别指向队头元素和队尾元素的下一个空位。

可以通过 QueueArray queue = new QueueArray(capacity)语句定义 queue 队列并初始化，初始时 front 和 rear 变量均为 0（程序第 08～09 行）。

队列类的常用方法还有返回队列的元素个数、判断队列是否为空、判断队列是否为满等，详见算法 3-23～3-25。

【算法 3-23】 求队列元素个数。

```
00  public int getSize() {
01        return (rear - front + capacity) % capacity;
02  }
```

【算法 3-24】 判断队列是否为空。

```
00  public boolean isEmpty() {
```

```
01      return (front == rear)?true:false;              //front == rear 成立时队列为空
02  }
```

【算法 3-25】 判断队列是否为满。


```
00  public boolean isFull() {
01      return ( (rear + 1) % capacity == front)?true:false;
                                        //(rear + 1) % capacity == front 成立时队列为满
02  }
```

2) 进队列

已知队列 queue,和一个数据元素 e,进行进队操作的算法如下。

【算法 3-26】 进队列。

```
00  public void enQueue(T e) {
01  if ((rear + 1) % capacity == front)
02          expandSpace();
03      elements[rear] = e;
04      rear = (rear + 1) % capacity;
05  }
06  private void expandSpace(){
07      Object[] a = new Object[elements.length * 2];
08      int i = front; int j = 0;
09      while (i!= rear){        //将从 front 开始到 rear 前一个存储单元的元素复制到新数组
10          a[j++] = elements[i];
11          i = (i + 1) % capacity;
12      }
13      elements = a;
14      capacity = elements.length;
15      front = 0; rear = j;                                  //设置新的队首、队尾指针
16  }
```

算法分析:循环队列存在容量问题,进队列前要求先判断队列是否是满的。队列未满的情况下可进队,队列满则需要扩充容量(是否要扩充可视情况而定)。由于 rear 指向的是队尾元素所在位置的下一个空位,队列不满时,元素先放入当前 rear 所示位置,然后 rear 后移一位,这样保证操作结束后 rear 含义不变,由程序第 03~04 行完成。

3) 出队列

已知队列 queue,进行出队列操作的算法如下。

【算法 3-27】 出队列。

```
00  public boolean deQueue() {
01  if (rear == front) {
02          System.out.printf("队列是空的,无法出队!");
03          return false;                                 //返回出队失败标志
04  } else {
05      front = (front + 1) % capacity;
06          return true;                                  //返回出队成功标志
07  }
08  }
```

算法分析：出队列前要求先判断队列是否是空的，队列空的情况无法出队列，循环队列队空的标志是 rear＝front，判断由程序第 01 行的 if 语句完成。由于 front 指向的是队头元素的位置，元素出队列只要将 front 后移一位即可，指向新的队头元素。由于是循环队列，front 后移一位也要进行取模运算，由程序第 05 行完成。

算法中将 front 的指示位置后移了一位表示删除了原来的队头，实际应用中，在删除前是否需要将队头元素取出来，视情况而定。

4）取队头元素

已知队列 queue，取队头元素算法如下。

【算法 3-28】 取队头元素。

```
00  public T getFront() {
01  if (rear == front) {
02      System.out.printf("队列是空的,无法取队头!");
03  }
04  return (T)elements[front];
05  }
```

算法分析：取队头元素只把队头元素的值读取出来而不是出队，也不变更队列内容。进队时首先需要判断队列是否为空。循环队列队空标识是 rear＝＝front，由程序第 01 行的 if 语句完成。当队列非空时，可以将队头元素即 front 所指向元素取出，由程序第 04 行实现。

以上 4 个算法的时间复杂度都是 $O(1)$。循环队列只是将存放队列的数组想象成首尾相连，以解决假溢出的问题，在内存空间中实际上和一般顺序队列并无区别。

3.3.3 队列的链式存储

队列链式存储就是使用链表存储队列中数据元素，此时称为链队列（链队）。与链栈情形类似，由于出队和查找只在队头进行，不涉及在队头结点之后的结点，此时设置“头结点”已无必要，链表头指针 head 直接指向队头结点，此时的头指针也称为 front 指针，即 head＝front。同时队列插入只在队尾进行，当有 n 个结点时，进队就需要从“队头”按照链接查找到“队尾”。此时，如果说出队开销为 $O(1)$时，进队开销就为 $O(n)$，为此可以设置专门指向队尾结点的指针也就是尾指针，以减少查找队尾的时间开销。作为特殊线性表，链队具不同于常规单链表的特点，即不需设置头结点，并同时具有 front 和 rear 两个指针变量。

- front 指针：链队列的头指针，指向队头结点；
- rear 指针：链队列的尾指针，指向队尾结点。

队列的链式存储结构如图 3-23 所示。

链队列中 front 与 rear 的规定与顺序队列中 front 与 rear 的规定不同。顺序队列中，front 指示的位置与队头元素的位置等同，而 rear 指示的是队尾元素位置的下一位；链队列中，front 和 rear 指示的位置均分别与队头元素和队尾元素的位置等同。由此可知，队列初始化时和操作后队空时，队列中均无元素，条件等价，均为 front＝rear＝null。

链队列与单链表一样，由结点组成，每个结点存放一个数据元素，指针域指向队列中的下一个元素。链队列结点类可定义如下。

```
00  public class QueueLinkedNode < T > {
01      private T data;
02      private QueueLinkedNode < T > next;
03      public T getData() {
04          return data;
05      }
06      public void setData(T data) {
07          this.data = data;
08      }
09      public QueueLinkedNode < T > getNext() {
10          return next;
11      }
12      public void setNext(QueueLinkedNode < T > next) {
13          this.next = next;
14      }
15  }
```

算法分析：QueueLinkedNode 代表一个队列元素结点，包含元素信息的 data 域和下一个元素地址信息的 next 域。在链队中，如图 3-23 所示，front 指针指向队头结点，队列不空时，可分别通过 front. getData()和 rear. getData()获得队头元素和队尾元素的值。

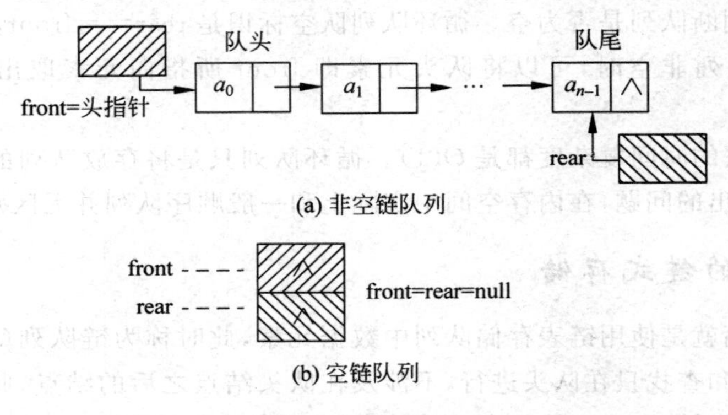

(a) 非空链队列

(b) 空链队列

图 3-23　链队列

1. 链队列初始化

定义结点类型后就可以实行链队列初始化，即创建一个空的链队。空队列时 front 和 rear 指针均为空，如图 3-24 所示。

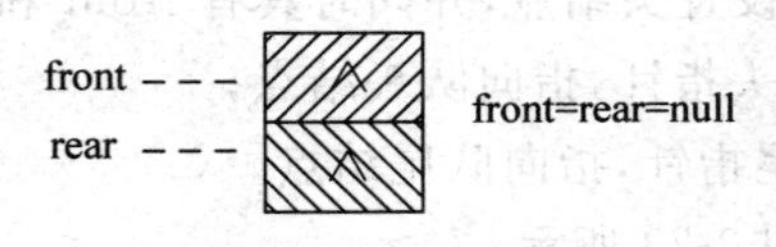

图 3-24　初始化链队列

【算法 3-29】 链队初始化。

```
00  public QueueLinked(){
01      front = null;
02      rear = null;
03  }
```

算法分析：初始化链队列即建立一个空的链队列，空队列没有元素，故 front 指针和 rear 指针均赋值为 null 即可(程序第 01～02 行)。

2. 进队列

已知链队列 queue 及数据元素 e，进行进队操作算法如下。

【算法 3-30】 数据元素 e 进入队列。

```
00 public void enQueue(T e) {
01 QueueLinkedNode<T> p = new QueueLinkedNode<>();
02 p.setData(e);
03 p.setNext(null);
04     if (front == null) {
05        front = p;
06        rear = p;
07     } else {
08        rear.setNext(p);
09        rear = p;
10      }
11 }
```

算法分析：假设该队列中数据元素类型为整型，如图 3-25 所示，虚线代表数据元素 e 进队列后的指针指向。链队列中每个结点存放一个数据元素，数据元素 e 要求进队，首先为 e 申请一个结点 p 并将数据域赋值为 e，同时指针域置空(程序第 01～03 行)。然后判断队列是否为空，如为空，则 e 作为队列唯一的元素，p 既是队头也是队尾，将 p 同时赋值给 front 指针和 rear 指针(程序第 05～06 行)，如图 3-25(a)所示；如队列不为空，p 插入到队尾(程序第 08 行)，最后更新 rear(程序第 09 行)，保证 rear 指向新的队尾，如图 3-25(b)所示。

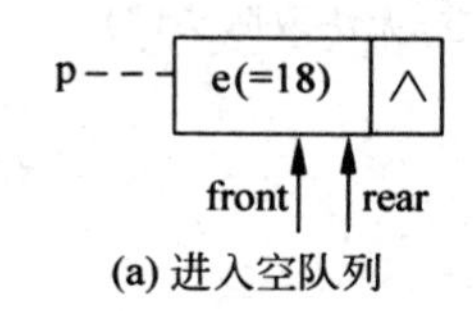

(a) 进入空队列

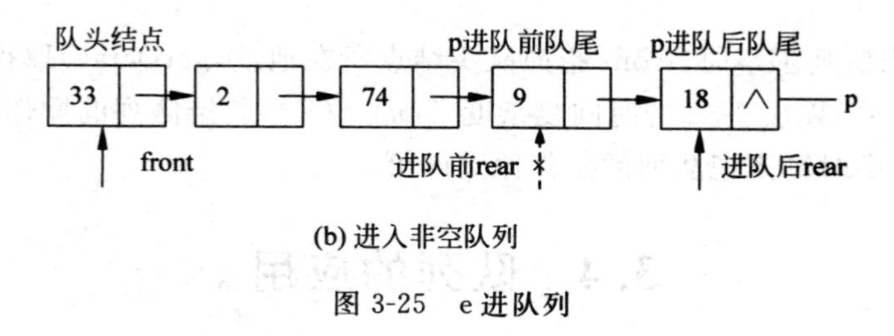

(b) 进入非空队列

图 3-25 e 进队列

3. 出队列

已知链队列 queue，执行出队列算法如下。

【算法 3-31】 出队列。

```
00 public boolean deQueue() {
01     if (front == null) {                          //判断队列是否为空
02         System.out.printf("队列空,无法出队列!");
03         return false;                             //返回出队失败标志
04 }
```

```
05      QueueLinkedNode<T> p = front;          //p 指向队头结点
06      front = p.getNext();                   //front 指向 p 的后继
07      if (p == rear)                         //如被删结点也是队尾结点
08          rear = null;                       //rear 指向头结点
09      return true;                           //返回出队成功标志
10   }
```

算法分析：出队列即删除队头结点。只要队列是非空的，删除 front 结点所指向的元素，操作类似于单链表中删除表头结点，如图 3-26 所示。程序第 01 行判断队列是否为空队列，空队列不能出队。程序第 05～06 行执行出队操作。一般情况下，队列元素多于一个的时候，出队列是不会影响到 rear 的，但当队列中只有一个元素时，即所删结点既是队头又是队尾时，要将队列置空，这由程序第 07～08 行完成。

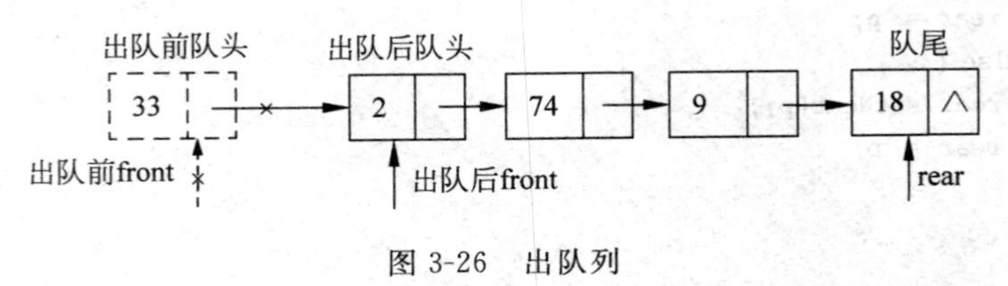

图 3-26　出队列

4. 取队头数据元素

已知链队列 queue，执行取队头元素算法如下。

【算法 3-32】　取队头。

```
00 public T getFront() {
01     if (front == null) {                    //判断队列是否为空
02         System.out.printf("队列空,无法取队头!");
03         return null;                        //返回失败标志
04     }
05     return front.getData();
06 }
```

算法分析：当队列不空时，front 指向队头结点所在地址，getData()取得队头结点的值。

上述算法 3-29～算法 3-32 的时间复杂度 $T(n)=O(1)$。链队列的操作实际上还是单链表的操作，在操作中时刻谨记队列的操作原则即可。

3.4　队列的应用

队列是一种简单方便的数据结构，可应用于共享打印机和 CPU 资源分配等各个方面。

1. 打印机共享使用

打印机提供的网络共享打印功能通常多采用缓冲池技术，队列就是实现缓冲技术的数据结构支持。当一个办公室多人需要公用某台打印机时就先可建立一个队列(缓冲池)，各个用户提交打印请求时就被写入到队列的队尾。当打印机空闲时，系统读取队列中第 1 个请求(进队)，打印后就删除之(出队)。这里充分利用队列的“先进先出”特性，就可有效地完成打印机网络共享的“先来先服务”虚拟排队功能。

2. CPU 资源分配

在具有多个终端的计算机系统当中,多个用户可能都需要使用 CPU 运行各自的程序,此时可以分别通过各自终端向操作系统提出使用 CPU 请求。操作系统将这些请求排列成一个队列,如有请求,则进队列,按照每个请求在时间上的顺序排列成队。每次 CPU 有空闲时分配给队头用户使用,相应程序运行结束后就出队列,再将 CPU 分配给新的队头用户。由此利用队列的特性对各个请求采用“先来先服务”的处理措施,逐次处理所有用户的程序运行要求。

3. 杨辉三角形计算输出

杨辉三角形如图 3-27 所示。杨辉三角形在国外也称为帕斯卡三角形,这种三角形实际上就是牛顿二项式系数表。杨辉三角形具有如下建构特征。

第 k 行共有 $k+1$ 个数,除其中第一个和最后一个数为 1 之外,行中其余的各个数皆为上一行中位于其左、右方的两个数之和。

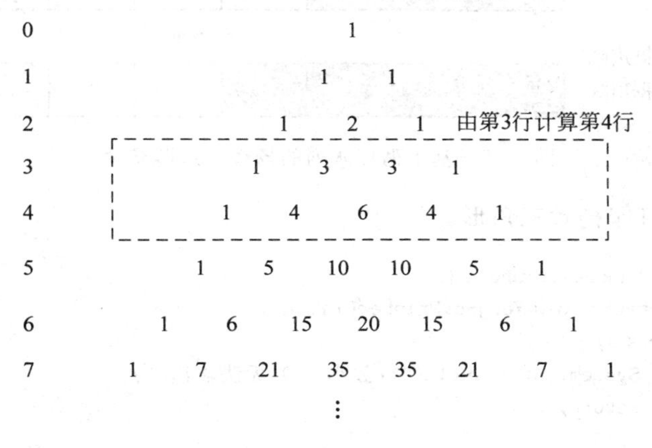

图 3-27 杨辉三角形

杨辉三角形中第 $i+1$ 行中的值由第 i 行已有数值计算得来,设想在输出杨辉三角形第 i 行的同时计算第 $i+1$ 行并将其中各个数值进行存储。

由于计算得到的顺序与打印输出顺序相同,即先计算先输出,故采用队列存放第 $i+1$ 行数据。

例如,当需要杨辉三角形打印第 3 行并生成第 4 行时就可采用循环队列实现。第 4 行中有 5 个数字,最前和最后一个是 1,不用计算,中间 3 个数字是由第 3 行中的 4 个数字相邻两个位置的元素计算得到的。这个过程分下列 4 个步骤。

① 第 4 行中第一个元素 1 进队。

② 输出第 3 行中前 3 个元素,并生成第 4 行中的 3 个元素,即输出队头,队头出队列赋值给 x,x 与新队头相加进队列,这样的操作共循环进行 3 次。

③ 输出第 3 行中的最后一个元素 1 并换行,出队列。

④ 第 4 行中的最后一个元素 1 进队。

图 3-28 表示由杨辉三角形第 3 行(假设由第 0 行开始)计算并显示第 4 行的过程。

打印杨辉三角形算法如下。

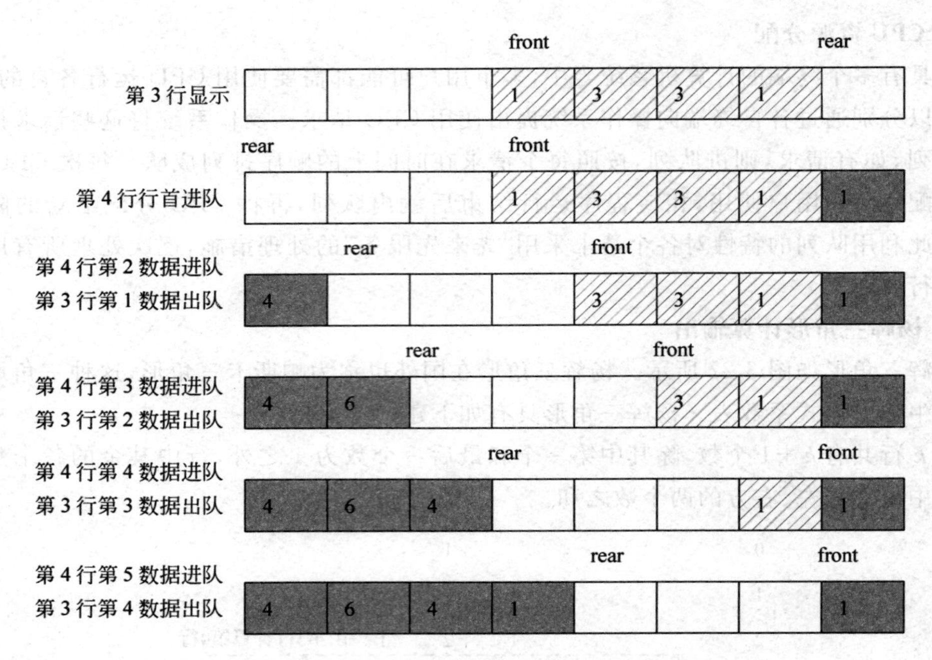

图 3-28　基于循环队列的杨辉三角形显示

【算法 3-33】　打印杨辉三角形。

```
00  public class YangHuiTriangle {
01      public static void YangHuiPrinter(int n) {
02          if(n<0){
03              System.out.println("行数小于 0,无法输出!");
04              return;
05          }
06          Queue<Integer> queue = new QueueLinked<Integer>();
07          queue.enQueue(1);
08          for (int rowIndex = 2; rowIndex <= n+1; rowIndex++) {
09              queue.enQueue(1);               //第 i 行中的第一个元素 1 进队
10              for(int j = 1;j<rowIndex - 1;j++){
11                  System.out.printf(" % 4d", queue.getFront());          //输出队头
12                  int x = queue.deQueue();
13                  x = x + queue.getFront();   //x 为原来的队头加新队头,计算第 i 行的值
14                  queue.enQueue(x);
15              }
16              System.out.printf(" % 4d", queue.deQueue());
                                                //打印第 i-1 行的最后一个 1 并换行
17              System.out.println();
18              queue.enQueue(1);               //第 i 行中的最后一个元素 1 进队
19          }
20          while (!queue.isEmpty()) {          //输出最后一行元素
21              System.out.printf(" % 4d", queue.deQueue());
22          }
23      }
24  public static void main(String[] args) throws IOException {
```

```
25          Scanner scanner  =  new Scanner(System.in);
26          System.out.printf("请输入需要输出的杨辉三角形的行数: ");
27          int rowNumber  =  scanner.nextInt();
28          YangHuiPrinter(rowNumber);
29      }
30  }
```

算法分析：循环队列中要至少能存放杨辉三角形中一行的元素，如实际中需要打印杨辉三角形的前 n 行，则循环队列至少要能存放 $n+1$ 个元素。长度为 m 的循环队列最多只能存放 $m-1$ 个元素，所以定义循环队列的数组长度至少为 $n+2$ 才能满足需要，当前算法使用的是链式存储结构的队列，所以没有队列存储容量问题。算法时间复杂度与杨辉三角形中的元素个数有关，为 $O(n^2)$。

4. 回文判定

回文是指以中间字符为基准两边字符完全相同的字符串，如 abcdedcba 是回文，而 abcdedbac 不是。

判断字符串是否是回文的基本思想是将需要判断字符串中字符逐次存入到一个队列和一个栈内，接着逐个出队和出栈，并比较出队字符和出栈字符是否相等，若全部相等，则给定字符串就是回文，否则就不是。

【算法 3-34】 回文判定。

```
00 class Palindrome {
01 public static boolean palindromeChecker(String word){
02   int n = word.length();
03   StackArray<Character> myStack = new StackArray<Character>(n);
04   QueueArray<Character> myQueue = new QueuArraye<Character>(n);
05   for(int i = 0;i<n;i++){
06       myQueue.enQueue(word.charAt(i));
07       myStack.push(word.charAt(i));
08   }
09   while(!myQueue.isEmpty() && !myStack.isEmpty()){
10        if(myQueue.getFront()!= myStack.getTop()){
11            return false;
12     }
13        myQueue.deQueue();
14        myStack.pop();
15   }
16   return true;
17 }
18 public static void main(String[] args){
19   Scanner scanner  =  new Scanner(System.in);
20       System.out.print("请输入单词: ");
21   String word  =  scanner.next();
22   if(Palindrome.palindromeChecker(word)){
23           System.out.println(word + "是一个回文单词!");
24   }
25   else{
26           System.out.println(word + "不是一个回文单词!");
27   }
```

```
28  }
29  }
```

算法分析: 程序第 21 行读入需判定的字符串单词,然后调用判断方法 palindromeChecker。该方法中需要一个辅助队列和一个辅助栈。首先将单词中的每个字符依次进栈及进队列,这由程序第 05～08 行完成,然后依次将栈顶元素和队头元素相比较(程序第 10 行),如不等,可得不是回文的结论并结束;相等,则出栈和出队列,继续比较直至栈空。如直至栈空均每对字符相等,则可得是回文的结论。

本章小结

栈和队列在逻辑是对数据插入和数据删除操作进行限制的线性表。一般线性表中,数据插入和删除可在表中任意位置进行,但栈和队列只能在表端进行,不允许在表中间部分进行。由此可知,对于顺序存储的栈和队列来说,插入和删除时都没有一般顺序表中需要进行大量移动该数据元素的情形。在学习中不仅需要理解栈和队列在逻辑上是一种特殊线性表,还需要通过掌握和一般线性表在存储上的差异进一步认识和体会诸如"辅助存储空间"、"头结点"和"单链表"等重要概念的深层含义与应用。

1) 栈

栈的"进栈"和"出栈"操作都只在栈顶进行,"栈顶"变量 top 就是栈的核心参数,"栈"由"栈顶"标识确定。逻辑上"栈"是一种操作受限特殊"线性表",存储上也有自身特点。

(1) 采用顺序存储结构,顺序栈不需要考虑一般顺序表中相关数据元素的移动问题。此时 top 为指向"栈顶元素"位置标号的整型变量,栈空等价于 top=－1,栈满等价于top=capacity－1,其中 capacity 为数组容量。

(2) 采用链式存储结构,链栈不需设置一般链表中的"头结点",只需将头结点 head 作为 top 指针指向栈顶元素。栈空等价于 top 指针为空。

栈的存储要点如图 3-29 所示。

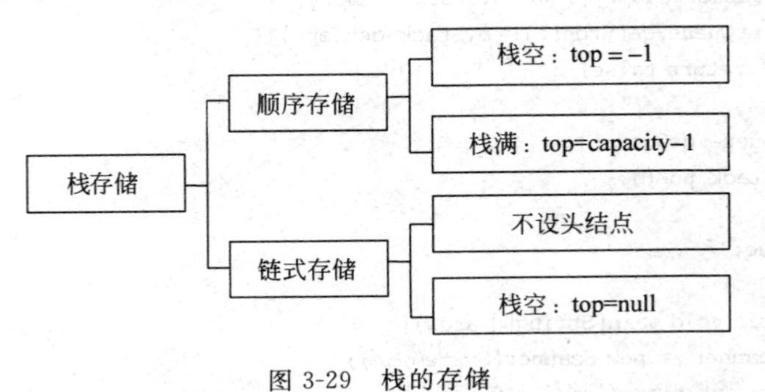

图 3-29　栈的存储

2) 队列

逻辑上"队列"是一种操作受限"线性表",存储上相对于一般线性表也具有不同的特征。

(1) **采用顺序存储结构**。顺序队不需要考虑一般顺序表中相关数据元素的移动问题。此时 front 为"队头元素"所在数组中的标号,rear 为"队尾元素"之后的"下一个"标号。此时,顺序队列空等价于 front=rear,顺序队列满等价于 rear=capacity。

（2）**采用链式存储结构**。由于队列基本操作“出队”只在“队头”进行，与链栈情形类似，链队列也可不设置“头结点”而将头指针 head 设为 front 指针指向队头结点；同时由于“进队”只在“队尾”进行，进队时需遍历链表所有结点以到达队尾结点，增加运行开销，设置 rear 指针指向队尾结点。链队空等价于 front＝rear＝null。

队列存储要点如图 3-30 所示。

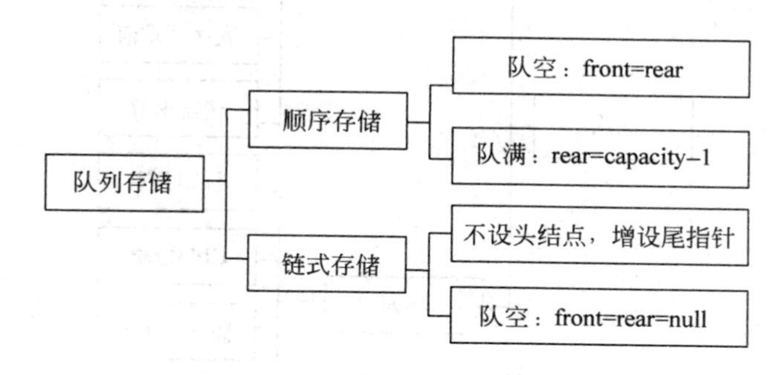

图 3-30　队列存储

3）循环队列

顺序队列会出现“假溢出”情形，这是由于当数据元素出队时，front 单调增加即 front＞0，其“前”会空出存储空间，但数据元素只能从 rear 处进入队列，front 前即使有“空”也不能进入数据，也就是说，当 rear＝capacity 时会有 front≠0。采用模计算方法使得 front 和 rear 都在 0 和 capacity－1 之间循环取值。但此时会出现队空和队满的标志都是 rear＝front。为此约定当 rear“下一个”位置是 front 时为队满。循环队列中就会总有一个“位置”空置，使得队满条件与队空条件区别开来。

- 循环队列空等价于 rear＝front；
- 循环队列满等价于（rear＋1） mod capacity＝front。

循环队列存储要点如图 3-31 所示。

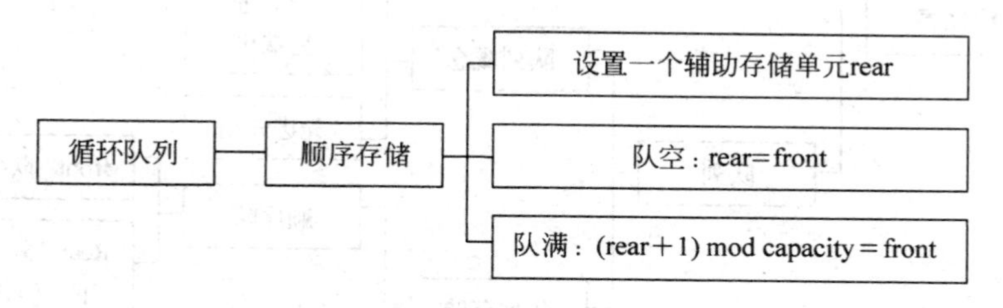

图 3-31　循环队列存储

4）栈和队列的应用

栈和队列对于相关操作的限制，使得它们在实际中具有广泛应用。算法运行时需要存储中间结果，而通常会有“先存储的后使用”，此时多采用栈进行存储；实际过程当中还会有多个应用共享同一 CPU、存储空间或相关程序，为保证系统正常运行，需要采取“先到先得”的方式，此时多采用队列存储共享请求。通过应用才能真正将书本知识转化为学习者自身内在的品质，因此本章应用实例与相关原理技术具有同等重要的地位。本章中栈和队列应用如图 3-32 所示。

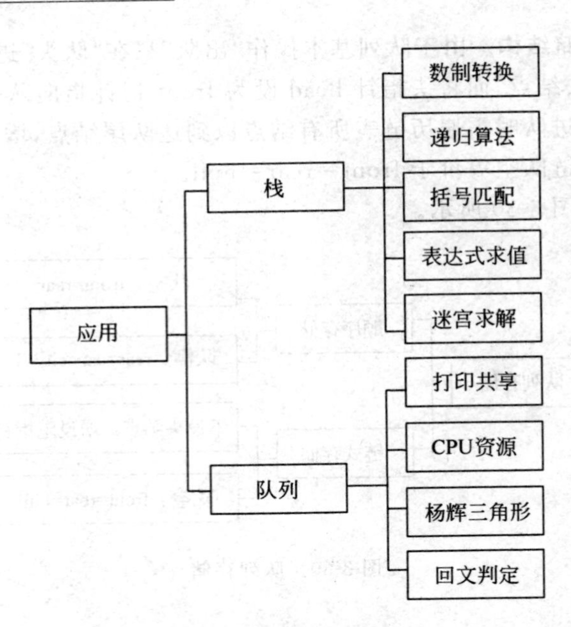

图 3-32　栈和队列的应用

本章主要内容要点如图 3-33 所示。

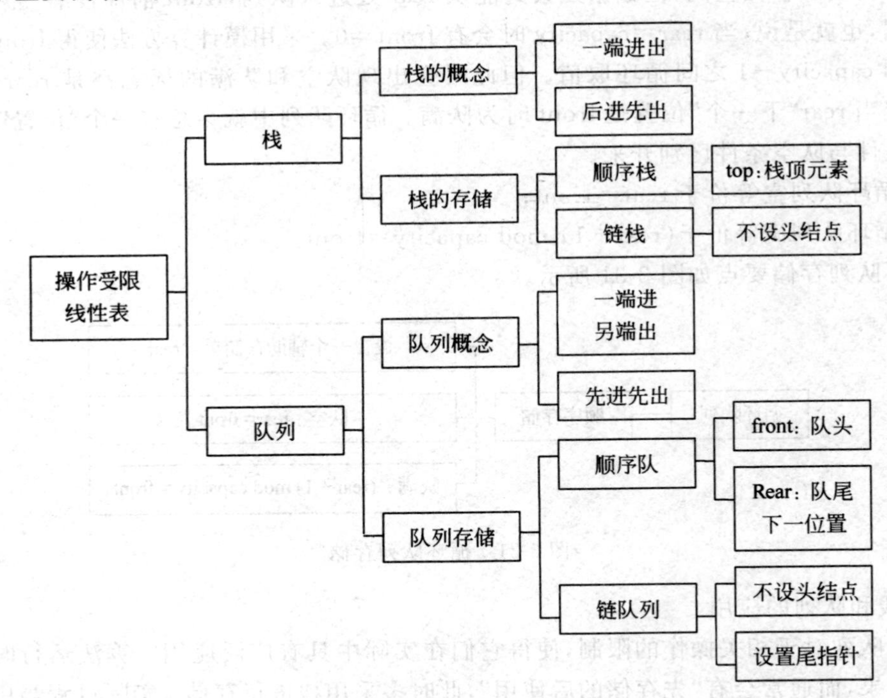

图 3-33　第 3 章基本内容要点

第4章 数组和串

在实际应用中，除了需要考虑对数据操作施加限制的线性表如栈和队列之外，还常常会根据需要对线性表中数据元素本身进行适当扩充或限制。如果要求表中每个数据元素是一个具有定长的另一个线性表，则可得到称为“多维数组”的特殊线性表；如果限定表中数据元素为字符型，则可得到称为“串”的特殊线性表。栈和队列的特殊性反映在对数据元素操作的限制上，数组和串的特殊性体现在对数据元素的扩充与限定方面。多维数组可视为线性表结构的一种嵌套表现形式，使用起来方便有效；串可认为是一种有效描述非数值性数据的线性表，其数据对象是字符集。在学习过程中，需要注意以下问题。

- 数组(二维数组)基本概念与顺序存储方式；
- 特殊矩阵和稀疏矩阵的存储与相关操作；
- 串的基本概念、数据操作和存储方式；
- 串的模式匹配等典型算法。

4.1 数　组

“数组”是一个学习中熟悉的概念，作为一种常用的(复杂)数据类型，所有高级程序设计语言中都将其“内置”在自身系统当中。“数组”具有两个明显的特征：一是数据元素具有相同数据类型(原子类型或复杂类型)，二是其中包含数据元素的“最大个数”需要“事先给定”。此时“数组”主要属于“存储”范畴，并不是作为一种逻辑上的数据结构来对待和使用。但参照“数组”前述基本特点，可以在线性结构中分出一类特殊的“线性表”——逻辑结构意义下的“数组”，其中“二维数组”即“矩阵”最为常见和有用。

4.1.1 二维数组

数组(array)：$n(n>1)$个具有相同数据类型的数据元素的有序集合，其中每个数据元素都受给定线性关系约束。数组中数据元素由一个数据值和一个或一组下标(序号)确定。下标是数组中元素相互区分的标识。使用一个下标区分其中元素的数组称为一维数组。使用两个以上下标的数组称为多维数组。常用的多维数组是二维数组。

在一维数组 a[]中，元素 a[5]由 a[5]本身的值以及下标 5 来确定，它包含数据值的信息和元素在数组中的位置信息，两者构成一个完整的数组元素。

在二维数组 a[][]中，数据元素 a[i][j]由 a[i][j]本身的值和两个(一组)下标(i,j)来决定，表示数据元素所处在数组中第 i 行第 j 列的位置。如果将二维数组的每一行或者每一列看成一个整体，二维数组就是线性代数中的“矩阵”。如果将行(列)看作同型的线性表，则矩阵就是以行(列)线性表为数据元素的“一维”数组,其中数组元素的“下标”为“行(列)”标号,每个数组元素又是一个等长的具有相同数据类型的线性表。这样,矩阵作为二维数组又可以理解为“数据元素为一维数组的一维数组”。

以此类推,三维数组是以为二维数组为数据元素的数组等,一般而言,n 维数组是以 $n-1$ 维数组为数据元素的数组。

由上述讨论可知,“数组”作为逻辑意义下的数据结构具有下述特征。

(1) 数组实际上可以看作其数据元素还是线性表的一种特殊的“线性表”,其中作为数据元素的线性表具有相同“类型描述”。作为“数据元素”的“线性表”可看作是“元素线性表”,作为“整体结构”的“线性表”可以看作是“结构线性表”。

(2) 由于(1)即其中数据元素还是一种“同型”线性表,则“元素线性表”的“长度”需“事先给定”,且给定后不能通过“插入”和“删除”相关数据元素而使得“长度”发生改变。在“数组”中“元素线性表”和“结构线性表”中“长度”一旦给定就不能变动。

(3) 由于(2)即“数组长度”需要在数据操作过程中保持不变,则“数组”的基本数据操作只有“数据查询”和“数据元素值修改”,不能进行数据元素的“插入”和“删除”。

(4) 由于(3)即“数组”的数据操作只能是“加工型”的,则数组是一种“静态”的逻辑数据结构,进而“数组”通常采用顺序表这种静态存储结构。

一维数组可以看作“长度确定”的“常规线性表”,本节主要讨论二维数组。一个二维数组如图 4-1 所示,它是一个 3 行 4 列的矩阵,如矩阵名称为 $\mathbf{A}$,则可以将其表示为 $\mathbf{A}_{3\times 4}$,a_{ij} 表示第 i 行 j 列位置上的数据元素。

$$\begin{bmatrix} a_{00} & a_{01} & a_{02} & a_{03} \\ a_{10} & a_{11} & a_{12} & a_{13} \\ a_{20} & a_{21} & a_{22} & a_{23} \end{bmatrix}$$

图 4-1 $\mathbf{A}_{3*4}$ 的阵列形式表示

高级语言的数组中,标号通常是从“0”开始,而二维数组作为数据元素是数组的数组,其数据元素的“行号”和“列号”也都是从“0”开始。此外,作为二维数组,按照前述可知,矩阵的行数和列数一经定义就不能改变。

4.1.2 矩阵的顺序表示与实现

二维数组表示是“二维”的,内存中存储地址排列却是一维的,因此,存储二维数组“矩阵”中数据元素时,就需要将“二维”映射或转换为“一维”。此时有两种可供选择的方式:“按行优先”转化为“一维”顺序存放(行序存储)和“按列优先”顺序存放(列序存储)。

(1) **行序存储**。在分配的内存空间中,由低地址到高地址,依次先存放第 0 行的元素,然后再存放第 1 行、第 2 行,以此类推。

(2) **列序存储**。在分配的内存空间中,由低地址到高地址,依次先存放第 0 列的元素,然后再存放第 1 列、第 2 列,以此类推。

图 4-2 是图 4-1 所示矩阵按行序存储和列序存储的存储结构图。

存储一个 m 行 n 列的矩阵,需要 $m\times n$ 个存储单元。和一维数组一样,矩阵可通过公式计算出每一个元素的存储地址,即能够实现随机存取。根据存放顺序不同,公式也会有所

图 4-2 矩阵顺序存储结构

区别。

假设每个数据元素占用存储空间为 length 个单元，矩阵 m 行 n 列，初始地址为 $\text{Loc}(a_{00})$，而 $\text{Loc}(a_{ij})$表示数据元素 a_{ij} 存储地址，此时：

按行序存储的矩阵元素地址计算公式如下。

$$\text{Loc}(a_{ij}) = \text{Loc}(a_{00}) + (i \times n + j) \times \text{length} \tag{4-1}$$

按列序存储的矩阵元素地址计算公式如下。

$$\text{Loc}(a_{ij}) = \text{Loc}(a_{00}) + (j \times m + i) \times \text{length} \tag{4-2}$$

公式中，$(i\times n+j)$或者$(j\times m+i)$，是元素 a_{ij} 前的元素个数，在推导公式时，记着这个原则，就不容易出错。式(4-1)的直观解释如图 4-3 所示。

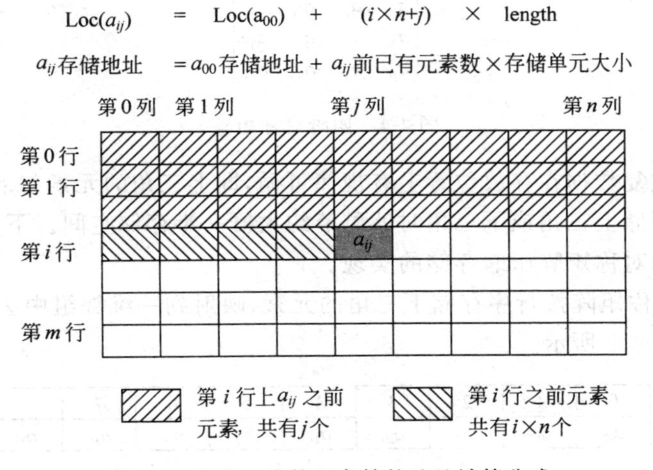

图 4-3 矩阵一维数组存储的地址计算公式

按“行优先”或“列优先”顺序存储的矩阵，具有存储密度高和存取速度快的特点。在 Pascal 和 C 语言中支持“行优先”存储，而在其他语言如 Fortran 语言中支持“列优先”存储。

思考：设有矩阵 int M[15][10]，每个元素（整数）占两个存储单元，矩阵的起始地址为 2000，则 M[7][6]的存储位置应当如何确定？

4.1.3 特殊矩阵的压缩存储

矩阵广泛地应用于科学计算和工程数学等领域中，是数值分析主要对象之一。矩阵如用前述行序或列序方式顺序存储，m 行 n 列矩阵需要 $m\times n$ 个存储单元，如果 m 和 n 较大就会产生比较大的空间开销。实际应用中，经常需要处理某些具有相当高“阶”数的矩阵，但这些矩阵却可能有很多数据元素重复出现或者其中非零元素数量相比于“$m\times n$”非常小而零元素很多。此时如仍旧使用行(列)序存储,将会使用很多空间来重复存放元素和零元素,造成存储空间浪费。

(1) 存在重复数据元素的矩阵称为特殊矩阵。某些特殊矩阵中重复元素分布有规律可循,例如对称矩阵、三角矩阵和对角矩阵等。

(2) 零元素很多的矩阵称为"稀疏矩阵"。某些稀疏矩阵元素分布虽然没有明显的规律,但由于其中非零元素很少,也不难进行适当处理。

对上述两类矩阵都可以进行压缩存储以减少空间开销。本小节和下一小节分别学习特殊矩阵和稀疏矩阵压缩存储。

特殊矩阵压缩存储要点是推导出一个函数,该函数是以矩阵 **A** 中元素两个下标分量 i 和 j 作为自变量,由此计算出该元素映射到一维数组中的下标 k,实现原矩阵中的元素压缩存储到一维数组中去。

1. 对称矩阵

***n* 阶对称矩阵**:沿主对角线对称位置上的元素相等,即 $a_{ij}=a_{ji}$ 的 n 阶方阵 **A**。

主对角线指的是由元素 a_{ii} 组成的数列,主对角线上以及以上的元素称为上三角元素,主对角线上以及以下的元素称为下三角元素。如图 4-4 是一个四阶对称矩阵。

$$\begin{bmatrix} a_{00} & a_{10} & a_{20} & a_{30} \\ a_{10} & a_{11} & a_{21} & a_{31} \\ a_{20} & a_{21} & a_{22} & a_{32} \\ a_{30} & a_{31} & a_{32} & a_{33} \end{bmatrix}$$

图 4-4　四阶对称矩阵

对称矩阵中重复数据在存放位置上有规律可循,即上三角的元素与下三角的元素重复。压缩存储采用仅存储上三角或下三角时就可节约大概一半存储空间。下面以按行序存储下三角元素为例讨论对称矩阵压缩存储的实现。

如图 4-4 的对称矩阵按行序存储下三角的元素,映射到一维数组中去,元素及其对应的一维数组下标如图 4-5 所示。

下标 k:	0	1	2	3	4	5	6	7	8	9
a_{ij}:	a_{00}	a_{10}	a_{11}	a_{20}	a_{21}	a_{22}	a_{30}	a_{31}	a_{32}	a_{33}

图 4-5　矩阵元素与对应的一维数组下标

矩阵下三角元素 a_{ij} 下标特点是 $i \geqslant j$。从图 4-4 和图 4-5 来看,对称矩阵压缩存储第 1 行存储 1 个元素,第 2 行存储 2 个元素,第 3 行存储 3 个元素,以此类推,第 i 行存储 i 个元素。元素 a_{ij} 前面有 i 行元素,同一行前面有 j 个元素,故压缩存储到一维数组中时,a_{ij} 前有 $(1+2+3+\cdots+i+j)$ 个元素,由此,我们可推导出 a_{ij} 下标 i、j 与 k 的映射关系如下。

$$k = 1+2+3+\cdots+i+j = (i+1)\times i/2+j$$

至于读取对称矩阵中上三角中的元素,只要找到其对称位置上元素即可,其下标中行标与列标交换即可。对称矩阵中任意元素与其对应的一维数组下标 k 的计算公式如下。

$$k=\begin{cases}(i+1)\times i/2+j & (i\geqslant j)\\(j+1)\times j/2+i & (i<j)\end{cases} \tag{4-3}$$

通过式(4-3)可知,给定对称矩阵中的一组下标(i,j),可在一维数组中找到相应的存储位置k;反之,给定一个下标k,也可得到对称矩阵中的元素下标(i,j)。存储n阶对称矩阵需要$n\times(n+1)/2$个存储单元,从而节约一半左右的存储空间。

2. 三角矩阵

三角矩阵分为下三角和上三角矩阵两种情形。

- **下三角矩阵**:沿主对角线以上的元素全为零的n阶方阵;
- **上三角矩阵**:沿主对角线以下的元素全为零的n阶方阵。

如图4-6是一个四阶的下三角矩阵。

$$\begin{bmatrix} a_{00} & 0 & 0 & 0 \\ a_{10} & a_{11} & 0 & 0 \\ a_{20} & a_{21} & a_{22} & 0 \\ a_{30} & a_{31} & a_{32} & a_{33} \end{bmatrix}$$

图4-6 四阶下三角矩阵

与对称矩阵的压缩存储类似,上(下)三角矩阵可采用仅存储上(下)三角数据元素方法而不必考虑相应的零元素,由此可节约大概一半的存储空间。如按行序压缩存储下三角矩阵,元素下标(i,j)与对应的一维数组下标k映射公式如下。

$$k=(i+1)\times i/2+j \quad (i\geqslant j) \tag{4-4}$$

式(4-4)的直观解释如图4-7所示。

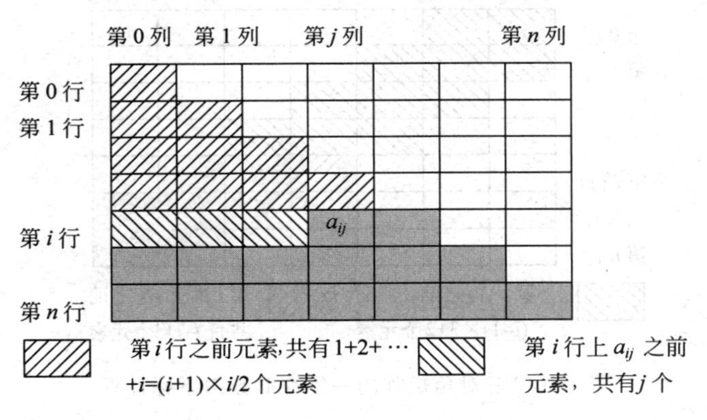

图4-7 下三角矩阵一维数组存储的下标计算公式

通过式(4-4)就可求得下三角矩阵中第i行第j列元素a_{ij}在所存储数组中的下标k。例如图4-6所示下三角矩阵的顺序存储结构如图4-8所示。

下标k:	0	1	2	3	4	5	6	7	8	9
a_{ij}:	a_{00}	a_{10}	a_{11}	a_{20}	a_{21}	a_{22}	a_{30}	a_{31}	a_{32}	a_{33}

图4-8 下三角矩阵元素与对应的一维数组下标

则按照上述公式，a_{21} 在数组中的下标 $k=(2+1)\times 2/2+1=4$。

n 阶的上三角矩阵或下三角矩阵压缩存储时同样需要 $n\times(n+1)/2$ 个存储单元。

3. 对角矩阵

多对角矩阵：主对角线上下各 d 条对角线上有非零元(共有 $2d+1$ 条对角线有非零元)而其余位置上元素都为零的矩阵，其中 $2d+1$ 条对角线组成“带宽”。如图 4-9 所示的四阶方阵，带宽为 3，称为三对角矩阵。

$$\begin{bmatrix} a_{00} & a_{01} & 0 & 0 \\ a_{10} & a_{11} & a_{12} & 0 \\ 0 & a_{21} & a_{22} & a_{23} \\ 0 & 0 & a_{32} & a_{33} \end{bmatrix}$$

图 4-9　四阶三对角矩阵

三对角矩阵中，除了首尾两行有 2 个元素之外，其余各行都有 3 个元素。对其中每个元素 a_{ij}，如给定了行标 i，则 j 的合理范围是 $i-1\leqslant j\leqslant i+1$。三对角矩阵压缩存储仅需存储主对角线以及上下各一条对角线上的数据。如按行序压缩存储三对角矩阵，元素下标(i,j)与对应的一维数组下标 k 映射公式如下。

$$k=3\times i-1+(j-i+1)=2\times i+j \tag{4-5}$$

式(4-5)的直观解释如图 4-10 所示。

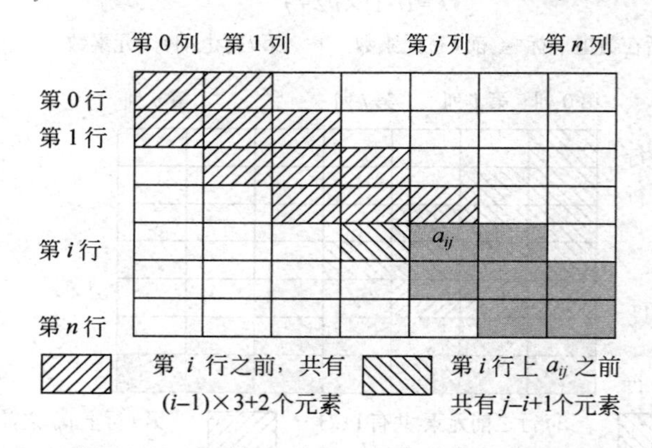

图 4-10　三对角矩阵的一维存储数组下标计算

图 4-9 所示三对角矩阵一维数组存储结构如图 4-11 所示。

下标 k:	0	1	2	3	4	5	6	7	8	9
a_{ij}:	a_{00}	a_{01}	a_{10}	a_{11}	a_{12}	a_{21}	a_{22}	a_{23}	a_{32}	a_{33}

图 4-11　三对角矩阵元素与对应的一维数组下标

例如，此时 a_{22} 在存储数组中的下标 $k=(2-1)\times 3+2+(2-2+1)=3+2+1=6$。

n 阶三对角矩阵压缩存储时需要 $3\times n-2$ 个存储单元。

4.1.4 稀疏矩阵的压缩存储

稀疏矩阵：矩阵中的非零元很少，大部分是零元素，且非零元的分布没有规律。

如图 4-12 所示的矩阵 $\boldsymbol{A}_{5\times6}$，矩阵中共有 30 个元素，其中只有 6 个非零元。

$$\boldsymbol{A}=\begin{bmatrix}0 & 5 & 0 & 0 & 0 & 7\\ 8 & 0 & 0 & 0 & 0 & 0\\ 0 & 0 & 0 & 0 & -9 & 0\\ 0 & 0 & 12 & 0 & 0 & 0\\ 0 & 0 & 0 & 0 & 4 & 0\end{bmatrix}$$

图 4-12　稀疏矩阵 **A**

稀疏矩阵中非零元的分布通常没有规律可循，其压缩存储途径是将各个非零元的值和位置信息存储起来。下面介绍两种稀疏矩阵的压缩存储方法。

1. 三元组表存储

存储稀疏矩阵非零元实际上需要元素本身数据值、行标和列标三方面信息，这些信息的组合称为非零元信息三元组。三元组结构如图 4-13 所示，其中 row、column 和 value 分别代表非零元所在的行、列和非零元的值。

row	column	value

图 4-13　三元组结构

稀疏矩阵中每个非零元需要上述三元组来描述，一个上述三元组也唯一确定一个非零元。将所有三元组按照行(列)序组织在一起形成一个线性表，从而可以使用顺序表进行存储，此时顺序表称为稀疏矩阵的三元组表表示。如图 4-12 所示的稀疏矩阵按行序存放时对应的三元组表如图 4-14 所示。其中 6 个非零元按行序放在三元组表中的 0～5 下标位置上。

下标	row	column	value
0	0	1	5
1	0	5	7
2	1	0	8
3	2	4	−9
4	3	2	12
5	4	4	4

图 4-14　稀疏矩阵 **A** 的三元组表表示

三元组表表示法属于顺序存储结构，可以在其上进行不会导致稀疏矩阵中非零元个数变化较大的数据运算，例如对一个矩阵的转置运算。

用 Java 语言定义三元组表类如下。

```
00 public class SparseMatrixNode<T>{
01     private int row;
02     private int column;
03     private  T value;
```

```
04  }
05  public class SparseMatrix<T> {
06      private int row;
07      private int column;
08      private int nonZeroElementCount;
09      private int size;
10      private Object[] elements;
          //数组元素为 SparseMatrixNode,T 不能确定,故此处用 Object
11  }
```

以上语句定义了三元组表类 SparseMatrix<T>,其中包含了存储非零元信息的数组 elements,也包含了三元组本身的信息：行数、列数、非零元个数和已有元素个数。

下面讨论基于三元组表存储的稀疏矩阵数据操作。

1）创建稀疏矩阵的三元组表

已知某稀疏矩阵如图 4-12 所示，建立其三元组表并输出算法如下。

【算法 4-1】 建立并输出稀疏矩阵的三元组表。

```
00  public void display() {
01      System.out.println("  row  column  value");
02      System.out.println("------------------------------");
03      for (int i = 0; i < size; i++) {
04              System.out.printf("%4d%5d%8d", getElement(i).getRowIndex(),
                        getElement(i).getColumnIndex(), getElement(i).getValue());
05              System.out.println();
06      }
07  }

08  public boolean addElement(SparseMatrixNode<T> element) {
09      if (size >= nonZeroElementCount) {
10          System.out.print("矩阵容量已满,添加失败!");
11          return false;
12      }
13      elements[size] = element;
14      size++;
15      return true;
16  }

17  public static void main(String[] args) throws IOException {
18      SparseMatrix<Integer> matrix = new SparseMatrix<Integer>(5,6,6);
19      matrix.addElement(new SparseMatrixNode<Integer>(0,1,5));
20      matrix.addElement(new SparseMatrixNode<Integer>(0,5,7));
21      matrix.addElement(new SparseMatrixNode<Integer>(1,0,8));
22      matrix.addElement(new SparseMatrixNode<Integer>(2,4,-9));
23      matrix.addElement(new SparseMatrixNode<Integer>(3,2,12));
24      matrix.addElement(new SparseMatrixNode<Integer>(4,4,4));
25      matrix.display();
26  }
```

算法分析：算法建立并输出稀疏矩阵的三元组表。main 中，程序第 18 行构建稀疏矩阵 SparseMatrix<Integer>类型对象，程序先定义了 SparseMatrix<Integer>对象变量

matrix，再通过 new SparseMatrixNode<Integer>(0，1，5)构建稀疏矩阵结点对象，并加入到稀疏矩阵对象中，由程序第 19～24 行完成。

输出函数(程序第 00～07 行)则按每行输出一个三元组的形式输出三元组的信息。

添加矩阵元素函数(程序 08～16 行)根据行号、列号和元素值构建元素添加到矩阵中。

主程序(程序第 17～26 行)通过调用建立函数和输出函数完成三元组表的建立于输出。

2) 稀疏矩阵转置

通过"三元组"存储的稀疏矩阵可以实现对于矩阵相应操作，下面讨论稀疏矩阵转置操作。

设 $\boldsymbol{A}$ 为 $m\times n$ 阶矩阵(即 m 行 n 列)，第 i 行 j 列元素是 $a(i,j)$，即 $a_{ij}=a(i,j)$。定义 $\boldsymbol{A}$ 的转置为这样一个 $n\times m$ 阶矩阵 $\boldsymbol{B}$，满足 $b_{ij}=a_{ji}$，即 $b(i,j)=a(j,i)$($\boldsymbol{B}$ 的第 i 行第 j 列元素是 $\boldsymbol{A}$ 的第 j 行第 i 列元素)，记 $\boldsymbol{A}^{\mathrm{T}}=\boldsymbol{B}$。图 4-12 的矩阵 $\boldsymbol{A}$ 转置后的矩阵 $\boldsymbol{B}$ 如图 4-15 所示。

稀疏矩阵 $\boldsymbol{B}$ 对应的三元组表如图 4-16 所示。

$$\boldsymbol{B}=\begin{bmatrix}0&8&0&0&0\\5&0&0&0&0\\0&0&0&12&0\\0&0&0&0&0\\0&0&-9&0&4\\7&0&0&0&0\end{bmatrix}$$

图 4-15 稀疏矩阵 $\boldsymbol{B}$

下标	row	column	value
0	0	1	8
1	1	0	7
2	2	3	12
3	4	2	-9
4	4	4	4
5	5	0	7

图 4-16 稀疏矩阵 $\boldsymbol{B}$ 的三元组表表示

实现三元组表的转置最简单的方法是将图 4-14 中的单元组表的 row 和 column 内容交换，再按新的 row 值从小到大排序，但显然这种方法需要的时间代价太大。下面介绍实现稀疏矩阵转置的其他两种方法。

方法 1：假设稀疏矩阵 this 有 column 列，转置后的稀疏矩阵为 matrix。需要对 this 的矩阵三元组表进行 column 趟扫描，第 $i(0\leqslant i\leqslant \text{column}-1)$ 趟扫描将 this 中所有 column 值为 i 的矩阵结点存放到 matrix 的矩阵结点表中，具体方法是：取出该矩阵结点，交换 row 值和 column 值，连同 value 值，作为新的矩阵结点存放到 matrix 的矩阵结点表中(算法 4-2 中第 07～12 行)。这样就将 this 中的第 i 列的非零元转置到了 matrix 中的第 j 行，并且能保证 matrix 的矩阵结点表是按行序存放。

【算法 4-2】 稀疏矩阵的转置算法。

```
00 public SparseMatrix<T> transpose() {
01     SparseMatrix<T> matrix =
             new SparseMatrix<T>(nonZeroElementCount, row, column);
02     if (matrix.nonZeroElementCount > 0) {
03         int matrixIndex = 0;
04         for (int columnIndex = 0; columnIndex < column; columnIndex++) {
05           for (int eIndex = 0; eIndex < row; eIndex++) {
06               if (getElement(eIndex).getColumnIndex() == columnIndex) {
07               SparseMatrixNode<T> node = new SparseMatrixNode<T>();
08               node.setRowIndex(getElement(eIndex).getColumnIndex());
```

```
09                  node.setColumnIndex(getElement(eIndex).getRowIndex());
10                  node.setValue(getElement(eIndex).getValue());
11                  matrix.addElement(node);
12                  matrixIndex++;
13              }
14          }
15      }
16  }
17  return matrix;
18 }
```

该算法的时间复杂度为 O(column×nonZeroElementCount)，与 this 的列数和非零元个数的乘积成正比。由于算法要对矩阵结点表进行反复扫描，当 nonZeroElementCount 比较大时，时间效率就会很低。下面介绍另外一种效率高的转置算法。

方法 2：快速转置。在这种方法中，要引入两个辅助变量。

一个变量存放转换后的稀疏矩阵 matrix 每行的非零元素个数，可定义为 rowSize[]，变量长度为 matrix 的行数，可通过扫描转置前稀疏矩阵 this 的矩阵结点表来求得，具体方法是：初始化时将 rowSize 数组清零(程序第 05～06 行)，然后对 this 的矩阵结点表进行一趟扫描，逐个扫描矩阵结点的列值，将以此列值为下标的 rowSize 中的元素累加 1，这样一趟扫描结束时 rowSize[i]中存放的就是 matrix 中第 i 行的非零元素个数(程序第 07～10 行)。

另外一个变量存放 matrix 中每行的第一个非零元在矩阵结点表中的位置，可定义为 rowStart[]，长度也为 matrix 的行数。rowStart 变量的值可在求得 rowSize 后，将 rowStart[0] 赋值为 0，代表 matrix 中第 0 行的第一个非零元在其矩阵结点表中的位置应该为 0，其余 rowStart[i]为上一行的非零元起始位置加上上一行的非零元个数(程序第 11～14 行)，具体公式为：

$$\begin{cases} \text{rowStart}[0] = 0 \\ \text{rowStart}[i] = \text{rowStart}[i-1] + \text{rowSize}[i-1] \quad (1 \leqslant i < \text{T.mu}) \end{cases} \tag{4-6}$$

在两个辅助变量计算出来后，可对三元组表进行快速转置，进行一趟扫描即可。具体做法是：逐个扫描 this 的矩阵结点表中矩阵结点的列值 j(程序第 16 行)，以此列值为下标读取 rowStart[j]中的元素值(程序第 17 行)，即为该矩阵结点转置后在 matrix 的矩阵结点表中的位置，将此矩阵结点三元组转置后存放到该位置，最后 rowStart[j]值加 1(程序第 23 行)，表示同一行的下一个非零元素矩阵结点的位置。

【算法 4-3】 稀疏矩阵的快速转置算法。

```
00 public SparseMatrix<T> fastTranspose() {
01     SparseMatrix<T> matrix =
               new SparseMatrix<T>(nonZeroElementCount, row, column);
02     int[] rowSize = new int[column];
03     int[] rowStart = new int[column];
04     if (matrix.nonZeroElementCount > 0) {
05         for (int i = 0; i < column; i++)
06             rowSize[i] = 0;
07         for (int i = 0; i < nonZeroElementCount; i++) {
08             int j = getElement(i).getColumnIndex();
09             rowSize[j] = rowSize[j] + 1;
10         }
```

```
11            rowStart[0] = 0;
12            for (int i = 1; i < column; i++) {
13                rowStart[i] = rowStart[i - 1] + rowSize[i - 1];
14            }
15            for (int i = 0; i < nonZeroElementCount; i++) {
16                int j = getElement(i).getColumnIndex();
17                int k = rowStart[j];
18                SparseMatrixNode<T> node = new SparseMatrixNode<T>();
19                node.setRowIndex(getElement(i).getColumnIndex());
20                node.setColumnIndex(getElement(i).getRowIndex());
21                node.setValue(getElement(i).getValue());
22                matrix.addElement(k, node);
23                rowStart[j] = rowStart[j] + 1;
24            }
25        }
26        return matrix;
27    }
```

该算法由几个并列单循环组成，对 this 的矩阵结点表的扫描次数也减少为两趟，一趟计算 this 中每列的非零元个数，一趟进行快速转置，克服了一般转置算法多趟扫描的缺点，时间复杂度为 $O(\text{column}+\text{nonZeroElementCount})$，效率明显提高。

2. 十字链表存储

当矩阵非零元个数和位置在操作过程中变化较大时，不宜采用三元组表顺序存储表示，例如，在作"将矩阵 $\boldsymbol{B}$ 加到矩阵 $\boldsymbol{A}$ 上"的操作时，由于非零元"相加"可能会引起矩阵 $\boldsymbol{A}$ 中非零元个数和位置的变化。此时，采用链式存储表示三元组的线性表。为使用链表存储稀疏矩阵，需要分别建立非零元素结点、行/列链表头结点和整个链表头结点。

(1) **非零元素结点**。链表中每个非零元使用一个具有 5 个域的结点表示，结点结构如图 4-17(a)所示，其中：

- row、column 和 value 3 个域分别表示该非零元所在的行、列和非零元的值；
- 向右指针域 right 指向同一行中下一个非零元地址；
- 向下指针域 down 指向同一列中下一个非零元素地址。

稀疏矩阵中同一行的非零元通过 right 域链接成一个线性链表，同一列的非零元通过 down 域也链接成一个线性链表，每个非零元既是其所在行的行链表中一个结点，又是其所在列的列链表中一个结点，整个矩阵构成了一个十字交叉的链表，故称为十字链表。

为了将所有这些行或列链表组成一个整体链表，还需要设置两类辅助结点。

(2) **行/列头结点**。为了方便查找行或列循环链表，需要为每个行链表和每个列链表设置头结点如图 4-17(b)所示。其中：

- row 域和 column 域不使用(阴影部分表示不使用)；
- next 域指向下一行或列的表头结点，并形成一个循环链表。

由于行循环链表仅使用 right 域，列循环链表仅使用 down 域，所以第 i 行和第 j 列的循环链表可以共同使用同一个循环链表头结点。

(3) **整体链表头结点**。为方便查找行或列的表头结点，需为整体十字链表设置一个"总链表"头结点如图 4-17(c)所示，其中：

- row 域存放稀疏矩阵行数 m；

- column 域存放列数 n；
- next 指向行(列)表头结点中的第 1 个结点；
- right 域和 down 域不使用。

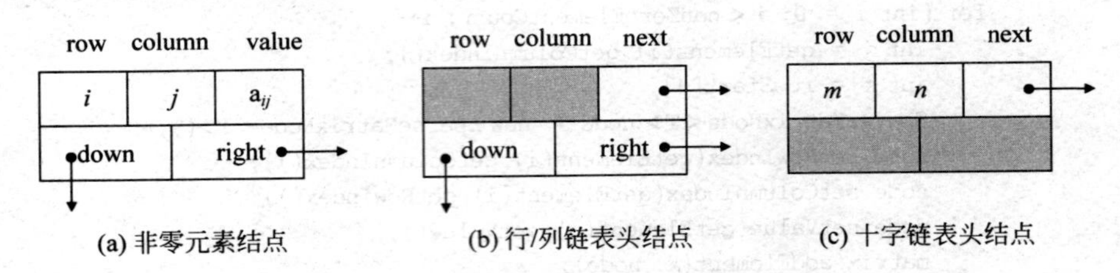

图 4-17 十字链表非零元素结点结构

非零元素结点 Java 语言定义如下。

```
00  public class SparseCrossingMatrixNode<T>{
01      private int row;
02      private int column;
03      private T value;
04      private SparseCrossingMatrixNode<T> right;
05      private SparseCrossingMatrixNode<T> down;
06      private SparseCrossingMatrixNode<T> next;
06  }
```

稀疏矩阵 **A** 及其十字链表如图 4-18 所示。

$$\boldsymbol{A}=\begin{bmatrix}1&0&1\\0&0&2\\4&0&0\end{bmatrix}$$

(a)

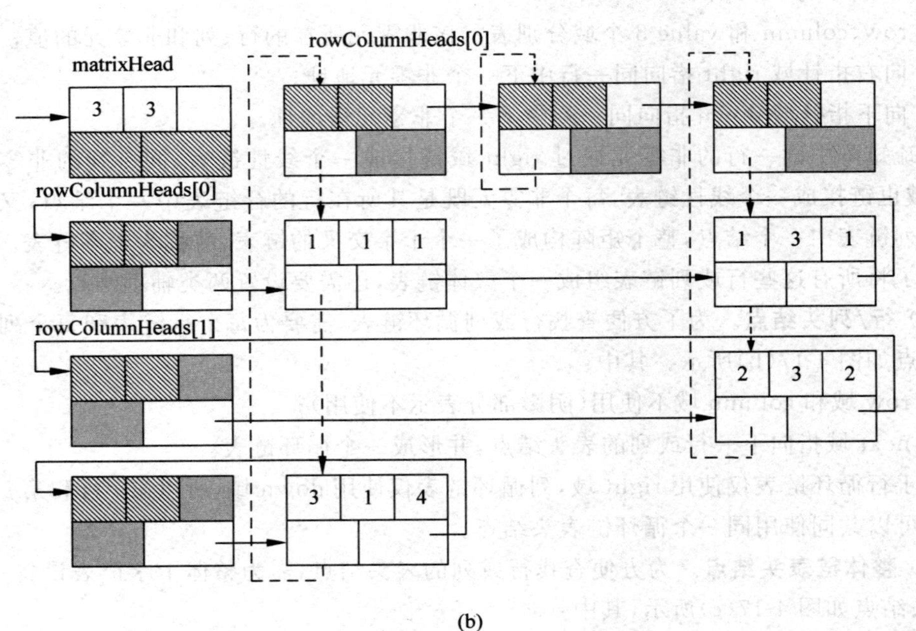

(b)

图 4-18 稀疏矩阵 **A** 的十字链表表示

建立稀疏矩阵十字链表算法如下。

【算法 4-4】 建立稀疏矩阵的十字链表。

```
00  public class SparseCrossingMatrix<T> {
01      private int row;
02      private int column;
03      private int nonZeroElementCount;
04      private Object[] rowColumnHeads;

05      public SparseCrossingMatrix(int nonZeroElementCount, int row, int column) {
06          this.nonZeroElementCount = nonZeroElementCount;
07          this.row = row;
08          this.column = column;
09          if(row>column) {
10              rowColumnHeads = new Object[this.row];
11          }else{
12              rowColumnHeads = new Object[this.column];
13          }
14          for(int i=0;i<rowColumnHeads.length;i++){
15              rowColumnHeads[i] = new SparseCrossingMatrixNode<Integer>();
16              ((SparseCrossingMatrixNode<Integer>)rowColumnHeads[i]).setNext(null);
17              ((SparseCrossingMatrixNode<Integer>)rowColumnHeads[i]).setRight(null);
18              ((SparseCrossingMatrixNode<Integer>)rowColumnHeads[i]).setDown(null);
19          }
20  }
21  public static void main(String[] args) throws IOException {
22      Scanner scanner = new Scanner(System.in);
23      System.out.print("请输入非零元素个数: ");
24      int nonZeroElementCount = scanner.nextInt();
25      System.out.print("请输入矩阵行数: ");
26      int row = scanner.nextInt();
27      System.out.print("请输入矩阵列数: ");
28      int column = scanner.nextInt();
29      SparseCrossingMatrix<Integer> matrix =
                new SparseCrossingMatrix<Integer>(nonZeroElementCount, row, column);
30      SparseCrossingMatrixNode<Integer> matrixHead =
                new SparseCrossingMatrixNode<Integer>();
31      matrixHead.setColumn(column);
32      matrixHead.setRow(row);
33      for(int i=0;i<nonZeroElementCount;i++){
34          System.out.print("请输入行号: ");
35          int rowIndex = scanner.nextInt();
36          System.out.print("请输入列号: ");
37          int columnIndex = scanner.nextInt();
38          System.out.print("请输入数值: ");
39          int value = scanner.nextInt();
40          SparseCrossingMatrixNode<Integer> node =
                new SparseCrossingMatrixNode<Integer>(rowIndex,columnIndex,value);
41          SparseCrossingMatrixNode<Integer> rowColumnHead =
```

```
                                matrix.getRowColumnHead(rowIndex - 1);
42          if(rowColumnHead.getRight() == null){
43              node.setRight(rowColumnHead.getRight());
44              rowColumnHead.setRight(node);
45          }else{
46              for(SparseCrossingMatrixNode<Integer> p = rowColumnHead.getRight();
      p.getRight()!= rowColumnHead && node.getColumn()> p.getRight().getColumn();
                                                            p = p.getRight()){
47                  node.setRight(p.getRight());
48                  p.setRight(node);
49              }
50          }
51          SparseCrossingMatrixNode<Integer> columnHead =
                                matrix.getRowColumnHead(columnIndex - 1);
52          if(rowColumnHead.getDown() == columnHead){
53              node.setDown(columnHead.getDown());
54              columnHead.setDown(node);
55          }else{
56              for(SparseCrossingMatrixNode<Integer> p = columnHead.getDown();
                  p.getDown()!= columnHead && node.getRow()> p.getRight().getRow();
                                                        p = p.getDown()){
57                  node.setDown(p.getDown());
58                  p.setDown(node);
59              }
60          }
61      }                                       //end of for
62    }                                         //end of main
63  }                                           //end of calss
```

算法分析：建立十字链表需要分以下 3 个步骤。

① 通过键盘输入并存储矩阵信息：行数、列数、非零元个数(程序第 22～28 行)。

② 根据输入的值构造一个稀疏矩阵的十字链表类型 SparseCrossingMatrix(程序第 29 行)，在此构造函数中，除了对行数、列数进行赋值，还根据行数和列数其中的大值创建了行列表头结点向量(程序第 09～13 行)，并初始化行列表头结点的 down 域和 right 域为 null。

③ 按非零元的个数输入非零元信息并插入到十字链表中，见程序第 33～61 行。

非零元插入到十字链表中也分为 3 个步骤。程序第 40 行为非零元创建一个十字链表结点 node，并赋予相关信息。程序第 41～50 行和程序第 51～60 行将十字链表结点 node 分别插入到相应的行链表和列链表中去。

4.2 串

计算机处理的数据分为数值型和非数值型两类。常用非数值数据对象是字符型数据。由于单个字符通常缺少应有的语义，所以计算机实际处理的数据元素并不是单个字符而是多个字符构成的集合，即字符串数据，也简称字符串或串。作为一种数据的逻辑组成形式，串具有广泛的计算机用途，如在汇编和高级语言的编译程序中，源程序和目标程序都是字符串数据；在事务处理程序中，顾客的姓名、地址、货物的产地、名称等，一般也是作为字符串处理。另外，字符串处理在语言编辑、信息检索、文字编辑等问题中也得到广泛的使用。

4.2.1 串及相关概念

串(string)：由零个或多个字符组成的有限序列。串也称为字符串，其表示形式如下。

$$S = \text{“}a_0a_1a_2\cdots a_{n-1}\text{”} \quad (n \geqslant 0)$$

其中，S是串名；双引号是串的界定符但其本身不属于串的内容，双引号括起来的字符序列 $a_0a_1a_2\cdots a_{n-1}$ 为串值。串的元素 $a_i(0\leqslant i\leqslant n-1)$ 可以是字母、数字或其他字符，它们是构成串的基本单位，i 是 a_i 在整个串中的序(标)号。n 表示串值中的字符个数，称为长度。

由上述概念可知，字符串是一种线性表，数据对象不是数值而是字符。下面是串的一些相关概念。

(1) **空串**：设 n 为串的长度，当 $n=0$ 时，称为空串(null string)。

(2) **空格串**：空格串(black string)是由一个或多个空格组成的串。如：“ ”为长度为1的空格串；“”是长度为0的空串。注意空串和空格串是不同的。

(3) **主串与子串**：串中任意连续的字符组成的子序列称为该串的子串。包含子串的串相应地称为主串。特别地，空串是任意串的子串，任意串是其自身的子串。

(4) **位置**：字符的位置指的是该字符在字符串中首次出现的位置。例如，A＝“This is a string”中，字母“i”在A中的位置是2，通常首字母的位置定为0。而子串在主串中的位置指的是子串在主串首次出现的首字符的位置。例如，A＝“This is a string”，B＝“is”，则B在A中的位置是2。

(5) **串相等**：称两个串是相等的，是指两个串的长度相等且对应位置上的字符都一一相等。例如，A＝“This”，B＝“This”，则A与B是相等的。注意：即使同样是空格串，但长度不一样，也是不相等的。

从对“串”数据操作结果是“引用型”还是“加工型”考虑，可以分为“静态串”和“动态串”两种情形。如果对于给定串不能进行插入和删除等改变串基本结构的操作，则称其为静态串，否则就称为动态串。

从程序中使用情况考虑，可以分为“串常量”和“串变量”两种情形。如果串和整型或实型常数一样，在程序中只能引用而不能改变，则就是串常量，一般用“直接量”表示；如果串在程序中可以发生变动，则就是串变量，一般通过“名称”进行识别或调用。

4.2.2 串的基本操作

串是限定数据元素为字符的线性表，由于字符的特殊性，串和一般线性表在数据操作方面存在着差异。

一般线性表多以“单个”数据元素作为操作对象。例如，在线性表中查找某个元素、求取某个元素、在某个位置上插入一个元素和删除一个元素等。

在串的基本操作中，单个字符的操作在实际应用中可能没有意义，因此串通常以“整体”(字串)作为操作对象，例如，在串中查找某个子串，求取一个子串，在串的某个位置上插入一个子串以及删除一个子串等。

下面给出串的抽象数据类型定义。

ADT String

{数据对象：D={$a_i \mid a_i \in$ CharacterSet, $i=0,1,2,\cdots,n-1,n\geqslant 0$}

数据关系：R={$<a_{i-1},a_i> \mid a_{i-1},a_i \in$ D, $i=1,2,\cdots,n-1$}

基本操作：

① string(value)

② charAt(index)

③ isEmpty()

④ compareTo(s)

⑤ length()

⑥ substring(beginIndex，endIndex)

⑦ indexOf(str)

⑧ replaceAll(regex，replacement)

⑨ equalsIgnoreCase(anotherString)

⑩ trim()

⑪ split(regex)

} ADT String

串的基本操作及其输入输出参数如表 4-1 所示。

表 4-1 串 ADT 基本操作

序号	操　作	描　述
01	string(value)	输入参数：value 输出参数：无 基本功能：把 value 赋为字符串常量
02	charAt(index)	输入参数：整型数字 index 输出参数：字符 基本功能：返回字符串中的第 i 个字符
03	isEmpty()	输入参数：无 输出参数：boolean 基本功能：判断串 S 是否为空串，并返回 true 或 false 的标志
04	compareTo(s)	输入参数：字符串 输出参数：整型数 基本功能：判断两个字符串是否相等，若 this>s，则返回值>0；若 s=this，则返回值=0；若 this<s，则返回值<0
05	length()	输入参数：无 输出参数：整型数 基本功能：返回字符串的元素个数，称为串的长度
06	substring(beginIndex,endIndex)	输入参数：整型数 输出参数：字符串 基本功能：返回串的第 beginIndex 个字符起至 endIndex 之间的子串

续表

序号	操　　作	描　　述
07	indexOf(str)	输入参数：无 输出参数：boolean 基本功能：若主串中存在和串 str 相同的子串，则返回它在主串中第一次出现首字母的位置；否则返回－1
08	replaceAll(regex,replacement)	输入参数：字符串 输出参数：字符串 基本功能：用 replacement 替换主串中出现的所有与 regex 正则表达式匹配的字符串
09	equalsIgnoreCase(anotherString)	输入参数：字符串 输出参数：boolean 基本功能：比较 this 与 anotherString 的字符串字面量值是否相当
10	trim()	输入参数：无 输出参数：字符串 基本功能：去除字符串前面和后面的所有空格
11	split(regex)	输入参数：字符串 输出参数：字符串数组 基本功能：根据匹配正则表达式 regex 的方式分隔字符串

串的基本操作集可有不同的定义方法，应以使用的高级程序设计语言中的参考手册为准。在 Java 中，Java 标准类库中提供了 java. lang. String 类来操作字符串对象。

有些串操作可利用串的基本操作组合来实现。

例如，可利用判等、求串长和求子串等操作实现定位函数 indexOf(String patern)，定位也称为模式匹配，即求子串 patern 在主串中首次出现首字母的位置。实现 indexOf(String patern)算法的基本思想为：设 n 为 this 的长度，m 为 patern 的长度，i 为定位初始值。从主串 this 中第 i 个字符起，逐个字符与串 patern 中的字符比较，若连续 m 个字符相等，则求得函数值为 i，否则定位初始值增 1，直至找到和串 patern 相等的子串或者串 this 中不存在和 patern 相等的子串为止。i 的初值应为 0。在找不到的情况下，i 的终值应该是 $n-m$。

这个算法称为 BF 算法，思路比较简单，但效率低。为减低时间复杂度，可以采用无回溯的 KMP 算法。将在 4.2.4 节学习这两个算法。

4.2.3 串的顺序存储

线性表有顺序和链式两种存储结构，作为特殊的线性表，串也需要讨论相应存储结构。

在 C 等非对象程序设计语言中，主要是通过指针和数组实现串的顺序存储和链式存储；在 Java 等面向对象程序设计语言中，串主要是作为内置的类对象形式出现并参与相应的数据操作，因此其存储方式特别是顺序存储方式具有较为明显的特征。

串的顺序存储是实现串类设计的基本方法。实际应用中如同在其他程序设计语言那样直接定义相应的数组以实现串的顺序存储，同时，也可使用 Java 语言包 Java. lang 中已经内置的串类 String 类和串缓冲类 StringBuffer 类直接调用。

1. 基于自定义字符数组顺序存储处理

串的顺序存储可以采用与 C 语言中类似的用户自定义定长字符数组方式实现，它是由用户自行设计一组地址连续的存储单元存储静态串值的字符序列。

串的实际长度可在预定义长度范围内随意，超过预定义长度的串值则被舍去，称之为“截断”。对于还没到规定长度的字符串，可在串值后设特殊标记，类似 C 语言的 gets 函数程序在读取并赋值字符串后会自动在字符串末尾添加“\0”作为结束标志。

用 Java 语言字符数组自定义串类参考程序如下。

```
00  public class String {
01      private final char[] value;
02  }
```

串的定长顺序存储结构优点是可以实现直接存取，定位方便，可以方便求取子串；缺点是实施插入、删除和置换等操作比较困难，需要移动大量的字符。

2. 基于 String 类顺序存储处理

实际上，Java 当中已经将串内置为相应的类，这就为用户存储和处理串对象提供了方便。此时，由系统使用字符数组进行串的顺序存储。

Java API 中 java.lang.String 类是静态串的基本类型，它为静态串的存储处理和数据操作实现提供了有效的技术途径。

1）创建串对象

创建串对象通过 String 类直接赋值。基于 String 类直接赋值实例如下：

(1) 创建一个空串：

```
String str2 = new String();
```

(2) 由常量串构造新串：

```
String str1 = new String("Morning");
```

(3) 直接给串对象赋值：

```
String str = "Morning";
```

2）获取指定序号字符

调用 public char charAt(int index)可获取当前串中序号 index 处的字符，当指定序号没有位于串对象序号范围之内时，返回异常 IndexOutOfBoundsException。例如，返回"Morning"中的第 3 个字符的相应语句如下：

```
String str = "Morning";
Char iLocation = str.charAt(3);
```

运行结果 iLocation 为字符“n”。

3）比较两个串的大小

调用函数 public int compareTo(String, anotherString)可实现两个串的大小比较。

- 当前串小于串 anotherSting 时，返回负值，且该数值为第 1 对不相同字符的 ASCII 码值的差；
- 当前串等于 anotherSting 时，返回 0 值；
- 当前串大于 anotherSting 时，返回正值，且该数值为第 1 对不相同字符的 ASCII 码值的差。

例如，比较串"too"和"two"的大小。

```
String str1 = "too";
String str2 = "two";
int icomp = str1.compareTo(str2);
```

由于"o"－"w"＝－8，所以运行结果 icomp 为－8。

4）串的联接

调用函数 public String concat(Sting str)可实现串的联接，此时，参数 str 被联接到当前字符串之后，运行结果为当前串和 str 组合而成的新串。例如，联接串"come"、"to"和"there"，可以写如下语句。

```
String str1 = "come";
String str2 = "to";
String str3 = "there";
String str = str1.concat(str2).concat(str3);
```

运行结果 str 为字符串"cometothere"。

5）获取串的长度

调用函数 public int length()获取串的长度，如获取串"morning"长度的相应语句如下。

```
String str = "morning";
Int iLen = str.Length();
```

运行结果 iLen 为 7。

6）获取串的子串

java.lang.String 类中提供下述两个获取串的子串的函数。

(1) public String subString(int beginIndex)。只需要一个参数 beginIndex，获取子串为当前串从序号 beginIndex 开始的剩余字符，长度为主串长度减去参数 beginIndex。

(2) public String subString(int beginIndex, int endInedx)。需要两个参数，开始参数 beginIndex 和结束参数 endInedx，获取子串为当前串从序号 beginIndex 开始到序号 endInedx－1 的字符。长度为 endInedx 减去 beginIndex，即子串包含 beginIndex 处字符但不包含 endInedx 处字符。如果 endInedx 超出主串序号范围或者 beginIndex 大于 endInedx，则通过 IndexOutOfBoundsException 显示出现异常。

例如，获取串的子串的语句如下。

```
String str  =  "unhappy";
String str2  =  str.substring(2);
String str3  =  str.substring(2,5);
```

运行结果 str2 为字符串"happy"，str3 为字符串"hap"。

3. 基于 StringBuffer 类顺序存储处理

Java API 还可以通过 StringBuffer 类对动态串进行顺序存储处理。

1) 创建串对象

与 String 类可直接赋值创建不同的串对象,StringBuffer 类需通过构造创建串对象。例如,创建对象的语句如下。

(1) 构建一个含有 0 个字符的串:

```
StringBuffer strb = new StringBuffer();
```

(2) 创建一个具有初值的串:

```
StringBuffer strb = new StringBuffer("morning");
```

2) 将其他类型数据挂接到当前串之后

调用函数 public StringBuffer append(T e)可将参数 e 挂接到当前串之后,参数 e 的数据类型 T 包括 boolean、char、int、float、double 和 string 等。运行结果包含当前串的所有字符以及参数的串形式。例如,如下语句实现字符串的挂接。

```
String str1 = "This is a beautiful";
String str2 = " morning";
StringBuffer strb = new StringBuffer(str1);
strb.append(str2);
```

运行结果 strb 为字符串"This is a beautiful morning"。

3) 当前串中插入一个数据

调用函数 public StringBuffer insert(int offset,T e)可在当前串中序号 offset 处开始,插入数据 e,参数 e 的数据类型 T 包括 boolean、char、int、float、double 和 string 等。运行结果包含当前串的所有字符并插入参数 e 的串形式。当 offset 超出 StringBuffer 长度限制时,系统将通过 StringIndexOutOfBoundsException 显示出现异常。

例如,将下述 str2 插入到当前串 str1 中的第 10 号位置。

```
String str1 = "This is a morning";
String str2 = "beautiful ";
StringBuffer strb = new StringBuffer(str1);
strb.insert(10,str2);
```

运行结果 strb 为字符串"This is a beautiful morning"。

4) 删除当前串中单个字符

调用函数 public StringBuffer deleteCharAt(int index)可删除当前串中序号为 index 处的字符。

5) 删除当前串中子串

调用函数 public StringBuffer delete(int start,int end)可删除当前串中由序号 start 开始到序号 end−1 处的子串。

4.2.4 串的链式存储

当对串的操作常常会影响到串的长度时，采用顺序存储结构十分不方便，可用单链表方式来存储串值，采用这种链式存储结构的串简称为链串。

例如，字符串 S="DATA STRUCTRUE"，每个单链表结点存储一个字符，存储结构示意图如图 4-19 所示。

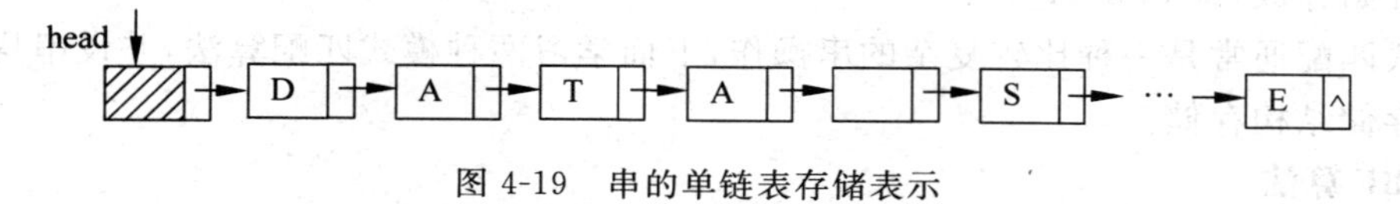

图 4-19 串的单链表存储表示

每个结点存放一个字符的物理结构与数据操作类同于常规单链，但存储一个字符就需要配置一个相应的指针域，空间利用率较低。串的链式存储通常采用在一个结点中存放多个字符，如图 4-20 所示，称为"块链"存储结构。此时，将结点数据域存放的字符个数定义为结点的大小。串的长度不会正好是结点的整数倍，因此要用特殊字符（通常用"#"）来填充最后一个结点以表示链串的终结。

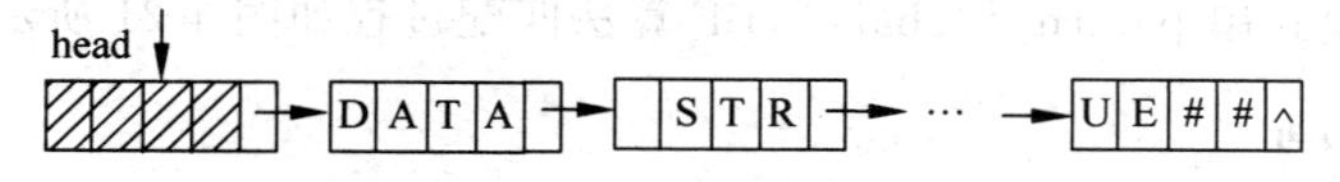

图 4-20 结点大小为 4 的块链存储表示

为便于进行串的操作，以链表存储串值时，除头指针外还可附设一个尾指针指示链表中的最后一个结点，并给出当前串的长度。

由于在一般情况下，对串进行操作时，只需要从头到尾顺序扫描即可，所以对串值不必建立双向链表。设尾指针的目的是为了便于进行联接操作，但应注意联接时需处理第 1 个串尾的无效字符。

链式存储中结点大小选择值得关注，它直接影响到串的处理效率。在各种串处理系统中，待处理的串往往很长或很多。例如，一本书的几百万个字符，情报资料的成千上万个条目。这就需要考虑串值的存储密度。通常存储密度定义如下。

$$存储密度=\frac{串值所占的存储位}{实际分配的存储位}$$

其中：

(1) 当存储密度小，如结点大小为 1 时，运算处理方便，但存储占用量较大。

(2) 当存储密度大，实现串的某些操作很不方便，如在串中插入一个子串时可能需要分割结点，联接两个串时，若第 1 个串的最后一个结点没有填满时还需要添加其他字符等。但在应用程序中，可将串的链表存储结构和串的定长结构结合使用。例如，在正文编辑系统中，整个"正文"可以看成是一个串，每一行是一个子串，构成一个结点，即同一行的串用定长结构（80 个字符），而行和行之间用指针相链。

4.2.5 串的模式匹配

串的模式匹配是一种基本而重要的串的数据运算，也称为子串定位操作。

模式匹配：若主串 S 中存在和串 T 值相同的子串，则返回它在主串 S 中第 1 次出现首字母的位置；否则函数值为－1。在主串 S 中查找子串 T 的过程称为模式匹配，子串 T 也称为模式串。串变量 S 和 T 可通过语句 String S 和 String T 来定义。设字符串的串值从 0 号单元开始存放，即 S. data[0]。

模式匹配通常是一种比较复杂的串操作，下面学习两种模式匹配算法，并设串均采用定长顺序存储结构存储。

1. BF 算法

BF(Brule-Force)算法是一种简单的模式匹配，其基本思想如下。

假设主串 this＝"$s_0 s_1 s_2 \cdots s_{n-1}$"，模式串 patern＝"$t_0 t_1 t_2 \cdots t_{m-1}$"，$n$ 为 this 的长度，m 为 patern 的长度。从主串 this 的第 1 个字符开始和模式串 patern 的第 1 个字符进行比较，若相等，则继续比较两者的后续字符；否则，从主串 this 的第 2 个字符开始和模式 patern 的第 1 个字符进行匹配。重复上述过程，若 patern 中的字符全部匹配完毕，则说明本趟匹配成功，返回本趟匹配 this 的起始位置；否则，匹配失败，返回－1。设主串 this＝"caabacababcb"，模式串 patern＝"ababc"，BF 算法匹配过程如图 4-21 所示。

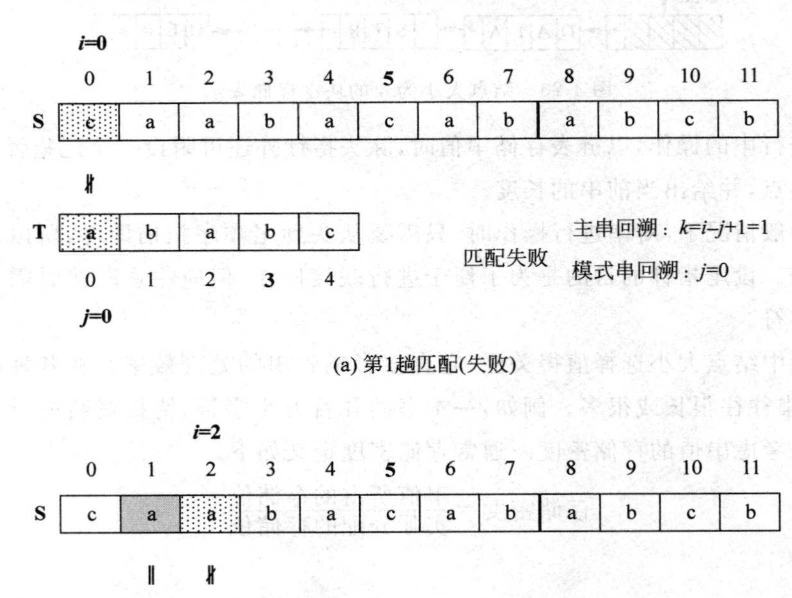

图 4-21　BF 算法匹配过程

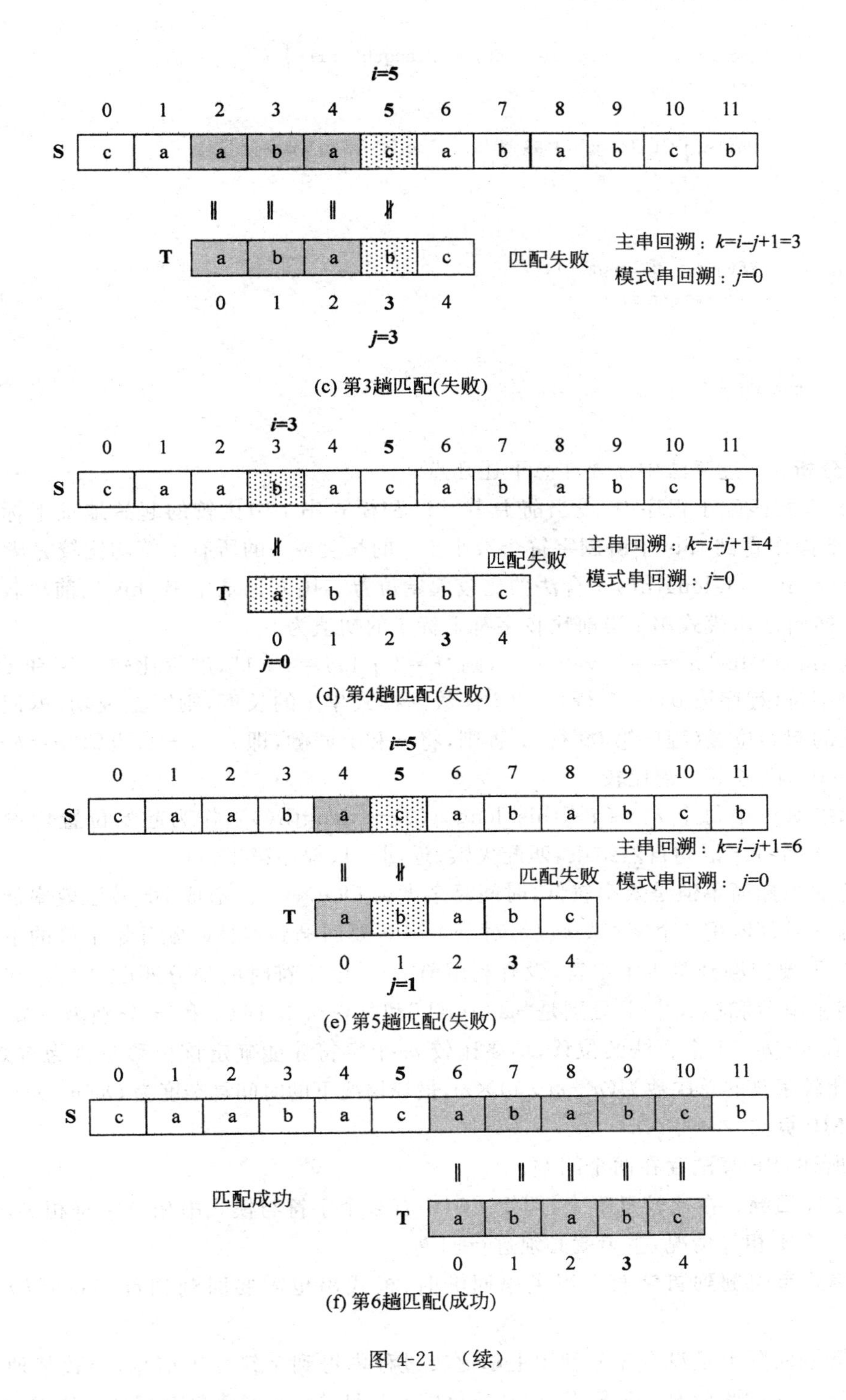

(c) 第3趟匹配(失败)

(d) 第4趟匹配(失败)

(e) 第5趟匹配(失败)

(f) 第6趟匹配(成功)

图 4-21 （续）

BF 算法的 Java 表述如下。

【算法 4-5】 BF 算法。

```
00  public int indexBF(String t){
```

```
01      for(int i = 0;i <= this.length() - t.length();i++){
02          int j = 0;
03          int k = i;
04          while(j < t.length() && this.value[k] == t.value[j]){
05              j++;
06              k++;
07          }
08          if(j == t.length()){
09              return i;
10          }
11      }
12      return - 1;
13  }
```

算法分析：上述算法中需要注意下述几点。

在 BF 模式匹配子程序中，设当前主串 this 和模式串 t 中比较的起始地址下标为 k 和 j，循环以下操作直到 this 中所剩字符个数小于 t 的长度或 t 的所有字符均比较完毕，即 $0 \leqslant i \leqslant$ this.length() − t.length()是合法的比较起始位置。用 k 记录主串 this 当前比较字符的下标，k 的初始是 i，模式串 t 当前比较字符下标 j 的初值为 0。

- 当 this.value[k]==t.value[j]，则“$k=k+1$；$j=j+1$”，继续比较 this 和 t 的下一个字符(程序第 04～07 行)；如 j 计数到模式串 t 的长度，则匹配成功，返回本趟匹配的起始位置(程序第 09 行)；否则，将 k 和 j 回溯，即 $k=i+1$，也即“$k=k-j+1$；$j=0$”，准备下一趟比较。
- 如果 this 中每个 i($0 \leqslant i \leqslant$ this.length() − t.length())，作为起始位置均没匹配成功，整个 for 语句自然结束，匹配失败，返回 −1(程序第 12 行)。

BF 算法虽然简单但是效率较低，时间复杂度为 $O(n \times m)$。造成 BF 算法效率低的原因是回溯，即在某趟匹配 i 个字符失败后，对于主串 S 要回溯到本趟匹配开始字符的下一个字符，模式串 T 要回溯到第 1 个字符，没有利用前 $i-1$ 个字符时的部分匹配结果。在最坏的情况下，当主串 S 和模式串 T 分别是“aaa…aab”和“aa…aab”时(n 和 m 分别为 S 和 T 的长度)，对所有 $n-m+1$ 个合法的位移，均要比较 m 个字符才能确定该位移是否为有效位移，因此所需比较字符的总次数为$(n-m+1) \times m$，最坏情况下的时间复杂度为 $O((n-m) \times m)$。

2. KMP 算法

如前所述，BF 算法存在两个问题。

(1) **主串回溯**。在比较过程中，即使主串中有多个字符与模式串相应字符相等，但此后只要出现一个不相等情况，主串就必须进行回溯。

(2) **模式串回溯到首字符**。当主串回溯时，模式串也需要回溯到首字符开始下一趟比较。

上述问题实际上是没有充分利用上趟比较过程中得到字符相等信息，导致某种意义下的重复比较。针对此情况，D. E. Knuth(克努特)、J. H. Morris(莫里斯)和 V. R. Pratt(普拉特)等 3 人共同提出 KMP 算法以提高匹配效率。

1) KMP 算法基本思想

在每趟比较过程中，KMP 算法与 BF 算法的差异表现在：

首先，消除了主串指针（i 指针）的回溯。

其次，充分利用上趟比较过程中已经得到的部分匹配结果将模式串指针尽可能远地向右滑动一段距离再继续比较。

KMP 算法的这两个基本点就使得匹配效率由 BF 算法的 $O(n\times m)$ 提高到了 $O(n+m)$。

下面通过具体实例讨论 KMP 算法基本思想。

（1）匹配过程中的基本信息。

设主串为“$s_0 s_1 \cdots s_{n-2} s_{n-1}$”，模式串为“$t_0 t_1 \cdots t_{m-2} t_{m-1}$”。

某趟算法中如果没有实现模式匹配即 $s_i \neq t_j$（$0\leqslant i\leqslant n-m, 0\leqslant j\leqslant m-1$），此时就有：

$$s_{i-j} s_{i-(j-1)} \cdots s_{i-2} s_{i-1} = t_0 t_1 \cdots t_{j-2} t_{j-1}$$

考虑一种匹配失败情形如图 4-22 所示，此时，$i=5$，$j=3$，得到相关匹配信息为：

$$s_{i-j} s_{i-(j-1)} \cdots s_{i-2} s_{i-1} = s_2 s_3 s_4 = \text{aba} = t_0 t_1 t_2 = t_0 t_1 \cdots t_{j-2} t_{j-1}$$

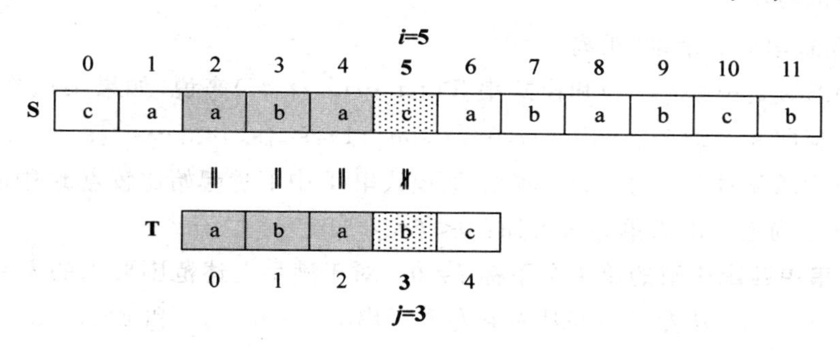

图 4-22　匹配失败的一种情形

（2）使用已有比较信息。

此时，使用上趟比较得到的信息而将 $t_0 t_1 t_2 t_3 t_4 = \text{ababc}$ 向“右”滑动。由于 $t_0 \neq t_1$，而 $t_1 = s_3$，所以 $t_0 \neq s_3$，模式串 S 中 t_0 向右滑动一位即由 t_0 和 s_3 开始比较是多余的。

那么，是否将 t_0 向右滑动两位即模式串由 t_0 和 s_4 开始比较呢？由于此时 $t_0 = a = t_2$，而 $s_2 s_3 s_4 = \text{aba} = t_0 t_1 t_2$ 可知，$t_2 = s_4 = a$，即 $t_0 = s_4$，因此模式串 T 中 t_0 滑动两位与 s_4 比较也是多余的。实际上此时只需要将 t_0 滑动到 s_4，然后由 t_1 和 s_5 开始进行比较即可。如果设每趟中模式串 T 中开始比较点的位置为 k，则此时 $k=1$。由上述分析，这是因为本趟比较中得到模式子串 $t_0 t_1 t_2 = \text{aba}$ 中左端的 t_0 等于右端的 t_2，即 $t_0 = t_2$，而 $t_2 = t_{j-1}$，当 $j=3$，也就是说，$t_0 = t_{j-1}$，其特点是在 $t_0 t_1 t_2 = \text{aba}$ 中从左到右取一个字符，再从右到左取一个字符，然后考虑两者的相等与否。

下面再考虑另外一种匹配失败过程得到信息的使用情形。

在图 4-23 中，S 中首个不匹配点位置为 $i=6$，T 中首个不匹配点标号 $j=4$，此时已有匹配信息为 $s_{i-j} s_{i-(j-1)} \cdots s_{i-2} s_{i-1} = s_2 s_3 s_4 s_5 = \text{abab} = t_0 t_1 t_2 t_3 = t_0 t_1 \cdots t_{j-2} t_{j-1}$（$i=6, j=5$）。

类似前一种情形讨论，只需考虑将 T 中标号为 k 的点滑动到主串 S 中标号为 i 的点即可。

注意到 $t_0 \neq t_3$，因此不能够取 $k=1$。但此时可以考虑在 $t_0 t_1 t_2 t_3 = \text{abab}$ 从左向右取两个 $t_0 t_1$ 从右向左取两个即 $t_2 t_3$ 考虑其相等与否。此时成立 $t_0 t_1 = \text{ab} = t_2 t_3$，因此只需要将模式串 T 中 t_2 滑动到主串 S 中 $s_i = s_6$ 开始比较即可，这里 $k=2$。

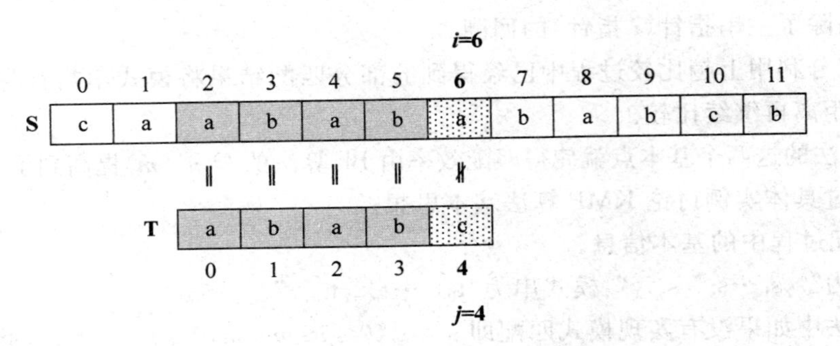

图 4-23　匹配失败的第 2 种情形

在上述分析中,本趟匹配过程中充分使用了上趟匹配过程中得到的信息,从而可以大大提升模式匹配的效率。

2) 确定模式串向右滑动"距离"

对于主串 $S(s_0s_1\cdots s_{n-2}s_{n-1})$和模式串 $T(t_0t_1\cdots t_{m-2}t_{m-1})$来说,如果某趟算法中如果没有实现模式匹配即 $s_i\neq t_j(0\leqslant i\leqslant n-m,0\leqslant j\leqslant m-1)$,$s_{i-j}s_{i-(j-1)}\cdots s_{i-2}s_{i-1}=t_0t_1\cdots t_{j-2}t_{j-1}$则取 s_i 作为下趟匹配时主串的起始比较点,而模式串 T 中下趟起始比较点 t_k 中的 k 由 $t_0t_1\cdots t_{j-2}t_{j-1}$按照下述确定。由简单分析可知:$0<k<j-1$。

(1) 模式串中匹配失败的第 1 个下标 $j\neq 0$。对于满足上述范围要求的 $k=1,2,\cdots,j-2$,分别由 $t_0t_1\cdots t_{j-2}t_{j-1}$从左到右和从右到左取子串 $t_0t_1\cdots t_{k-2}t_{k-1}$和 $t_{j-k}t_{j-(k-1)}\cdots t_{j-2}t_{j-1}$并判断两者是否相等。

- 如果集合 $E=\{k\mid t_0t_1\cdots t_{k-2}t_{k-1}=t_{j-k}t_{j-(k-1)}\cdots t_{j-2}t_{j-1},0<k<j-1\}$非空,则其最大者就是 T 中比较的起始标号;
- 如果集合 $E=\{k\mid t_0t_1\cdots t_{k-2}t_{k-1}=t_{j-k}t_{j-(k-1)}\cdots t_{j-2}t_{j-1},0<k<j-1\}$是空集,由简单分析应从 t_0 开始比较。

(2) 模式串中匹配失败的第 1 个下标 $j=0$。此时有 $t_0\neq s_i$,则 $i=i+1$,即下趟中由 t_0 和 s_i 开始比较。

通过上述讨论,实际上模式串 T 中每趟开始比较的标号 k 只取决于 T 自身组成而与主串无关,因此可以将给定模式串 T 中对应的 k 值事先计算出来。

综上所述,本次得到模式串 T 中不匹配点 s_j,则下趟 T 中起始比较点标号是 j 的函数,不妨记为 next[j],则有下述函数表达式。

$$\text{next}[j]\begin{cases}-1 & \text{当 } j=0 \text{ 时}\\ \text{Max } E=\text{Max}\{k\mid 0<k<j-1,\text{且 } t_0\cdots t_{k-1}=t_{j-k}\cdots t_{j-1}\} & \text{当 E 非空}\\ 0 & \text{当 E 为空}\end{cases}$$

其中,next[]=-1 表示(2)中情形。

设有模式串 T:$t_0t_1\cdots t_{m-1}t_m$=ababc,其中 $m=4$。

- $j=0$ 时,next[0]=-1;
- $j=1$ 时,不存在 k 满足 $0<k<j-1=0$,即集合 E 为空集,next[1]=0;
- $j=2$ 时,不存在 k 满足 $0<k<j-1=1$,即集合 E 为空集,next[2]=0;

- $j=3$ 时，存在 $k=1$ 满足 $0<k<j-1=2$，在子串 $t_0t_1t_2=aba$ 中，$t_0=a=t_2$，max=1，即集合 E={1}，所以 next[3]=1；
- $j=4$ 时，存在 $k=1,2$ 满足 $0<k<j-1=3$，在子串 $t_0t_1t_2=abab$ 中，$t_0=a\neq b=t_3$，但 $t_0t_1=ab=t_2t_3$，即集合 E={2}，即 next[4]=2。

由此即得如表 4-2 所示的 next[]函数值表。

表 4-2　next[]函数值表

标号	0	1	2	3	4
T	a	b	a	b	c
next[]	−1	0	0	1	2

按照 KMP 算法，模式串 ababc 对于主串 S：caababababcb 模式匹配过程如图 4-24 所示，其中虚线框表示本趟匹配比较开始位置。

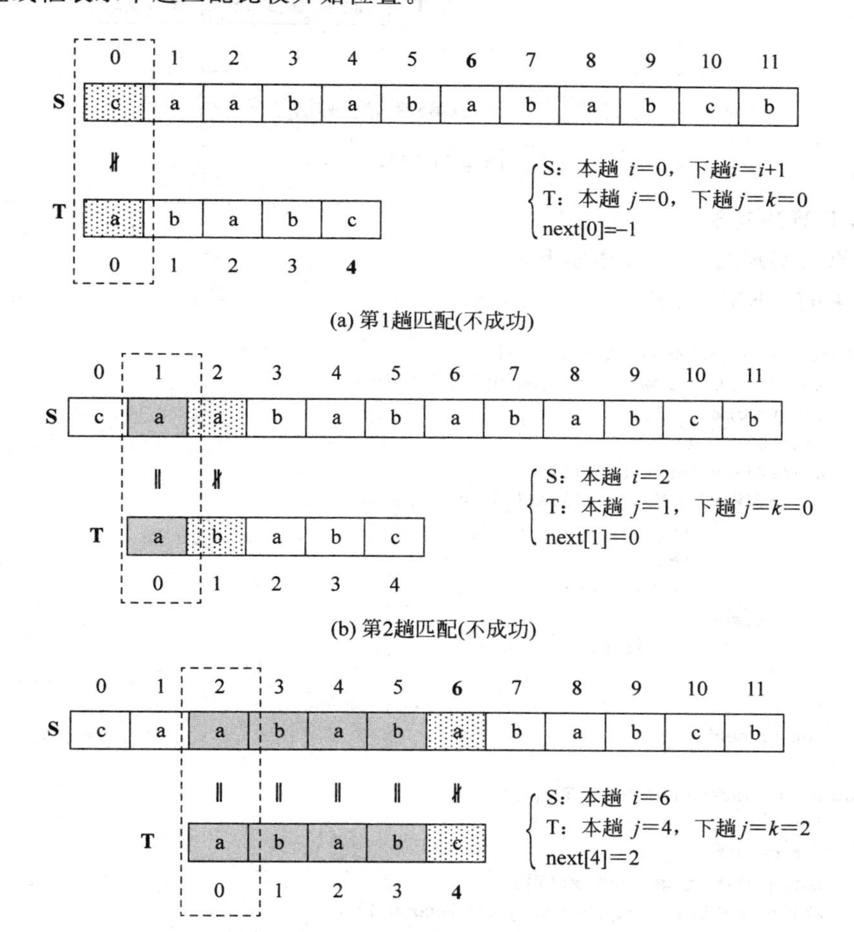

图 4-24　KMP 算法匹配过程

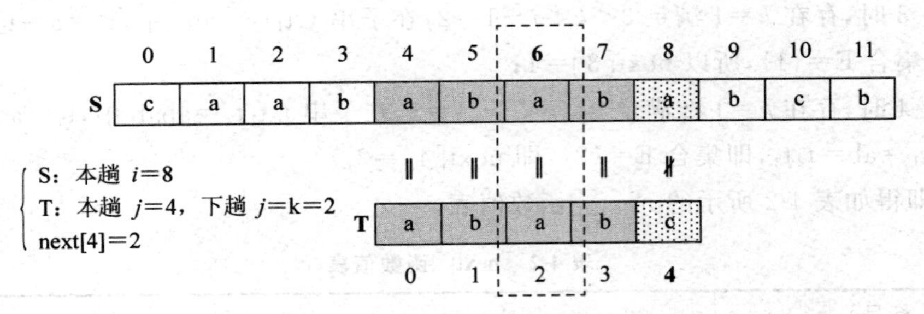

(d) 第4趟匹配(不成功)

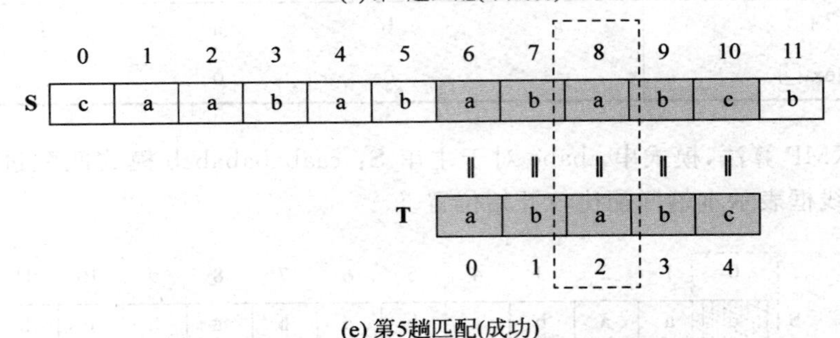

(e) 第5趟匹配(成功)

图 4-24 （续）

3）KMP 算法实现

KMP 算法实现的 Java 表述如下。

【算法 4-6】 KMP 算法。

```
00  public int[] getKMPNext(String s){
01      int[] next = new int[s.length()];
02      int j = 0,k = -1;
03      next[0] = -1;
04      while(j < s.length() - 1){
05          if(k == -1 || s.charAt(j) == s.charAt(k)){
06                j++;
07                k++;
08                next[j] = k;
09          }else{
10                k = next[k];
11          }
12      }
13      return next;
14  }
15  public int indexKMP(String T) {
16      int i = 0, j = 0;
17      int result = -1;
18      int[] next = getKMPNext(T);
19      while (i < this.length() && j < T.length()) {
20          if (j == -1 || this.charAt(i) == T.charAt(j)) {
21                i++;
22                j++;
23          } else {
24              j = next[j];
```

```
25            }
26        }
27        if (j >= T.length()) {
28            result = i - T.length();
29        }
30        return result;
31    }

32    public static void main(java.lang.String[] args) {
33        Scanner scanner = new Scanner(System.in);
34        System.out.print("请输入主字符串: ");
35        java.lang.String s = scanner.next();
36        String sMain = new String(s.toCharArray());
37        System.out.print("请输入模式子字符串: ");
38        java.lang.String p = scanner.next();
39        String patern = new String(p.toCharArray());
40        int kmpMatchedIndex = sMain.indexKMP(patern);
41        System.out.print("KMP 算法: 模式串(" + s +
                        ")在主串(" + p + ")的索引位置<" + kmpMatchedIndex + ">");
42        return;
43    }
```

算法分析：上述算法中需要注意下述几点。

(1) 程序第 00～14 行定义了 getKMPNext 函数求出模式串的 next 数组；程序第 15～31 行的 indexKMP 函数是模式匹配的 KMP 算法，当中调用了 getKMPNext 函数。

(2) getKMPNext 函数。next[j]值为模式串 T 中 j 位之前重叠真子串的最大长度，由程序第 04 行的 while 语句循环求得，没有重叠真子串或(有重叠真子串但 s.charAt(j)==s.charAt(k))时，可直接求出 next[j]的值(程序第 06～08 行)，否则 k 要退回到 next[k]的位置重新匹配(程序第 10 行)，如一直匹配不到则没有重叠真子串，next[j]=0。

(3) indexKMP 函数。程序第 18 行先调用 getKMPNext 函数求得模式串 T 的 next 数组，然后进行模式匹配。匹配过程与 BF 算法类似，设 i、j 起始下标分别为 S 和 T 的第 0 个位置，当 i 和 j 不超过合理范围时，如 S_i 与 T_j 匹配成功，i、j 同时加 1 继续向下匹配(程序第 20～22 行)。不同在于 S_i 与 T_j 匹配不成功时，i 值不变，j 值回溯到 next[j]的位置(程序第 24 行)，继续往下匹配。如 next[j]为-1，i、j 也同时加 1。最后如 j 大于 T 的长度，说明 j 之前的所有匹配均成功，返回该趟匹配的起始位置($i-$T.len)，否则匹配不成功，返回-1。

indexKMP 函数中，求 next 数组的 getKMPNext 函数时间复杂度为 $O(m)$，接下来不回溯的匹配过程时间复杂度为 $O(n)$，所以，KMP 算法总的时间复杂度为 $O(m+n)$。

本章小结

本章主要学习两种特殊线性表——数组和串。第 3 章学习的“栈”和“队列”是两种特殊线性表，但那里的“特殊”在于“数据操作”受限：插入和删除只能在线性表的表端进行；而“数组”和“串”的“特殊”在于“数据组成”特定：“数组”中数据元素可以是“同型”的线性表，“串”中的数据元素需要是“字符”。

1) (二维)数组

理论上可定义 n 维数组，但在实际中常用的是“二维数组”——矩阵。作为一种特殊的线性表,数组具有下述特点。

(1) **数据元素同型性**。数组中的数据元素具有相同数据类型,特别是数据元素可以是同型的线性表,如二维数组就是其中数据元素为同型一维数组的一维数组。

(2) **数据容量预设性**。由于(1)数组中的数据元素个数需要预先设定,且设定后通常不能改变。

(3) **数据操作引用性**。由于(2),数组中数据元素基本操作是快速定位与随机读取以及模式匹配等引用型操作,不能进行数据元素的插入与删除操作。

(4) **数据顺序存储性**。由于(3),数组不进行数据元素的"加工型"操作,因此适宜于采用静态型的顺序存储结构。

应用中一些特殊矩阵,例如,对称矩阵、三角矩阵、对角矩阵等,并根据它们数据元素的分布规律实现压缩存储,以节省存储空间;同时还讨论了一些数据分布没有规律但"零元素"很多如稀疏矩阵的三元组表和十字链表等两种压缩存储和基于其上的数据操作。

2) 串

(字符) 串也是一种特殊的线性表,其特殊性在于其中数据元素都限定为字符,同时数据处理的对象限定一般不是"单个"字符而是给定串的子串或串本身。许多高级语言都有字符串函数,可以直接调用。

(1) 串的顺序存储类似于一般顺序表,但在Java环境中具有更为丰富实用的实现技术。

(2) 串的链式存储类似于一般单链表,但通常是每个结点存储多个字符,而且可以设立尾结点指针以方便实行串的联接操作。

最具串特性的基本数据操作是模式匹配,需要特别体会和理解模式匹配中的KMP算法。串在计算机的非数值数据处理应用中具有重要的意义。

本章主要内容要点如图4-25所示。

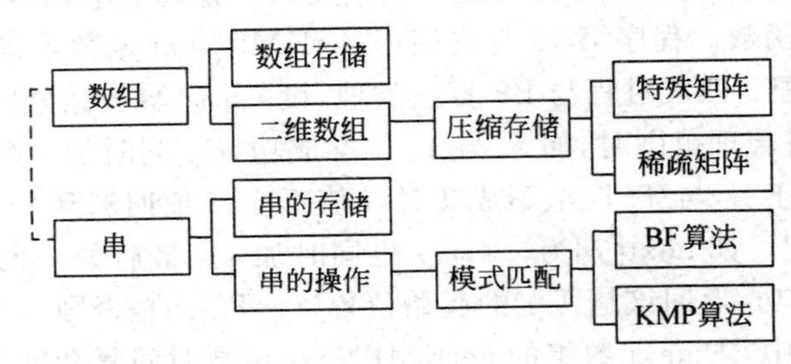

图4-25 第4章基本内容要点

基于线性表的各类数据结构如图4-26所示。

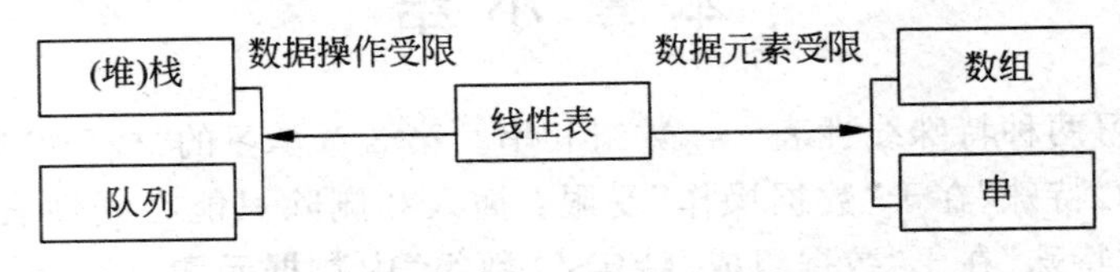

图4-26 基于线性表的各类数据结构

第5章 树

常用的数据(逻辑)结构可以分为三类,它们是弱结构(集合)、线性结构(线性表)和非线性结构(树与图)。集合反映其中元素具有某种"共同特征",但这种特征通常不带有"结构"方面的信息,例如,有理数集合中每个元素都可以表示为两个整数之商等。具有共同特征可以看作元素之间的一种弱性关联或非实质性关联,因此,集合表示了数据之间一种最为宽泛关联。线性表反映数据之间的"顺序"关联,而顺序关联是数据之间一种最简单的实质性关联,也是更为复杂结构关联的基础。树结构反映了数据之间"层次"关联,数据元素之间一般没有直观意义上先后顺序而有"上下"关系。图结构反映数据之间"路径"关联,数据之间一般不再具有"顺序"和"上下"关系,但存在两个数据结点能否彼此"到达"的判定。在数据结构中,通常认为具有实质意义数据关联是线性关联、树关联和图关联,其中,由于树关联处于基本类型(线性表)和复杂形态(图结构)之间,具有承上启下的重要地位,同时也有更为丰富的基本内容。在本章内容学习过程中,需要注意以下问题。

- 树和树形结构及其相关概念,理解树结构逻辑关系是以结点间"双亲/子女"关联为基础的;
- 树的存储结构,特别注意其中"子结点存储法"中对"顺序存储"与"链式存储"的整合使用,这种整合具有普遍意义;
- 树的遍历算法,这实际上是在某种意义上将复杂树形关系映射为基本线性关系的一种方式。

5.1 树结构及相关概念

从一定意义上来说,线性表逻辑结构特点就是其中的一个数据元素至多只有一个"前驱"和一个"后继"元素,而树形结构则允许其中一个数据元素至多具有一个"前驱"和可以拥有多个"后继"元素。

树形结构基本特征是其具有"分支性"和"层次性"。"分支性"使得这种非线性结构具有直观上"树"的含义,从而为人们深入研究问题提供了导引;"层次性"使得树形结构能够描述比线性表更为宽泛的数据对象,从而在实际中有着更为广泛深入的应用。数据的树形结构在客观世界中广泛存在,如一个家族的族谱关系、计算机文件系统构成和一个社会组织机构设置等。实际上,树形结构中数据结点相互关系也是借鉴和采用与族谱关系等类似的命名规则。

5.1.1 树的基本概念

树是树形结构的一个重要组成部分。由于非线性结构比较复杂,存储其中数据元素时通常需要添加上适当的辅助信息,这种数据元素与相关辅助信息的整体在树形结构中就称为"结点",在图型结构中就称为"顶点"。为了叙述方便,在本章中常常将树中的"数据元素"和"结点"有意混用,将"数据元素"称为"数据结点"或"结点"。

1. 树的形式化定义

"树"具有较高的抽象层次,能够反映众多实际应用对象。图 5-1 是"计算机学院"的人员组成数据,它由"教职员工"和"学生"两部分组成,每一部分又可以再由"子部分"组成。这种结构在直观上就像是一棵"倒立"的树,因而就称其为树结构。需要注意的是,这种树的任意一个组成部分和"整体"都具有"相同"的构建,只是数据规模的大小不同而已,因此,可以使用"递归"方式进行"树"的形式化定义。

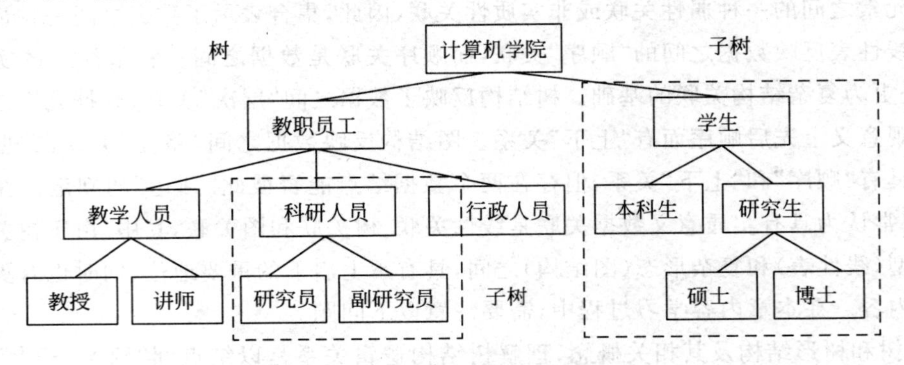

图 5-1 数据的树结构实例

树(Tree):一个由 $n(n\geqslant 0)$ 个结点构成的有限集合 T。其中:

(1) 当 $n=0$ 时,称 T 为"空树"。

(2) 当 $n\neq 0$ 时,T 中诸元素满足下述条件:

- 有且仅有一个特定数据元素没有前驱,称其为 T 的根结点;
- 除根结点外其余数据元素,又可分为 $m(0\leqslant m<n)$ 个互不相交的有限集合:$T_1,T_2,\cdots,T_m$,每一个集合 $T_i(0\leqslant i\leqslant m)$ 又是一棵树,称为根的子树。

上述"树"定义基于递归方式,即在树的定义当中又使用到了"正在"定义的树概念,这实际上反映了树本质特征,也方便通过计算机进行有效处理。由定义可知,树具如下特性。

- 空树也是一棵树,是树的一个特例;
- 一棵非空树至少有一个根结点,只有根结点的树可称为最小树或根树;
- 对多于一个结点的树,除根结点外,其余结点分属若干个子树,各子树间互不相交;
- 除根结点外,树中其他结点有且只有一个"前驱"结点,但有零个或多个"后继"结点。

图 5-2 所示的几种图形都是树。

图 5-3 所示的图形都不是树。

此外,从子树之间关系考虑,可以将树分为"有序树"与"无序树"两种情形。如果树 T 中各子树从左至右按照一定次序排列,不得互换,则称 T 是有序树(order tree);否则,为无序树(unorder tree)。在没有特殊说明情况下,本章所讨论的树都是指无序树。

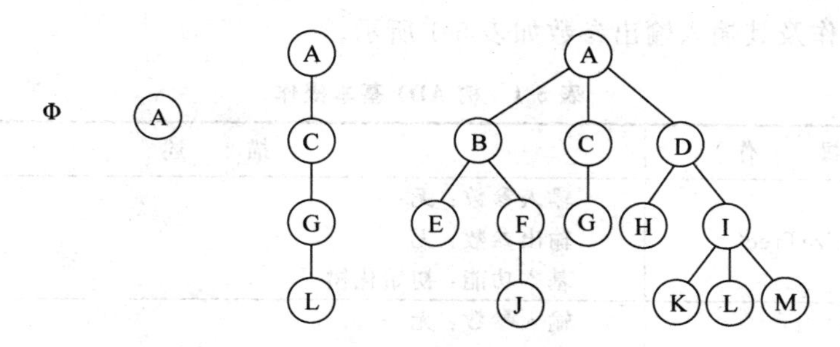

图 5-2　树的实例

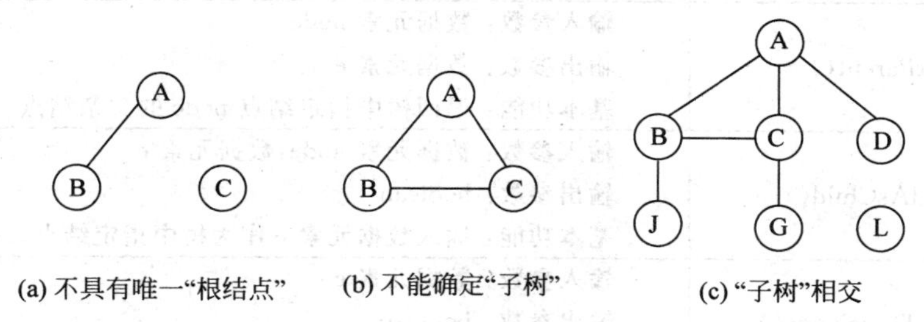

图 5-3　非树的实例

2. 树的抽象数据类型

树的基本操作包括创建树、查找结点和统计结点个数等。除此之外，最为基本的是树的遍历，树遍历是树各种操作的基础，将在后续部分予以介绍。假设树 Tree 数据元素类型是 treeNode，树的抽象数据类型定义可以描述如下。

ADT Tree is

{数据对象 D：D 是具有相同特性的数据元素的集合。

数据关系 R：若 D 为空集，则称为空树；

若 D 非空集，否则 R＝{H}，H 是如下二元关系：

(1) 在 D 中存在唯一的称为根的数据元素 root，它在关系 H 下无前驱；

(2) 若 $D-\{\text{root}\}\neq$NULL，则存在 $D-\{\text{root}\}$ 的一个划分 $(D_1, D_2, D_3, \cdots, D_m)$ $(m>0)$，对于任意 $j\neq k(1\leqslant j,k\leqslant m)$ 有 $D_j\cap D_k=$NULL，且对任意的 $i(1\leqslant i\leqslant m)$，唯一存在数据元素 $x_i\in D_i$ 有 $<\text{root}, x_i>\in$ H。

(3) D_i 是一棵符合本定义的树，称为根 root 的子树。

基本操作：

① initializeTree()

② treeNodeCount()

③ getParent()

④ addAsChild()

⑤ findTreeNode()

⑥ delTreeNode()

⑦ traverse()

⑧ clearAll()

}ADT Tree

树的基本操作及其输入输出参数如表 5-1 所示。

表 5-1　树 ADT 基本操作

序号	操　　作	描　　述
01	initializeTree()	输入参数：无 输出参数：无 基本功能：初始化树
02	treeNodeCount()	输入参数：无 输出参数：元素个数 基本功能：确定树中数据元素个数
03	getParent()	输入参数：数据元素 node 输出参数：数据元素 e 基本功能：返回树中指定结点 node 的父亲结点
04	addAsChild()	输入参数：数据元素 node,数据元素 e 输出参数：boolean 基本功能：插入数据元素 e 作为树中指定结点 node 子结点
05	findTreeNode()	输入参数：数据元素 e 输出参数：boolean 基本功能：在树中查找指定数据元素 e,找到返回 true
06	delTreeNode()	输入参数：数据元素 e 输出参数：boolean 基本功能：在树中删除指定数据元素 e,成功返回 true
07	traverse()	输入参数：无 输出参数：无 基本功能：巡访树的每个结点且仅一次
08	clearAll()	输入参数：无 输出参数：无 基本功能：清空树

树基本操作具体实现依赖于采用何种存储结构。同时,遍历树即巡访树中每一个结点是其他基本操作的基础,如统计元素个数和查找元素等。

3. 树形结构

如果说,现实生活中的“顺序关系”在数据结构层面上抽象为“线状结构”,则实际应用中的“层次关系”在数据结构层面上就抽象为“树结构”。作为一种非线性结构,由前述已知,按照其中所有子树是否具有“先后次序”关系,树可以分为“有序树”和“无序树”两种基本类型。从有序树出发,限定每个结点至多只有两棵子树的有序树就是后续学习的二叉树;从无序树出发,$m(m\geqslant 1)$棵互不相交的树组成的集合称为“森林(forest)”,其中 m 棵树的根结点可视为具有“兄弟”关系。

一般树、二叉树和森林都是层次关系在数据结构框架下的抽象,可以统称为“树形结构”。二叉树涉及到子树间的有序,具有一般树形结构所没有的独特性质和操作方式,这将在第 6 章进行专门学习;作为不交树的集合,树的表示方法、树的存储和树的遍历等都能够比较方便地推广到森林的情形,可以和树的学习一并进行。

5.1.2 树的相关概念

在树描述当中,结点是最基本的概念要素。本小节讨论树的结点及其相关概念。需要指出的是,这些概念对于树形结构中的其他情形也是适用的。

1. 结点相关概念

如前所述,树的一个“结点”(node)由一个数据元素及其相应辅助信息组成,通常使用一个圆圈表示,结点之间的关系使用一条短线段表示。

1) 结点的度与深度

- **结点的度**:结点的“度”(degree)是树中一个结点拥有的子树数目,即结点的度就是该结点的后继结点的个数;
- **结点的深度**:树是一种层次结构。通常,把一棵树的根结点所在的层作为第 0 层,其余结点所处的层次值为其前驱结点所在层值加 1。结点的“深度”(depth)定义为该结点位于树的层次数。有时,也把结点的深度称为结点的“层次”(level)。

2) 树的度与深度

- **树的度**:一棵树中各结点度的最大值,称为这棵树的度;
- **树的深度**:一棵树中各结点深度的最大值,称为该树的深度。树的深度有时也称为树的高度(height)。

3) 结点间路径与路径长度

- **结点间路径**:从树中一个结点到另一个结点之间的分支,称为这两个结点间的路径(path)。
- **路径长度**:一条路径上边即连接两个结点的线段的个数称为该路径的长度(length)。

设一棵度为 m 的树中有 n_1 个度为 1 的结点,n_2 个度为 2 的结点,……,n_m 个度为 m 的结点,则该树所有叶结点个数 $n_0=1+n_2+2\times n_3+\cdots+(m-1)\times n_m$。

2. 结点分类

为了分析讨论方便,需要从不同角度对结点进行分类。

1) 根、叶和内部结点

按照树 T 中一个结点是否存在前驱或后继,T 的结点可以分为下述 3 种类型。

- **根结点**:树 T 中没有前驱的结点称为 T 的根结点。每一棵非空树有且仅有一个根结点;
- **叶结点**:树 T 中没有后继的点称为 T 的叶结点。一棵树中可以有一个或多个叶结点;
- **内部结点**:树 T 中既有前驱又有后继的结点称为 T 的内部结点。一棵树中可以有 0 个或多个内部结点。

2) 分支与非分支结点

按照树 T 中结点的度是否为 0,T 的结点可以分为分下述两种类型。

- **分支结点**:树 T 中度数不等于 0 的结点为 T 的分支结点。分支结点只能是根结点或内部结点,由于内部结点都有至少有一个后继,故其度都大于 0,所以内部结点一定为分支结点;

- **非分支结点**：树 T 中度数等于 0 的结点称为 T 的非分支结点。非分支结点只可能是根结点和叶结点，而叶结点一定是非分支结点。

3. 结点间关联类型

树是其结点按照一定关联构建起来的一种非线性结构。为更好描述这种结构，需要引入基于结点关联的基本概念。

由结点间关联来看，根结点即是指树中没有直接前驱的那唯一一个结点。

- **子(女)结点**：树 T 中一个结点 N 的所有直接后继，都被称作是该结点 N 的子结点。实际上，一个结点的子结点就是该结点子树的根结点。子结点也被称作孩子结点(child)；
- **父结点**：树 T 中把一个结点称作是它所有后继结点的父结点。父结点也被称作双亲结点(parent)；
- **兄弟结点**：在树 T 中，具有相同双亲的结点互称为是兄弟结点；
- **堂兄弟结点**：在树 T 中，双亲在同一层的结点互称为是堂兄弟结点；
- **子孙结点**：一个结点的子树中的所有结点被称为该结点的子孙结点，简称子孙(descendant)；
- **祖先结点**：从根结点到某个结点的路径上的所有分支结点称为该结点的祖先(ancestor)结点。

由此可知，在树形结构当中，数据元素也就是结点之间的逻辑关系本质上由“父-子”关系确定。

5.2 树的存储

对于具有结构的数据，存储到计算机中时既要保留数据本身的“值”信息，还要保留数据之间的“结构”信息。实际上，数据存储的重点就在于如何存储数据间的结构即逻辑信息。树作为一种非线性结构，其中结构信息的存储相对于线性表会更为复杂。树存储的基本思路通常是先将树的所有结点按照某种方式排成“线性表”(例如按照后面将要介绍的层序构建相应“线性表”)，然后再使用顺序存储或链式存储进行处理。

按照存储过程所使用的结构信息不同，树的存储可以分为“父结点表示法(包含父结点信息)存储”、“子结点表示法(包含子结点信息)存储”和“左子/右兄弟结点表示法(包含子结点与兄弟结点信息)存储”等 3 种方式。

5.2.1 父结点表示法存储

树 T 中除根结点外，每个结点都只有一个前驱结点(父结点)。因此可以使用该特性将 T 中结点按照“由上到下”和“由左到右”的顺序做成一个结点序列，将该序列存放在一维数组 Tr 当中。Tr 中每个元素(结点)都有一个 Data 域和一个 Parent 域，其中 Data 域存放结点数据，而 Parent 域存放结点的父结点在数组中下标。结点结构如图 5-4(a)所示，图 5-4(b)给出一棵树 T，而图 5-4(c)是相应的存储数组。

事实上，图 5-4(b)所示的树 T 可以做成一个具有 11 个元素的数组 Tr。在 Tr 中，第 i 个元素的 Data 域即 Tr[i].Data 存储相应结点的数据值信息，而 Parent 域即 Tr[i].Parent

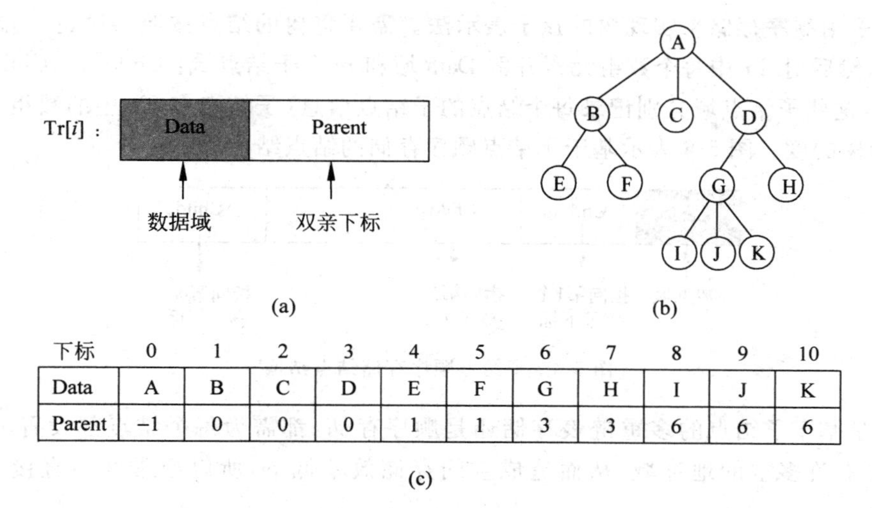

下标	0	1	2	3	4	5	6	7	8	9	10
Data	A	B	C	D	E	F	G	H	I	J	K
Parent	−1	0	0	0	1	1	3	3	6	6	6

(c)

图 5-4　父结点表示法存储

存储相应结点的父结点信息(父结点在 Tr 中的下标)。通常根结点存储在数组下标为 0 的位置,Tr[0]. Parent 为−1,表示根结点没有父结点。如图 5-4(c)所示,树 T 的根结点 A 存储在 Tr[0]. Data 中,结点 E 在 Tr 中就有 Tr[4]. Data=E,Tr[4]. Parent=1;结点 K 在 Tr 中就有 Tr[10]. Data=K,Tr[10]. Parent=6 等。

树的父结点表示法存储了 T“向上”的结构信息,即由任意一个结点出发,都可以得到其前驱即父结点,从而可以得到根结点。例如,给定两个结点 N_1 和 N_2,由父结点表示法就可以判定它们是否在同一棵树中。只要分别由 N_1 和 N_2,出发,通过它们的 Parent 域进行上溯,最终到达同一个根结点时,N_1 和 N_2 就在同一棵树上,否则就不在同一棵树。由于父结点存储没有保留树的“向下”的结构信息,不能直接找到其后继即子结点,给定结点 N,求其子结点必须扫描整个存储数组,代价大。同理,求其兄弟结点也需扫描整个存储数组。

5.2.2　子结点表示法存储

树的父结点表示法是通过结点的 Parent 域保留父结点信息,从而存储了树的结构信息,求树中某结点的父结点很方便,但求其子结点代价却很大。可以进一步考虑通过设立结点的 Children 域来存储树结构信息,这就是树子结点表示法存储。注意到树中结点如果有父结点,则父结点唯一,因此每个结点只有一个父结点信息。而结点的子结点可以有多个,而且不同结点的子结点个数也可以不同,这是在考虑子结点表示法存储时需要注意的问题。

当使用链式结构来实现树存储时,需将每个结点的孩子信息都存放在存储结点中。此时存储结点除建立 Data 域外,还需按照树的度 m 对每个结点构建 m 个指针域,称为多重链表。图 5-5 表示基于子结点的多重链表存储结点结构。

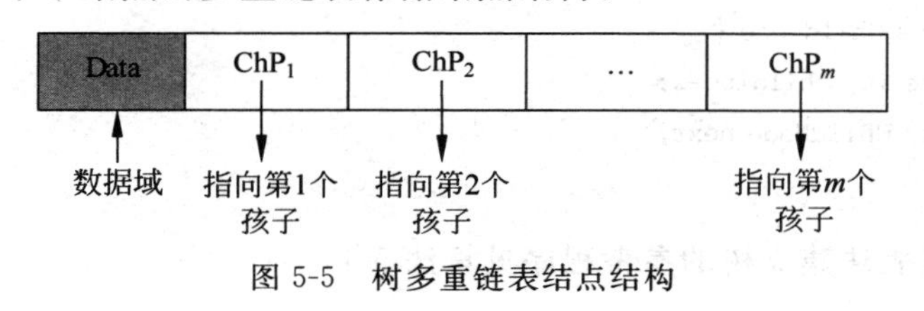

图 5-5　树多重链表结点结构

也可采用顺序存储来实现树的孩子表示法。需要将树的结点按照层序进行排序,组成数组 Tr。然后对 Tr 中每个数组元素开辟 Data 域和 m 个子结点域:Child[1],Child[2],…,Child[m],这些子结点域分别记录每个结点的子结点信息(子结点在 Tr 中的数组下标),其中 m 表示树的度。图 5-6 表示基于子结点顺序存储的结点结构。

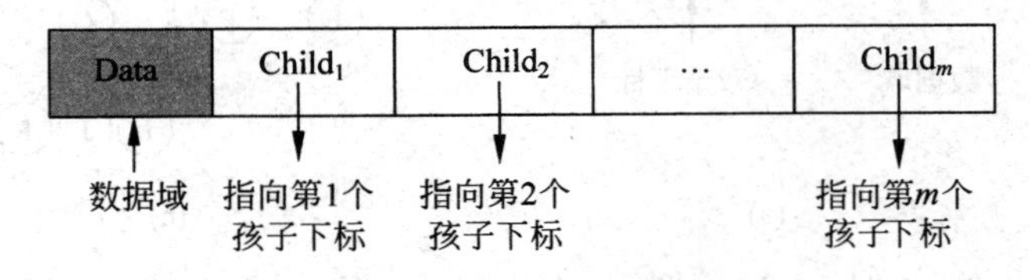

图 5-6 子结点顺序存储结点结构

不管是基于子结点的多重链表存储还是顺序存储,都需为每个结点都设置 m 个地址域,此时会有许多空的地址域,从而造成空间存储效率低下,所以通常并不直接采用上述方式。

通常基于子结点表示法的存储采用子结点链表存储,将结点的子结点组织成单链表,这样可以根据子结点的个数来申请空间,提高空间存储效率。子结点链表存储主要有下述步骤。

① 将树中结点按照层序排列。

② 为树中每个结点都设置一个单链表,该链表由该结点的所有子结点按照层序进行链接。这样的链表也称为子结点链表。子结点链表中结点结构如图 5-7(a)所示,其中 childIndex 表示子结点的层序编号,next 为该结点指向下一个子结点的指针。

③ 将每个结点子结点链表的表头指针按照树结点的层序集中排列起来组成数组 tree,tree 中每个数组元素由记录该结点数据的 data 域和指向其子结点链表的 firstChild 域组成。

上述树的存储方式称为改进的子结点链表存储法。这种存储方式实际上由数组、若干子结点单链表和指向该数组起始位置的指针等三部分组成。在实际存储过程中,指针指向数组,数组又指向单链表,由此共同实现对树的存储管理。有时也称这种存储结构为树的"孩子链表表示法"。图 5-4(b)的树采用基于链表的子结点表示法如图 5-7(b)所示。

按照子结点链表表示法,可以由任意结点出发得到该结点的子结点信息。

图 5-7(b)所示的结点结构可用 Java 语言定义相应结点类如下。

```
00  public class HeadNode<T>{
01      private T data;
02      private ChildNode firstChild;
03  }

04  public class ChildNode {
05      private int childIndex;
06      private ChildNode next;
07  }
```

采用子结点链表法建立树的参考程序见算法 5-1。

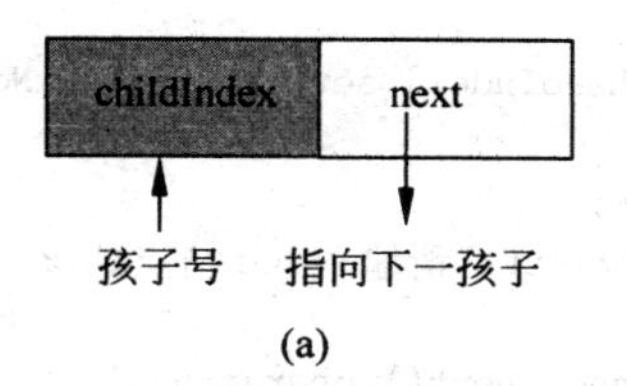

(a)

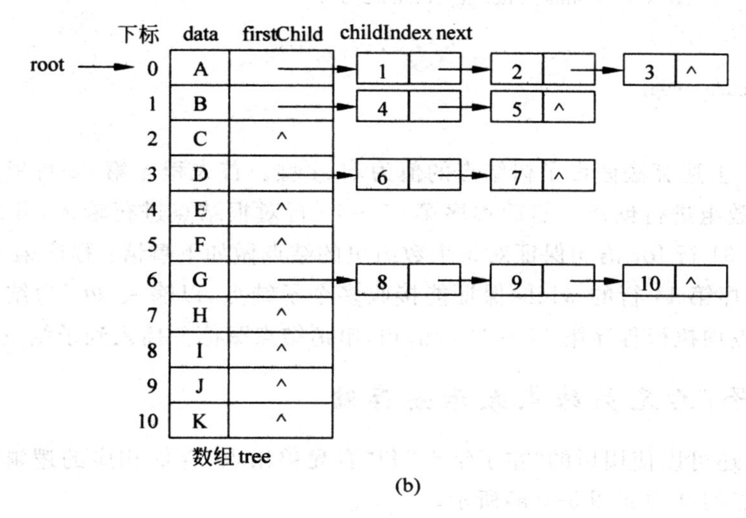

(b)

图 5-7　基于链表的树的子结点表示法存储

【算法 5-1】 子结点链表法建立树算法。

```
00  public static HeadNode<Character>[] createTree() {
01      Scanner scanner = new Scanner(System.in);
02      System.out.print("请输入树的结点个数: ");
03      int nodeCount = scanner.nextInt();
04      HeadNode<Character>[] tree =
            (HeadNode<Character>[]) Array.newInstance(HeadNode.class, nodeCount);
05       int headIndex = 0;
06      int childIndex = 1;
07      System.out.print("请输入根结点的值: ");
08      char data = scanner.next().charAt(0);
09      HeadNode<Character> hNode = new HeadNode<>(data, null);
10      tree[headIndex] = hNode;
11      for (headIndex = 0; headIndex < nodeCount; headIndex++) {
12          System.out.printf("请输入 %c 结点的孩子结点(输入@即结束): ",
                                                tree[headIndex].getData());
13          data = scanner.next().charAt(0);
14          while (data != '@') {
15              HeadNode<Character> childHeadNode = new HeadNode<>(data, null);
16              tree[childIndex] = childHeadNode;
17              ChildNode cNode = new ChildNode(childIndex, null);
18              if(tree[headIndex].getFirstChild()!= null){
19                  ChildNode p = tree[headIndex].getFirstChild();
20                  while(p.getNext()!= null){
21                      p = p.getNext();
22                  }
23                  p.setNext(cNode);
24             }else{
```

```
25                  tree[headIndex].setFirstChild(cNode);
26              }
27              childIndex++;
28              System.out.printf("请输入 %c 结点的孩子结点(输入@即结束): ",
                                                tree[headIndex].getData());
29               data = scanner.next().charAt(0);
30          }
31      }
32      return tree;
33  }
```

算法分析：上述算法假设了树结点的值为 char 型。首先程序第 04 行根据用户输入的结点数对 tree 数组进行创建。然后程序第 07～10 行对根结点进行输入，并放入 tree 数组中，程序第 11～31 行 for 语句保证对每个数组里的结点做如下事情：程序第 12 行提示输入结点的孩子，程序第 14 行的 while 保证能接收多个子结点，以输入“@”为结束标志。对每个输入的子结点均执行程序第 15～29 行语句，申请结点赋值并插入到子结点链表中。

5.2.3 左子/右兄弟结点表示法存储

在实际中，还可以使用树的“左子结点”和“右兄弟结点”存储相应的逻辑结构信息。此时数据存储结点的结构如图 5-8(a)所示。

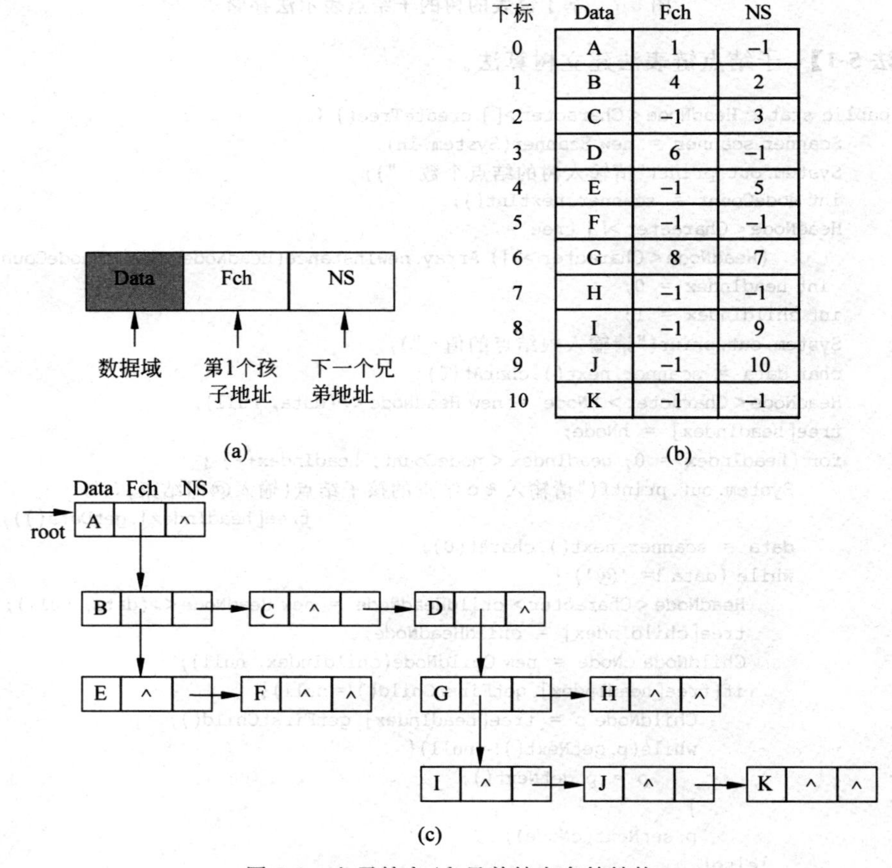

下标	Data	Fch	NS
0	A	1	−1
1	B	4	2
2	C	−1	3
3	D	6	−1
4	E	−1	5
5	F	−1	−1
6	G	8	7
7	H	−1	−1
8	I	−1	9
9	J	−1	10
10	K	−1	−1

图 5-8　左子结点/右兄弟结点存储结构

• **数据域**(Data 域)：存放数据信息；

• **左子结点指针域**(Fch 域)：存放该结点第 1 个子结点即左子结点信息；

• **右子结点指针域**(NS 域)：存放该结点第 1 个兄弟结点即右兄弟结点信息。

使用如此结点构造存储树的技术就称为左子/右兄弟结点表示法存储，具体可以通过顺序或链式方式实现。

左子/右兄弟结点表示法存储采用顺序方式实现时，需要将结点按层序进行排列。对于图 5-4(b)中的树采用顺序存储方式如图 5-8(b)所示。

左子/右兄弟结点表示存储法采用链式方式实现时，Fch 域和 NS 域分别为结点第 1 个子结点地址和右兄弟结点地址，增加一个 root 指针指向根结点地址。对于图 5-4(b)中的树采用链表存储方式如图 5-8(c)所示，从图中可见，根结点 NS 域为空，因其不可能有兄弟。

5.3 树的遍历

树的遍历是对树中所有结点的访问，要求是对树中每个结点访问且只能访问一次。数据最基本的逻辑结构是线性表，线性表可以通过顺序与链表方式进行存储。在实际应用中，各种非线性逻辑结构从本质上讲都需要转化为适当线性表而借助于顺序或链表进行存储。非线性结构数据的遍历实际上可以看作是给数据进行某种意义下的“排序”，因此，通过遍历可以将非线性结构如树转化为“线性表”，当然，此时线性表中的存储结点结构可能比较复杂。在前述树的存储讨论中，无论是哪种存储方式，都需要现将树中结点按照“从上到下”和“从左到右”方式进行排序以得到相应数组。这实际上就是将要讨论的“层序”遍历或层次遍历。树的遍历是对树进行数据操作的基础，如输出打印树结点、查找结点和统计结点个数，都是基于遍历的基础。

树的遍历方法不止一种，本节将讨论其中的广度优先遍历和深度优先遍历方法。

5.3.1 广度优先遍历

树的“广度优先遍历”也称为“层次遍历”或“层序遍历”。层次遍历由下述步骤组成。

• 按照树的“层”的顺序进行访问，即“从上到下”；

• 访问到达每一层后，再依次访问该层的每个结点，即“从左到右”。

在层次遍历中，访问的第 1 个结点为树的根结点(它处于第 0 层)；然后访问位于第 1 层的结点，那些结点正是根结点的所有子结点；访问完第 1 层的所有结点后，接着访问位于第 2 层的结点，它们是第 1 层结点的孩子结点；访问完第 2 层的所有结点后，访问位于第 3 层的结点，它们是第 2 层结点的孩子结点；……；如此下去，直至树中所有结点得到访问。

层次访问实现有两个基本点。

(1) **基于子结点表示法的结点存储**。由于通过树的子结点表示法可以由其中一个结点方便地到达该结点的所有子结点，因此需要采用子结点表示法的存储结构记录树中结点。

(2) **基于队列的中间结果存储**。当进入一个结点后，需要将该结点所有子结点信息记录下来以便必要时能够使用。由于先达到结点的子结点，将来会得到首先访问，所以需要采用队列方式记录结点的子结点信息以保证它们能够依照进入队列的先后顺序得到访问。同时，只要队列非空，树中就有结点还需要访问，层次遍历就应该继续下去。

设有图 5-9 中所示的树，则其层次遍历过程如图 5-10 所示，得到的层次遍历序列为 A-B-C-D-E-F-G-H-I-J-K。

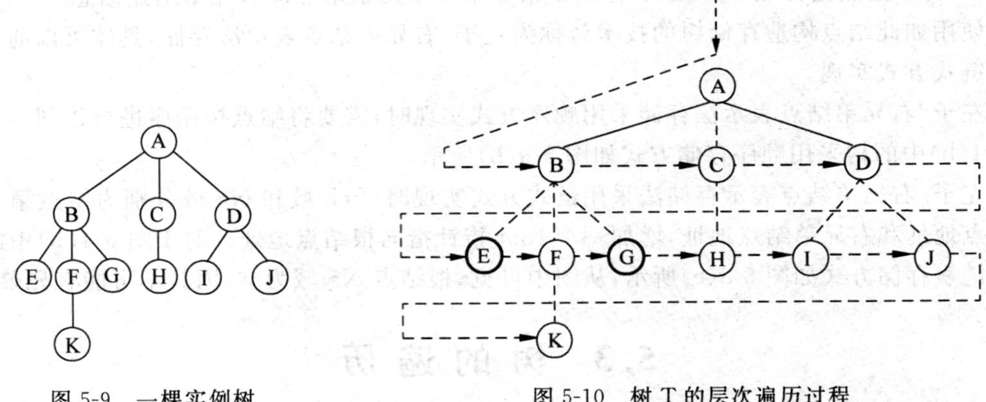

图 5-9　一棵实例树　　　　图 5-10　树 T 的层次遍历过程

按照上述基本点，可以得到下述树的层次遍历算法。

已知一棵树，采用图 5-7 所示子结点链表存储，对其进行层次遍历以获得层次遍历序列。

【算法 5-2】 树的层次遍历算法。

```
00  public void levelTraversal(TreeNode[] tree, int rootIndex){
01       QueueLinked<Integer> queue = new QueueLinked<Integer>();
02       queue.enqueue(rootIndex);
03       while(!queue.isEmpty()){
04            int index = queue.getFront();
05            queue.dequeue();
06            System.out.print(tree[index].getData());
07            ChildNode p = tree[index].getFirstChild();
08            while(p!= null){
09                      queue.enqueue(p.getChildIndex());
10                      p = p.getNext();
11            }
12       }
13  }
```

算法分析：上述算法中，在 while 循环开始之前，需要树的根结点首先进入队列，即程序第 02 行的“queue.enqueue(rootIndex);”，目的是保证队列非空，否则将不能进行循环。

算法 5-2 的关键是程序 03～12 行的 while 循环模块，其作用是保证只要队列 Q 非空，算法就一直进行下去。这里应当注意，队列 queue 中记录的是树结点在数组中的位置，即进入队列 queue 的是“p.getChildIndex()”。

每次循环过程都进行如下操作。

(1) 通过程序第 04～05 行取得队首元素并使得队首元素出队。

(2) 通过程序 06 行的“System.out.print(tree[index].getData());”，输出该结点元素的值，表示进行访问。

(3) 通过程序 07～11 行的 while 循环语句，使得该结点元素的子结点依次进队。

上述 3 个步骤使得队列非空情况下，while 循环就能依次进行，进而保证了算法以树的层次为顺序进行结点的遍历。

设有如图 5-9 所示的树 T，对 T 进行算法 5-2 所示的层次遍历算法，则遍历过程中队列 Q 内容的变化如表 5-2 所示。

表 5-2 层次遍历时队列变化

步骤	当前出队结点	当前访问结点	当前进队结点	当前队列内容
初始	—	—	A	A
1	A	A	B,C,D	B,C,D
2	B	B	E,F,G	C,D,E,F,G
3	C	C	H	D,E,F,G,H
4	D	D	I,J	E,F,G,H,I,J
5	E	E	—	F,G,H,I,J,
6	F	F	K	G,H,I,J,K
7	G	G	—	H,I,J,K
8	H	H	—	I,J,K
9	I	I	—	J,K
10	J	J	—	K
11	K	K	—	空

由层次遍历算法，可以得到如图 5-10 树的层次遍历序列为 A-B-C-D-E-F-G-H-I-J-K。

5.3.2 深度优先遍历

相对于树的广度优先遍历，深度优先遍历是将树划分为根结点以及从左到右的若干棵子树，对子树采用“从左到右访问”的原则，根结点的访问顺序处于访问子树之前或之后，又可形成两种访问策略，称为先序（先根）遍历和后序（后根）遍历。

1. 先序遍历

对树 T 进行先序遍历的过程描述如下。

(1) 若 T 为空，遍历结束。

(2) 若 T 非空，先访问 T 根结点，然后从左到右依次先序遍历访问根结点的每棵子树。

设有如图 5-11 所示的树 T，对 T 进行先序遍历，可以得到其遍历序列为 A-B-E-F-K-G-C-H-D-I-J。

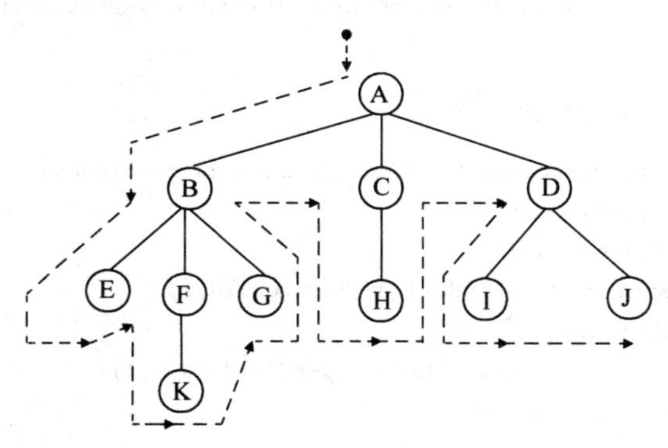

图 5-11 树 T 先序遍历过程

已知树,采用图 5-7 所示的基于子结点链表存储,在此基础上实施先序遍历,输出先序遍历序列。算法名为 preorderTraversal(),参数为存放树的数组 tree 和根结点下标 rootIndex。

【算法 5-3】 树的先序遍历递归算法。

```
00  public void preorderTraversal(TreeNode[] tree, int rootIndex){
01      int index = rootIndex;
02      if(tree[index]!= null){
03          System.out.print(tree[index].getData());
04          ChildNode p = tree[index].getFirstChild();
05          while(p!= null){
06                  preorderTraversal(tree, p.getChildIndex());
07                  p = p.getNext();
08          }
09      }
10  }
```

2. 后序遍历

对树 T 进行后序遍历的过程如下。

(1) 若 T 为空,则遍历结束。

(2) 若 T 非空,则从左到右依次后序遍历根结点的各子树,然后访问根结点。

对图 5-12 所示树 T 实施后序遍历,得到 T 后序遍历序列为 E-K-F-G-B-H-C-I-J-D-A。

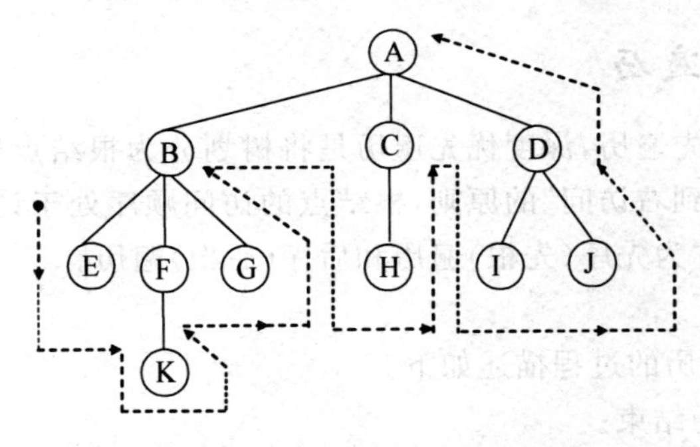

图 5-12　树 T 后序遍历过程

已知树 T,采用图 5-7 所示的基于子结点链表存储,在此基础上实施后序遍历,输出结果为 T 的后序遍历序列。算法名为 postorderTraversal(),参数为存放树的数组 tree 和根结点下标 rootIndex。

【算法 5-4】 树的后序遍历递归算法。

```
00  public void postorderTraversal(TreeNode[] tree, int rootIndex){
01      int index = rootIndex;
02      if(tree[index]!= null){
03          ChildNode p = tree[index].getFirstChild();
04          while(p!= null){
05              postorderTraversal(tree, p.getChildIndex());
06              p = p.getNext();
07          }
```

```
08            System.out.print(tree[index].getData());
09        }
10   }
```

本章小结

本章讨论一类非线性数据结构——树形结构。

1）树形结构

树结构的基本特征是具有“层次”结构，而且从逻辑上讲，树结构的任何一个组成部分都和整个树具有“类同”的层次结构，因此可以使用“同一”框架对树形结构进行“递归定义”和数据处理。根据结点的子树有序与否，树可以分为有序树和无序树两种基本类型。

在没有特殊说明情况下，所说的树通常是指无序树。

- 一种特定的有序树是二叉树，其中限定每个结点至多只能有两棵子树；
- 一种无序树在集合意义上的拓展是森林，它是由互不相交的无序树组成的集合。

树、森林和二叉树都能够描述现实生活的层次关系，可以方便地统称为树形结构。

树形结构的逻辑关系都是以结点之间“双亲/子女”关联为基础。

“树”和“二叉树”是树形结构的两个基本组成类型，两者在逻辑表述上需要相互区分，但在某些具体概念使用和相关技术描述上却具有不少“相通”之处，这在学习过程中需要特别注意。本章学习树形结构中的一个具体类型——树，第6章学习二叉树。如前所讲，树的相关概念表示也可用于一般树形结构，故通过树的学习实际上也为树形结构另外一种基本类型——二叉树提供必要基础和技术帮助。树形结构如图5-13所示。

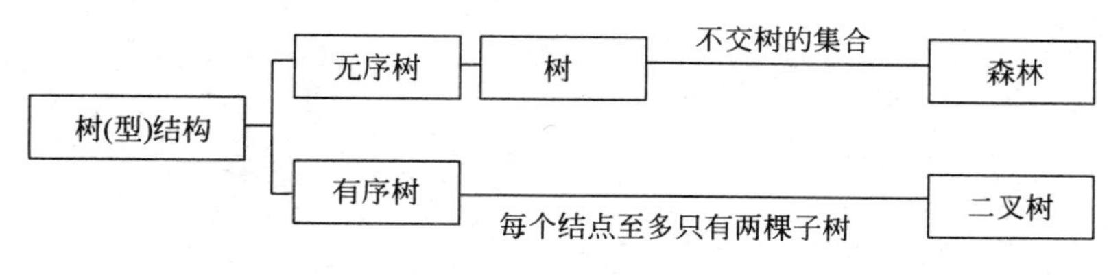

图 5-13　树、森林和二叉树

2）树的存储

顺序存储与链式存储整合。

数据的基本存储结构主要由顺序和链式存储两种方式。在线性表的情形下，单独使用其中之一就可有效地存储数据元素和逻辑结构。但对于非线性包括本章学习的“树”和将要学习的“二叉树”和“图”来说，其中数据元素之间逻辑关联更为复杂，存储方式可能同时需要整合使用“顺序”和“链式”技术，例如，树的“子结点表示法存储”方式就是如此。这是本章学习当中需要关注的问题。

3）遍历操作

非线性数据结构中的各类数据操作大多都依赖于相应的遍历操作，而树的遍历操作分为广度优先遍历（层序遍历）或深度优先遍历（先序和后序遍历）两类，它们都是巡访树中每个结点且仅一次的策略，对于将要学习的二叉树遍历及图的遍历具有启示引导作用。

树的遍历的意义在于通过适当方式将较为复杂的“树结构”转换为相对简单的“线性结

构(遍历序列)”,从而有效地实现树的各类数据操作。

本章主要内容要点如图 5-14 所示。

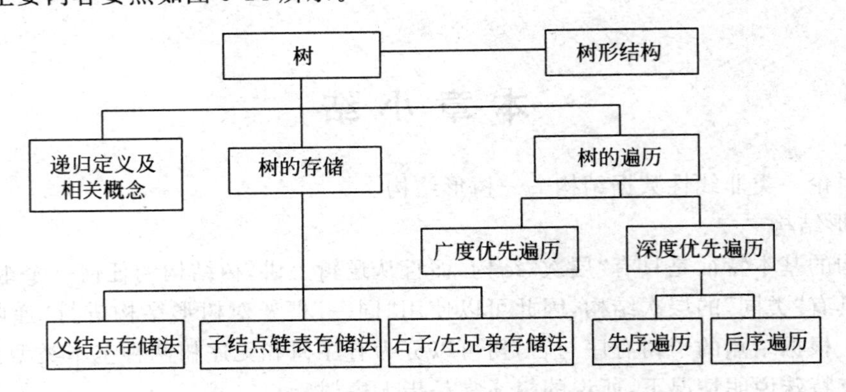

图 5-14　第 5 章基本内容要点

第6章　二叉树及应用

树形结构本质上是一种“一对多”的结构，而本章学习的“二叉树”是一种“一对二”的情形，即每个结点至多只能有两棵子二叉树，并且子二叉树有左右顺序之分。二叉树数据结点间逻辑关系依然可看作是“双亲/子女”的层次关联，并通过“二叉或三叉链表”存储其中数据及其逻辑关系。二叉树结构清晰明了，存储效率较高，各种运算相对容易实现，同时从理论上来看，树和森林等其他树形结构可通过适当方式转换为二叉树，因此，二叉树在非线性数据结构中占有重要地位。在本章学习过程中，需要注意下述问题。

- 二叉树形式化递归定义，特殊二叉树（满二叉树和完全二叉树），二叉树基本性质；
- 二叉树基本存储结构（二叉链表存储）；
- 二叉树遍历、基于递归与非递归实现算法和二叉树的线索化；
- Huffman 树和 Huffman 编码；
- 二叉树与树（森林）的转换。

6.1　二叉树的概念及性质

一般树中结点的“度”没有特殊限定，这给树的形状描述带来很大的灵活性，但也给树的存储和应用带来限制，在解决实际问题中可能有不少情形不便直接采用树结构。相比之下，本章学习的二叉树则显得更为简便有效，二叉树是树形结构的一个重要组成部分，可以在某种意义下看作是有序树的特例。同时，“树”和“森林”都可以通过适当方法转换为“二叉树”。此外，二叉树还具有许多重要性质，这些都使得二叉树在实际中有着广泛的应用。

6.1.1　二叉树及其相关概念

作为一种树形结构，“二叉树”与“树”类似，其数据元素（结点）之间的逻辑关联可以由“父-子”关系确定，同时二叉树的任何组成部分与整个二叉树都具有“类同”的逻辑结构。因此，二叉树也可通过递归方式来完成概念定义。递归定义的好处在于能够方便地使用递归方式实现相应的各种数据操作，因此，二叉树递归定义决定其各种基本算法的实现方式。

1. 二叉树形式化定义

通过学习已经知道，结点除了包含数据元素本身之外，还包含有关数据结构等方面的信息，例如在线性表链式存储技术中，结点就由数据元素和其后继地址（指针）组成。结点在非线性结构中更是一种有效的描述手段。与“树”情形类似，二叉树也是在一个结点集合上建立递归定义。

二叉树（Binary tree）：设 E 为一个满足下述条件的由结点组成的有限集合：

(1) 当E为空集时,定义其为空二叉树。

(2) 当E非空时,分为两种情形:

- 如果E为单元素集合,定义其为一棵最小或根二叉树;
- 如果E为多于一个结点的集合,E中应当有唯一一个称为根结点的数据元素r,而集合E′=E\{r}组成至多两棵不相交的二叉树,分别称为r的左子(二叉)树和右子(二叉)树。

当二叉树具有两个以上结点时,通过连接结点间的边来表示从给定结点r到它子树根结点之间联系,给定结点r称为其子树根结点的父结点,相应子树根结点称为r的子结点。

由上述定义可知,二叉树具有如下特征。

(1) 二叉树可以没有任何结点,即是一个空二叉树。

(2) 二叉树中每个结点至多只有两棵子树,这两棵子树作为结点集合互不相交。

(3) 二叉树中结点的两棵子树有左、右之分,次序不能混淆。

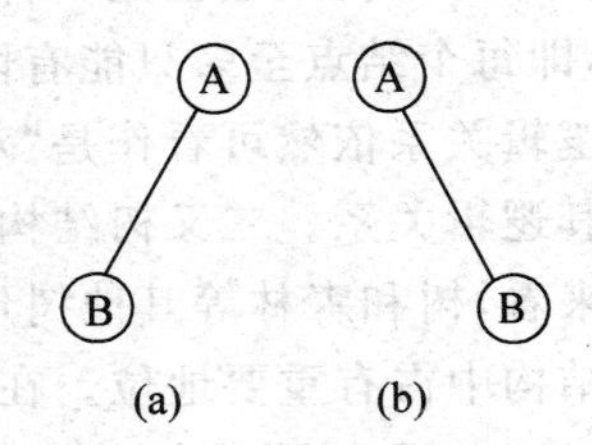

图 6-1　两棵不同的二叉树

如图6-1为两棵不同的二叉树。

由定义还可知道,二叉树有且只具有如图6-2所示5种基本类型。图6-2(a)是一棵空二叉树,通常使用空集符号“∅”表示;图6-2(b)是一棵只具根结点二叉树;图6-2(c)是只具有一棵左子树的二叉树,图6-2(d)是只具有一棵右子树的二叉树;图6-2(e)是同时具有左右子树的一般二叉树。

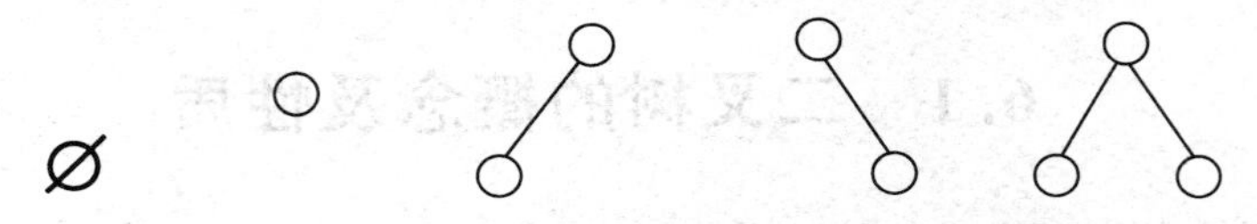

图 6-2　5种类型二叉树

树中关于结点及其相关概念,在二叉树中同样适用。一个结点的“度”是指该结点拥有的子树棵数,对于二叉树来说,任何一个结点的度最多只能是2。二叉树中度为0的结点称为“叶”结点,度数非零的结点称为非叶结点,其中具有父结点的称为内部结点,否则就是根结点。由二叉树定义,只有根结点是没有父结点的非叶结点。

由4个结点构成的所有14种二叉树如图6-3所示,其中高度为3的有8棵,高度为2的有6棵。

二叉树基本操作与树基本操作类似,有创建二叉树、查找结点、统计结点个数和遍历二叉树等。除此之外,还有二叉树独有的基本操作如查找左、右子结点和插入左、右子结点等。假设二叉树BinaryTree数据元素类型是BinaryTreeNode,二叉树抽象数据类型描述如下。

ADT BinaryTree is

{数据对象 D: D是具有相同特性的数据元素的集合。

数据关系R: 若 D 为空集,则称为空树;

若 D 非空集,否则R={H},H是如下二元关系:

- 在 D 中存在唯一的称为根的数据元素root,它在关系H下无前驱;

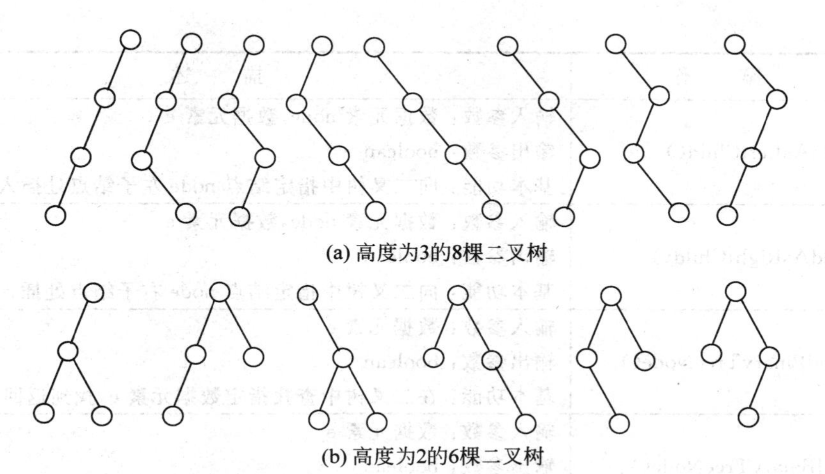

图 6-3　4 个结点组成的 14 种二叉树

- 若 $D-\{root\}\neq NULL$，则存在 $D-\{root\}$ 的一个划分 D_1、D_2，$D_1\cap D_2=NULL$，且对任意的 $i(1\leqslant i\leqslant 2)$，唯一存在数据元素 $x_i\in D_i$ 有 $<root,x_i>\in H$。
- D_i 是一棵符合本定义的二叉树。

基本操作：

① initializeBinaryTree()
② binaryTreeIsFull()
③ binaryTreeNodeCount()
④ addAsLeftChild()
⑤ addAsRightChild()
⑥ findBinaryTreeNode()
⑦ delBinaryTreeNode()
⑧ traverse()
⑨ clearAll()
}ADT Tree

二叉树的基本操作及其输入输出参数如表 6-1 所示。

表 6-1　二叉树 ADT 基本操作

序号	操　作	描　述
01	initializeBinaryTree()	输入参数：无 输出参数：无 基本功能：初始化二叉树
02	binaryTreeIsFull()	输入参数：无 输出参数：boolean 基本功能：确定是否满二叉树，是则返回 true
03	binaryTreeNodeCount()	输入参数：无 输出参数：元素个数 基本功能：统计二叉树中数据元素个数

续表

序号	操　作	描　述
04	addAsLeftChild()	输入参数：数据元素 node，数据元素 e 输出参数：boolean 基本功能：向二叉树中指定结点 node 左子结点处插入数据元素 e
05	addAsRightChild()	输入参数：数据元素 node，数据元素 e 输出参数：boolean 基本功能：向二叉树中指定结点 node 右子结点处插入数据元素 e
06	findBinaryTreeNode()	输入参数：数据元素 e 输出参数：boolean 基本功能：在二叉树中查找指定数据元素 e，找到返回 true
07	delBinaryTreeNode()	输入参数：数据元素 e 输出参数：boolean 基本功能：在二叉树中删除指定数据元素 e，成功返回 true
08	traverse()	输入参数：无 输出参数：无 基本功能：巡访二叉树的每个结点且仅一次
09	clearAll()	输入参数：无 输出参数：无 基本功能：清空二叉树

2. 满二叉树和完全二叉树

实际应用中有两类特殊的二叉树十分重要，这就是满二叉树和完全二叉树。

1) 满二叉树

如果一棵二叉树满足下述条件，就称其为满二叉树(full binary tree)。

(1) 每个结点或是度数为 2(具有两个非空子树)的结点，或是度数为 0 的(叶)结点。

(2) 所有叶结点都在同一层。

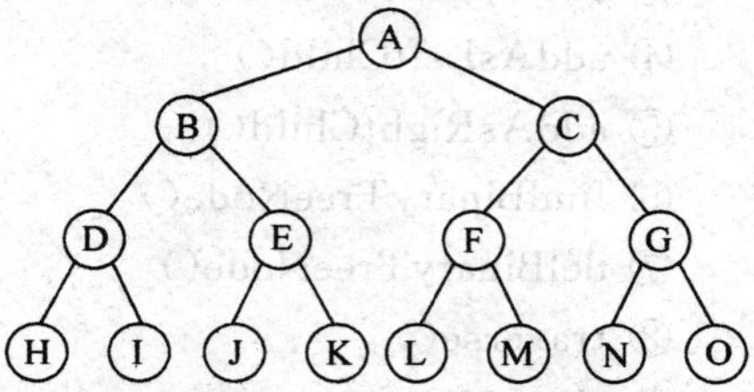

图 6-4　满二叉树

如图 6-4 所示为一棵满二叉树。

图 6-5 所示的两棵二叉树都不是满二叉树。虽然它们都满足(1)，即“每个结点或者具有两棵子树，或是叶结点”，但却不符合(2)，即“所有叶结点都在同一层”。

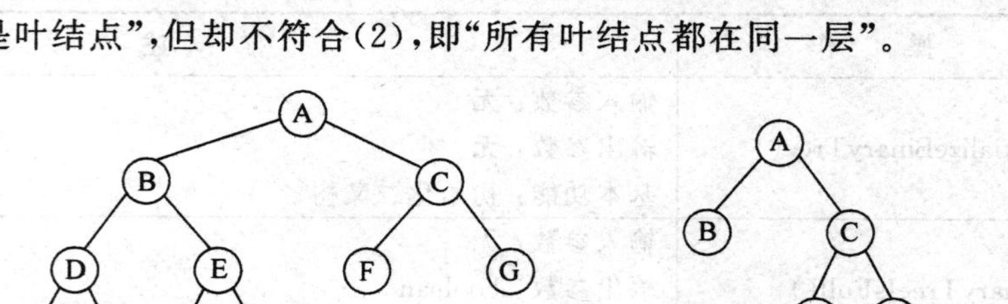

图 6-5　非满二叉树

2）完全二叉树

如果一棵二叉树满足下述条件则称其为完全二叉树(complete binary tree)。

(1) 至多只有最下两层中结点的度数小于 2。

(2) 最下一层的叶结点都依次排列在该层最左边位置。

如图 6-6 所示的两棵二叉树是完全二叉树。

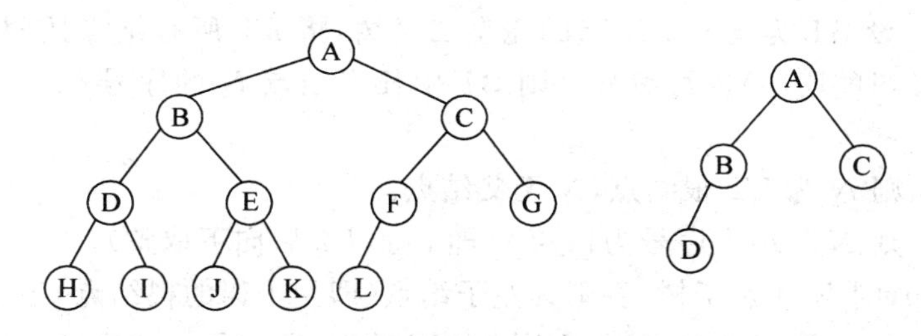

图 6-6 完全二叉树

由上述定义可知：

(1) 满二叉树是完全二叉树,但完全二叉树却不一定是满二叉树。

(2) 空二叉树和根二叉树既是满二叉树,也是完全二叉树。

(3) 完全二叉树可看作是在满二叉树最下一层,从右向左连续去掉若干个结点后得到。

(4) 完全二叉树中一个结点如果没有左子结点,就一定没有右子结点。

6.1.2 二叉树的基本性质

二叉树有着以下基本性质,其中,性质 6-1～性质 6-3 对一般二叉树成立,而性质 6-4 和性质 6-5 只对完全二叉树成立。

【性质 6-1】 一棵二叉树第 $i(i \geqslant 0)$层上至多只能有 2^i 个结点。

证明：应用数学归纳法。

二叉树第 0 层有一个结点,即当 $i=0$ 时,$2^i=2^0=1$ 成立。

假设结论对第 i 层成立,即第 i 层至多只能有 2^i 个结点。注意到二叉树每个结点度最多为 2,第 $i+1$ 层结点个数至多只是第 i 层结点个数的 2 倍：$2\times 2^i=2^{i+1}$,归纳完成,命题得证。

【性质 6-2】 树高为 $k(k \geqslant 0)$的二叉树,最多有 $2^{k+1}-1$ 个结点。

证明：由性质 6-1 可知在树高为 k 的二叉树当中,第 0 层有 2^0 个结点,第 1 层有 2^1 个结点,第 2 层有 2^2 个结点,……,第 k 层有 2^k 个结点。由此可知,树高为 k 的二叉树结点个数总数为 $2^0+2^1+2^2+\cdots+2^k$。这是一个公比为 $p=2$ 的等比数列,前 $k+1$ 项和 S_{k+1} 为：

$$
\begin{aligned}
S_{k+1} &= (a_0 - a^k \times p)/(1-p) \\
&= (2^0 - 2^k \times 2)/(1-2) \\
&= (1-2^{k+1})/(1-2) \\
&= 2^{k+1} - 1
\end{aligned}
$$

【性质 6-3】 如果二叉树中度为 0 结点数为 n_0,度为 2 结点数为 n_2,则 $n_0=n_2+1$ 成立。

证明：设二叉树中度为 1 结点个数为 n_1,二叉树结点总数 n 为 $n=n_0+n_1+n_2$。同时,二叉树中除根结点外,每个结点都位于一个分支边下方。设该分支边数为 m,则二叉树结点总数为分支边数加 1(这个 1 是根结点)：$n=m+1$。注意到每一条分支边或是由度为 1 结点发出，或是由度为 2 结点发出，度为 1 结点发出一条边，度为 2 结点发出两条边，由此成立 $m=n_1+2\times n_2$，由此得

$$n=n_1+2\times n_2+1$$
$$n_0+n_1+n_2=n_1+2\times n_2+1$$

即 $n_0=n_2+1$。

【性质 6-4】 设 BT 为具 n 个结点的完全二叉树，将 BT 所有结点按照从上到下、从左到右的顺序(二叉树的层序)进行编号。则 BT 中任意结点 N 的序号 $i(1\leqslant i\leqslant n)$ 具有下述性质。

(1) 若 $i=1$，则 N 为 BT 根结点，N 无父结点。

(2) 若 $i>1$，则 N 父结点序号为 $\lfloor i/2\rfloor$(即 i 除以 2 后向下取整)。

(3) 若 $2i>n$，则 N 无左子树，否则其左子结点(即左子树的根结点)序号为 $2i$。

(4) 若 $2i+1>n$，则 N 无右子树，否则其右子结点(即右子树的根结点)序号为 $2i+1$。

证明省略。

【性质 6-5】 具有 n 个结点的完全二叉树深度为 $\lfloor \log_2 n\rfloor$。

证明：采用数学归纳法证明，此处省略。

进行了层序编号的完全二叉树如图 6-7 所示。

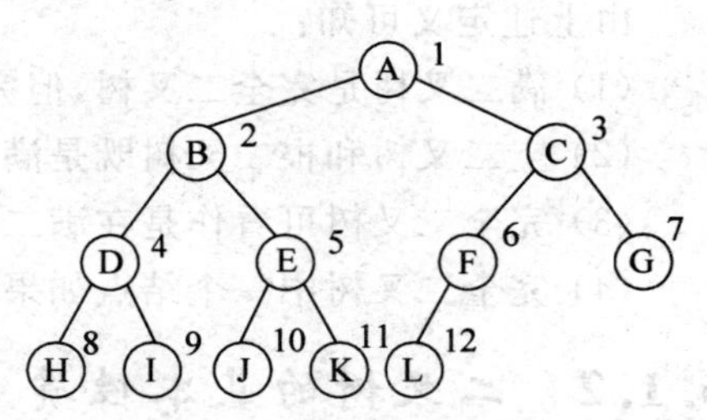

图 6-7　结点层序编号的完全二叉树

由图 6-7 可看出，4 个结点到 7 个结点的完全二叉树深度为 2，编号为 4 的结点的左子结点编号为 8，编号为 7 的结点的右子结点如存在编号将为 15，所以，8 个到 15 个结点的完全二叉树深度为 3。由此可推导出，具有 n 个结点的完全二叉树深度为 $\lfloor \log_2 n\rfloor$。

6.2　二叉树的存储

二叉树可采用顺序存储和链表存储两种存储结构，只不过可能需要加入较多的“辅助”信息以描述其非线性结构特征。

无论是线性还是非线性结构数据，都需要“一个一个”地进行存储和处理，即在数据操作时，总需要有一种结点之间的“顺序”。对于二叉树，常用操作顺序有在一般树中讨论过的“层序”，对先由第 0 层开始，依次到下一层，在每层中按从左到右“访问”数据结点。需要注意的是，这种顺序对于一般二叉树只具有“操作”上的意义，而不具有语义或逻辑上的意义，但对于完全二叉树，按照性质 6-4，基于层序的结点编号还具有逻辑结构上的意义。

6.2.1　二叉树的顺序存储

对于完全二叉树，可以利用性质 6-4，将其中结点按照层序编号为下标存储于一维数组中，根据数组中存储结点下标得所存储结点之间“双亲/子女”以及“祖先/子孙”逻辑关联。如图 6-8 为 7 个结点的完全二叉树及其顺序存储结构示意图。

对于一般二叉树，采用增添一些并不存在的“空”结点将其转换成为一棵完全二叉树。同时出于顺序存储结构的实际考虑，需要为相应数组预留最大空间，即深度为 k 的二叉树需

要预留 $2^{k+1}-1$ 个空间。一般二叉树转化为完全二叉树，再将其中结点按对应完全二叉树中的序号进行顺序存储的过程如图 6-9 所示。

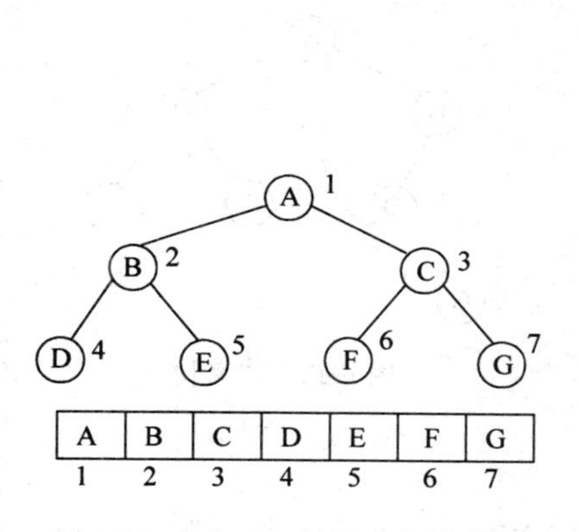

图 6-8　完全二叉树顺序存储实例

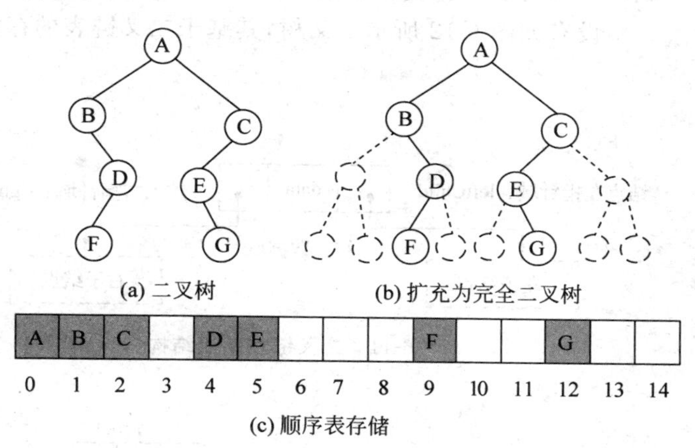

图 6-9　二叉树的顺序存储

为了实现顺序存储而采用增添空结点改造一般二叉树的方法，可能会造成大量存储空间的浪费，最坏的情况出现在单支树。这种情况如图 6-10 所示。

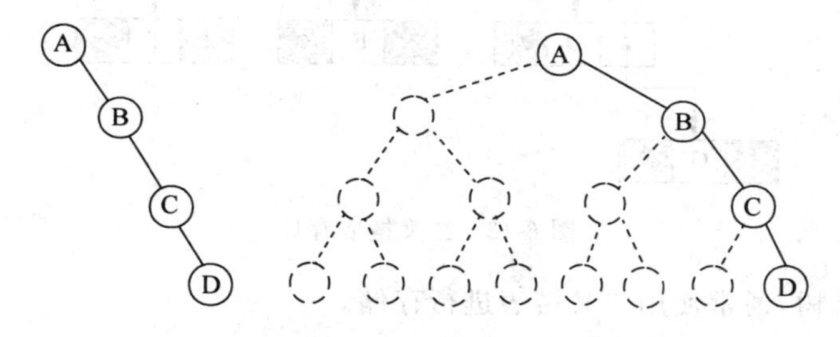

图 6-10　增加空结点得到的完全二叉树

二叉树的顺序存储在求结点的双亲、左右子结点时很方便，但"树"形特征并不明显，而且会有大量冗余，只适合深度不大、结点较"满"的二叉树，通常更多采用链式存储结构。

6.2.2　二叉树的链式存储

二叉树链式存储就是通过存储结点中的指针表明结点间"双亲/子女"逻辑关系。

结点 p 和其他结点 q 的逻辑关系可分为两种情形。

- "向上"的逻辑关系，即 p 与其父结点的邻接关系；
- "向下"的逻辑关系，即 p 与其子结点的邻接关系。

若在结点 p 中保留"向下"邻接关系，即保留 p 左子树根结点 leftChild 指针和右子结点 rightChild 指针，则称为二叉树的二叉链表存储结构；若在结点 p 中同时保留"向下"邻接关系 leftChild、rightChild 和"向上"邻接关系（父结点指针）parent，则称为二叉树的三叉链表存储结构。

1. 二叉链表存储

若让一个存储结点只包含与其子树的邻接关系，那么就是二叉树的二叉链表存储结构。

这时,二叉树上每个结点的存储结构由左指针域 leftChild、数据域和右指针域 rightChild 组成。二叉树的二叉链表结点结构如图 6-11 所示。

设有如图 6-12 所示二叉树,其基于二叉链表的存储结构如图 6-13 所示。

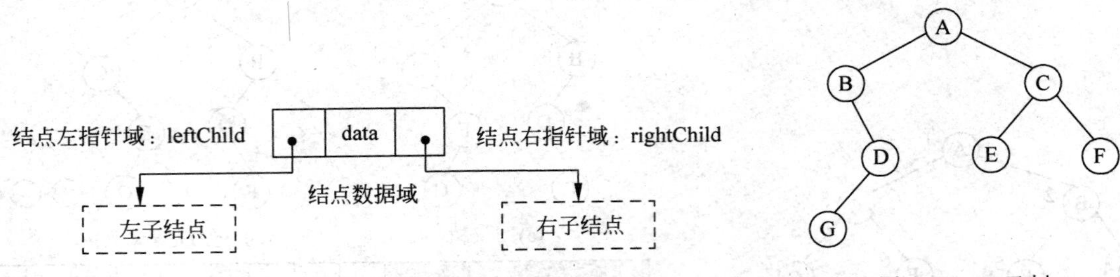

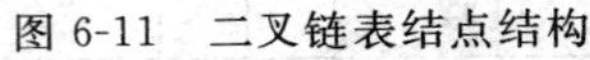

图 6-11　二叉链表结点结构

图 6-12　二叉树

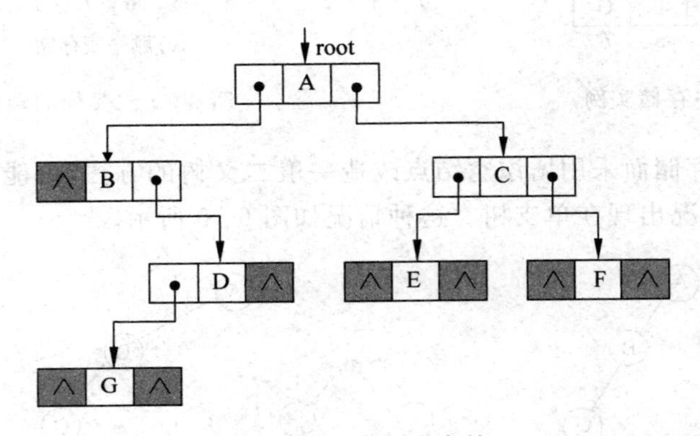

图 6-13　二叉链表存储

对于一般二叉树,通常使用二叉链表进行存储。

用 Java 语言定义二叉链表的结构类如下。

```
00 public  class BinaryTreeNode<T>{
01      private T data;                            //定义数据域,T代表实际需要的类型
02      private BinaryTreeNode<T> leftChild;       //定义左子指针域,指向左子结点对象
03      private BinaryTreeNode<T> rightChild;      //定义右子指针域,指向右子结点对象
04      public BinaryTreeNode(){
05      }
06      public BinaryTreeNode(T data){
07           this.data = data;
08           this.leftChild = null;
09           this.rightChild = null;
10     }
11   }
```

【算法 6-1】 创建一棵只有根结点的二叉树算法。

创建只有以 x 为根结点的二叉树 Bt,x 的数据类型为 T,相应结点的 leftChild 和 rightChild 域均取值 null,返回指向根结点的指针。

```
00 public class BinaryTree<T>{
01     private BinaryTreeNode<T> root;
02     public BinaryTree(T x){
```

```
03          root  =  new BinaryTreeNode<T>(x);
04    }
05 }
```

算法 6-1 执行后在内存中结果如图 6-14 所示。

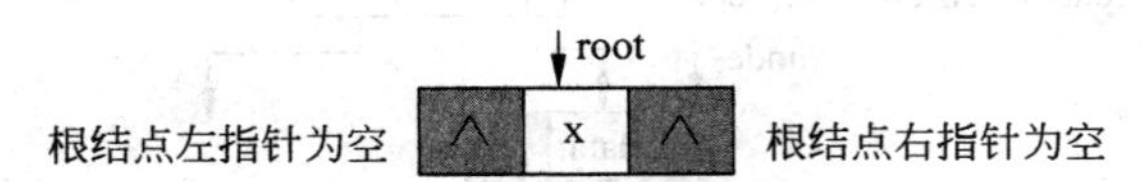

图 6-14　初始化二叉链表存储结构

【算法 6-2】 在指定左子结点处插入一个新结点。

已知结点 parent 所指结点为父结点，在其左子结点处插入一个数据元素值为 x 的新结点，使之成为 parnet 所指结点新的左子树根结点。

```
00 public void insertAsLeftChild(BinaryTreeNode<T> parent, T data){
01  if(parent  ==  null){
02          System.out.print("位置错!");
03      return;
04  }
05  BinaryTreeNode<T> node  =  new BinaryTreeNode<T>(data);
06  if(parent.getLeftChild() == null){
07      parent.setLeftChild(node);
08  }
09  else{
10      node.setLeftChild(parent.getLeftChild());
11      parent.setLeftChild(node);
12  }
13 }
```

算法分析：本算法分为两个主要部分。

(1) 为插入做出准备。第 01～04 行判断参数 parent 是否为空；第 05 行是创建新的结点对象 node，并将其 data 域置为 data，左、右子指针域置为 null。

(2) 进行插入操作。分两种情况：如果 parent 所指结点的 leftChild 为空，如图 6-15 所示，那么新结点在插入后，新结点 node 就成为了 parent 所指结点的左子树根结点，如图 6-16 所示；如果 parent 所指结点的 leftChild 为非空，如图 6-17 所示，那么由 node 所指的新结点在插入后，就成了 parent 所指结点左子树的新父结点，原来 parent 的左子树，就成了 node 所指结点的左子树，如图 6-18 所示。

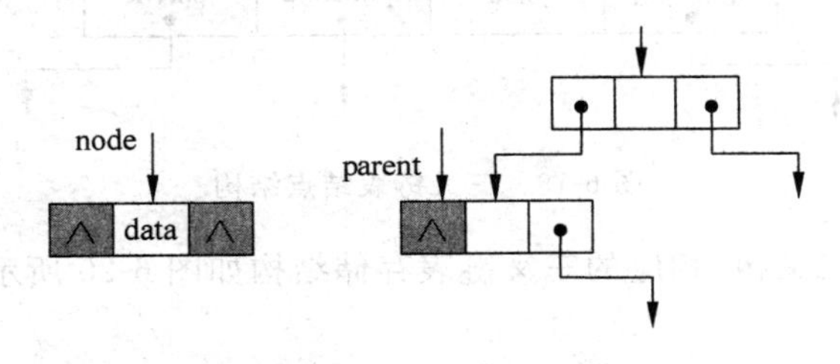

图 6-15　左子指针为空情形

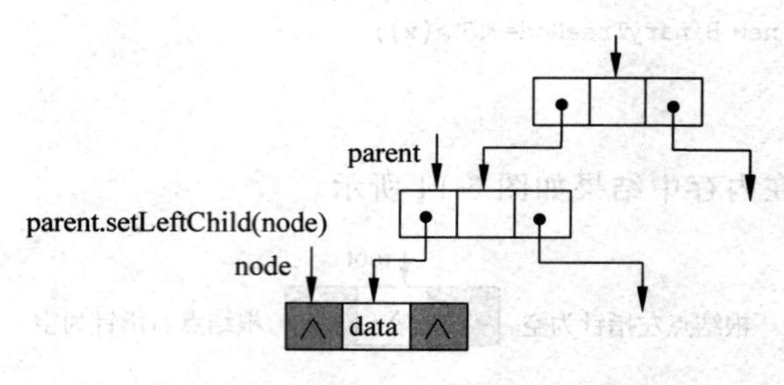

图 6-16　左子指针为空插入结点过程

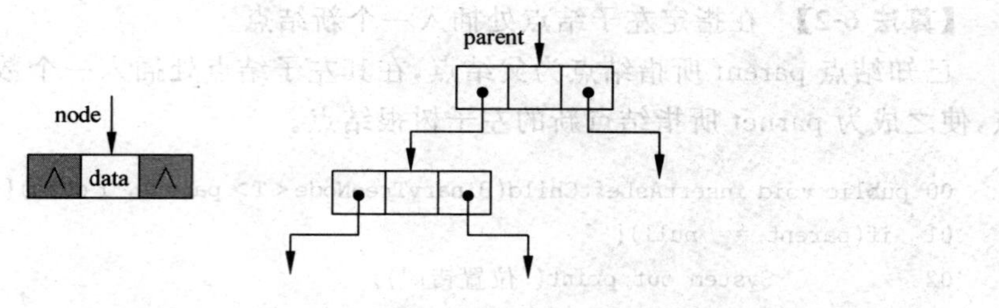

图 6-17　左子指针非空的情形

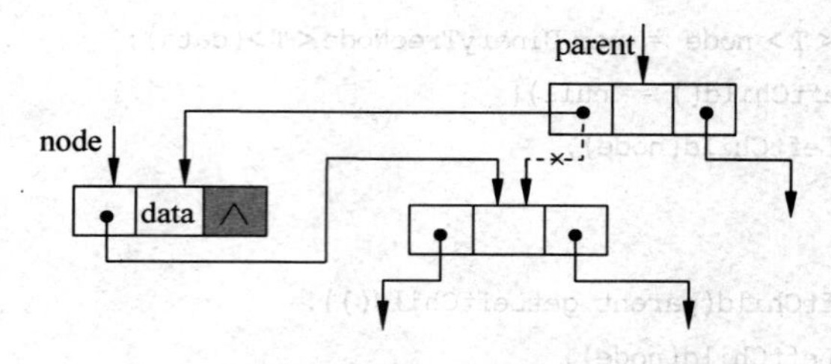

图 6-18　左子指针非空时结点插入过程

【算法 6-3】　在指定右子结点处插入一个新结点算法。

与算法 6-2 类似,省略。

2. 三叉链表存储

二叉链表反映了当前结点与其左右子结点的邻接关系,但不能直接反映与其父结点的邻接关系。为了能够同时反映当前结点与其左子树的根结点、右子树的根结点和父结点关联,需要引进基于三叉链表的二叉树存储结构,其中二叉树中每个结点的存储结构由如图 6-19 所示 4 个域组成,即左子结点指针域、数据域、右子结点指针域和父结点指针域。

左子结点指针域　数据域　左子结点指针域　父结点指针域

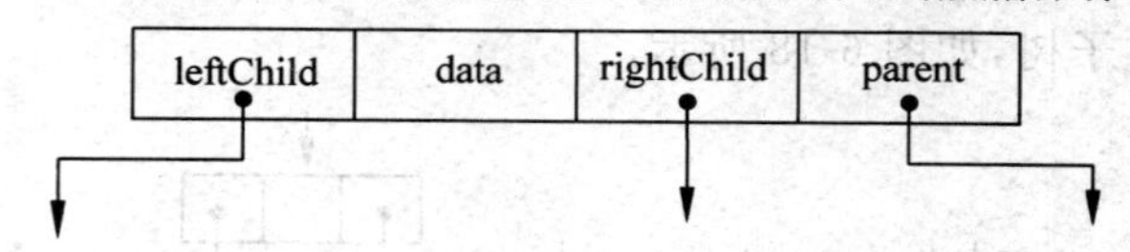

图 6-19　三叉链表结点结构

对于图 6-12 所示二叉树,相应的三叉链表存储结构如图 6-20 所示。

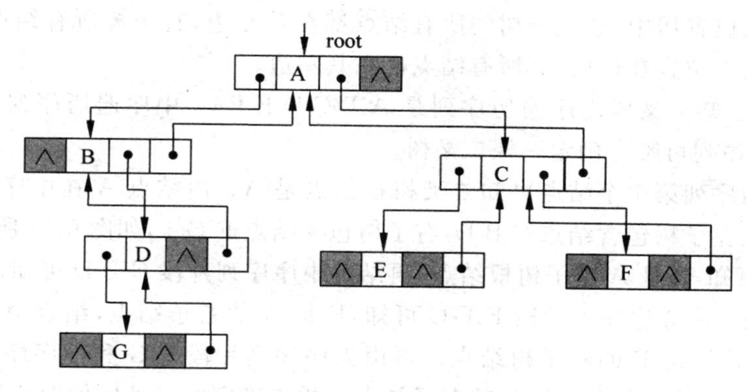

图 6-20 三叉链表存储结构

6.3 二叉树的遍历

类似于树的遍历，二叉树遍历(traversal)也可分为广度优先遍历和深度优先遍历，遍历就是要求二叉树中每个结点均被访问且只被访问一次。二叉树广度优先遍历(层序遍历)和树广度优先遍历(层序遍历)并无二致，本节不再赘述。

二叉树深度优先遍历除依然遵循子树遍历顺序从左到右的原则外，根结点的访问顺序处于访问左、右子树之前、之间或之后，可形成 3 种深度优先访问策略，称为先序(先根)遍历、中序(中根)遍历和后序(后根)遍历。

中序遍历有着重要的应用，给定二叉树的先序或后序遍历序列，配合中序遍历序列，就可以唯一确定二叉树结构。

6.3.1 先序遍历、中序遍历与后序遍历

将二叉树划分为根结点、左子树和右子树，分别用 T、L 和 R 表示。

(1) 先序遍历的访问顺序为 TLR，即先访问根结点，再访问左子树，最后访问右子树。

(2) 中序遍历的访问顺序为 LTR，即先访问左子树，再访问根结点，最后访问右子树。

(3) 后序遍历的访问顺序为 LRT，即先访问左子树，再访问右子树，最后访问根结点。

如选取了某种遍历策略对二叉树进行遍历，对于二叉树的左右子树，亦需遵循该遍历原则，亦即二叉树的任意一个局部，都必须遵循该遍历原则。

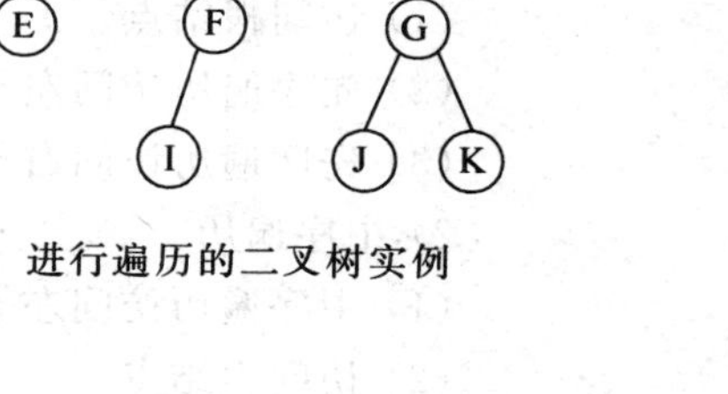

图 6-21 进行遍历的二叉树实例

【例 6-1】 以 3 种遍历方式访问如图 6-21 所示的二叉树。

该二叉树先序遍历序列：A-B-D-H-E-C-F-I-G-J-K。

该二叉树中序遍历序列：D-H-B-E-A-I-F-C-J-G-K。

该二叉树后序遍历序列：H-D-E-B-I-F-J-K-G-C-A。

从上述 3 种遍历序列可知，一棵二叉树先序遍历时根结点总是处于遍历序列之首；中

序遍历时根结点位置居中,它左子树的所有结点都在其左边,右子树所有结点都在其右边;后序遍历时根结点位置在最后,其所有结点都在其左边。

【例 6-2】 已知二叉树先序遍历序列是 A-B-C-D-E-F-G,中序遍历序列是 C-B-D-A-E-G-F。由这两个序列可唯一确定一棵二叉树。

从先序遍历序列第 1 个结点可知二叉树根结点是 A。由结点 A 在中序遍历序列里位置可知该根结点左子树包含结点 C-B-D,右子树包含结点 E-G-F,如图 6-22 所示。由先序序列片段 B-C-D 可知,B 是 A 左子树根结点,再结合中序序列片段 C-B-D 可知,C 和 D 分别是 B 的左右子结点。由先序序列片段 E-F-G 可知,E 是 A 的右子结点,结合中序序列片段 E-G-F 可知,G 和 F 均是 E 的右子树结点。再由先序序列片段 F-G 和中序序列片段 G-F 可知,F 是 E 的右子结点,并且 G 是 F 的左子结点。相应确定的二叉树如图 6-22 所示。

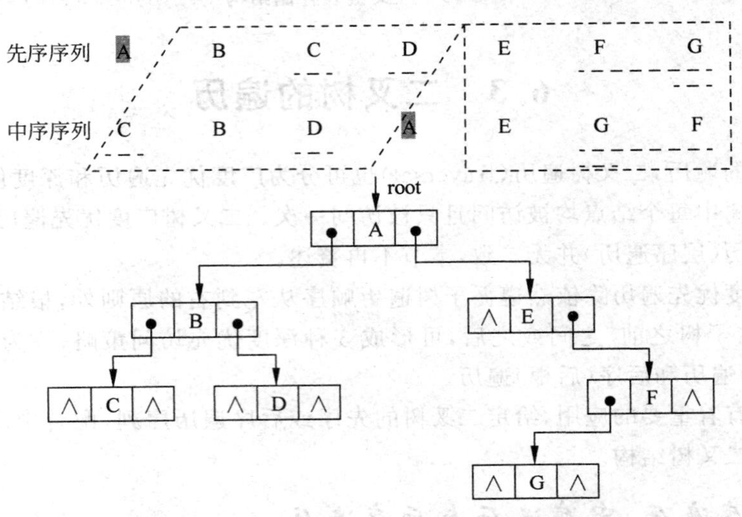

图 6-22 由遍历序列创建二叉树

6.3.2 基于递归遍历算法

二叉树本身是递归定义的,相应遍历就很自然地成为一种递归问题。事实上,如果给定二叉树非空,则可以按照如下递归步骤实现遍历操作。

1) 先序遍历

(1) 访问根结点。

(2) 先序遍历访问左子二叉树。

(3) 先序遍历访问右子二叉树。

2) 中序遍历

(1) 中序遍历访问左子二叉树。

(2) 访问根结点。

(3) 中序遍历访问右子二叉树。

3) 后序遍历

(1) 后序遍历访问左子二叉树。

(2) 后序遍历访问右子二叉树。

(3) 访问根结点。

上述基于递归进行遍历操作的关键点是递归体和递归出口。

- 递归出口是二叉树的空子树或叶结点,此时为空操作,递归不继续进行,只能回退;
- 递归体是对二叉树根结点或左、右子树进行相应处理。

设有如图 6-23 所示的二叉树。沿其外侧行进的搜索路线如图 6-24 所示。

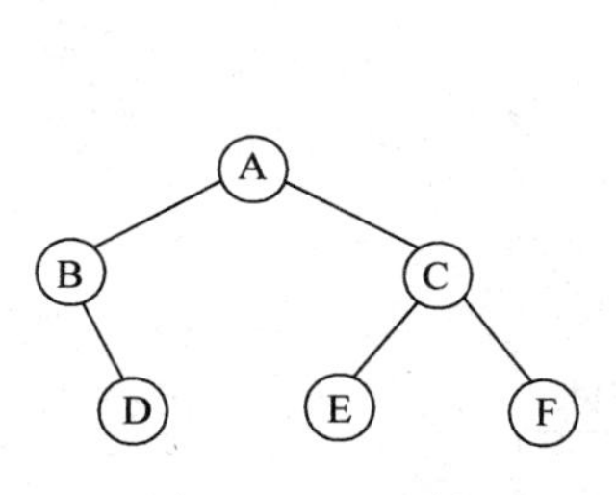

图 6-23　二叉树

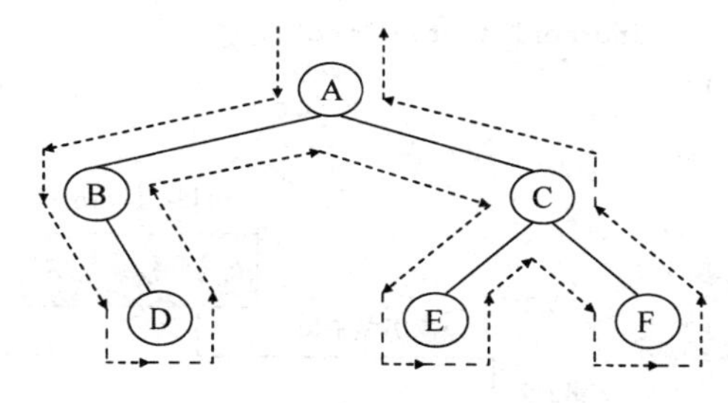

图 6-24　二叉树遍历搜索路线

由图 6-24 可知,二叉树遍历的搜索路线由根结点出发,逆时针沿着二叉树外边沿行进,其中对每个结点都经过 3 次。实际上,按照行进路线,将第 1 次经过的结点依次收集就得到先序遍历序列;将第 2 次经过的结点依次收集就得到中序遍历序列;将第 3 次经过的结点依次收集就得到后序遍历序列。

【算法 6-4】 二叉树先序遍历递归算法。

已知二叉树 node,对其进行先序遍历,若二叉树为空,则为空操作;否则进行如下操作:①访问二叉树根结点;②先序遍历二叉树的左子树;③先序遍历二叉树的右子树。算法名为 preorderTraversal(),参数为 node。

```
00 private void preorderTraversal(BinaryTreeNode<T> node) {
01   if (node != null) {
02       System.out.print(node.getData());
03       preorderTraversal(node.getLeftChild());
04       preorderTraversal(node.getRightChild());
05   }
06 }
07  public void preorderTraversal() {
08       preorderTraversal(root);
09   }
```

算法分析:设有如图 6-23 所示二叉树。对其使用上述算法进行先序遍历,相应的递归调用如图 6-25 所示,其中数字符号表示递归调用时的执行顺序。

【算法 6-5】 二叉树中序遍历递归算法。

已知二叉树 node,对其进行中序遍历,若二叉树为空,则为空操作;否则进行如下操作:①中序遍历二叉树的左子树;②访问二叉树根结点;③中序遍历二叉树的右子树。算法名为 inorderTraversal(),参数为 node。

```
00 private void inorderTraversal(BinaryTreeNode<T> node) {
01   if (node != null) {
```

```
02        inorderTraversal(node.getLeftChild());
03        System.out.print(node.getData());
04        inorderTraversal(node.getRightChild());
05    }
06 }
07 public void inorderTraversal() {
08        inorderTraversal(root);
09 }
```

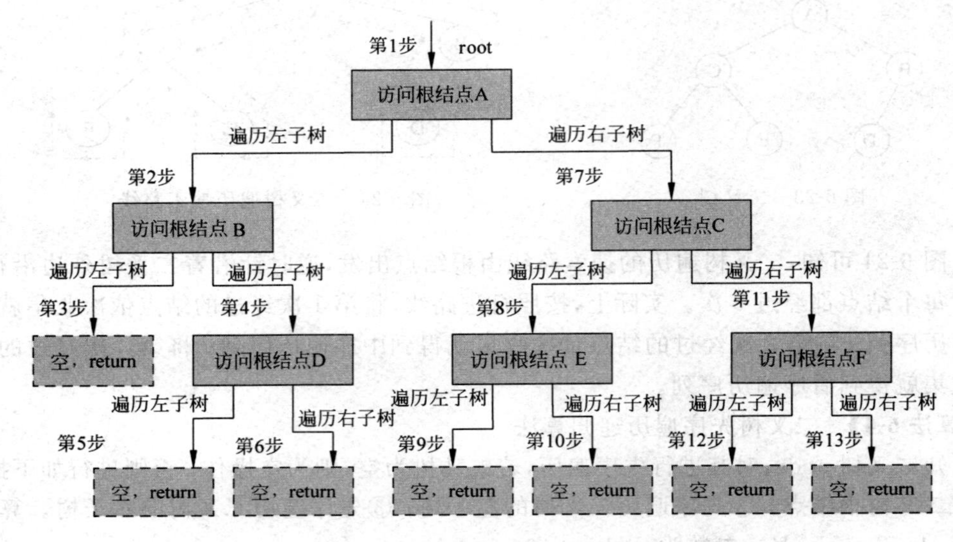

图 6-25　基于递归调用先序遍历

算法分析：对于图 6-23 中二叉树实例的基于递归中序遍历过程如图 6-26 所示。

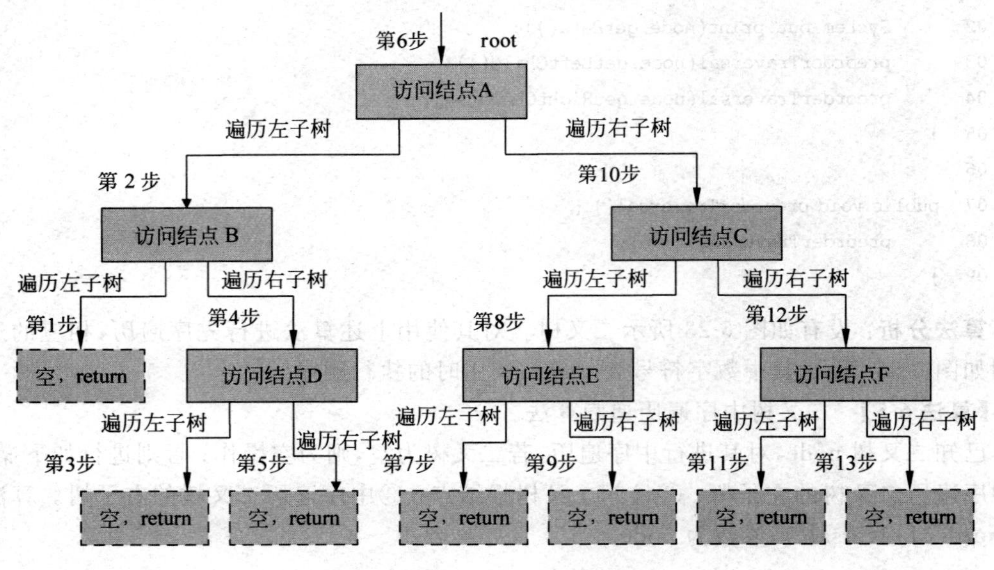

图 6-26　基于递归调用中序遍历

【算法 6-6】 二叉树后序遍历递归算法。

已知二叉树 node,对其进行后序遍历,若二叉树为空,则为空操作;否则进行如下操作:①后序遍历二叉树的左子树;②后序遍历二叉树的右子树;③访问二叉树根结点。算法名为 postorderTraversal(),参数为 node。

```
00 private void postorderTraversal(BinaryTreeNode<T> node) {
01  if (node != null) {
02       postorderTraversal(node.getLeftChild());
03     postorderTraversal(node.getRightChild());
04       System.out.print(node.getData());
05     }
06 }
07  public void postorderTraversal() {
08       postorderTraversal(root);
09  }
```

对于图 6-23 中二叉树实例的基于递归后序遍历过程如图 6-27 所示。

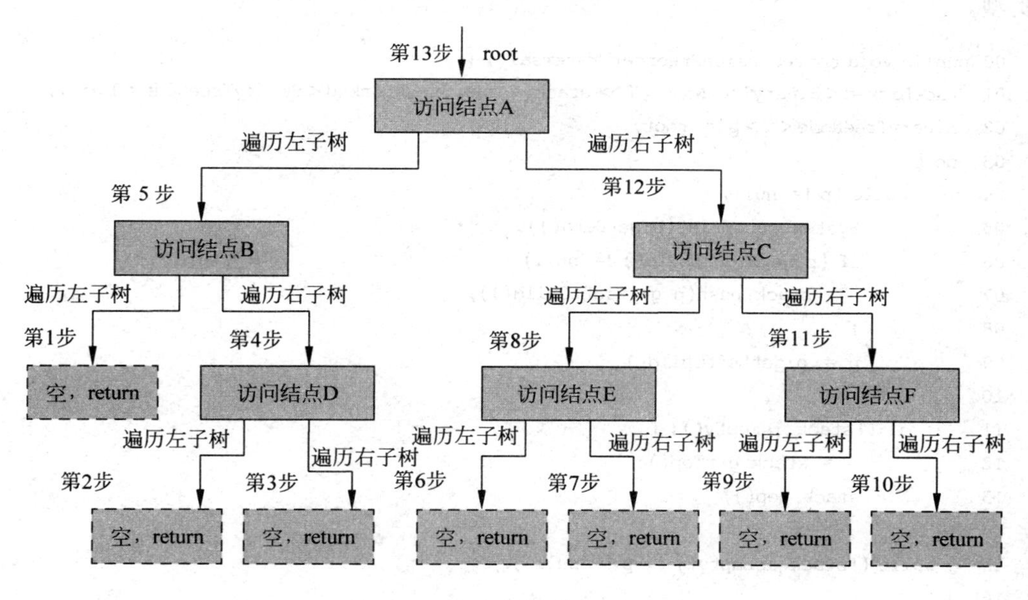

图 6-27 基于递归调用后序遍历

6.3.3 基于非递归遍历算法

二叉树遍历可以使用递归和非递归两种方式予以实现。基于递归的遍历算法易于编写,简单确定,但可读性较差,同时,系统需要维护相应的工作栈,以保证递归函数的正确执行。因此,基于递归的遍历操作通常效率不是很高。在实际应用中,一般需要将递归算法转化为相应的非递归算法。递归转化为非递归的基本思想是如何实现原本是由系统完成的递归工作栈,为此,可以仿照递归执行过程中工作栈状态变化而得到。下面讨论二叉树 3 种遍历方式的非递归算法。

按照图 6-23,对二叉树进行先序、中序和后序遍历时都开始于根结点或结束于根结点,经由路线也相同。彼此差别在于对结点访问时机的选择不同。3 种遍历方式都是沿着左子树不断地深入下去,当到达二叉树最左下结点而无法往下深入时,就向上逐一返回,行进到最近深入时曾经遇到结点的右子树,然后进行同样的深入和返回,直到最终从根结点的右子树返回到根结点。这样,遍历时返回顺序与深入结点顺序恰好相反,因此,可以在实现二叉树遍历过程中使用一个工作栈来保存当前深入到的结点信息,以供后面返回需要时使用。

在下述非递归遍历算法中,需要以下假设:

(1) 设置一个栈 stack 以临时保存遍历时遇到的结点信息。

(2) 采用二叉链表结构保存需要遍历的二叉树,起始指针为 node,每个结点包含 data、leftChild 和 rightChild 等 3 个域。

(3) 对结点进行的"访问"理解为将该结点的 data 域的值打印出来。

【算法 6-7】 先序遍历二叉树的非递归算法。

已知二叉树的根结点 root,要求打印出该二叉树的先序遍历序列。假设结点数据域为 T 类型。

```
00 public void nonrecursionPreorderTraversal() {
01 StackLinked<BinaryTreeNode<T>> stack = new StackLinked<BinaryTreeNode<T>>();
02  BinaryTreeNode<T> p = root;
03  do {
04      while (p != null) {
05          System.out.print(p.getData());
06          if (p.getRightChild() != null) {
07              stack.push(p.getRightChild());
08          }
09          p = p.getLeftChild();
10      }
11      if (!stack.isEmpty()) {
12          p = stack.getTop();
13          stack.pop();
14      }
15  } while (!stack.isEmpty() || p != null);
16  }
```

算法分析:先序遍历的实质是由根向下,然后再向上回溯各层上的右子树。为了在回溯过程中能够得到先前经过结点的右子树信息,在遍历中对于搜索到的每一个结点,除了访问该结点外,当其右子树非空时,需要将右子树根结点信息进栈,以此保证搜索到二叉树"最左下"结点后能够通过工作栈的栈顶元素获取相应右子结点信息,从而完成对相应右子树的遍历。如此过程需要一直进行到所有结点全部遍历为止。

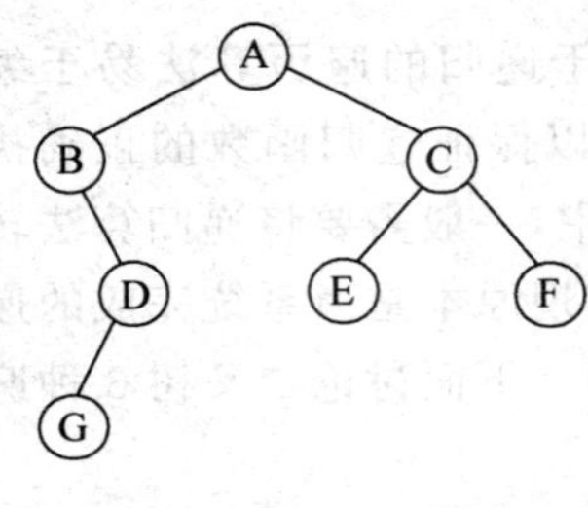

图 6-28 二叉树

设有如图 6-28 所示二叉树。在对该二叉树实施算法 6-7 过程中,首先考察 p 的当前指向、二叉树各个结点访问顺序和栈 stack 的变化情况。相关信息如表 6-2 所示。

表 6-2　基于非递归二叉树先序遍历

操作步骤	结　点　p	访问结点	栈 Stack	说　　明	先 序 序 列
第 1 趟	p=A	A	∧	访问二叉树根结点 A	A
	p→rightChild=C	—	C	A 右子结点 C 进栈	A
	p→leftChild=B	—	C	p→leftChild 不为空	A
第 2 趟	p=B	B	C	访问 B	A,B
	p→rightChild=D	—	C,D	B 右子树 D 进栈	A,B
	p→leftChild=null	—	C,D	p→leftChild 为空	A,B
第 3 趟	p =D	D	C	栈顶元素 D 出栈,访问 D	A,B,D
	p→rightChild=null	—	C	D 右子结点为空,不进栈	A,B,D
	p→leftChild=G	—	C	p→leftChild 不为空	A,B,D
第 4 趟	p=G	G	C	访问 G	A,B,D,G
	p→rightChild=null	—	C	G 右子结点为空,不进栈	A,B,D,G
	p→leftChild=null	—	C	p→leftChild 为空	A,B,D,G
第 5 趟	p =C	C	∧	栈顶结点 C 出栈,访问 C	A,B,D,G,C
	p→rightChild=F	—	F	C 右子树 F 进栈	A,B,D,G,C
	p→leftChild=E	—	C,D	p→leftChild 不为空	A,B,D,G,C
第 6 趟	p =E	E	F	访问 E	A,B,D,G,C,E
	p→rightChild=null	—	F	E 右子结点为空,不进栈	A,B,D,G,C,E
	p→leftChild=null	—	F	p→leftChild 为空	A,B,D,G,C,E
第 7 趟	p =F	F	∧	栈顶结点 F 出栈,访问 F	A,B,D,G,C,E,F
	p→rightChild=null	—	∧	F 右子结点为空,不进栈	A,B,D,G,C,E,F
	p→leftChild=null	F	∧	p→leftChild 为空	A,B,D,G,C,E,F
第 8 趟	p=null	—	∧	栈空,do 结束	A,B,D,G,C,E,F

【算法 6-8】 中序遍历二叉树的非递归算法

已知二叉树的根结点 root,要求打印出该二叉树的中序遍历序列。假设结点数据域为 T 类型(Java 泛型)。

```
00 public void nonrecursionInorderTraversal() {
01  StackLinked<BinaryTreeNode<T>> stack = new StackLinked<BinaryTreeNode<T>>();
02  BinaryTreeNode<T> p = root;
03  do {
04      while (p != null) {
05          stack.push(p);
06          p = p.getLeftChild();
07      }
08      if (!stack.isEmpty()) {
09          p = stack.getTop();
10              stack.pop();
11          System.out.print(p.getData());
12          p = p.getRightChild();
13      }
14  } while (!stack.isEmpty() || p != null);
15  }
```

算法分析：中序遍历是"左、根、右"的顺序，在上述算法中，当遍历过程搜索到某个结点时，不能马上进行访问，而是将其作为相应子树的根结点信息通过工作栈保存下来，然后继续沿其左子树深入下去。这样当访问完其左子树后，通过栈顶元素得到相关信息以完成对其右子树的搜索访问。

对于图 6-28 所示的二叉树，相应基于非递归中序遍历过程如表 6-3 所示。

表 6-3　基于非递归二叉树中序遍历

操作步骤	结　点　p	访问结点	栈 stack	说　　明	中 序 序 列
第 1 趟	p=A	—	A	结点 A 进栈	∧
	p->leftChild=B	—	A	p 左子结点不为空	∧
	p=B	—	A,B	结点 B 进栈	∧
	p->leftChild=null	—	A,B	p 左子结点为空	∧
第 2 趟	p=B	B	A	栈顶结点 B 出栈并访问 B	B
	p->rightChild=D	—	A	p 右子结点不为空	B
	p=D	—	A,D	结点 D 进栈	B
	p->leftChild=G	—	A,D	p 左子结点不为空	B
	p=G	—	A,D,G	结点 G 进栈	B
	p->leftChild=null	—	A,D,G	p 左子结点为空	B
第 3 趟	p=G	G	A,D	栈顶结点 G 出栈并访问	B,G
	p->rightChild=null	—	A,D	p 右子结点为空	B,G
第 4 趟	p=D	D	A	栈顶结点 D 出栈并访问	B,G,D
	p->rightChild=null	—	A	p 右子结点为空	B,G,D
第 5 趟	p=A	A	∧	栈顶结点 A 出栈并访问	B,G,D,A
	p->rightChild=C	—	∧	p 右子结点不为空	B,G,D,A
	p=C	—	C	结点 C 进栈	B,G,D,A
	p->leftChild=E	—	C	p 左子结点不为空	B,G,D,A
	p=E	—	C,E	结点 E 进栈	B,G,D,A
	p->leftChild=null	—	C,E	p 左子结点为空	B,G,D,A
第 6 趟	p=E	E	C	栈顶结点 E 出栈并访问	B,G,D,A,E
	p->rightChild=null	—	C	p 右子结点为空	B,G,D,A,E
第 7 趟	p=C	C	∧	栈顶结点 C 出栈并访问	B,G,D,A,E,C
	p->rightChild=F	—	∧	p 右子结点不为空	B,G,D,A,E,C
	p=F	—	F	结点 F 进栈	B,G,D,A,E,C
	p->leftChild=null	—	F	p 左子结点为空	B,G,D,A,E,C
第 8 趟	p=F	F	∧	栈顶结点 F 出栈并访问	B,G,D,A,E,C,F
	p->rightChild=null	—	∧	p 右子结点为空	B,G,D,A,E,C,F
第 9 趟	p=null	—	∧	栈空，结束	B,G,D,A,E,C,F

【算法 6-9】 后序遍历二叉树的非递归算法。

已知二叉树根结点 root，要求打印出该二叉树的后序遍历序列。假设结点数据域为 T 类型。

```
00 public void nonrecursionPostorderTraversal() {
01   StackLinked<BinaryTreeNode<T>> nodeStack = new StackLinked<BinaryTreeNode<T>>();
02   StackLinked<Integer> countStack = new StackLinked<Integer>();
```

```
03  BinaryTreeNode<T> p = root;
04  do {
        while (p != null) {
            nodeStack.push(p);
            countStack.push(0);
            p = p.getLeftChild();
        }
        if(!nodeStack.isEmpty()){
            int count = countStack.getTop();
            ountStack.pop();
            p = nodeStack.getTop();
            nodeStack.pop();
            if(count == 0){
                nodeStack.push(p);
                countStack.push(1);
                p = p.getRightChild();
            }else{
                System.out.print(p.getData());
                p = null;
            }
        }
24  } while (!nodeStack.isEmpty() || p != null);
25  }
```

算法分析：上述算法有 3 个基本要点。

(1) 上述算法的主体是程序第 04～24 行的 do-while 循环，由程序第 06～09 行的 while 循环和程序第 10～23 行的 if 条件两部分组成。其中，while 循环的功能是到达一个结点后就将该结点信息进入信息栈，设置入栈次数信息，同时沿着左子树继续深入，直到叶结点时循环结束，然后进入 if 条件语句。

(2) 当栈非空时，按照 if 条件语句由 p 导向使得信息栈中栈顶结点信息出栈。栈顶元素出栈后由 p 保存。通过 if-else 条件并根据 count 记录标志确定或者遍历该结点右子树或是访问该结点本身。当需要遍历右子树时，该信息再次进栈，并设置为 1，并沿右子树继续深入；当需要遍历结点本身时，就将相应结点信息输出(如打印)并完成访问。

(3) 在使用顺序栈实现后序遍历时，需要建立两个栈：nodeStack 和 countStack，这两个栈在任何当前状态下的元素个数都是相等的。其中，nodeStack 存放结点信息，countStack 存放相应结点的入栈次数。对于第 1 次进栈结点，栈元素值为 0；对于第 2 次进栈结点，栈元素值为 1。

由上述算法可知，由于后序遍历是“左、右、根”的顺序，因此在后序遍历过程中搜索到某个结点时，不是马上访问它，而是将其作为相应子树根结点保存在工作栈中，然后沿着其左子树继续深入直到“最左下”结点。完成对其左子树访问后，从工作栈顶元素中获得相应根结点信息，但仍然不能马上进行访问，而是在工作栈中对其进行第 2 次保存，同时对其右子树进行遍历。在访问完右子树后，从工作栈中得到根结点信息，由此实现对相应根结点访问。

对于图 6-28 所示的二叉树，相应基于非递归的后序遍历过程如表 6-4～表 6-6 所示。

表 6-4　基于非递归二叉树后序遍历时第 1～3 趟运算变化

操作步骤	结　点　p	访问结点	nodeStack	countStack	说　　明	后序序列
第 1 趟	p=A	—	A	0	结点 A 进栈	∧
	p->leftChild=B	—	A	0	p 左子结点不为空	∧
	p=B	—	A,B	0,0	结点 B 进栈	∧
	p->leftChild=null	—	A,B	0,0	p 左子结点为空	∧
	p=B	—	A	0	栈顶结点 B 和 count 出栈	∧
		—	A,B	0,1	count = 0,B 二次进栈	∧
	p->rightChild =D	—	A,B	0,1	p 右子结点不为空	∧
	p=D	—	A,B,D	0, 1,0	结点 D 进栈	∧
	p->leftChild =G	—	A,B,D	0, 1,0	p 左子结点不为空	∧
	p=G	—	A,B,D,G	0,1,0,0	结点 G 进栈	∧
	p->leftChild =null	—	A,B,D,G	0,1,0,0	p 左子结点为空	∧
	p=G	—	A,B,D	0, 1,0	栈顶结点 G 和 count 出栈	∧
		—	A,B,D,G	0,1,0,1	count =0,G 二次进栈	∧
	p->rightChild =null	—	A,B,D,G	0,1,0,1	p 右子结点为空	∧
	p=G	—	A,B,D	0, 1,0	栈顶结点 G 和 count 出栈	∧
	p=null	G	A,B,D	0, 1,0	count = 1,访问 G	G
第 2 趟	p=D	—	A,B	0,1	栈顶结点 D 和 count 出栈	G
		—	A,B,D	0,1,1	count =0,D 二次进栈	G
	p->rightChild =null	—	A,B,D	0,1,1	p 右子结点为空	G
	p=G	—	A,B	0, 1	栈顶结点 D 和 count 出栈	G
	p=null	D	A,B	0, 1	count = 1,访问 D	G,D
第 3 趟	p=G	—	A	0	栈顶结点 B 和 count 出栈	G,D
	p=null	B	A	0	count = 1,访问 B	G,D,B

表 6-5　基于非递归二叉树后序遍历时第 4 趟运算变化

操作步骤	结　点　p	访问结点	nodeStack	countStack	说　　明	后序序列
第 4 趟	p=A	—	∧	∧	栈顶结点 A 和 count 出栈	G,D,B
		—	A	1	count = 0,A 二次进栈	G,D,B
	p->rightChild =C	—	A	1	p 右子结点不为空	G,D,B
	p=C	—	A,C	1,0	结点 C 进栈	G,D,B
	p->leftChild =E	—	A,C	1,0	p 左子结点不为空	G,D,B
	p=E	—	A,C,E	1,0,0	结点 E 进栈	G,D,B
	p->leftChild =null	—	A,C,E	1,0,0	p 左子结点为空	G,D,B
	p=E	—	A,C	1,0	栈顶结点 E 和 count 出栈	G,D,B
		—	A,C,E	1,0,1	count =0,E 二次进栈	G,D,B
	p->rightChild =null	—	A,C,E	1,0,1	p 右子结点为空	G,D,B
	p=E	—	A,C	1,0	栈顶结点 E 和 count 出栈	G,D,B
	p=null	E	A,C	1,0	count = 1,访问 E	G,D,B,E

表 6-6　基于非递归二叉树后序遍历时第 6～8 趟运算变化

操作步骤	结点 p	访问结点	nodeStack	countStack	说明	后序序列
第 5 趟	p=C	—	A	1	栈顶结点 C 和 count 出栈	G,D,B,E
		—	A,C	1,1	count =0,C 二次进栈	G,D,B,E
	p->rightChild =F	—	A,C	1,1	p 右子结点不为空	G,D,B,E
	p=F	—	A,C,F	1,1,0	结点 F 进栈	G,D,B,E
	p->leftChild =null	—	A,C,F	1,1,0	p 左子结点为空	G,D,B,E
	p=F	—	A,C	1,1	栈顶结点 F 和 count 出栈	G,D,B,E
		—	A,C,F	1,1,1	count =0,F 二次进栈	G,D,B,E
	p->rightChild =null	—	A,C,F	1,1,1	p 右子结点为空	G,D,B,E
		—	A,C	1,1	栈顶结点 F 和 count 出栈	G,D,B,E
	p=F	F	A,C	1,1	count = 1,访问 F	G,D,B,E,F
第 6 趟	p=C	—	A	1	栈顶结点 C 和 count 出栈	G,D,B,E,F
	p=null	C	A	1	count = 1,访问 C	G,D,B,E,F,C
第 7 趟	p=A	—	Λ	Λ	栈顶结点 A 和 count 出栈	G,D,B,E,F,C
	p=null	A	Λ	Λ	count = 1,访问 A	G,D,B,E,F,C,A
第 8 趟	p=null	—	Λ	Λ	栈空,结束	G,D,B,E,F,C,A

6.4　线索二叉树

设给定具有某种结构的数据集合 E,对 E 中数据元素遍历访问是相应数据操作得以进行的前提和基础。例如,查找具有某一特征的数据元素、将给定数据元素删除和把给定数据元素插在已有的某一数据元素之前等。因此,记录相应的遍历信息相当重要。对于线性结构来说,其遍历信息就是其逻辑信息,因此无须进行特别处理。但对于非线性结构如二叉树而言,其遍历信息与逻辑信息并不一致。由于二叉树的遍历信息相对于逻辑信息更为简单实用,因此有必要在保存二叉树逻辑信息的二叉链表中考虑同时记录遍历信息。通常将二叉树的遍历信息称为“线索”,存储有遍历信息的二叉树称为线索二叉树。

6.4.1　线索与线索二叉树

应用某种方式对一棵给定二叉树进行遍历的结果是得到一个结点遍历序列,此时得到数据元素之间的“顺序”就是“遍历”顺序,这样可以“看作”是将原先数据结点的“层次”信息转换为相应数据元素的“顺序”信息,即实际上是对非线性结构的一种线性化处理。“遍历”是二叉树数据操作的基础,这种由遍历序列得到的线性表对于二叉树来说相当有用,需要保存下来。线性表基本特征是由表中元素“前驱/后继”刻画,因此,线索二叉树需要保留数据元素遍历时得到的“前驱/后继”信息。

最简单的方式是将“二叉树”和其相应遍历序列分别保存,但这只对不发生或较少发生插入和删除数据的静态二叉树可行,当对二叉树实行数据结点发生改变时就要重新获取遍历序列,进而分别改变二叉树和遍历序列的存储结构,这不仅耗费过多的存储空间,更重要的是可能产生数据冗余而导致数据的“不一致性”。

通过分析二叉链表存储结构可以发现,对于具有 n 个结点的二叉树来说,由于每个结点具有两个指针域,共有 $2n$ 个指针域,但其中会有 $n+1$ 个存放的是空指针,即这 $n+1$ 个指针域是空链域。能否结合遍历方式的特点使用这些空链域来存放相应前驱或后继信息呢?

基于上述考虑,可以对二叉链表存储中的数据结点进行如下处理。

(1) 若当前结点左子指针域非空时,保留原指针不变;若左子指针域为空,添加该结点在相应遍历序列中的前驱结点地址。

(2) 若当前结点右子指针域非空时,保留原指针不变;若右子指针域为空时,添加该结点在相应遍历序列中后继结点地址。

此时为明确结点指针域中存放了子结点信息还是相应遍历序列前驱或后继结点信息,需对二叉链表结构中结点的组成进行适当扩充,即对每个结点增加 leftIsPrior 和 rightIsNext 两个标记域,此时结点结构如图 6-29 所示。

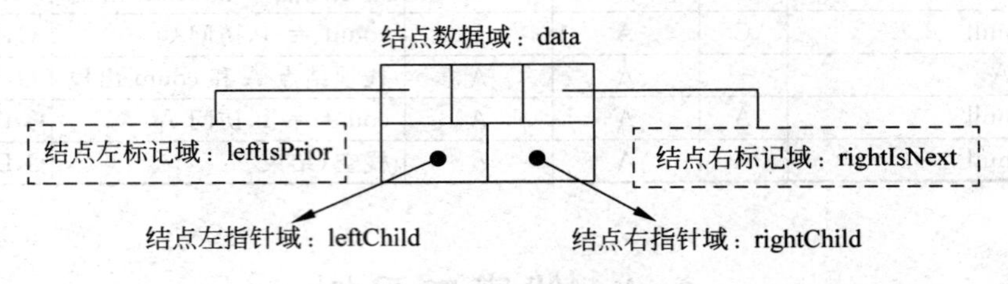

图 6-29　线索二叉树结点结构

标记域具体取值规定如下:

① 当二叉链表中结点左指针域为该结点左子结点指针时,leftIsPrior=false;当结点左指针域为该结点在相应遍历序列中的前驱结点指针时,leftIsPrior=true。

② 当二叉链表中结点右指针域为该结点右子结点指针时,rightIsNext=false;当结点右指针域为该结点在相应遍历序列中的后继结点指针时,rightIsNext=true。

按照图 6-29 所示结点结构得到的二叉链表存储结构就是线索链表,由此线索链表存储的二叉树就是线索二叉树。

当前结点空置指针域中存储的遍历前驱或后继指针称为该结点的线索。

对于图 6-28 所示的二叉树,其中序遍历序列为 BGDAECF,相应中序线索二叉树如图 6-30 所示。其中子结点指针用实线箭头表示,前驱或后继指针用虚线箭头表示。另外中序遍历序列首结点的前驱定义为链表头结点,遍历序列末结点的后继也定义为头结点。这样实际上就定义了一个循环链表结构。

对于线索二叉树需要讨论下述两个基本问题。

(1) 线索二叉树创建。如何在给定的二叉链表基础上建立线索二叉树,这个过程称为二叉树的"线索化",即如何设计线索二叉树的构建算法。

(2) 线索二叉树操作。如何在建立的线索二叉树上实现关于相应遍历序列的数据操作,例如,查找给定结点在某种遍历意义下的前驱或后继。

下面就分别讨论这两个问题。

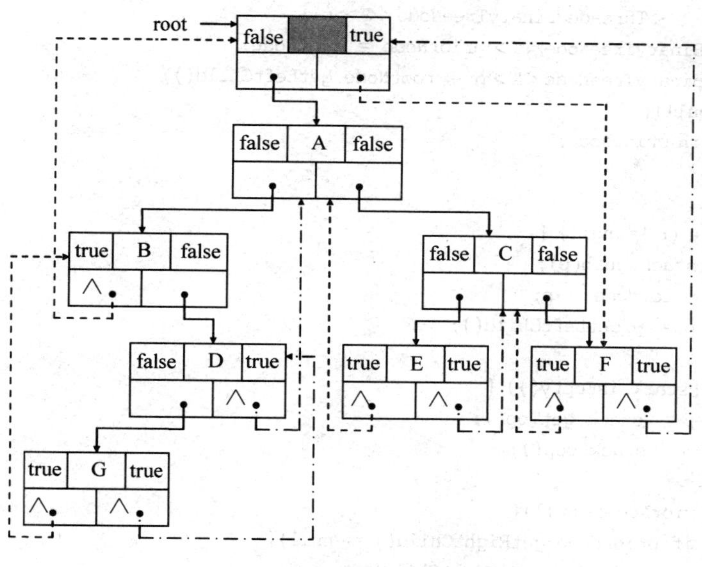

图 6-30　线索二叉树

6.4.2　线索二叉树创建

对于线索二叉树而言，它按照二叉链表结构保留了二叉树结点间由上到下的“双亲/子女”关系，引入线索后又保留了相应遍历序列中结点间的“前驱/后继”关系。下面讨论由二叉链表存储的二叉树得到线索二叉树的算法。

线索二叉树结点结构由下述算法描述。

【算法 6-10】 线索二叉树结点类定义。

```
00 public  class ThreadedBinaryTreeNode<T>{
01       private T data;                                       //定义数据域,T代表实际需要的类型
02       private ThreadedBinaryTreeNode<T> leftChild;  //定义左子指针域,指向左子结点
03       private ThreadedBinaryTreeNode<T> rightChild; //定义右子指针域,指向右子结点
04  private boolean leftIsPrior;
05  private boolean rightIsNext;
06 }
```

算法分析：在中序遍历过程中修改结点的左、右指针域，以保存当前访问结点的“前驱”和“后继”信息。遍历过程中，附设变量 priorNode，并始终保持 priorNode 指向当前访问的结点变量 p 所指结点的前驱。将给定二叉树扩充为线索二叉树的过程称为二叉树的线索化，也就是线索二叉树的创建。线索化实际上就是在遍历过程中在当前结点的空链域中添加前驱或后继指针。为了保留遍历过程中访问结点的前驱与后继关系，需要设置一个前一结点变量 priorNode 始终指向刚访问过的结点，也就是说，当 current 指向当前访问结点时，priorNode 就指向 p 的前驱结点。以中序遍历为例，相应二叉树的线索化算法描述如下。

【算法 6-11】 基于中序遍历的二叉树线索化。

```
00 public ThreadedBinaryTreeNode<T> inorderThreaded(){
01  StackLinked<ThreadedBinaryTreeNode<T>> stack = new StackLinked
```

```
            <ThreadedBinaryTreeNode<T>>();
02  ThreadedBinaryTreeNode<T> priorNode = rootNode;
03  ThreadedBinaryTreeNode<T> p = rootNode.getLeftChild();
04  if(p == null){
05      return priorNode;
06  }
07  do {
08      while (p != null) {
09          stack.push(p);
10          priorNode = p;
11          p = p.getLeftChild();
12      }
13      if (!stack.isEmpty()) {
14          p = stack.getTop();
15              stack.pop();
16      }
17      if(priorNode!= null){
18          if(priorNode.getRightChild() == null){
19              priorNode.setRightChild(p);
20              priorNode.setRightIsNext(true);
21          }
22          if(p.getLeftChild() == null){
23              p.setLeftChild(priorNode);
24              p.setLeftIsPrior(true);
25          }
26      }
27      priorNode = p;
28      p = p.getRightChild();
29  } while (!stack.isEmpty() || p != null);
30  return rootNode;
31  }
```

算法分析：上述算法第 08～12 行是从二叉链表根结点开始，依次使当前结点的左子结点进栈。

上述程序第 13～16 行是当栈顶结点的左结点为空时，栈顶结点出栈。

在算法首趟运行时，程序第 27 行是将出栈结点赋予工作变量 priorNode，而程序第 28 行将出栈结点的右子结点赋予工作变量 p。

第 2 趟循环时，由于 priorNode 非空，程序第 22～25 行当 p 中结点的左指针域为空时，添加其前驱结点指针，同时将 leftIsPrior 赋值为 true；或者程序第 18～21 行当 priorNode 中结点右指针域为空时，添加其后继结点指针，同时将 roghtIsNext 赋值为 true。这一段程序是线索化的关键模块。

上述程序第 29 行表示当对左子树完成线索化后，相应的栈为空，此时，再继续由相关右子树运行本程序，直到所有子树都操作完毕，即“p=NULL”。

6.4.3 线索二叉树操作

线索链表中添加了遍历序列中得到的“前驱/后继”信息，从而为简化遍历算法提供了可能。以下以中序线索化链表为例讨论基于线索的二叉树中序遍历算法。此时，有两个关键点：

(1) 怎样获取中序遍历的首结点？

(2) 怎样获取在中序线索化链表中当前结点的后继结点？

对于(1)来说，就是从根结点沿着左指针不断向左下搜寻，直到给定二叉树左子树的处于“最左下”的结点，结点是“最左下”的含义是该结点再无左子结点，亦即该结点的左指针域为空。

对于(2)来说，如果当前结点没有右子树，则其后继结点即为其右指针域中后继线索所指结点；如果当前结点存在右子树，则从该右子树根结点开始沿左指针行进，直到右子树“最左下”结点，此即为当前结点的后继。简单来说，就是当前结点右指针域为右子结点指针，则后继结点就为以其为根结点的右子树“最左下”结点；如果右指针域为线索，则后继结点即为线索指针所指结点。

【算法 6-12】 基于中序线索二叉树中序遍历算法。

```
00 public void inorderTraversal() {
01  ThreadedBinaryTreeNode<T>p = rootNode.getLeftChild();
02  if(p==null){
03       return;
04  }
05  while (p.getLeftChild() != null && !p.isLeftIsPrior()) {
06       p = p.getLeftChild();
07  }
08  while (p!= rootNode){
09       System.out.print(p.getData().toString());
10       if(p.getRightChild()!= null && !p.isRightIsNext()){
11            p = p.getRightChild();
12            while(p.getLeftChild()!= null && !p.isLeftIsPrior()){
13                 p = p.getLeftChild();
14            }
15       }
16       else {
17              p = p.getRightChild();
18       }
19    }
20 }
```

算法分析：上述程序第 05～07 行表示从给定线索二叉树根结点开始，沿左指针一直行进到“最左下”即 isLeftIsPrior 为 false 的结点，这是(1)的算法实现。

上述程序第 08～19 行是(2)的算法实现，即求当前结点后继。其中程序第 11～14 行是表示当前结点 rightIsNext＝false，即右指针域中是右子结点指针情形；第 17 行表示右指针域是线索指针的情形。

6.5 Huffman 树及其应用

作为一种基本的树形结构，二叉树在理论研究和实际问题中有着广泛的应用。本节讨论一种特殊的二叉树——最优二叉树即 Huffman 树以及相关的 Huffman 编码。

6.5.1 编码及分类

编码(code):用一组不同的代码表示一个数据对象集合中的每个元素的过程。

编码主要目的是为了使信息传递畅通,提高传输速度,编码分为字符型编码与非字符型编码两种类型。本节讨论一种基于二叉树的字符型编码方案。

在设计编码方案时,通常需要满足下述基本要求。

- **唯一性**。发送方传输编码字段,接收方解码后具唯一性,解码结果与发送原文保持相同;
- **简洁性**。发送的编码应该尽可能地做到简洁短小,减少存储代价和提高传输效率;
- **前缀性**。两个编码字节不使用特殊标记如标点符号进行分隔,一个编码字节不能是另一个编码字节的前缀,应具有"前缀性"(Prefix Property)。

从每个字符编码长度是否相同出发可得到两种编码类型。

(1) **等长编码**。如果编码方案中所有编码字节长度都相等,则称其为"等长编码"。此时,表示 n 个不同代码需用 $\lceil \log_2 n \rceil$ 位。等长编码和解码都比较简单,常用的 ASCII 码就是一种等长编码。等长编码适用于所编码每个字符都具有相同使用频率,此时,等长编码有最高空间使用率。

(2) **非等长编码**。如果编码方案中各个字符的编码字节长度不尽相同,则称其为"不等长编码"。相对于等长编码,不等长编码如果设计不当,在解码时会带来歧义。例如,对于字符 A、B、C 和 D,如果有不等长编码 A:0、B:01、C:00、D:10。此时字符串 ABACD 的编码为 00100010,这样就可以解码为 AADCD,也可以解码为 AADAAD,从而破坏了唯一性。在实际问题当中,需要编码的各个字符使用频率通常并不相同,不等长编码的优势在于可以为使用频率较高的字符分配较短的编码字节,而为使用频率较低的字符分配较长编码字节,从而使得平均编码字节长度达到最小。在设计不等长编码时,只要较好地处理好解码唯一性问题,就能达到节省存储空间,取得最优效果的目的。事实上,各种常用的最优编码一般都与被编码字符的使用概率密切相联,因而大多都采用"不等长编码"方案。本节讨论的 Huffman 编码,就是一种不等长编码。

6.5.2 Huffman 树

1. 最优二叉树

Huffman 编码的基础是 Huffman 树,而 Huffman 树就是如下定义的"最优二叉树"。

二叉树路径长度:一棵二叉树的根结点到每个叶结点路径长度之和称为该二叉树的"路径长度"。

叶结点的权:赋给二叉树叶结点一个具有某种意义的实数,则称此数为该叶结点的"权"。

二叉树带权路径长度:设二叉树具有 n 个带权的叶结点,则从根结点到各叶结点的路径长度与相应结点权值乘积之和称为该二叉树的"带权路径长度",记为:

$$\mathrm{WPL} = \sum_{k=1}^{n} w_k \times l_k$$

其中,w_k 是第 k 个叶结点权值,l_k 是第 k 个叶结点路径长度。

设有 4 个叶结点二叉树如图 6-31(a)所示，其权值分别为 1、3、5、7。此时该二叉树的路径长度 = 2+3+3+1=9，带权值的路径长度 WPL=2×1+3×3+3×5+1×7=33。如果该二叉树如图 6-31(b)所示，则该二叉树的路径长度 = 3+3+2+1=9，带权值的路径长度 WPL=7×1+5×2+1×3+3×3=29。

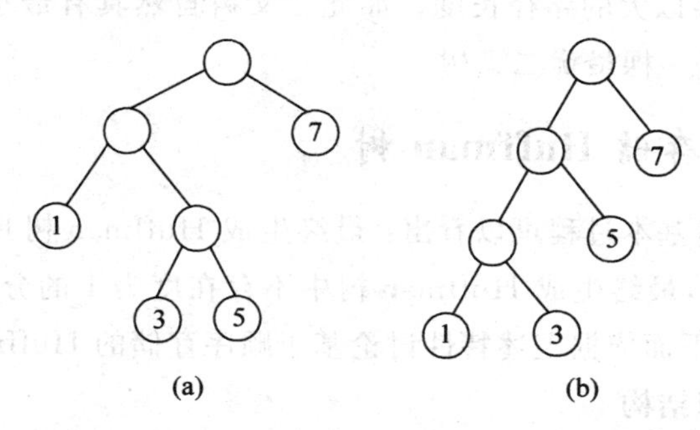

图 6-31 叶结点个数相同、带权路径长度不同的二叉树

由此可知，由带权值的一组相同叶结点构成二叉树，不同的形状可以有不同的带权路径长度。由带权值的一组相同叶结点构成的所有二叉树，称其中带权路径长度最小的二叉树为是"最优二叉树"。最优二叉树也常称为"Huffman 树"。

2. Huffman 树构建思想

由最优二叉树概念，通常需要使得权值越大的叶结点距离根结点越近，而权值越小的叶结点距离根结点越远，这样就可以使得"总和"最小。如何构造这样一棵最优二叉树呢？David Huffman 给出了一个带有一般规律的最优二叉树构建思想，即 Huffman 算法。

Huffman 算法基本思想可以描述如下。

设有 n 个权值 w_1、w_2、w_3、…、w_n，则可按照下述步骤构造 Huffman 树。

① 构造 n 棵只有一个根结点的二叉树森林 HT=$\{T_1, T_2, T_3, \cdots, T_n\}$，它们分别以 w_1、w_2、w_3、…、w_n 作为权值。

② 在 HT 集合中，选取权值最小和次小的两个根结点作为一棵新二叉树的左子树和右子树。新二叉树根结点权值是其左、右子树根结点权值之和。

③ 在 HT 集合中，删除已经取为左、右子树的原两棵二叉(根)树，并将新构成二叉树添加到 HT 中。

④ 重复②和③至 HT 只剩下一棵二叉树，此即是所求 Huffman 树。

构造具有 4 个分别带有权值 2、4、6、5 的 Huffman 树如图 6-32 所示。

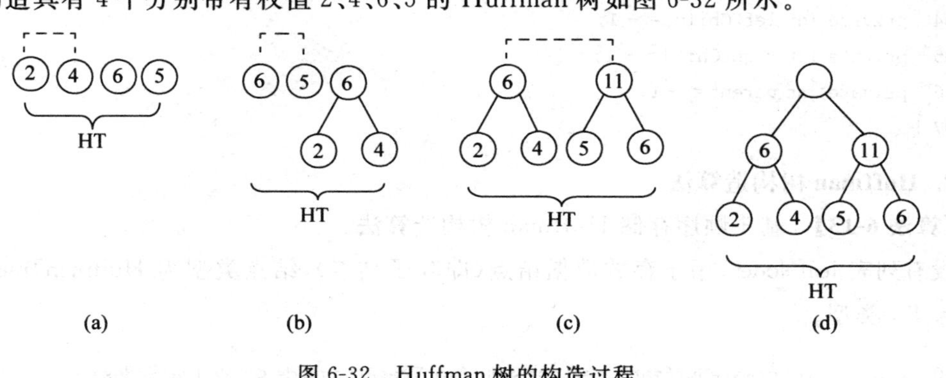

图 6-32 Huffman 树的构造过程

从 Huffman 树的构造过程看出,它是尽量让权值小的叶结点远离二叉树的根结点,尽量让权值大的叶结点靠近二叉树的根结点,并且构造过程是两两合并的过程,生成的二叉树中也不会有度为 1 的结点。这样,在计算所形成二叉树的 WPL 时,是用大的权值乘以小的路径长度,让小的权值乘以大的路径长度。如此二叉树自然具有最小路径长度 WPL,由此可以说明 Huffman 树是一棵最优二叉树。

6.5.3 基于顺序存储 Huffman 树

由 Huffman 树构造基本过程可以看出:最终生成 Huffman 树具有 n 个叶结点和总共有 $2n-1$ 个结点。此外,最终生成 Huffman 树中不存在度为 1 的分支结点,即所有分支结点具有的度数都为 2。下面依据上述特性讨论基于顺序存储的 Huffman 树构造算法。

1. Huffman 树结点结构

由前述可知,n 个带权叶结点生成的 Huffman 树最终会有 $2n-1$ 个结点。由于最终结果中结点个数已经确定,因此可采用顺序结构存储存放所建 Huffman 树,即将结点信息存放在具有 $2n-1$ 个元素的一维数组当中。该数组中每个存储结点由五部分组成,它们是数据域、权值、左子结点信息、右子结点信息和父结点信息。结点结构组成如图 6-33 所示。

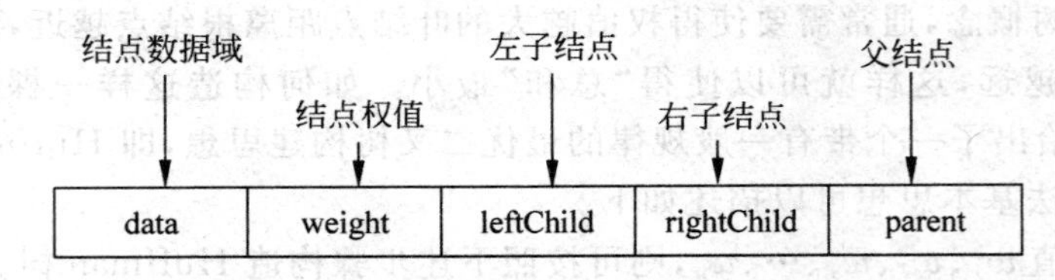

图 6-33 基于顺序存储的 Huffman 树结点结构

为了简便起见,由于构建 Huffman 树时不会涉及结点数据信息,相关算法表示中一般都将其省略。定义如下。

```
01 public class HuffmanTreeArrayNode<T> implements
   Comparable<HuffmanTreeArrayNode<T>> {
02   private T data;
03   private double weight = 0;
04   private int leftChild = -1;
05   private int rightChild = -1;
06   private int parent = -1;
07 }
```

2. Huffman 树构造算法

【算法 6-13】 基于顺序存储 Huffman 树构造算法。

设有列表 leafNodes,用于存放数据结点(即叶子结点),结点类型为 HuffmanTreeArrayNode<T>类型。

```
00   public void createHuffmanTree(List<HuffmanTreeArrayNode<T>> leafNodes) {
```

```
01       int treeIndex = 0;
02       int leafCount = leafNodes.size();
03       for(HuffmanTreeArrayNode<T> node : leafNodes){
04         Htree[treeIndex] = node;
05         treeIndex++;
06       }
07       for(int i = leafCount;i<2 * leafCount - 1;i++){
08         double min2 = Double.MAX_VALUE,min1 = Double.MAX_VALUE;
09         int min2Index = 0,min1Index = 0;
10         for(int j = 0;j<i;j++){
11           if(Htree[j].getParent() == -1){
12               if(Htree[j].getWeight()<min1){
13                   min2Index = min1Index;
14                   min2 = min1;
15                   min1Index = j;
16                   min1 = Htree[j].getWeight();
17           }else if(Htree[j].getWeight()<min2){
18               min2Index = j;
19               min2 = Htree[j].getWeight();
20           }
21         }
22       }
23       Htree[min1Index].setParent(i);
24       Htree[min2Index].setParent(i);
25       Htree[i].setWeight(Htree[min1Index].getWeight() +
                                              Htree[min2Index].getWeight());
26       Htree[i].setLeftChild(min1Index);
27       Htree[i].setRightChild(min2Index);
28       }
29       Htree[2 * leafCount - 2].setParent(-1);
30   }
```

3. 创建 Huffman 树算法分析

由算法 6-13 可以知道,整个建树的 Huffman 算法主要由两个循环体即程序第 03～06 行的循环体(Ⅰ)、程序第 07～28 行的循环体(Ⅱ)和程序第 10～22 行循环体(Ⅲ)组成。下面分别讨论这 3 个循环体。

(1) 循环体(Ⅰ)。我们已经知道,在程序设计实现一个对象时,都要先建立一个相应的"空对象",即对象的初始化,其作用是为所建对象分配存储空间和引入辅助变量。构建 Huffman 树也不例外。循环体(Ⅰ)完成将叶子结点的值和权值信息输入 Htree[]数组中。假设数组叶结点值分别为 a、b、c、d,权值分别为 2、4、6、5,则相应的初始化结果如图 6-34(a)所示。此时由于每个结点都不具有左右子结点和父结点,因此可以设其初值为"－1",这是一个重要的条件,在后面排除已选用结点时发挥作用。

(2) 循环体(Ⅱ)。这对应于"6.5.2 中 Huffman 树构建思想"中的②和③。由于进行带 leafCount 个权值叶结点 Huffman 建树需要进行 leafCount－1 次"合并"操作,合并的新结点下标由 leafCoun 开始计数,因此该循环体 i 的控制范围就为"(leafCoun)＝i＜2×

leafCoun－1”。在循环体(Ⅱ)的循环过程由下述两部分组成。

① 辅助变量与初始化。引入 4 个辅助变量 min1、min2、min1Index 和 min2Index，并将其进行初始化(程序第 08～09 行)。引入辅助变量是用来存放每次循环时获取的最小权值、次小权值和相应的两个叶结点的索引位置。这些变量在循环开始时也需进行初始化处理：

- 由于需要选取“最小权值”和“次小权值”，而权值要求非负，因此 min1 和 min2 的初始值不能随意选取，例如，不能像通常情况那样取“0”，否则将得不到需要的结果。这里，可将其初始值取为 Double. MAX_VALUE；
- 由于是顺序存储，因此数组元素的下标就可看作该元素地址，因此，min1Index 和 min2Index 分别存放每次循环中最小和次小权值数据元素的下标，初始值为 0。

② 子循环体。嵌套子循环体(Ⅲ)(程序第 10～22 行)的作用是每次在已有数据元素中获取权值最小和次小的结点，获取结果记录在上述 4 个辅助变量当中。当每次循环结束后，通过如下操作实现一次二叉树的构建，然后再进入下次循环直至循环结束。需要注意的是，比较条件中的“Htree[j]. getParent() == －1”(程序第 11 行)，其作用是将已经挑选使用过的结点排除在本次循环的挑选过程之外。然后再填写合并的信息，每次合并需要填写下面 5 方面的信息。

```
Htree[min1Index].setParent(i);                    //设置最小权值结点的 parent 域
Htree[min2Index].setParent(i);                    //设置次小权值结点的 parent 域
Htree[i].setWeight(Htree[min1Index].getWeight() + Htree[min2Index].getWeight());
//设置新结点的权值域
Htree[i].setLeftChild(min1Index);                 //设置新结点的 leftChild 域为最小结点
Htree[i].setRightChild(min2Index);                //设置新结点的 rightChild 域为次小结点
```

设有叶结点相应权值分别为 2、4、6、5。按照算法 6-13 构建 Huffman 树过程如图 6-34 所示。

具体到初始化后的图 6-34(a)，此时 $n=4$，$2n-1=7$。首次循环($i=4$)，获取最小和次小的范围为 $0=j<4$，即在图 6-34(a)中前 4 个数组元素中寻找最小和次小者。这个过程由 if-else 程序段(程序第 12～20 行)完成，其结果为：

min1＝2，min2＝4，min1Index＝0，min2Index＝1。

从而得到：

Htree[0]. setParent(4)，Htree[1]. setParent(4)，

Htree[4]. setWeight(6)(Htree[0]. getWeight() ＋Htree[1]. setWeight ＝2＋4＝6)，

Htree[4]. setLeftChild(0)，Htree[4]. setRightChild(1)。

进而完成了 $i=4$ 的首次循环。

图 6-34(a)基础上合并一次后的结果如图 6-34(b)所示，所有循环完成后最终得到的结果如图 6-34(c)所示，相应的 Huffman 树如图 6-34(d)所示。其中结点内的数值为权值，结点外的数值为相应结点在数组中的下标。

	data	weight	leftChild	rightChild	parent
Htree[0]	a	2	−1	−1	−1
Htree[1]	b	4	−1	−1	−1
Htree[2]	c	6	−1	−1	−1
Htree[3]	d	5	−1	−1	−1
Htree[4]			−1	−1	−1
Htree[5]			−1	−1	−1
Htree[6]			−1	−1	−1

(a) 初始时

	data	weight	leftChild	rightChild	parent
Htree[0]	a	2	−1	−1	4
Htree[1]	b	4	−1	−1	4
Htree[2]	c	6	−1	−1	−1
Htree[3]	d	5	−1	−1	−1
Htree[4]		6	0	1	−1
Htree[5]			−1	−1	−1
Htree[6]			−1	−1	−1

(b) 合并一次后

	data	weight	leftChild	rightChild	parent
Htree[0]	a	2	−1	−1	4
Htree[1]	b	4	−1	−1	4
Htree[2]	c	6	−1	−1	5
Htree[3]	d	5	−1	−1	5
Htree[4]		6	0	1	6
Htree[5]		11	3	2	6
Htree[6]		17	4	5	−1

(c) 最终

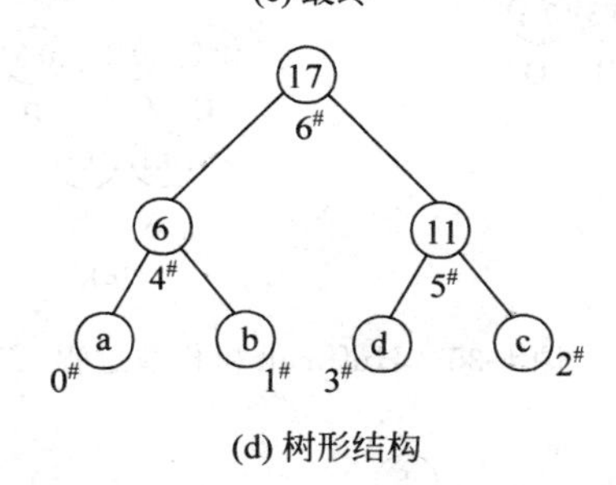

(d) 树形结构

图 6-34　顺序存储时 Huffman 树的构造过程

6.5.4　Huffman 编码

Huffman 编码可以应用到不同的实际需求，赋予二叉树路径长度以不同的语义，因此作为一种应用广泛的编码方案受到人们的重视。

1. Huffman 编码概念

在数字数据通信技术中，传送方是将文字信息（字符串）转换成由 0、1 组成的二进制数字串进行发送，即进行数据的“编码”；接收方再将二进制数字串还原成原有文字信息（字符串），即进行数据的“解码”。如前所述，由于各个字符在相应数据信息中出现的频率不同，需要根据各个字符出现频率给予不同长度的编码,也就是说,频繁出现的字符给予较短的编码,不常出现的字符给予较长的编码,为保证唯一性,此时还需编码具有"前缀特性",从而编码总长会较短,提高发送效率,减少存储空间。

Huffman树就是获取如此编码的有效基础,基于具体Huffman树的不等长编码就称为Huffman编码。该编码的基本思想在于以下两点。

(1) 得到需要编码的字符c_1、c_2、…、c_n在相应数据信息中出现的频率为p_1、p_2、…、p_n;再以c_1、c_2、…、c_n作为叶结点,p_1、p_2、…、p_n作为相应权值,按照Huffman算法构造一棵Huffman树。

(2) 由构造的Huffman树的根结点开始,在每个左分支上标注0,右分支上标注1。这样,从根结点到每个叶结点的路径上由0、1组成的序列,就是该结点对应字符的编码。

【例6-3】 设有字符A、B、C、D、E,对应使用频率已知分别为0.1、0.3、0.2、0.3、0.1。其相应Huffman树的构造过程如图6-35所示,编码结果如图6-36所示。

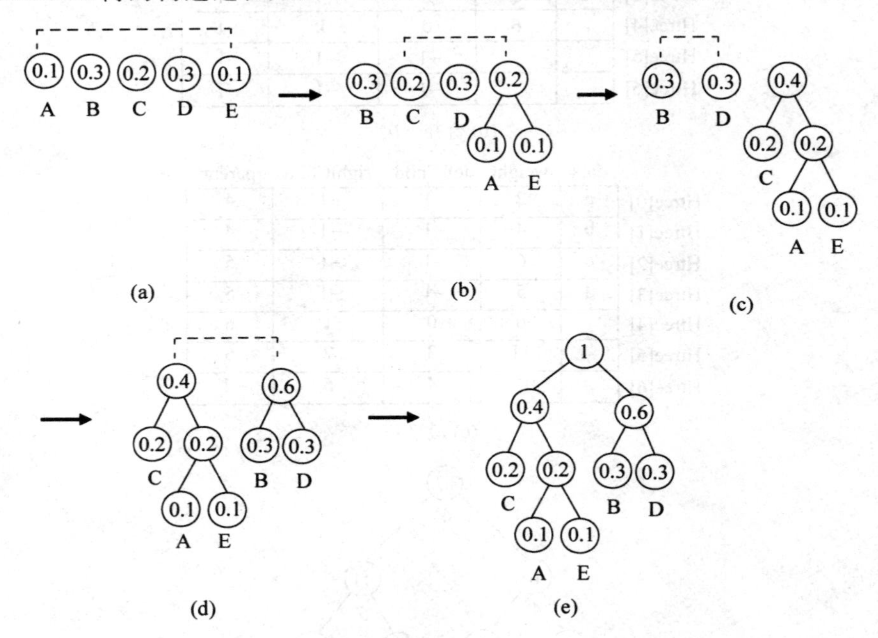

图6-35 Huffman树构造过程

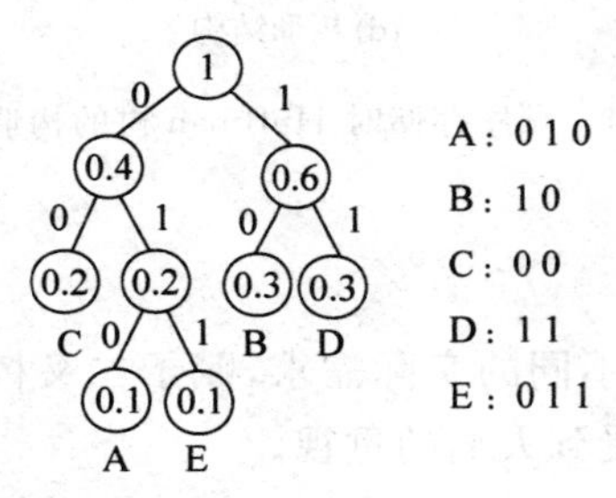

图6-36 Huffman编码过程

由Huffman编码得到字符编码串后,通过查表就可将字符用二进制码串进行替换。

Huffman编码中任何一个编码串都不是另一个编码串的前缀。正是这种前缀特性,保证了 Huffman 编码在进行解码时的唯一性。

2. Huffman 编码算法

已知一棵顺序结构的 Huffman 树，有 leafCount 个叶结点，以及一个用于存放 leafCount 个 Huffman 码值的编码表。由于叶结点 Huffman 码值可视为“0”和“1”组成的字符串，每个叶结点配一个字符串，该编码表可设置为 Map 对象，Map 对象是元素由 T 类型和 String 类型组成的数组。要使用 Map 对象，在程序前导入程序包即可，语句为“import java.util.HashMap;import java.util.Map;”。通过 Map 对象的 put 方法，可方便地将叶结点值和编码存入编码表中。

【算法 6-14】 Huffman 编码算法。

```
00  public Map<T, String> buildHuffmanCodes(){
01  int leafCount = (Htree.length + 1)/2;
02  Map<T, String> codes = new HashMap<T, String>();
03  for (int i = 0;i < leafCount;i++)
04  {
05      String code = "";
06      int parentIndex = Htree[i].getParent();
07      while(parentIndex!= - 1){
08          if(i == Htree[parentIndex].getLeftChild()) {
09                  code = "0" + code;       //左分支编码为 0
10          }
11          else {
12                  code = "1" + code;       //右分支编码为 1
13          }
14              parentIndex = Htree[parentIndex].getParent();
                                             //前进到路径的上一个结点
15      }
16      codes.put(Htree[i].getData(), code); //将叶结点值和编码用 put 方法存入 codes 中
17  }
18  return codes;
19  }
```

3. Huffman 编码算法分析

Huffman 编码算法在产生 Huffman 编码过程中，需要引入一个映射表(类型为 Map＜T, String＞)对象 codes，其中记录对应数据的字符编码字符串。由 Huffman 树构建算法可以知道，基于顺序存储的 Huffman 树实际上是一个数组 Htree。Htree 的前 leafCount 个元素记录 leafCount 个叶结点的权值、左子结点、右子结点和父结点。Huffman 编码算法就是基于 Htree 的这前 leafCount 个元素产生 Huffman 编码。在具体实现过程中：

(1) 使用变量 i 记录叶结点在数组 Htree 中下标信息，使用变量 parentIndexr 记录当前结点的父结点下标信息。基于这两个下标信息进入程序第 07 行“while(parentIndex! = －1)”循环，其作用在于沿该叶结点路径逆向而上最终到达根结点。需要注意上述 while 循环的结束问题。由于 parentIndexr 总是用于记录当前结点的父结点下标信息，当到达根结点时，就没有了父结点，由此在 Htree 中就使用“－1”表示，从而保证了 while 循环的结束。

(2) 逆向而上时，当到达一个分支结点，就判断其子结点是左子结点还是右子结点，由此确定在分支处标记“0”或“1”，也就是执行程序第 08～13 行的 if-else 语句。由于是由叶结点往根结点进行判断，当得出一个“0”或“1”后，就将该“0”或“1”加到已有编码字符串 code

的前面。

(3) 由 while 循环出来后,需要将编码字符串加入到映射表对象 codes 中(程序第 16 行)。

(4) 经过上述 n 次循环,在数组 codes 中就可得到 n 个叶结点的 Huffman 编码。

对于如图 6-37 所示的 Huffman 数组和 Huffman 树,基于算法 6-14 的 Huffman 编码结果如图 6-38 所示。

	data	weight	leftChild	rightChild	parent
Htree[0]	A	0.05	−1	−1	5
Htree[1]	B	0.3	−1	−1	7
Htree[2]	C	0.15	−1	−1	6
Htree[3]	D	0.4	−1	−1	7
Htree[4]	E	0.1	−1	−1	5
Htree[5]		0.15	0	4	6
Htree[6]		0.3	2	5	8
Htree[7]		0.7	1	3	8
Htree[8]		1	6	7	−1

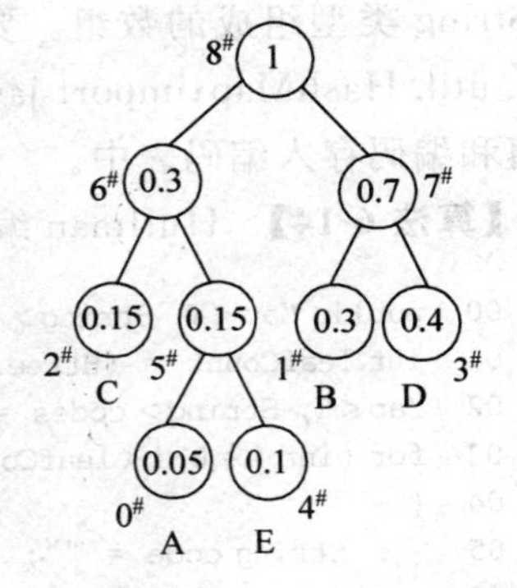

图 6-37 Htree 数组与 Huffman 树

data	code
A	010
B	10
C	00
D	11
E	011

图 6-38 Huffman 编码数组

6.6 树与二叉树的转换

树形结构的数据元素之间主要存在"双亲/子女"的上下层次关系,同时由于对于一个结点的子结点没有限制,还存在着兄弟结点之间的"位置"间的前后次序关系,这使得树的存储和相应数据操作比二叉树情形更为复杂,因而其实际应用也受到一定的限制。二叉树结构规范,每个结点只有至多两个子结点,并有严格的左、右之分,同时还存在一般树形结构所不具有的重要而实用的性质,因此需要考虑将树结构转换成二叉树结构进行处理。

6.6.1 树转换为二叉树

在 5.2 节中,若使用左子/右兄弟结点表示法存储树 T 时,将指向右兄弟的指针顺时针旋转 45°,就不难发现此时树 T 与一棵二叉树十分相似,同样是有两个指针域,对于物理存储而言并没有实际的区别。

将树转换为二叉树,要确定转换中相应二叉树左、右子结点的次序。为不引起混淆,在转换时,需要事先约定将树"视为"有序树,其结点之间的关系有"第 1 个子结点"和"下一个兄弟"的概念。

树转换为二叉树基本思想来源于左子/右兄弟结点表示法，如图 6-39 所示树结构转换为相应的二叉树的基本步骤如下。

① 确定根结点。原树的根结点即为转换后二叉树的根结点。如图 6-40(a)所示。

② 处理根结点。这里涉及根结点的所有子结点。将树中根结点的第 1 个子结点转换为二叉树根结点的左子结点，该左子结点在树中的所有兄弟依次转换为二叉树中该结点的右子结点及右子孙。如图 6-40(b)所示。

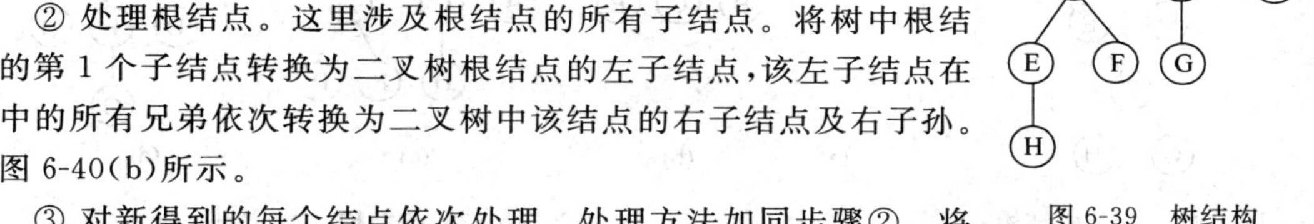

图 6-39　树结构

③ 对新得到的每个结点依次处理。处理方法如同步骤②。将图 6-40(b)中的 B、C、D 结点处理之后如图 6-40(c)所示。

④ 反复执行步骤③直到所有结点均处理完毕。图 6-39 所示的树结构最终转换成的二叉树如图 6-40(d)所示。

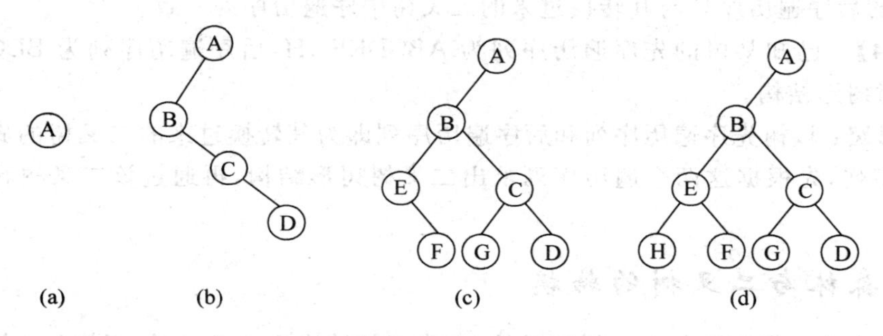

图 6-40　转化为二叉树结构

由树结构转换过来的二叉树有如下特点。

(1) 二叉树根结点无右子结点，只有左子树。

(2) 除根结点外，其余结点左子结点为原树结构结点的第 1 个子结点，右子结点及右子孙依次为原树结构相应结点的兄弟结点。

6.6.2　二叉树还原为树

根据由树结构转换过来的二叉树的特点，能够还原为树结构的二叉树，必须是没有右子树的，否则无法还原为树结构。二叉树中各个结点还原的顺序与转换的顺序一致，但方法相逆。以图 6-41 为例，具体还原步骤如下。

① 确定根结点。二叉树的根结点即为原树的根结点，如图 6-42(a)所示。

② 处理根结点。将二叉树中根结点的左子结点确定为原树结构的第 1 个子结点，该左子结点在二叉树中右子结点及右子孙依次还原为树结构中的兄弟，即其双亲的其余子结点，如图 6-42(b)所示。

③ 对新画的每个结点依次处理，处理方法如同步骤②。将图 6-42(b)中的 B、C、E 结点处理之后如图 6-42(c)所示。

④ 反复执行步骤③，直到所有结点均处理完毕。图 6-41 所示的树结构最终转换成的二叉树如图 6-42(d)所示。

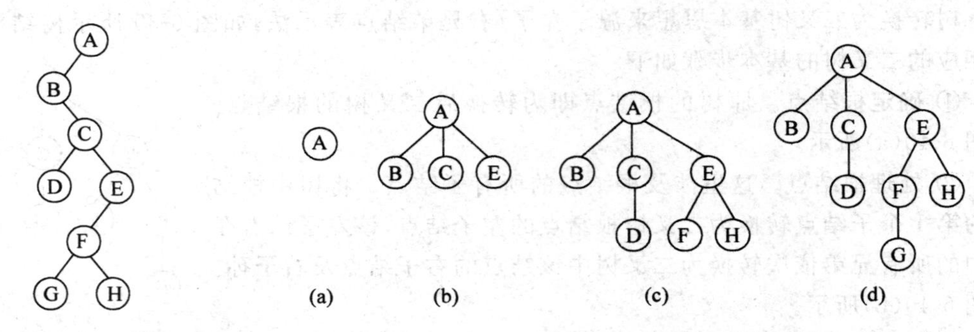

图 6-41　二叉树结构　　　　图 6-42　树结构

树的遍历与其转换过来的二叉树遍历有如下的对应关系。

- 树的先序遍历序列与其转换过来的二叉树先序遍历序列一致；
- 树的后序遍历序列与其转换过来的二叉树中序遍历序列一致。

【例 6-4】 已知某树的先序遍历序列为 ABCDEFGH，后序遍历序列为 BDCGFHEA，试还原该树树形结构。

解题思路：该树先序遍历序列和后序遍历序列即为其转换过来的二叉树的先序遍历和中序遍历序列，先根据这两个遍历序列求出二叉树树形结构，再通过该二叉树转换为树即为解。

6.6.3　森林与二叉树的转换

森林是由若干棵互不相交的树组成的，在将森林转换为二叉树时，可将若干棵树的根结点视为兄弟的关系。转换步骤如下。

① 确定根结点将森林中第 1 棵树的根结点确定为二叉树的根结点。由于森林中的其他树的根结点视为第 1 棵树根结点的兄弟，所以其他树的根结点依次为二叉树的右子结点及右子孙。

② 对森林中的每棵树分别转换方法与树转换为二叉树的方法一致。

图 6-43 所示为森林转换为二叉树过程示例。

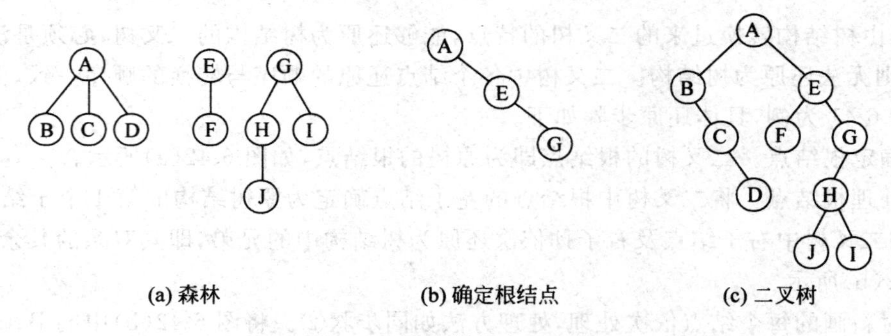

图 6-43　森林转换为二叉树

二叉树还原为森林只要将根结点的右子结点和右子孙的连线去掉，变成若干个独立的二叉树，再分别采用二叉树还原为树的方法进行还原即可。如将图 6-43(c)的二叉树还原，先将 A 结点的右子结点和右子孙连线去掉，得到如图 6-44 所示的 3 棵二叉树，分别还原，即可得到如图 6-43(a)所示的森林。

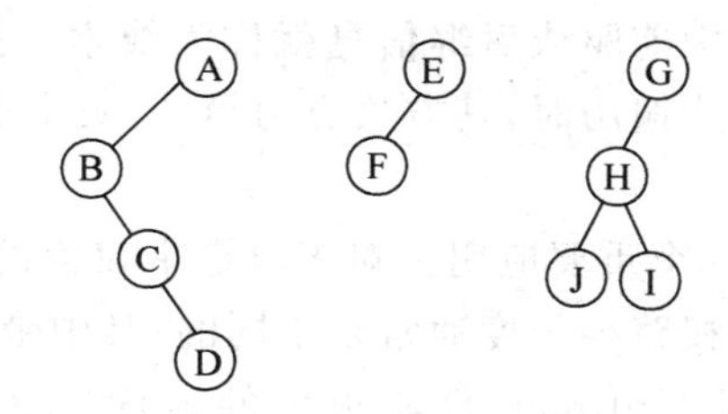

图 6-44　二叉树还原为森林中间步骤

树与二叉树的转换，森林与二叉树的转换，存在一一对应的关系，即给定一棵树或者森林，只能转换成唯一的一个二叉树结构；给定一棵二叉树，也只能还原出唯一的树或者森林结构。这使得树与二叉树的转换在实际应用中尤为重要。

本章小结

1）二叉树及存储结构

学习中首先需深入理解和较好掌握二叉树递归定义，二叉树的各种操作和算法实现都建立在"递归"基础之上。递归实现的关键在于系统提供和维护的工作栈。递归转化为非递归就是由用户自己实现类似的工作栈。另外，还需要特别注意二叉树的子树具有左右顺序之分，最多只有两棵子树，可看作是树形结构中有序树的特例。

满二叉树和完全二叉树是两类特殊而重要的二叉树。满二叉树限制条件较严，一般二叉树要求比较宽泛，而完全二叉树却介于两者之间，其限定条件不是特别严格也并非相当一般，因此具有理论上较为齐整和应用上比较方便的一些特性。特别需要注意的是，完全二叉树中结点如果按照"层序"进行编号，就可以由当前结点编号判断其是否存在父结点和子结点，从而其结点间的层序遍历信息中就包含了结点间的逻辑关联信息。

二叉树具有许多重要的基本性质，正是这些性质使得二叉树在实际中有着广泛应用。顺序存储方式适合于完全二叉树和各层结点数较"满"的二叉树；二叉链表(三叉链表)进行存储适合于一般二叉树情形。需要再次强调，数据的存储结构不仅是保存数据值本身，更为重要的是保存数据之间的逻辑关联，即数据结构信息，因此，在学习二叉树的顺序存储与二叉链表存储结构时特别需要体会是如何保存二叉树结构信息的。

2）遍历与线索二叉树

遍历是二叉树最基本的操作，也是其他非线性结构的重要操作。二叉树按照遍历时根结点相对于左右子结点的先后顺序可以分为先序、中序和后序遍历 3 种方式，遍历结果是得到相应的遍历序列，即结点的一个线性表。因此，从逻辑上来看，遍历过程实际上是将非线性结构转化为线性结构的过程，当然，这种转换通常并非是一一对应，因为仅仅根据相应遍历序列并不能将其"还原"为原先的二叉树。二叉树遍历具有递归和非递归两种实现算法。递归算法书写简洁，非递归算法需要由用户定义和维护工作栈，因此相对复杂。学习中可以结合实例理解各类非递归遍历算法。

在实际应用中可能需要对一棵二叉树多次进行同一种方式的遍历，每次都按照一般遍历算法进行效率不高。在这种情况下，可以将某种遍历方式如中序遍历序列中结点间前驱或后继信息整合到二叉链表存储结构中，这种整合过程就是线索化过程，线索化过程的结果就是线索二叉树，线索二叉树中前驱或后继信息就称为线索。按照某种方式遍历序列得到的线索二叉树，再进行相同方式遍历时，其方法更为简洁，效率也会提高。

3）二叉树应用

Huffman 树是二叉树的一个重要应用。对于给定带权值的 n 个给定的叶结点，可以做出多个二叉树，这些二叉树带权路径长度通常是不同的，其中带权路径长度最小的二叉树就称为最优二叉树。如果按照 Huffman 算法求出的最优二叉树就称为 Huffman 树。在 Huffman 树基础上就可以得到相应的 Huffman 编码。

4）树与二叉树转换

树中结点的度没有限制，给树的形状带来很大的灵活性，同时也给树的存储和应用带来限制，二叉树则显得有规律得多，可通过将树与二叉树的相互转换，解决树的存储与应用问题。掌握树与二叉树的转换、森林与二叉树的转换，为树、森林的应用提供更广泛的空间。

本章的主要内容要点如图 6-45 所示。

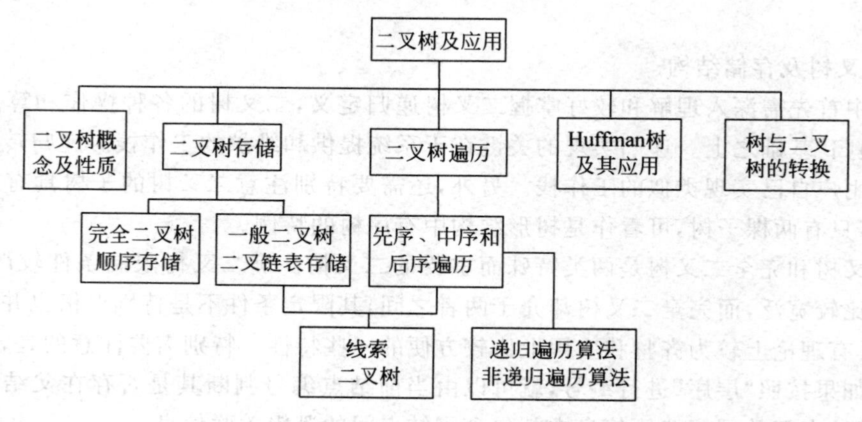

图 6-45　第 6 章基本内容要点

第7章 图

与树类似，图也是一种非线性数据结构。在实际应用中，许多用树不易解决的问题通常可以考虑使用图进行处理。另外，线性表和树形结构都可看作图的特殊情形，因此，图的有关概念与性质更具有一般性。通过对图的学习，可以更加有效地描述各种复杂的数据对象，也能够更为深刻地认识与理解一般非线性数据结构。如果说线性表数据元素间数据结构表现为表中元素的“前驱/后继”的顺序关系，树的结点间数据结构表现为数据结点之间的“双亲/子女”层次关系，那么图的顶点间数据结构就表现为数据顶点之间的“邻接/路径”的到达关系。在本章内容学习过程中，需要注意以下问题。

- 图的逻辑结构及其相关概念；
- 图的存储结构，特别是图的邻接表存储技术；
- 图的遍历及在邻接表结构中的实现算法；
- 图与树的关系，图的生成树与最小生成树；
- 图的基本应用，包括最短路径、拓扑排序与关键路径。

7.1 图的数据结构

图是一种较为复杂的非线性数据结构，需要采用更为抽象的形式化描述。由于图涉及因素较多，同时也具有较多的特定种类，因此还需要引入众多概念对其进行多层次和全方位的刻画，这需要通过实例进行学习和理解。

7.1.1 图的基本概念

在概念特性描述和实际应用中，图都呈现出相当复杂的情形，但从本质上来看，所有的图都是由顶点与边构成，或者说图是由具满足某种条件的顶点集合和边(弧)集合组成二元组。

1. 图的形式化定义

在第1章学习中已经知道，数据对象的数据结构或者说数据元素之间逻辑关系可以用“结点”和“连线段”表示，其中，“结点”表示数据元素和辅助信息，“连线段或边”表示数据关联：当两个结点之间存在“连线或边”时，就表明相应结点之间存在某种逻辑关系。因此，各种数据结构实际上都可以看作是“结点集合”与“连线(边)集合”组成的二元组。这也是进行“图”的形式化定义时基本考虑。

图(Graph)：一种多对多的数据结构，由集合 V 和集合 E 构成的有序对组成，并将一个图 G 记为 $G=(V,E)$，其中：

- **顶点集合 V**：非空的顶点(vertex)有限集合；
- **边集合 E**：描述顶点间邻接关系的边(edge)有限集合；
- **E 和 V 的关联**：E 中每条边连接的两个顶点属于 V。

对于图 G 来说，边集合 E 可以是空集，此时图为孤立点的集合；但顶点集合 V 不能为空集。通常没有“空图”的概念。

正如一般线性表的“表头”和“表尾”在栈中称为“栈顶”和“栈底”，在队列中称为“队头”和“队尾”，为了体现特性和表述方便，一般数据结构表示中的“结点”在图结构中也通常称为“顶点”，“连线段”称为“边(无向图)”或者“弧(有向图)”。

1）邻接点和邻接边

设 v_i、v_j 是 V 中两个顶点，当这两顶点间有 E 集合中元素边连接时，使用记号(v_i,v_j)表示顶点 v_i 到顶点 v_j 之间的边。此时，称顶点 v_i 和顶点 v_j 是(一对)邻接(顶)点，而称(v_i,v_j)为联接顶点 v_i 和顶点 v_j 的一条邻接边或边。

需要特别注意，顶点之间邻接关系是图中数据结构的基础，其他数据元素间的逻辑关联如路径等都是基于邻接点和邻接关系。

2）无向图和有向图

在实际应用中，两个顶点之间的邻接关系可以是相互的，也可以是单向的，如同联接两个地点的道路可以有单向行驶和双向行驶之分。为此，需要引入无向图和有向图概念。

(1) **无向图**：对于图 $G=(V,E)$来说，当边$(v_i,v_j)\in E$ 时，同时也有边$(v_j,v_i)\in E$，则称边(v_i,v_j)不带方向。当图 G 中的所有边都不带有方向时，就称 G 为“无向图”(undigraph or undirected graph)。

(2) **有向图**：对于图 $G=(V,E)$来说，当$(v_i,v_j)\in E$，并不能保证$(v_j,v_i)\in E$，即 G 中边可能是有向的。如果 G 中每一条边都是有向的，则称图 G 为“有向图”(digraph or directed graph)。在有向图中，连接顶点 v_i 到顶点 v_j 的边记为$\langle v_i,v_j\rangle$，并称其为连接 v_i 到 v_j 的弧(arc)，以此与无向图中连接 v_i 和 v_j 的边(v_j,v_i)相区别。需要注意，从顶点 v_i 到顶点 v_j 的弧$\langle v_i,v_j\rangle$与从顶点 v_j 到顶点 v_i 的弧$\langle v_j,v_i\rangle$是两条不同的弧。弧具有方向，弧的起始顶点称为“弧尾”(tail)，弧的终止顶点称为“弧头”(head)。

图 7-1(a)表示一个无向图，图 7-1(b)表示一个有向图。

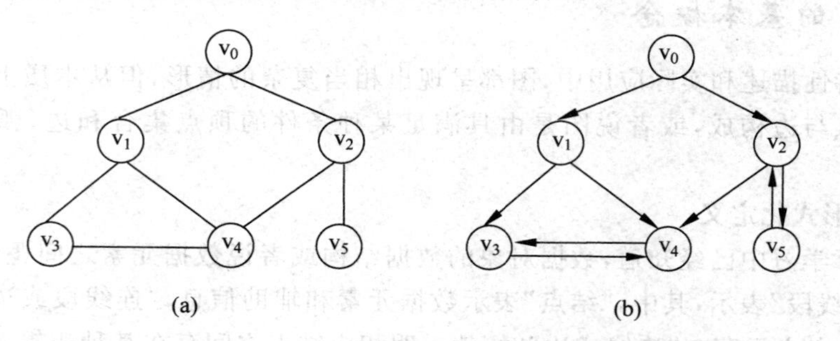

图 7-1　无向图和有向图

3）权值与网图

在实际应用中，通常可以给图的边或弧附加上某种数值，例如，地图上连接两个城市的铁路线在其上附有该铁路线的里程数等，这种数值通常与边联接的两个顶点密不可分，可以用来表示两个邻接点之间的距离，或运行时花费的时间等基本信息。

- **边的权值**：图的边上标识带有一定意义的数值时，该数值就称为相应边上的“权值”或“权(weight)”；
- **网图**：当一个图的每一条边或弧都带有权值时，就称该图为“网图”(weighted graph)或“网络”(network)，也可简称为“网”。

权值通常取为非负实数。对于有向图来说，如果两个顶点具有两条不同的弧段，作为网图，这两条弧具有两个权值。

图 7-2(a)和(b)分别表示基于无向图的网图和基于有向图的网图。

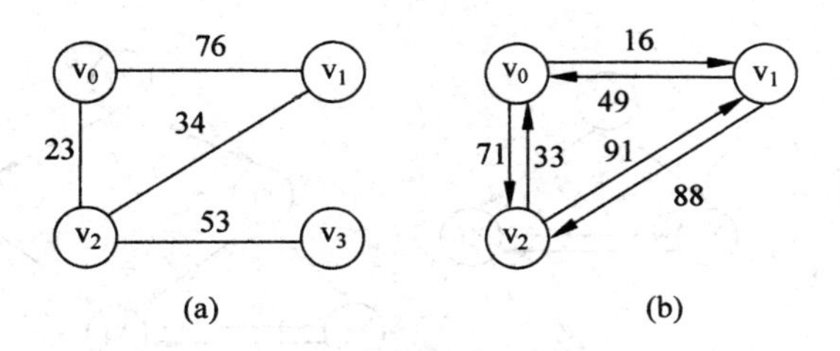

图 7-2　边的权值和网图

图中一个顶点与其他多少顶点邻接可看作是该顶点逻辑关联“强度”的量化描述，这就需要引入顶点“度”的概念。

(1) **无向图顶点的度**：在无向图中，若顶点 v_i 和 v_j 之间有一条边(v_i, v_j)存在，则称顶点 v_i 和 v_j 互为邻接点，简称 v_i 与 v_j 相邻接。顶点 v_i 的“度”(degree)定义为与 v_i 相邻接顶点的个数，记为 $D(v_i)$。

(2) **有向图顶点的度**：在有向图中，以顶点 v_i 为弧尾的弧的个数，称为顶点 v_i 的“出度”(outdegree)，记为 $OD(v_i)$；以顶点 v_i 为弧头的弧的个数，称为顶点 v_i 的“入度”(indegree)，记为 $ID(v_i)$。此时，顶点 v_i 的度 $D(v_i)$定义为其入度与出度之和，即 $D(v_i)=ID(v_i)+OD(v_i)$。

(3) **边数与顶点度关系**：从直观上来看，无论是无向图还是有向图，图中每一条边或弧都与两个顶点有关。在图的顶点数 n、边数 e 以及各顶点的度 $D(v_i)(1\leqslant i\leqslant n)$三者之间存在如下关系。

$$2e = \sum_{i=1}^{n} D(v_i)$$

这个结论可以通过严格数学证明予以确定，也称为握手定理或欧拉定理。

2. 子图

图在实际中广泛应用。例如，一个地区的公交站点数据集合就可以组成一个图结构；有时需要讨论图中的一个组成部分，例如，节假日期间考虑一个地区闹市区部分交通站点的管制或疏通，这就是需要引入一个图的组成部分——子图的概念。

子图：设有图 $G=(V,E)$和 $G'=(V',E')$。若 $V'\subseteq V$，$E'\subseteq E$，且 E'中边(或弧)都依附于 V'中顶点，则称 G'是 G 的一个“子图”。

图 7-1(a)和图 7-1(b)中的若干子图分别如图 7-3 和图 7-4 所示。

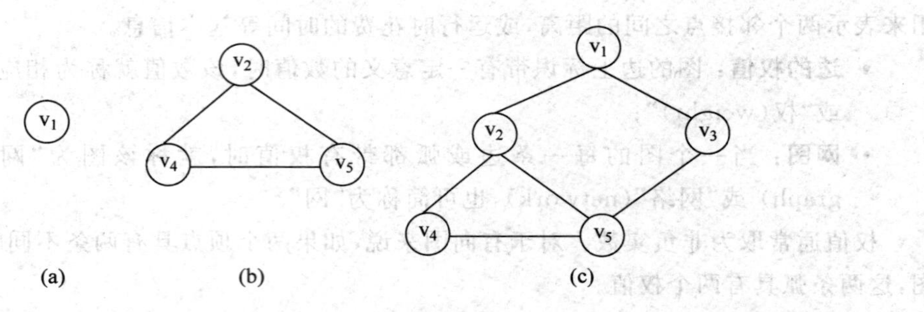

图 7-3 图 7-1(a)的子图

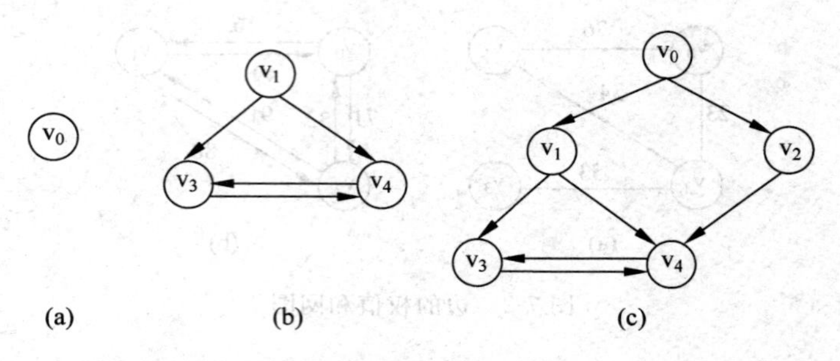

图 7-4 图 7-1(b)的子图

3. 完全图

如前所述,顶点之间邻接关系是图最基本的逻辑结构关系。因此,可以讨论图的一种特殊情形,即图中任意两个顶点都具有邻接关系,亦即任意两顶点都有邻接边相连,具有这种特殊性的图就是完全图。完全图概念类似于二叉树中满二叉树概念。

(1) **无向完全图**。具有 n 个顶点的无向图 G 如果具有 $n\times(n-1)/2$ 条边,则称 G 为"无向完全图"(undirected complete graph)。对于无向完全图 G 来说,G 的每个不同顶点对之间都有一条边将它们连接。

(2) **有向完全图**。具有 n 个顶点的有向图 G 如果具有 $n\times(n-1)$条弧,则称 G 为"有向完全图"(directed complete graph)。对于有向完全图 G 来说,G 的每个不同顶点对之间都有两条不同方向的弧将它们连接。

图 7-5(a)所示图具有 4 个顶点且有 $4\times(4-1)/2=6$ 条边,因此是一个无向完全图;图 7-5(b)所示图有 4 个顶点且有 $4\times(4-1)=12$ 条弧,因此是一个有向完全图。

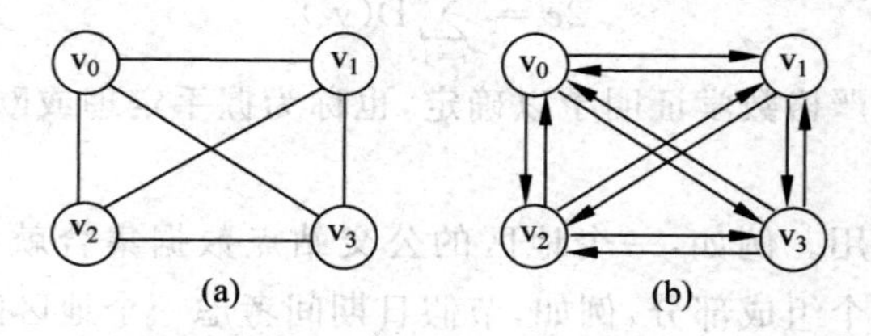

图 7-5 无向完全图和有向完全图

7.1.2 路径与连通

两个顶点之间有"边"相连是图中数据元素基本的逻辑关系,"有边相连"表示两个顶点能够“到达”。但两个顶点在没有“边相连”的情况下也可能“到达”，例如，两个公交站点彼此没有“边”直接连接时却可能通过其他多个站点组成的“路线”到达。对于图结构，当两个顶点之间不存在“边连接”的逻辑关系时，就可以考虑这种“路径相连”的“较弱”的逻辑关系，这就是图结构中“路径”和“连通”的概念。

1. 顶点间的路径关联

两个顶点之间可以存在基于“邻接”关系的数据关联，而在不具有邻接关系的两顶点之间还可分出一种情形，即基于“路径”的数据关联。图中顶点之间的“路径”关联就是图中顶点间更为一般的数据结构，此时可以将顶点“邻接”关联作为其基础和特例。

（1）**无向图的路径**：在无向图 G 中，由顶点 v_i 到顶点 v_j 的一条“路径”，定义为在顶点 v_i 与顶点 v_j 之间存在一个边的序列：(v_i, v_{i1})，(v_{i1}, v_{i2})，…，(v_{im}, v_j) 其中顶点 v_i、v_{i1}、v_{i2}、…、v_{im}、v_j 属于 G 的顶点集合 V，边 (v_i, v_{i1})、(v_{i1}, v_{i2})、…、(v_{im}, v_j) 属于 G 的边的集合 E。

（2）**有向图的路径**：对于有向图 G，由顶点 v_i 到顶点 v_j 的一条“路径”定义为顶点 v_i 与顶点 v_j 之间存在一个弧的序列：$<v_i, v_{i1}>$，$<v_{i1}, v_{i2}>$，…，$<v_{im}, v_j>$ 其中顶点 v_i、v_{i1}、v_{i2}、…、v_{im}、v_j 属于 G 的顶点集合 V，弧 $<v_i, v_{i1}>$、$<v_{i1}, v_{i2}>$、…、$<v_{im}, v_j>$ 属于 G 的弧的集合 E。

（3）**路径长度**：由顶点 v_i 到顶点 v_j 路径“长度”定义为在这条路径上拥有的边的个数。

（4）简单路径与回路：若在一条路径上出现的顶点都不同，则称其为“简单路径”；若一条路径的第 1 个顶点和最后一个顶点相同，其他顶点都不重复出现，则称其为“简单回路”；若一条路径的第 1 个顶点和最后一个顶点相同，则称其为“回路”或“环”(cycle)。简单回路是回路的特殊情形。

2. 连通图与连通分量

前述已知，任意两个顶点都具有“邻接”关系的图称为完全图。将“邻接”关系扩充为“路径”关联后，自然可以讨论图中任意两个顶点都具有“路径”关联的情形。

1) 无向连通图

（1）**连通图**：在无向图 G 中，若从顶点 v_i 到顶点 v_j 之间有路径相连，则称 v_i 与 v_j 是“连通”的。如果无向图 G 中任意一对顶点之间都是连通的，则称该图 G 为“连通图”(connected graph)，否则是“非连通图”(unconnected graph)。

（2）**连通分量**：在无向图 G 中，尽可能多地从集合 V 及 E 里收集顶点和边，使它们成为该图的一个极大的连通子图，这个子图就被称为是无向图 G 的一个“连通分量”(connected component)。

图 7-6(a)和图 7-6(b)分别表示一个连通图和一个非连通图，图 7-6(c)表示图 7-6(b)的两个连通分量。

2) 有向连通图

（1）**强连通图和弱连通图**：在有向图 G 中，若对其中任意两个顶点 v_i 和 v_j，都存在从顶点 v_i 到顶点 v_j 和从顶点 v_j 到顶点 v_i 之间的路径，则称 G 强连通图；如果任意两个顶点都至少存在单向路径，则称 G 是弱连通图。由于可能存在回路，n 个顶点的强连通图应当至少有 n 条弧。

（2）**强连通分量和弱连通分量**：有向图 G 中的极大强连通子图称为 G 的强连通分量，而其中的极大弱连通子图称为 G 的弱连通分量。强连通有向图只有自身一个强连通分量，非强连通有向图可以有多个强连通分量。

(3) **有根图**：在有向图 G 中，若存在一个顶点 v 使得从 v 到图中给任意一个顶点都有路径相连，则称 G 为有根图，v 称为 G 的根。

显然，强连通图是有根图的特殊情形。

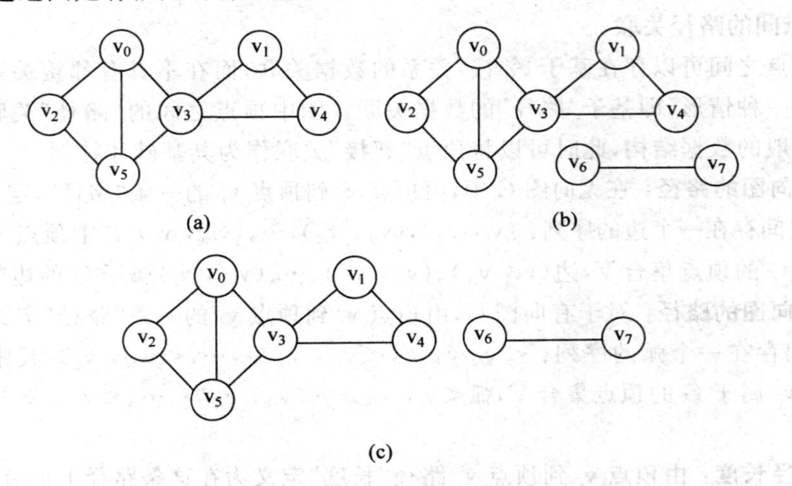

图 7-6　连通图和连通分量

7.2 图的存储

图存储的基本点在于存储图中顶点之间的逻辑关系即顶点间的边(弧)信息。由于图中顶点通常可以具有多个前驱结点与后继结点，顶点之间不再存在如同树那样的"结点"层次关系，因此需要采用不同于树的存储方式。本节学习图的邻接矩阵和邻接表存储方法。

7.2.1 基于邻接矩阵存储

邻接矩阵是将图的逻辑结构数学化的一种重要方式。由此可借鉴二维数组存储技术并结合其他方式实现图的存储。

1. 图的邻接矩阵

邻接矩阵存储是一种整合存储技术，即使用一个一维数组存储图中顶点数据信息；使用两个变量分别记录图中顶点的个数以及图中边或弧的个数；同时使用一个二维数组(即矩阵)存储图中各顶点间的邻接关系。通常也将这个组合中的二维数组称为图的"邻接矩阵"。

设图 G=(V,E)有 n 个顶点，为了表示 n 个顶点之间的邻接关系，定义一个 $n\times n$ 的矩阵并称其为图 G 的邻接矩阵(adjacency Matrix)，其中元素规定为：

$$\mathbf{A}_{[i][j]}=\begin{cases}1, & \text{若}(v_i,v_j)\text{或}<v_i,v_j>\text{是}E\text{中的边或弧}\\0, & \text{若}(v_i,v_j)\text{或}<v_i,v_j>\text{不是}E\text{中的边或弧}\end{cases}$$

即是说，当图 G 中顶点 v_i 和 v_j 之间存在边或弧相互连接时，矩阵 **A** 中第 i 行第 j 列处元素为 1，否则为 0。

用 Java 语言可定义图的邻接矩阵类如下。

```
00  public class GraphMatrix < T > {
01        public Object[ ] vertexes;              //顶点信息数组
02        public double[ ][ ] matrix;             //边邻接信息矩阵
03        private boolean isDirectedGraph;        //是否有向图
04        public int edgeCount;                   //边数
05  }
```

对于图 7-6(a)所示的无向图,其邻接矩阵如图 7-7 所示。

对于图 7-8(a)所示的有向图,其邻接矩阵如图 7-8(b)所示。

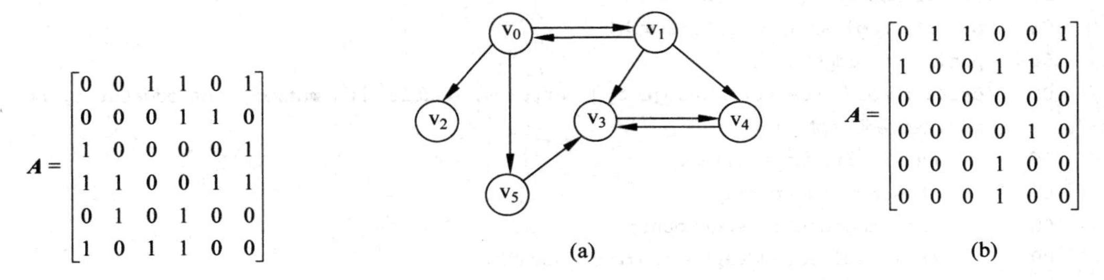

$$A=\begin{bmatrix}0&0&1&1&0&1\\0&0&0&1&1&0\\1&0&0&0&0&1\\1&1&0&0&1&1\\0&1&0&1&0&0\\1&0&1&1&0&0\end{bmatrix}$$

$$A=\begin{bmatrix}0&1&1&0&0&1\\1&0&0&1&1&0\\0&0&0&0&0&0\\0&0&0&0&1&0\\0&0&0&1&0&0\\0&0&0&1&0&0\end{bmatrix}$$

图 7-7　无向图及其邻接矩阵

图 7-8　有向图及其邻接矩阵

邻接矩阵有如下基本性质。

(1) **无向图邻接矩阵是对称矩阵**。对于无向图 G=(V,E)来说,当边$(v_i,\ v_j)\in E$ 就意味着边$(v_j,\ v_i)\notin E$ 且边$(v_i,\ v_j)\in E$,所以无向图的邻接矩阵关于其主对角线对称。

(2) **邻接矩阵与图中顶点的度相关**。对于无向图,相应邻接矩阵中第 i 行(或第 i 列)里非零元素的个数,正好是第 i 个顶点 v_i 的度 $D(v_i)$。对于有向图,相应邻接矩阵中第 i 行里非零元素的个数,正好是第 i 个顶点 v_i 的出度 $OD(v_i)$;相应的邻接矩阵中第 i 列里非零元素的个数,正好是第 i 个顶点 v_i 的入度 $IO(v_i)$。

2. 网图邻接矩阵

对于一个网图来说,不仅需要通过邻接矩阵反映出顶点之间的邻接关系,还应该利用它反映出依附于边或弧的权值。此时,规定邻接矩阵的元素为:

$$\boldsymbol{A}_{[i][j]}=\begin{cases}w_{ij}, & 若(v_i,v_j)或<v_i,v_j>是 E 中的边或弧,w_{ij}为权值\\0, & 若(v_i,v_j)或<v_i,v_j>不是 E 中的边或弧且 i=j\\\infty, & 若(v_i,v_j)或<v_i,v_j>不是 E 中的边或弧且 i\neq j\end{cases}$$

其中,w_{ij} 表示相应边或弧的权值,∞表示一个计算机所允许的大于所有权值的给定数值。上述 $\boldsymbol{A}_{[i][j]}$ 的规定表明,当网图中顶点 v_i 和 v_j 之间存在边或弧时,矩阵 $\boldsymbol{A}$ 的第 i 行第 j 列处元素为相应权值,而在 $\boldsymbol{A}$ 的对角线处元素为 0,其他位置处元素为∞。

图 7-9(a)、(b)分别是图 7-2(a)、(b)所示无向网图和有向网图的邻接矩阵。

$$A=\begin{bmatrix}0&76&23&\infty\\76&0&34&\infty\\23&34&0&53\\\infty&\infty&53&0\end{bmatrix}\qquad A=\begin{bmatrix}0&16&71\\49&0&88\\33&91&0\end{bmatrix}$$

(a)　　　　　　(b)

图 7-9　图 7-2(a)、(b)所示网图邻接矩阵

3. 邻接矩阵存储算法

由于有向图更具有一般性,下面学习有向图的邻接矩阵存储算法。

【算法 7-1】 有向图 G 邻接矩阵存储算法。

设置一个一维数组 vertexes,用于存放 G 的顶点数据信息;设置一个二维数组 matrix,用于存放 G 中有关弧的信息;设置变量 edgeCount,记录图的弧的个数信息;设置变量 isDirectedGraph,记录是否为有向图。

```
00  public class GraphMatrix<T> {
01    public Object[] vertexes;
02    public double[][] matrix;
03    private boolean isDirectedGraph;
04    public int edgeCount;
05    private void createGraph(Object[] vertexes, double[][] matrix, int edgeCount, boolean
      isDirectedGraph) {
06        this.vertexes = vertexes;
07        this.matrix = matrix;
08        this.edgeCount = edgeCount;
09        this.isDirectedGraph = isDirectedGraph;
10    }
11    public static GraphMatrix<String> createFromConsole() {
12        Scanner scanner = new Scanner(System.in);
13        System.out.print("是否为有向图(true:有向图;false:无向图):");
14        boolean isDirectedGraph = scanner.nextBoolean();
15        System.out.print("请输入顶点数:");
16        int vertexCount = scanner.nextInt();
17        Object[] vertexes = new Object[vertexCount];
18        for (int i = 0; i < vertexes.length; i++) {
19            vertexes[i] = "v" + i;
20        }
21        double[][] matrix = new double[vertexCount][vertexCount];
22        int edgeCount = 0;
23        for (int row = 0; row < vertexCount; row++) {
24            for (int col = 0; col < vertexCount; col++) {
25                if (row != col) {
26                    if (!isDirectedGraph) {        //判断是否需要对上三角元素进行输入
27                        if (row < col) {
28                            continue;
29                        }
30                    }
31                        System.out.print("请输入<" + row + "," + col + ">边的权值
                             (-1 表示不存在边): ");
32                    double weight = scanner.nextDouble();
33                    if (weight == -1) {
34                        weight = Double.POSITIVE_INFINITY;
35                    }
36                    matrix[row][col] = weight;
37                    edgeCount++;
38                    if (!isDirectedGraph) {
```

```
39                      matrix[col][row] = weight;
40                  }
41              } else {
42                  matrix[row][col] = 0;
43              }
44          }
45      }
46      GraphMatrix<String> graph = new GraphMatrix();        //创建一个邻接矩阵图实例
47      graph.createGraph(vertexes, matrix, edgeCount, isDirectedGraph);
48      return graph;
49  }
50  public static void main(String[] args) {
51      GraphMatrix<String> graph = GraphMatrix.createFromConsole();
52  }
53 }
```

算法分析：上述算法中，整个算法可分为两个组成模块。

(1) 构造方法主要实现根据顶点数和边数，对 vertexes 和 matrix 数组进行初始化。

(2) createFromConsole()方法 主要实现通过控制台让用户输入图的顶点个数和边数，然后调用构造方法，初始化相关数组，由程序第 12～20 句语句完成；然后根据用户输入边的起点和终点，设置矩阵中的元素值，由程序第 21～45 句语句完成。

7.2.2 基于邻接表存储

图的邻接矩阵存储要点是将图转换为相应矩阵进行存储；矩阵通常都是使用顺序存储方式；顺序存储对于数据的动态管理比较麻烦。在第 4 章中是将二维数组作为矩阵处理，同时限定其中的数据操作不涉及插入、删除等动态操作，因此使用顺序存储方式比较适宜。但计算机数据管理中的图结构毕竟不能等同于数学中的矩阵情形，可能需要进行包括静态和动态的各类数据操作，此时基于顺序表的邻接矩阵存储就不能完全适用。为此需要引入数据的链式存储方式，这就是图的邻接表(adjacency list)存储技术。邻接表类似于树的子结点链表存储结构，它实际上是一种将顺序存储和链式存储整合使用的方法。

邻接表存储方式基本思想如下。

(1) 数据元素实行顺序存储。首先按照某种方式对图中顶点进行编号；然后根据图中每个顶点对应唯一序号将所有顶点依次存放在一个顺序表中。

(2) 邻接关系实行链式存储。对上述顺序表中每个顶点 v_i 建立一个单链表，使得链表当中出现的结点都是与 v_i 邻接的那些顶点即与 v_i 存在边或弧连接的顶点。

由此可知，通过顶点编号将图中顶点集合“看作”线性表进行顺序存储；将每个顶点的所有邻接边也给出“次序”而“作为”线性表进行链式存储；同时顺序存储的每个顶点还需要建立一个指针指向其对应的邻接顶点链表。

存储顶点即“数据”的顺序表称为“顶点表”，其中数组元素也就称为“顶点结点”；存储邻接关系即“边”的单链表称为“边表”，其中结点也就称为边表结点。顶点结点和边表结点的结构分别如下。

- **顶点结点**：顺序表中数据元素称为顶点结点，由 data 域和 firstEdege 域组成。其中，data 为数据域，用于存放 v_i 在图中序号 i 或顶点表示的数据；firstEdege 为边结点域,指向顶点 v_i 对应单链表中第 1 个结点位置。顶点结点如图 7-10(a)所示。

- **边表结点**:链表中结点称为边结点,其 vertexIndex 域和 next 域组成。其中。vertexIndex 为邻接点域,用于存放相应顶点的邻接点在顺序表中下标;next 为指针域,指向链表的下一个结点。边结点如图 7-10(b)所示。

单个顶点结点 v_0 的子结点链表结构如图 7-11 所示。

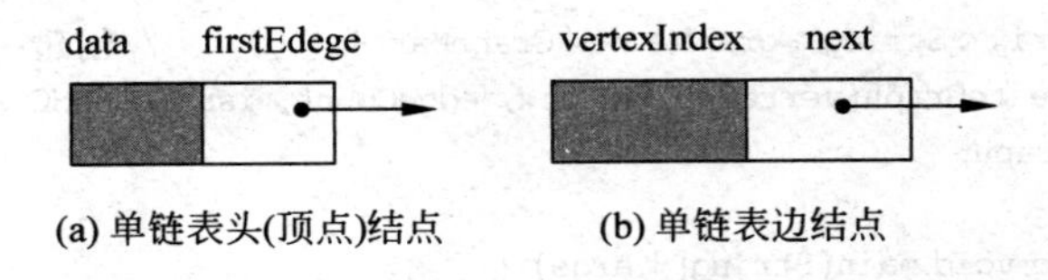

图 7-10　邻接表结点和边结点结构

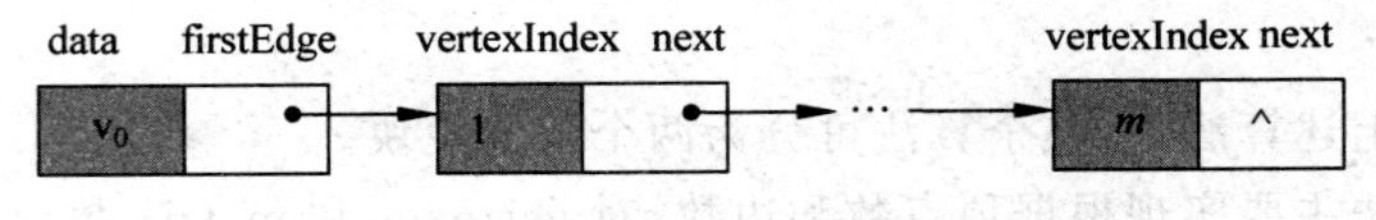

图 7-11　单个结点子结点链表存储结构

用定义图的邻接表类如下。

```
00  public class EdgeListNode {              //定义边表结点结构
01    public int vertexIndex;
02    public EdgeListNode next;
03  }
04  public class VertexList<T>{              //定义顶点结点结构
05    public T data;
06    public EdgeListNode firstEdege;
07  }
08  public class GraphList<T> {              //定义图邻接表类型
09    public VertexList<T>[] vertexes;
10    public int edgeCount;
11  }
```

图 7-12 和图 7-13 分别表示图 7-6(a)所示无向图和图 7-8(a)所示有向图的邻接表存储结构。

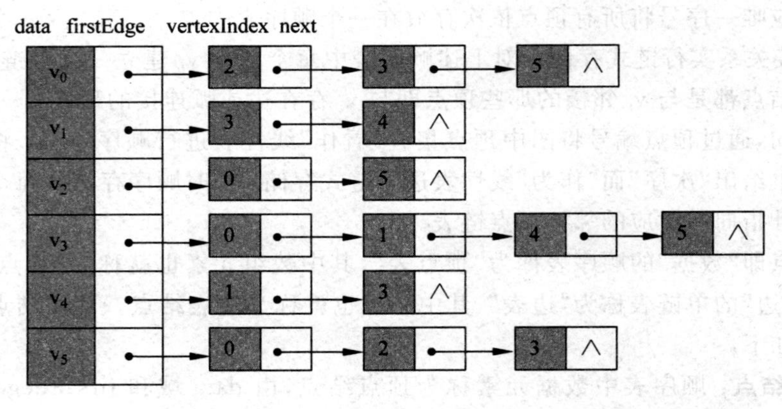

图 7-12　图 7-6(a)所示无向图邻接表存储结构

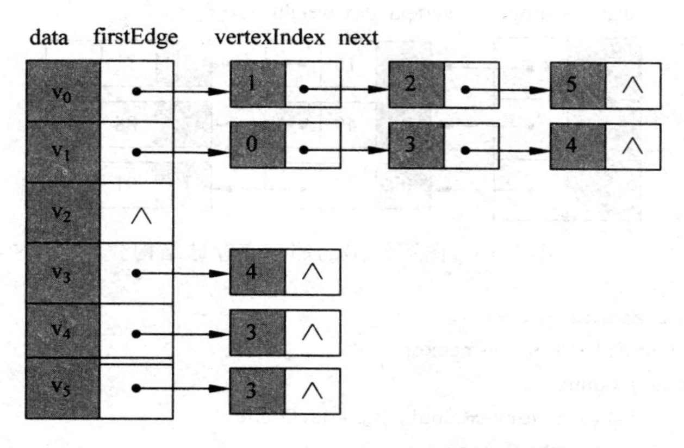

图 7-13　图 7-8(a)所示有向图邻接表存储结构

对于网图，在边表结点里，还应该给出边(或弧)的权值。此时，顶点结点和边表结点结构如图 7-14 所示。

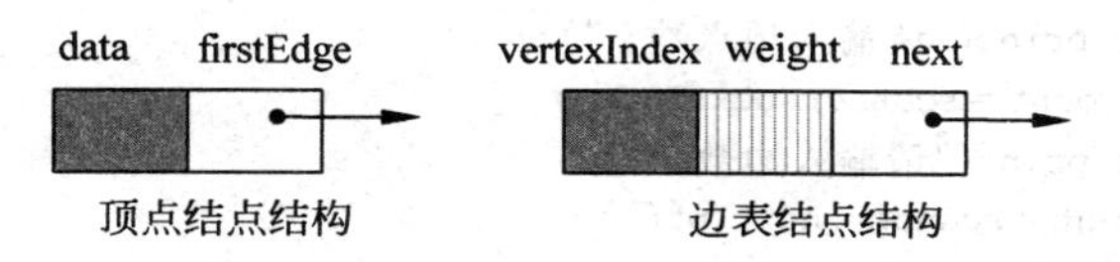

图 7-14　网图邻接表结点结构

相应的边表结点结构类用 Java 语言定义需增加 weight 的定义。

```
00  public class EdgeListNode {
01      public int vertexIndex;
02      public double weight;
03      public EdgeListNode next;
04  }
```

对于图 7-2 所示的无向网图和有向网图，其对应邻接表存储结构分别如图 7-15 和图 7-16 所示。

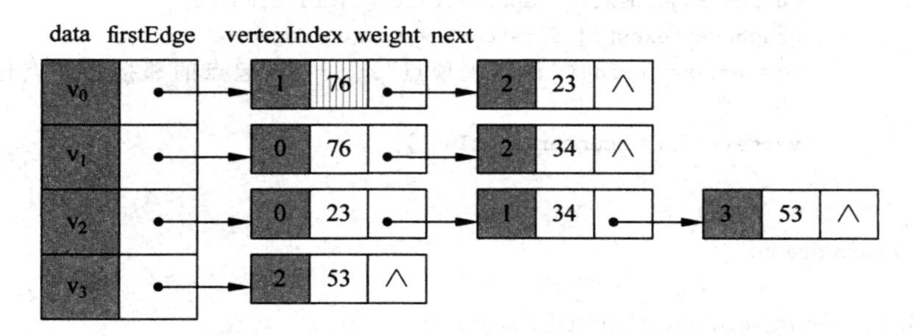

图 7-15　图 7-2(a)的邻接表存储结构

【算法 7-2】　有向图邻接表存储算法。

设置由单链表表头结点组成的一维数组 vertexes，用于存放图的顶点数据(data)以及指向顶点单链表的指针(firstEdge)，类型为 VertexNode<T>；设置变量 vertexCount 和 edgeCount，记录图的顶点个数和弧的个数信息。

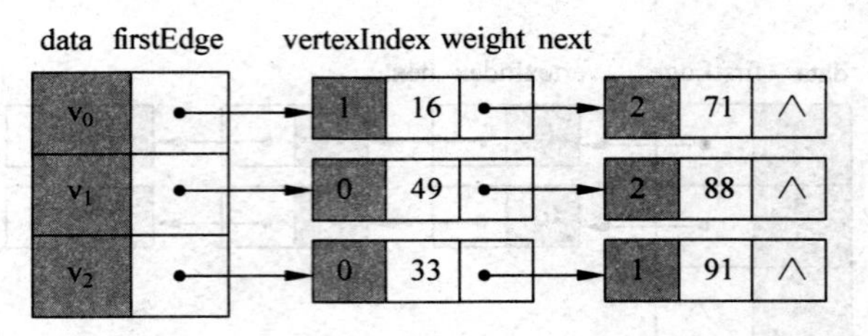

图 7-16　图 7-2(b)的邻接表存储结构

```
00  public class GraphList<T>{
01    public VertexList<T>[] vertexes;
02    public int edgeCount;
03    public GraphList(int vertexCount,int edgeCount){
04      this.edgeCount = edgeCount;
05      this.vertexes = new VertexList[vertexCount];
06    }
07    public static GraphList<String> createFromConsole() {
08      Scanner scanner = new Scanner(System.in);
09      System.out.print("请输入顶点数:");
10      int vertexCount = scanner.nextInt();
11      System.out.print("请输入边数:");
12      int edgeCount = scanner.nextInt();
13      GraphList<String> graph = new GraphList<String>(vertexCount,edgeCount);
14      for(int i = 0;i<vertexCount;i++){
15           graph.vertexes[i] = new VertexList<String>("v" + i,null);
16      }
17      EdgeListNode currentEdge = null;
18      for (int i = 0; i<vertexCount; i++) {
19          System.out.print("请输入顶点" + i + "为起点的邻接边终点标号(以 -1 结束):");
20           int vertexIndex = scanner.nextInt();
21           while(vertexIndex!= -1){
22              System.out.print("请输入<" + i + "," + vertexIndex + ">边的权值:");
23              double weight = scanner.nextDouble();
24              currentEdge = new EdgeListNode(vertexIndex,weight,null);
25              currentEdge.next = graph.vertexes[i].firstEdege;
26              graph.vertexes[i].firstEdege = currentEdge;
27              System.out.print("请输入顶点" + i + "为起点的邻接边终点标号(以 -1 结
                束):");
28              vertexIndex = scanner.nextInt();
29           };
30      }
31      return graph;
32    }
33    public static void main(String[] args) {
34      GraphMatrix<String> graph = GraphList.createFromConsole();
35    }
36  }
```

算法分析：上述算法由如下三部分组成。

(1) 输入图的顶点和弧的个数信息(程序第 08～12 行)。

(2) for 循环语句(程序第 14～16 行)对顶点单链表表头数组进行初始化,即将每个元素 data 域设置为顶点的序号，firstEdge 域设置为 null。

(3) for 循环语句(程序第 18～30 行)形成各顶点的单链表。首先依次输入顶点 i 的邻接点 vertexIndex，以及 i 到 vertexIndex 的权值 weight。然后申请边结点并赋值，插入到邻接表 graph. vertexes[i]指向的单链表中。

7.3 图的遍历

类似于树的遍历，连通图的"遍历"是指从图的某一个顶点出发访问图中的所有顶点，且每个顶点只被访问一次的过程。由于自身特性，图的遍历具有下述特点。

(1) 对于一般图而言，其中并没有像树的根结点那样作为遍历起始的顶点，因此可以从图中任意一个顶点开始遍历。

(2) 对于非连通图，其中某些顶点之间并不相互连接，因此从其中某个顶点出发，并不一定能够保证访问到图中的所有顶点。

(3) 对于存在回路的图而言，当其中一个顶点被访问后，可能会沿着回路又回到这个已经被访问过了的顶点。

对于非连通图，无论从图中哪个顶点出发进行遍历都不能访问遍图中的所有顶点，所得结果只是初始点所在连通分量中的遍历序列。此时，需要对于每个连通分量都选定一个初始点分别进行相应遍历操作，因此遍历非连通图需要多次调用相应算法。

本节遍历都针对无向图，但所用算法对于有向图也是适用，只需注意遍历路径有向即可。

7.3.1 深度优先遍历

图深度优先遍历(Depth-First Search，DFS)策略类似于树的先序遍历，具体步骤如下。

(1) 在图 G 中指定一个顶点 v_0 作为遍历开始顶点，先访问 v_0 并将其进行适当标记表明已被访问。

(2) 依次从 v_0 的还未被访问的各个邻接顶点 w 出发递归地进行深度优先遍历，此时需要对 v_0 的邻接顶点给定某种顺序，由此直至图中所有与 v_0 连通的顶点都被访问。

(3) 如果图中还存在未访问过的顶点，则选其中之一由其出发重复上述步骤(1)和(2)，直到图中所有顶点都被访问。

通过对图进行深度优先遍历，由访问顶点先后次序得到的一个顶点序列称为该图的深度优先遍历序列，简称 DFS 序列。

由上述可知，图的遍历实际上就是访问初始点，然后递归地访问邻接于该点的所有顶点。

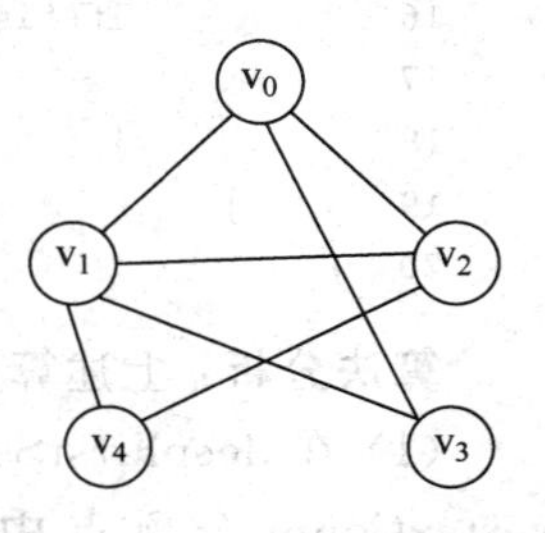

图 7-17　深度优先遍历的图实例

【例 7-1】 设有无向图如图 7-17 所示，其邻接表存储如图 7-18 所示。从顶点 v_0 出发对图进行深度优先遍历。首先，访问 v_0 后对其进行访问标记，此时由 v_0 单链表可知其第 1 个未被访问的邻接点为 v_1，访问 v_1 并进行标记。由 v_1 的单链表可知，其第 1 个未被访问的邻接点为 v_2，访问 v_2 并进行标记。由 v_2 的单链表可知，其第 1 个未访问的邻接点为 v_4,访问 v_4 并进行标记。由 v_4 的单链表可知,其已没有未被访问的邻接点。此时,返回上次访问结点 v_2,由 v_2 的单链表出发亦未找到其第 1 个未访问的邻接点,继续返回上次访问结点 v_1,由 v_1 的单链表出发找到其第 1 个未访问的邻接点为 v_3,访问 v_3 并进行标记。此时访问结点数与顶点数相等,遍历可结束。由此得到深度优先遍历的序列为：$v_0 \to v_1 \to v_2 \to v_4 \to v_3$。

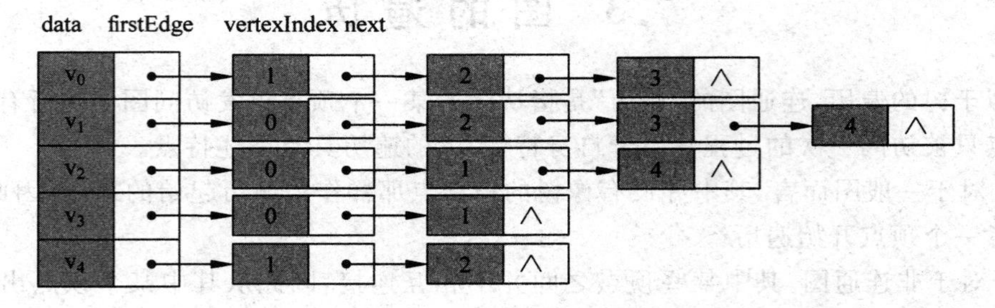

图 7-18 深度优先遍历图的邻接表存储

【算法 7-3】 基于邻接表的无向图深度优先遍历算法。

已知有 vertexCount 个顶点的无向图 G 的邻接表,输出其深度优先遍历序列。

```
00  public void deepFirstSearch(){
01       int vertexCount = this.vertexes.length;
02       boolean[] isVisited = new boolean[vertexCount];
03       for(int i = 0;i < isVisited.length;i++){
04            isVisited[i] = false;
05       }
06       for(int i = 0;i < vertexCount;i++){
07            if(!isVisited[i]){
08                 DFS(i,isVisited);
09            }
10       }
11  }
12  private void DFS(int i, boolean[] isVisited) {
13       System.out.println(this.vertexes[i].data);
14       isVisited[i] = true;
15       for(EdgeListNode currentEdge = this.vertexes[i].firstEdege;
                              currentEdge!= null;currentEdge = currentEdge.next){
16            if(!isVisited[currentEdge.vertexIndex]){
17                 DFS(currentEdge.vertexIndex,isVisited);
18            }
19       }
20  }
```

算法分析：上述算法实际上由 deepFirstSearch()主模块和 DFS()递归调用模块构成。

(1) 在 deepFirstSearch()主模块(程序第 00～11 行)中,使用一维数组 isVistited 记录 vertexCount 个顶点中已被访问的顶点和未被访问的顶点。开始时,isVistited 中 vertexCount 个元素都初始化为 false 以表明没有顶点被访问。运行中,一个顶点 v_i 被访问后其相应会被设置为 true。当过程中发现一个还未被访问的其 isVistited[j]=false 的顶点 v_j 时,就开始调用模块 DFS()对该顶点进行深度优先遍历。

(2) 在 DFS()递归调用模块(程序第 12～20 行)中,首先将传递过来的当前所在顶点的 isVisited[i]设置为 true 并打印输出,由此该顶点即被访问过了。接着再顺着该顶点的单链表查找是否还有 isVisited[i]为 false 的顶点。若有,则沿其继续进行深度优先遍历即递归调用 DFS(),直至与该顶点邻接的所有顶点都被访问,从而结束 DFS()递归,返回主模块 deepFirstSearch(),继续查找 isVisited[i]为 false 的顶点。由此一直到所有顶点都被访问,即 i=vertexCount 程序宣告结束。

非递归算法也可用于实现图的深度优先遍历,如下述的算法 7-4。

【算法 7-4】 基于邻接表的无向图深度优先遍历非递归算法。

```
00  public void DFS(){
01      boolean[] isVisited = new boolean[this.vertexes.length];
02      for(int i = 0;i < isVisited.length;i++){
03          isVisited[i] = false;
04      }
05      StackLinked < Integer > stack = new StackLinked < Integer >();
06      System.out.println(this.vertexes[0].data);
07      isVisited[0] = true;
08      stack.push(0);
09      EdgeListNode currentEdge = this.vertexes[0].firstEdege;
10      while(currentEdge!= null || (!stack.isEmpty())){
11              if(currentEdge!= null){
12              if(!isVisited[currentEdge.vertexIndex]){
13                  System.out.println(this.vertexes[currentEdge.vertexIndex].data);
14                  isVisited[currentEdge.vertexIndex] = true;
15                  stack.push(currentEdge.vertexIndex);
16                  currentEdge = currentEdge.next;
17              }
18          }else{
19              currentEdge = this.vertexes[stack.pop()].firstEdege;
20          }
21      }
22  }
```

算法分析:图的深度优先遍历需要借助一个栈,记录遍历顶点以便在该顶点找不到下一个为访问的邻接点时回溯。每个顶点都要进一次栈且仅一次,n 个顶点就会有 n 次进栈。当图用邻接表储存时,那么当顶点 u 进栈后,要寻找它的下一个未访问过的邻接点 v,时间为 $O(\mathrm{e1})$,e1 为 u 的邻接边个数,所有点的邻接边个数总和为 2e,即 $O(\mathrm{e})$。另外,算法需要 $O(n)$时间进行初始化访问标志等。所以图基于邻接表的深度优先遍历算法时间复杂度为 $O(n+\mathrm{e})$。

7.3.2 广度优先遍历

图的广度优先遍历(Breadth-First Search,BFS)类似于树的层次遍历,具体步骤如下。

① 在图中指定一个顶点 v_0 为遍历起始点,访问顶点 v_0 并将其进行标记以表明被访问。

② 依次访问 v_0 的所有相邻顶点 $w_1,w_2,\cdots,w_x$,此时需要为 v 的邻接顶点规定一种顺序,然后依次访问与 $w_1,w_2,\cdots,w_x$ 邻接的所有未访问顶点直到所有已访问顶点的相邻顶点

都已访问。

③ 如果图中还有未访问顶点,则选择其中之一作为新的遍历起始顶点,由其出发进行广度优先遍历直到所有顶点都已访问。

通过广度优先遍历得到的顶点序列称为广度优先遍历序列,或 BFS 序列。

由上述步骤可知,图广度优先遍历特点是尽可能地先进行“横向”搜索,即从选定的某个起始顶点出发,“一层一层”地展开访问,相当于树的层次遍历,因此在直观上就形成“广度优先”的情形。在进行图的广度优先遍历时,可以采用邻接表存储结构,类似于树的层次遍历,需要有一个工作队列,以记录在“上一层”搜索访问完成后进入“下一层”搜索访问的起始点。具体而言,就是首先将访问过的遍历起始点 v_0 进队,在将已经访问过的 v_0 的所有邻接点进队时,v_0 出队;接着将当前队首 v_{i0} 出队,并将 v_{i0} 的所有邻接点进队;对新的队首同样处理,……,直到队列为空(front==rear)。

【算法 7-5】 基于邻接表的无向图广度优先遍历算法。

已知有 vertexes. length 个顶点的无向图,输出其广度优先遍历序列。

```
00  public void BreadthFirstSearch(){
01        boolean[] isVisited = new boolean[this.vertexes.length];
02        for(int i = 0;i < isVisited.length;i++){
03              isVisited[i] = false;
04        }
05        for(int i = 0;i < this.vertexes.length;i++){
06              if(!isVisited[i]){
07                   BFS(i,isVisited);
08              }
09        }
10  }
11  private void BFS(int i, boolean[] isVisited) {
12        System.out.println(this.vertexes[i].data);
13        isVisited[i] = true;
14        QueueLinked < Integer > queue = new QueueLinked < Integer >();
15        isVisited[0] = true;
16        queue.enQueue(0);
17        EdgeListNode currentNode  = null;
18        while(!queue.isEmpty()){
19              currentNode = this.vertexes[queue.getFront()].firstEdege;
20              queue.deQueue();
21              while(currentNode!= null){
22                    if(!isVisited[currentNode.vertexIndex]){
23                          System.out.println(this.vertexes[currentNode.vertexIndex].data);
24                          isVisited[currentNode.vertexIndex] = true;
25                          queue.enQueue(currentNode.vertexIndex);
26                    }
27                    currentNode = currentNode.next;
28              }
29        }
30  }
```

算法分析:算法由两个模块构成,一个是 BreadthFirstSearch()主模块,一个是 BFS()

递归调用模块。

(1) BreadthFirstSearch 主模块(程序第 00～10 行)首先对记录顶点是否访问过的标志数组 flag 进行初始化，在进入对整个无向图进行广度优先遍历直到图中所有 n 个顶点都被访问。

(2) BFS()递归调用模块(程序第 11～30 行)从某个顶点 v_i 出发，对图进行广度优先遍历。首先让 v_i 的序号进入队列 queue 并将其标志 isVisited[i]置为 true 且访问它。接着，让队首元素出队(队首元素序号出队)，沿着其链表行进，对于凡是 isVisited[]＝flase 的顶点都进行访问并使其进入队列。

(3) BFS()由两个 while 循环构成：外循环(程序第 18～29 行)通过判断队列是否为空来控制图顶点的遍历；内循环(程序第 21～28 行)到达一个顶点后，完成对其访问的同时还完成对该顶点所有未访问过的邻接顶点遍历，即实现广度的含义。

当无向图是连通图时，上述算法主过程只需要调用 BFS()子过程一次即可完成对所有顶点的遍历，这是因为顶点之间相互连通。对于非连通图，子过程就可能需要多次调用，调用次数多少表示该非连通图具有多少个连通分量。这也说明，可以使用本算法计算一个非连通图具有多少连通分量。

对于无向图来说，边(v_i,v_j)的链表元素既会出现在序号为 i 的顶点链表中，也会出现在序号为 j 的顶点链表中，所以，为排除已被访问的顶点再次进入队列 Q，isVisited[]标志数组必不可少。

图的广度优先遍历需要借助一个队列，每个顶点都要进队列一次且仅一次，n 个顶点就会有 n 次进队列。出队时依次访问该顶点的所有未访问过的邻接点。当图用邻接表储存时，时间为 O(e1)，e1 为 u 的邻接边个数，所有点的邻接边个数总和为 2e，即 O(e)。另外，算法需要 $O(n)$时间进行初始化访问标志等。所以算法 7-5 基于邻接表的广度优先遍历算法时间复杂度为 $O(n+\mathrm{e})$。

【例 7-2】 对于图 7-17 所示无向图，对其实施广度优先遍历时，队列 queue、数组 isVisited 的变化如表 7-1 所示。

表 7-1 广度优先遍历过程

状　态	队列 queue	isVisted	访问顶点	出队顶点
初始	v_0	isVisited[0]＝true	v_0	—
1	空		—	v_0
2	v_1	isVisited[1]＝true	v_1	—
3	v_1,v_2	isVisited[2]＝true	v_2	—
4	v_1,v_2,v_3	isVisited[1]＝true	v_3	—
5	v_2,v_3	—	—	v_1
6	v_2,v_3,v_4	isVisited[4]＝true	v_4	—
7	v_3,v_4	—	—	v_2
8	v_4	—	—	v_3
9	空	—	—	v_4

实际上，在主过程中由 v_0 出发进行广度优先遍历。

v_0 进入队列并访问 v_0 并置 isVisited [0]＝true。调用子过程 BFS，此时队列非空，进入子过程 BFS 中的第 1 个 while 循环(外循环),v_0 出队; v_0 的 firstEdege 非空,进入子过程 BFS 中第 2 个 while 循环(内循环),由 v_0 的单链表依次访问与 v_0 邻接顶点 v_1、v_2 和 v_3,分别置 isVisited [1]=true、isVisited [2]=true 和 isVisited [3]=true 并访问之(此时的"访问"即程序中的"printf"),并使 v_1、v_2 和 v_3 进入队列 queue,此时如表 7-1 所示的状态 2、状态 3 和状态 4。

内循环过程在 currentNode ==null 时结束,此时队列 queue 非空,外循环继续进行。当前队首元素 v_1 出队,此时如表 7-1 中状态 5 所示。

v_1 出队后再次进入 while 内循环。由 v_1 的单链表依次搜索 v_1 邻接点 v_0、v_2 和 v_4,由于 isVisited [0]=true 和 isVisited [2]=true,v_0、v_2 不进入队列,将 isVisited[4]置为 true 并访问之,然后 v_4 进入队列 queue,此时如表 7-1 状态 6 所示。

此时,内循环又因 currentNode ==null 而结束。队列非空,外循环继续进行。v_2 出队,进入内循环,由 v_2 的单链表搜索 v_2 邻接点 v_0、v_1 和 v_4,均已访问,内循环结束,返回外循环。队首 v_3 出队,再次进入内循环,由 v_3 单链表搜索 v_3 邻接点 v_0、v_1,均已访问,内循环结束,返回外循环。队首 v_4 出队,再次进入内循环,由 v_4 单链表搜索 v_4 邻接点 v_1 和 v_2,均已访问,内循环结束,返回外循环。此时队列为空,退出外循环,算法结束。最后得到的广度优先访问顶点序列为: $v_0 \rightarrow v_1 \rightarrow v_2 \rightarrow v_3 \rightarrow v_4$。

7.4 生成树与最小生成树

在实际应用中,图 G 的规模通常比较大(顶点和边数目较多),其中有些边在特定应用中发挥作用不大,可能只要其中的一个子图就可以完成相应工作,同时这样的子图又可能包含了整个图的重要信息。具有上述特征的子图如果还是一棵树就可称其为图 G 的生成树。作为带有边权值的连通图,网图也有生成树问题。此时,由于图 G 带有边权值而需要考虑生成树中"最小"的问题,也就是最小生成树问题。

7.4.1 图的生成树

对于连通图 G=(V,E),G′=(V',E')是 G 的子图且是一棵树,并且 $V=V'$,则称为 G′是 G 的一个生成树(spanning tree)。

生成树和图 G 具有同样的顶点,因此具有$|V|-1$ 条边($|V|$表示集合 V 的基数),因此,图 G 生成树 G′是 G 的一个极小连通子图。其中,"极小"的含义包括下列两方面的含义。

(1) 如果在生成树中去掉任何一条边,生成树将不再连通。

(2) 如果在生成树中添加任何一条边,生成树将出现回路。

从"图"得到"(生成)树"的常用方式是对图进行遍历。设有连通无向图 G。从 G 任一顶点出发对 G 进行遍历可访问 G 的所有顶点。遍历时经过的边加上所有顶点就构成 G 的一个连通子图,这样的连通子图就是 G 的一棵生成树。由于遍历方法不同,无向连通图的生成树不具有唯一性。深度和广度优先遍历是图遍历的两种基本方式,从无向连通图 G 的任顶点 v 开始对 G 进行深度优先或广度优先遍历,通过记录遍历的所有顶点和经过的边就会得到 G 的生成树,前者称为深度优先生成树或 DFS 生成树,后者称为广度优先生成树或 BFS 生成树。

基于遍历图的生成树：从图 G 的一个顶点出发进行遍历，遍历所经过的所有顶点和边构成的 G 的子图就称为 G 的一个生成树。构建图的遍历生成树时，一般将初始点作为树的根结点。

对于图 7-17 所示的图 G，其 DFS 生成树和 BFS 生成树如图 7-19 所示。

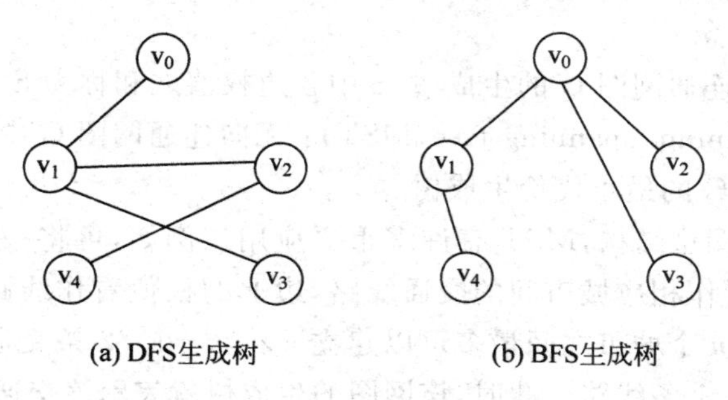

图 7-19 DFS 生成树和 BFS 生成树

由上述可知，图的遍历可以作为构建生成树的基本途径，即通过遍历来重新定义图的生成树。这种基于遍历的图的生成树概念可以适用于各种情形，例如，连通图和非连通图、有向图和无向图，因而更具有一般性。

对于如图 7-20(a)所示有向图，相应 DFS 和 BFS 生成树如图 7-20(b)和(c)所示。

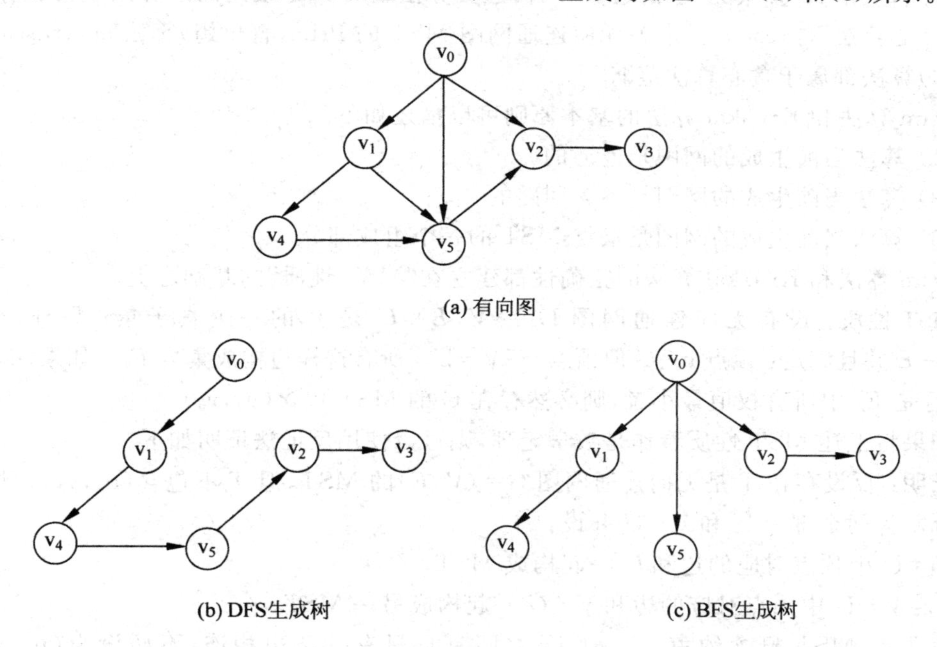

图 7-20 有向图 G 的遍历生成树

当 G 是非连通无向图时，通过多次调用 DFS 或 BFS 算法，就可完成对 G 的遍历。每次调用遍历算法，就得到 G 的一个连通分量的生成树，因此 G 的各个连通分量的生成树就构成 G 的生成森林。当 G 是由 k 个顶点和 m 个连通分量构成的非连通无向图时，其生成森林共有 $k-m$ 条边。

7.4.2 无向连通图最小生成树

连通的网图是一种特殊的连通图,也需要考虑其生成树。网图中的边带有权值,构建其生成树时也应考虑相关权值。在讨论网图生成树时,需要讨论基于边权值的“最小生成树”。

1. 最小生成树概念

设 S 是一个无向连通网图 G 的生成树,S 中各边权值之和称为 S 本身的权值。

最小生成树(minimum spanning tree,MST):无向连通网图 G 中所有生成树中权值最小的生成树定义为图 G 的最小代价生成树。

作为一种特殊的图型结构,MST 有许多重要应用。例如,可将一个网图中的顶点看作城市,两个顶点的边看作相应城市间的交通线路,边上的权值看作线路的造价、运行的时间或运行的里程等。在 n 个城市之间最多可以建立 $n\times(n-1)/2$ 条交通线路,而将 n 个城市连接起来最少需要 $n-1$ 条线路。此时,该网图的生成树就表示该交通线路建设的一种可行性方案,而 MST 就表示该交通线路建设的某种意义下“最优”的方案。

构建 MST 主要有 1957 年提出的 Prim 算法和 1956 年提出的 Kruscal 算法。

2. 贪心算法与 MST 性质

有一类计算机算法具有“步步为营”的显著特征,即每一趟算法的执行都是获取最终结果所必须,从不做“多余无关”的运算,因而这类算法通常具有较高的运算效率,人们通常称其为“贪心算法”(gready)。求解无向连通网图 MST 的 Prim(普里姆)算法和 Kruscal(克鲁斯卡尔)算法都属于贪心算法范畴。

Prim 算法和 Kruskal 算法的基本原则可以描述如下。

(1) 算法当前生成的网图是连通的。

(2) 算法当前生成的网图是不含回路的。

(3) 算法当前生成的网图是最终 MST 的一个组成部分。

Prim 算法和 Kruskal 算法的正确性都建立在“MST 性质”的基础之上。

MST 性质:设有无向连通网图 $G=(V,E)$,U 是 V 的一个真子集;另外,设有边 $(u,v)\in E$ 并且满足:顶点 $u\in U$ 但顶点 $v\in V-U$。所有这样边构成集合 E_0。如果 $(u_0,v_0)\in E_0$ 并且是 E_0 中所有权值最小者,则必然存在 G 的 MST 包含 (u_0,v_0)。

如果将上述 MST 性质看作是数学定理,则可以使用反证法证明如下。

证明:反设存在 T 是无向连通网图 $G=(V,E)$ 的 MST,但 T 不包含 (u_0,v_0)。将 T 中顶点分割为两个部分 U 和 $V-U$ 并设:

T_1:U 中顶点对应的边和 U 一起构成 MST。

T_2:$V-U$ 中顶点对应的边和 $V-U$ 一起构成另一 MST。

由 T 的 MST 概念约束,T_1 和 T_2 之间有且只有一条边相连,不妨设为 (u_1,v_1),如图 7-21 所示,同时在 T_1 中应该还有边 (u_0,u_1) 以及在 T_2 中应该还有边 (v_0,v_1)。将题设边 (u_0,v_0) 加入 T 后,T 中会出现回路。此时边 (u_0,v_0) 是相应权值最小者,由 MST 概念,需要删掉权值较大的边 (u_1,v_1) 以消除回路。此时就得到另一个 MST:T_0。

T 和 T_0 的差异仅在于 T 中有边 (u_1,v_1) 而无 (u_0,v_0),T_0 中有边 (u_0,v_0) 而无 (u_1,v_1),且 (u_0,v_0) 权值小于 (u_1,v_1) 权值,所以 T 不能是 MST,与题设矛盾,而矛盾来自于反设:存在 MST:T 不包含 (u_0,v_0)。MST 性质得证。

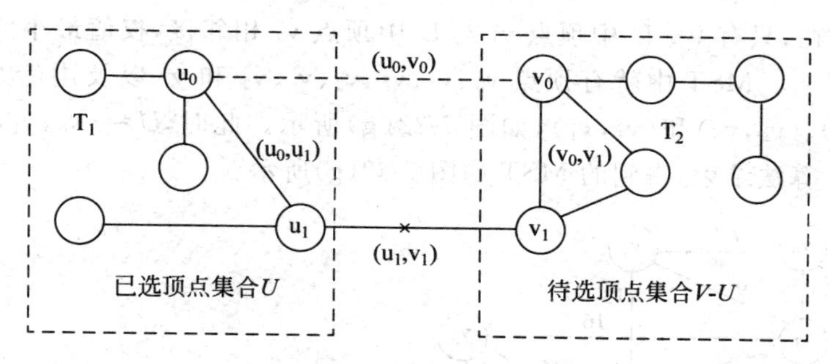

图 7-21　MST 性质证明

3. Prim 算法

Prim 算法的“贪心”特征体现在凡不在最终 MST 中的边在算法中都予以排除，而这可由 MST 性质给予保证。

Prim 算法构造无向连通网图 $G=(V,E)$MST 的基本思想如下。

(1) 将图 G 中顶点分成两部分：已在 MST 中的顶点集合 U，还未在 MST 的顶点集合 $V-U$。初始时任意指定一个顶点作为算法起点加入到 U 中。

(2) 在 $V-U$ 里挑选出与 U 中某个顶点相距最近(即权值最小)的顶点，将其从 $V-U$ 移到 U 中。由此使得集合 U 不断扩大，$V-U$ 不断缩小，直到 $U=V$，$V-U=\Phi$，算法结束。由于 MST 性质的保障，最终得到的一定是 MST 。

【例 7-3】 设有如图 7-22(a)所示无向连通网图 G。由 Prim 算法构建 GMST 过程如下。

假设由 G 的顶点 v_1 开始进行 MST 的构建。此时有

初始：$U=\{v_0\}$，$V-U=\{v_1, v_2, v_3, v_4, v_5, v_6\}$。

第 1 趟：由图 7-22(a)可知，与 v_0 相邻接的两条边分别为(v_0,v_1)和(v_0,v_2)，相应权值分别是 6 和 5。除此之外，其他顶点不与 v_0 邻接，可以认为到它们的权值为∞。按照 Prim 算法，由 $V-U$ 中选择顶点 v_2。这样，MST 中就由顶点 v_0 和 v_2 以及边(v_0,v_2)如图 7-22(b)所示。此时，$U=\{v_0,v_2\}$，$V-U=\{v_1, v_3, v_4, v_5, v_6\}$。

第 2 趟：现在，v_0 只与 $V-U$ 中的 v_1 邻接，v_2 只与 $V-U$ 中的 v_1、v_3、v_5 邻接。在它们组成的各个边中权值最小的是边(v_0,v_1)。由此，从 $V-U$ 中选择 v_1。MST 中就由顶点 v_0、v_1 和 v_2 以及边(v_0,v_1)和(v_0,v_2)构建，如图 7-22(c)所示。此时，$U=\{v_0,v_1,v_2\}$，$V-U=\{v_3,v_4,v_5,v_6\}$。

第 3 趟：此时，$V-U$ 中没有顶点与 v_0 邻接。与 v_1、v_2 邻接的有 v_3、v_4、v_5。在相应边中，权值最小的边是(v_2,v_5)。从 $V-U$ 中选择 v_5。MST 中就有顶点 v_0、v_1、v_2 和 v_5 以及边(v_0,v_1)、(v_0,v_2)和(v_2,v_5)，如图 7-22(d)所示。此时，$U=\{v_0,v_1,v_2,v_5\}$，$V-U=\{v_3,v_4,v_6\}$。

第 4 趟：现在，$V-U$ 中顶点与 U 中顶点相邻接边中权值最小的边是(v_5,v_6)，从 $V-U$ 中选择 v_6。MST 中就有顶点 v_0、v_1、v_2、v_5 和 v_6 以及边(v_0,v_1)、(v_0,v_2)、(v_2,v_5)和(v_5,v_6)，如图 7-22(e)所示。此时，$U=\{v_0,v_1, v_2, v_5,v_6\}$，$V-U=\{v_3,v_4\}$。

第 5 趟：此时，$V-U$ 中顶点与 U 中顶点相邻接边中权值最小的边是(v_5,v_3)，从 V－U 中选择 v_3。MST 中就有顶点 v_0、v_1、v_2、v_5、v_6 和 v_3 以及边(v_0,v_1)、(v_0,v_2)、(v_2,v_5)、(v_5,v_6)和(v_5,v_3)，如图 7-22(f)所示。此时，$U=\{v_0,v_1, v_2,v_5,v_6,v_3\}$，$V-U=\{v_4\}$。

第 6 趟：现在，只有 $V-U$ 中顶点 v_4 与 U 中顶点 v_6 相邻接，权值最小的边是(v_6,v_4)，从 $V-U$ 中选择 v_4。MST 中就有顶点 v_0、v_1、v_2、v_5、v_6、v_3 和 v_4 以及边(v_0,v_1)、(v_0,v_2)、(v_2,v_5)、(v_5,v_6)、(v_5,v_3)和(v_6,v_4)，如图 7-22(g)所示。此时，$U=\{v_0, v_1, v_2, v_5, v_6, v_3, v_4\}$，$V-U=\Phi$。算法结束，得到的 MST 如图 7-22(g)所示。

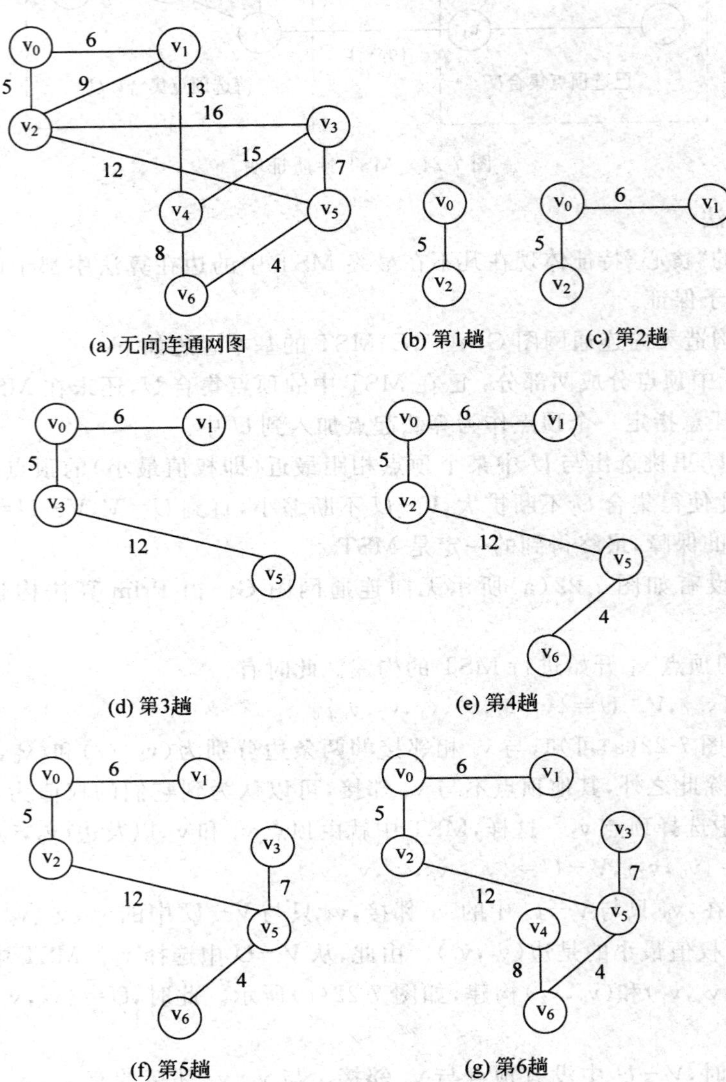

图 7-22　基于 Prim 算法的 MST 构建

【**算法 7-6**】　建立无向网图并基于 Prim 算法求 MST。

```
00  public class GraphMatrix<T>{
01      public Object[] vertexes;                //图的顶点元素
02      public double[][] matrix;                //图的矩阵,元素值为权值
03      private boolean isDirectedGraph;         //是否为有向图
04      public int edgeCount;                    //图的边的个数
```

```
05      private void createGraph(Object[] vertexes, double[][] matrix, int edgeCount,
06      boolean   isDirectedGraph) {          //根据参数创建图的对象
07          this.vertexes = vertexes;
08          this.matrix = matrix;
09          this.edgeCount = edgeCount;
10          this.isDirectedGraph = isDirectedGraph;
11      }

12      private int calculateEdgeCount(double[][] matrix, boolean isDirectedGraph) {
                                        //根据图的矩阵和是否为有向图计算图的边的个数
13          int edgeCount = 0;
14          for (int row = 0; row < matrix.length; row++) {
15              for (int col = 0; col < matrix.length; col++) {
16                  if (matrix[row][col] != 0 && matrix[row][col] !=
                            Double.POSITIVE_INFINITY) {
17                      edgeCount++;
18                  }
19              }
20          }
21          if (!isDirectedGraph) {
22              edgeCount = edgeCount / 2;
23          }
24          return edgeCount;
25      }
26      public GraphMatrix(double[][] matrix, boolean isDirectedGraph) {
27          int edgeCount = this.calculateEdgeCount(matrix, isDirectedGraph);
28          this.vertexes = new Object[matrix.length];
29          for (int i = 0; i < vertexes.length; i++) {
30              this.vertexes[i] = "v"  + i;
31          }
32          createGraph(this.vertexes, matrix, edgeCount, isDirectedGraph);
33      }

34      private static int findMin(double[] lowestCost) {
                                        //查找 lowestCost 数组中最小值的元素索引号
35          double minCost = Double.POSITIVE_INFINITY;
36          int nodeIndex = -1;
37          for (int j = 0; j < lowestCost.length; j++) {
38              if (lowestCost[j] < minCost && lowestCost[j] > 0) {
39                  minCost = lowestCost[j];
40                  nodeIndex = j;
41              }
42          }
43          return nodeIndex;
44      }

45      static void printPrimTree(int[] array) {    //打印 MST
46          System.out.print("{");
47          for (int i = 0; i < array.length; i++) {
48              if(array[i]!= -1){
49                  System.out.print("(v" + array[i] + ",v" + i + ")");
```

```
50                  }
51              }
52              System.out.println("}");
53          }

54          public static void prim(double[][] matrix, int startVertexIndex) {
55              int vertexCount = matrix.length;
56              double[] lowestCost = new double[vertexCount];
                  //lowestCost[i]: i号V-U集合中的结点与当前子树所有邻接边的最小权值,值为
                  0表示i顶点已经属于U集合,值为Double.POSITIVE_INFINITY表示i结点与生成树
                  无邻接边
57              int[] parentNodeIndex = new int[vertexCount];
                  //parentNodeIndex[]表示结点在MST生长过程中的父结点,值为 -1时表示该结点
                  为生成树的根结点
58              for (int i = 0; i < vertexCount; i++) {
59                  lowestCost[i] = matrix[startVertexIndex][i];
60                  parentNodeIndex[i] = startVertexIndex;
61              }
62              lowestCost[startVertexIndex] = 0;
63              parentNodeIndex[startVertexIndex] = -1;
64              for (int i = 1; i < vertexCount; i++) {
65                  int minNodeIndex = findMin(lowestCost);
66                  if (minNodeIndex > 0) {
67                      lowestCost[minNodeIndex] = 0;
68                      for (int j = 0; j < vertexCount; j++) {
69                        if (lowestCost[j]> 0 && matrix[minNodeIndex][j] < lowestCost[j]) {
70                              lowestCost[j] = matrix[minNodeIndex][j];
71                              parentNodeIndex[j] = minNodeIndex;
72                        }
73                      }
74                  } else {
75                      System.out.println("图不连通!");
76                      break;
77                  }
78              }
79              printPrimTree(parentNodeIndex);
80          }
81          public static void main(String[] args) {
82              double oo = Double.POSITIVE_INFINITY;
83              double[][] matrix = {
84                      { 0,   6,   5, oo, oo, oo, oo },
85                      { 6,   0,   9, oo, 13, oo, oo },
86                      { 5,   9,   0, 16, oo, 12, oo },
87                      { oo, oo, 16,   0, 14,   7, oo },
88                      { oo, 13, oo, 15,   0, oo,   8 },
89                      { oo, oo, oo,   7, oo,   0,   4 },
90                      { oo, oo, oo, oo,   8,   4,   0 }
91                      };
92              GraphMatrix graph = new GraphMatrix(matrix, false);
93              graph.prim(0);
94          }
95      }
96  }
```

算法分析：在上述算法中，需要注意下述几点。

(1) 算法 7-6 的无向网图是基于邻接矩阵存储的，并在程序第 82 行定义了用 oo 表示正无穷，在程序第 83～91 行直接对图邻接矩阵信息进行了赋值。

(2) 算法的主体是 Prim 方法，在程序第 93 行的调用 graph. prim(0)中，graph 为邻接矩阵图对象，0 为 Prim 算法的起始顶点。

(3) 算法需要用到两个向量 lowCost[]和 parentNodeIndex[]。lowCost[]表示 MST 外的第 i 个顶点到生成树内的最短路径，如值为 0 表示 i 顶点已经属于 U 集合，值为 Double. POSITIVE_INFINITY 表示 i 结点与生成树无邻接边；parentNodeIndex []代表结点在 MST 生长过程中的父结点，即该结点到生成树内最短路径的边的另一顶点，值为 -1 时表示该结点为生成树的根结点。

(4) n 顶点的图的 MST 共有 $n-1$ 条边，由程序第 64 行的 for 语句控制循环次数，每次并入一个点和一条边，循环体中，程序第 65 行调用 findMin 方法(第 34～44 行)查找连接生成树内到生成树外所有边的代价最小值 min，并记录生成树外顶点为 minNodeIndex，将 minNodeIndex 并入到 MST 中，由程序第 67 行完成。程序第 68～73 行对 MST 的代价进行了更新。由于新顶点 minNodeIndex 的加入，要计算 minNodeIndex 连接到生成树外的代价是否会比原来的代价小，如小要更新，由程序第 68～73 行完成。

Prim 算法需要每趟循环找生成树外所有顶点到生成树内所有顶点的所有边中代价最小的边，算法时间复杂度与顶点数有关。通过分析可以得到，Prim 算法的时间复杂度为 $O(n^2)$，这里 n 是无向连通网图中顶点个数。由此可知，Prim 算法与边的多少无关，因此适合于具有稠密边的情形。

4. Kruscal 算法

Prim 算法的每一趟执行都是从两个邻接顶点分别在 U 和 $V-U$ 中边中选取权值最小者，但却不一定是最终 MST 的边集合中最小者，因为可能还有两个邻接顶点都在 $V-U$ 中但也是最终 MST 边集合的边存在。由此看来，Prim 算法不能依据边权值大小递增顺序获得 MST。由于通常 MST 涉及边的数量比较庞大，在某些情况下通过最小生成算法执行“附带”得到其中边“大小”顺序是有益的。Kruscal 算法就能实现这一要求。

Kruscal 算法的要点是当一条边是 MST 的第 k 小的边时，则只有当所有第 1 到 $k-1$ 小的边都选取到位后才能将其添加到算法执行的中间结构当中，因此 Kruscal 算法是依据边权值递增顺序完成 MST 的。

Kruscal 算法构造 MST 的基本思路。

设有无向连通网图 G=(V,E)，令 G 的 MST 的初始状态为 S=(V,{Φ})。即初始时，S 包含图 G 中的所有 n 个顶点，它们各自构成单独的一个连通分量，顶点之间没有任何边存在。算法构造 MST 的具体步骤如下。

① 以图 G 的 E 为基础，按照各边的权值，由小到大对它们进行挑选。

② 如果挑选出来的边的两个顶点分属 S 中的两个不同的连通分量，那么就将此边从 E 中去除，并用此边将 S 中的那两个连通分量连接成一个连通分量，成为 MSTS 中的一个新连通分量。

③ 如果挑选出来的边的两个顶点属于 S 中的同一个连通分量，那么就将其从 E 中舍弃，重新再挑选，以避免在 MSTS 里形成回路。

④ 不断地实行①～③步，当 S 里只剩下一个连通分量时，算法终止，该连通分量即为所求的图 G 的 MSTS。

【例 7-4】 利用 Kruscal 算法，构建如图 7-23(a)所示网图 GMST 过程。

初始状态：按照 Kruscal 算法，MST 初始状态如图 7-23(b)所示，此时只有 6 个顶点，即 6 个单独的连通分量而没有任何边存在。

第 1 趟：将图中边按照其权值增序排列，选择其中权值最小者。图中边(v_2,v_3)和(v_4,v_5)权值都为 1，任选其中之一，例如(v_2,v_3)。此时，MST 中连通分量就由原先 6 个减少为 5 个，如图 7-23(c)所示。

第 2 趟：选择此时权值最小的等于 1 的边(v_4,v_5)，v_4 和 v_5 分属 MST 两个不同的连通分量。通过(v_4,v_5)将它们连接，MST 中连通分量就由原先 5 个减少为 4 个，如图 7-23(d)所示。

第 3 趟：选择此时权值最小的等于 2 边(v_2,v_5)，v_2 和 v_5 分属 MST 两个不同的连通分量。通过(v_2,v_5)将它们连接，MST 中连通分量就由原先 4 个减少为 3 个，如图 7-23(e)所示。

第 4 趟：继续进行下去，此时权值最小的等于 2 的边(v_3,v_5)，但 v_3 和 v_5 属于 MST 同一连通分量，所以不能选择。舍弃后重新选择权值最小的等于 5 的边(v_2,v_1)，v_2 和 v_1 分属 MST 两个不同的连通分量，通过(v_2,v_2)将它们连接，MST 中连通分量就由原先 3 个减少为 2 个，如图 7-23(f)所示。

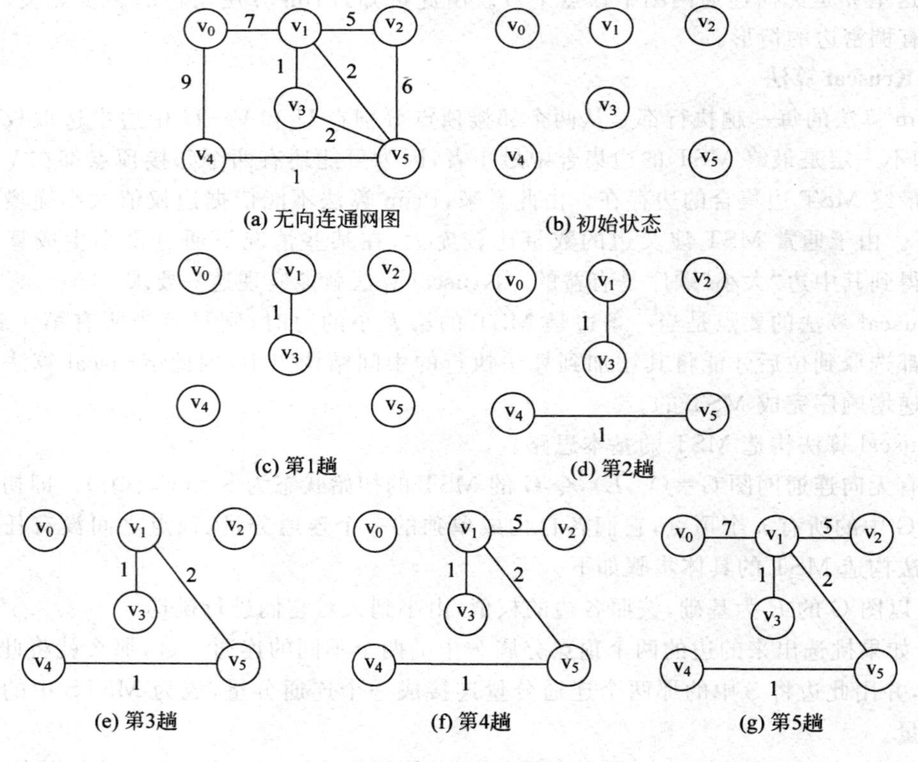

图 7-23　Kruscal 算法构建 MST

第 5 趟：此时，图中所剩边中选择(v_2,v_0)，它将 MST 中两个不同的连通分量连接起来，从而使得 MST 只有一个连通分量，算法结束，此时的 MST 如图 7-23(g)所示。

基于 Kruscal 算法求 MST，需要定义边信息数组，存储边信息并对其进行排序，其中边信息结点 Edge 类型定义如下。

```
00  public class Edge implements Comparable{
01       public int start,end;
02       public double weight;
03       @Override
04       public int compareTo(Object another) {   //定义边信息结点的比较操作
05            Edge to = (Edge)another;
06            if(this.weight > to.weight) return 1;
07            else if(this.weight == to.weight) return 0;
08       else return -1;
09       }
```

【算法 7-7】 建立无向网图，并基于 Kruscal 算法求 MST。

```
00  public class GraphMatrix<T> {
01    public Object[] vertexes;
02    public double[][] matrix;
03    private boolean isDirectedGraph;
04    public int edgeCount;
05    private void createGraph(Object[] vertexes, double[][] matrix, int edgeCount, boolean
      isDirectedGraph) {
06      this.vertexes = vertexes;
07      this.matrix = matrix;
08      this.edgeCount = edgeCount;
09      this.isDirectedGraph = isDirectedGraph;
10    }
11    private int calculateEdgeCount(double[][] matrix, boolean isDirectedGraph) {
12      int edgeCount = 0;
13      for (int row = 0; row < matrix.length; row++) {
14           for (int col = 0; col < matrix.length; col++) {
15              if(matrix[row][col] != 0 && matrix[row][col] != Double.POSITIVE_INFINITY) {
16                   edgeCount++;
17              }
18           }
19      }
20      if (!isDirectedGraph) {
21           edgeCount = edgeCount / 2;
22      }
23      return edgeCount;
24    }

25    public GraphMatrix(double[][] matrix, boolean isDirectedGraph) {
26           int edgeCount = this.calculateEdgeCount(matrix, isDirectedGraph);
27           this.vertexes = new Object[matrix.length];
28           for (int i = 0; i < vertexes.length; i++) {
29              this.vertexes[i] = "v" + i;
```

```
30          }
31          createGraph(this.vertexes, matrix, edgeCount, isDirectedGraph);
32      }

33    public void kruscal(int vertexCount, Edge[] edges) {
34      Arrays.sort(edges);                          //对 edges 数组按升序进行排序
35      ArrayList < ArrayList < Integer >> connectedComponents = new ArrayList < ArrayList <
        Integer >>();
36      for (int i = 0; i < vertexCount; i++) {
37          ArrayList < Integer > set = new ArrayList < Integer >();
38          set.add(i);
39          connectedComponents.add(set);
40      }
41      System.out.print("{");
42      for (int i = 0; i < edges.length; i++) {
43          int start = edges[i].start, end = edges[i].end;
44          int startComponent = - 1, endComponent = - 2;
45          for (int j = 0; j < connectedComponents.size(); j++) {
46              ArrayList < Integer > compoment = connectedComponents.get(j);
47              if (compoment.contains(start)) {
48                  startCompoment = j;
49              }
50              if (compoment.contains(end)) {
51                  endComponent = j;
52              }
53          }
54          if (startCompoment < 0 || endComponent < 0)
55              System.err.println("没有在子树中找到结点,错误");
56          if (startCompoment != endComponent) {
57              System.out.print("(start:" + start + ",end:" + end + ",weight:" + edges[i].
                    weight + "),");
58              ArrayList < Integer > setj = connectedComponents.get(endComponent);
59              ArrayList < Integer > seti = connectedComponents.get(startCompoment);
60              seti.addAll(setj);
61              connectedComponents.remove(endComponent);
62          }
63      }
64      System.out.println("}");
65    }

66    public void kruscal() {
67      Edge[] edges = new Edge[this.edgeCount];   //创建边信息数组
68      int edgeIndex = 0;
69      for (int row = 0; row < this.vertexes.length; row++) {
70          for (int column = 0; column < this.vertexes.length; column++) {
71              if(!this.isDirectedGraph){
72                  if(row < column){
73                      continue;
```

```
74                  }
75              }
76              if (this.matrix[row][column] != 0 && this.matrix[row][column] != Double.
                    POSITIVE_INFINITY) {
77                  edges[edgeIndex] = new Edge(row, column, matrix[row][column]);
                                                    //将边信息添加到边信息数组 edges[]中
78                  edgeIndex++;
79              }
80          }
81      }
82      kruscal(this.vertexes.length, edges);
83  }
84  public static void main(String[] args){
85      double oo = Double.POSITIVE_INFINITY;
86      double[][] matrix = {
87                      {  0,  7, oo, oo,  9, oo},
88                      {  7,  0,  5, 1, oo,  2},
89                      { oo,  5,  0, oo, oo,  6},
90                      { oo,  1, oo,  0, oo,  2},
91                      {  9, oo, oo, oo,  0,  1},
92                      { oo,  2,  6,  2,  1,  0}
93                      };
94      GraphMatrix graph = new GraphMatrix(matrix, false);
95      graph.kruscal();
96  }
97 }
```

算法分析：在上述算法中，需要注意下述几点。

(1) Kruscal 算法的流程比较容易理解。算法 7-7 所包含的定义图的存储结构，构建网图方法，与算法 7-6 中相似，这里不再过多解释。算法的核心是程序第 33～65 行的 Kruscal 方法，它实现了 Kruscal 的核心思想，参数为顶点结点个数以及边信息数组；程序 66～83 行，也定义了一个 Kruscal 方法，它是针对当前图对象，先对边信息数组进行赋值（程序第 67～81 行），然后边信息数组作为参数之一调用执行第 33～65 行的 Kruscal 方法，实现当前图对象的 MST 操作。

(2) 算法 7-7 使用了一个 edges 数组，存放网图中所有边的信息；使用了一个 connectedComponents 变量存储各个连通分量，初始时（程序第 36～40 行）各顶点所在连通分量各不相同，即互不连通。

(3) 算法 7-7 成 MST 的核心部分在程序第 42～63 行。循环体中，对 edges 数组中的边依次进行判断，先取得 edges[i] 的起点和终点的连通分量编号 startCompoment 与 endCompoment，如相同，说明 edges[i]的起点与终点已经连通，舍弃边 edges[i]；否则，将 edges[i]并入到生成树中，由程序第 56～62 行完成。

Kruscal 算法首先将边按权值排序，每趟选取最小边，如生成树添加该边不构成回路，则该边并入生成树中；否则，舍弃。Kruscal 算法时间复杂度与边排序算法以及边数有关，适合边稀疏的网图。

7.5 有向网图的应用

图的应用非常广泛,最短路径就是有向网图的典型应用问题之一。

对于不带权值的图 G 而言,当顶点 v_i 到另一个顶点 v_j 之间存在一条路径时,该路径所经过"边的条数"就是该路径长度。实际上,由于一条边由两个顶点确定,所以一条路径长度就等于该路径的顶点数减一。在 G 中,由一个顶点到另一个顶点可能会存在多条路径,这些路径经过的边数也可能不等,所以它们的长度也可能相异。连接不带权值图 G 中两个顶点所有路径中路径长度最短的就是最短路径。

对于带有权值的网图而言,在讨论最短路径时需要考虑所经过边上的权值。此时不能简单地将路径长度定义为路径所经过的边数,而是将网图中一条路径所经过边的权值之和作为该路径的权值,同时也就将其定义为带权路径长度。两个顶点间带权路径长度最短的就是最短路径。

如果将不带权的边看作带有权值 1 的边,则前述不带权路径长度就成为带权路径长度的特例,从而可以统一讨论带权路径的最短路径问题。

飞机的航行网络通常可以抽象为一个带有权值的网图,其中的权值可以代表两个由顶点表示的城市之间航线的距离、正常情况下的运行时间或票价。这样,在两个城市之间选择出一种路径权值最小的"最短路径"就具有明显的实际意义。设有两个城市 A 和 B,实际上可能由 A 到 B 是顺着地球自转方向,而由 B 到 A 是逆着地球自转方向,结果两者飞行时间就会产生差异。因此,通常多是考虑有向网图的最短路径问题。本节就是如此。

在如图 7-24(a)所示的有向网图中,顶点 v_0 到其他各个顶点的最短路径如图 7-24(b)所示。例如,由 v_0 到 v_5 存在两条简单路径,其中 v_0->v_1->v_4->v_5 长度为 20,v_0->v_1->v_2->v_5 长度为 23,则长度为 20 的路径 v_0->v_1->v_4->v_5 就是 v_0 到 v_5 的最短路径。

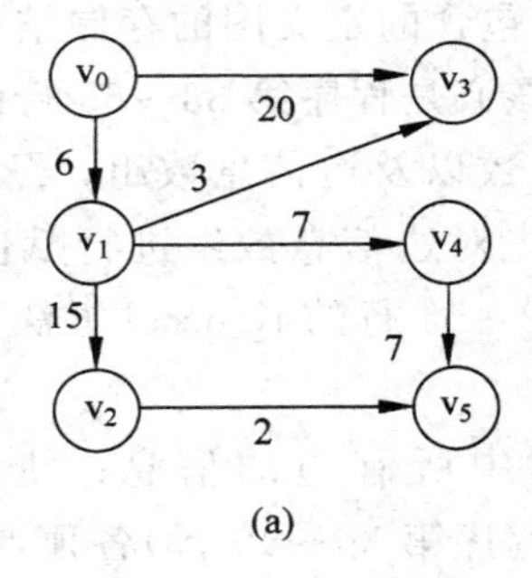

(a)

始点	终点	最短路径	路径长度
v_0	v_1	$v_0 \to v_1$	6
v_0	v_2	$v_0 \to v_1 \to v_2$	21
v_0	v_3	$v_0 \to v_1 \to v_2$	9
v_0	v_4	$v_0 \to v_1 \to v_4$	13
v_0	v_5	$v_0 \to v_1 \to v_4 \to v_5$	20

(b)

图 7-24　最短路径

有向网图最短路径讨论可以分为下述两类问题。

(1) **单源最短路径**。有向网图中某个顶点到其他各顶点的最短路径。

(2) **顶点对间最短路径**。有向网图中每对顶点间的最短路径。

1. 单源最短路径

"单源最短路径"是在已知有向网图 $G=(V,E)$ 和一个源(始)点 u 情况下,求 u 到其他各顶点的最短路径。求单源最短路径的常用方法是 Dijkstra(迪杰斯特拉)算法。作为一种贪心算法,Dijkstra 算法基本思想是将网图 G 中所有顶点分成 U 和 $V-U$ 两个子集合。

- **已处理顶点集合 *U***：由源点 u 到它们的最短路径已经确定的顶点集合；
- **待处理顶点集合 *V*−*U***：由源点 u 到它们的最短路径还未最后确定的顶点集合。

Dijkstra 算法中需要有效地确定两顶点之间弧的权值，通常采用有向网图的邻接矩阵存储结构。Dijkstra 算法具体操作步骤如下。

① 初始时，集合 *U* 里只含一个源点 u，集合 *V*−*U* 里是图中除 u 以外所有顶点，u 到 *V*−*U* 中其他顶点的“长度”是两者间弧的权值。当不存在连接弧时，约定长度为∞。

② 在 *V*−*U* 中挑选一个与源点 u 有连接弧<u,v>的权值最小顶点 v，并将其由 *V*−*U* 移出添加到 *U* 中。对 *V*−*U* 里剩下各个顶点 k 到源点 u 的权值进行比较。如果有向网图中存在弧(v, k)，使得该弧段上权值加上原先 u 到 v 弧段(路径)长度之和小于 u 到 k 路径长度，用此“和”取代原先 u 到 k 的长度，否则原先 u 到 k 的长度保持不变。

③ 逐次对集合 *V*−*U* 实行操作②，当 *V*−*U* 为空时，算法结束，所求得的 u 到各顶点的长度即是源点到其他顶点的最短路径长度。

Dijkstra 算法基本思想如图 7-25 所示。

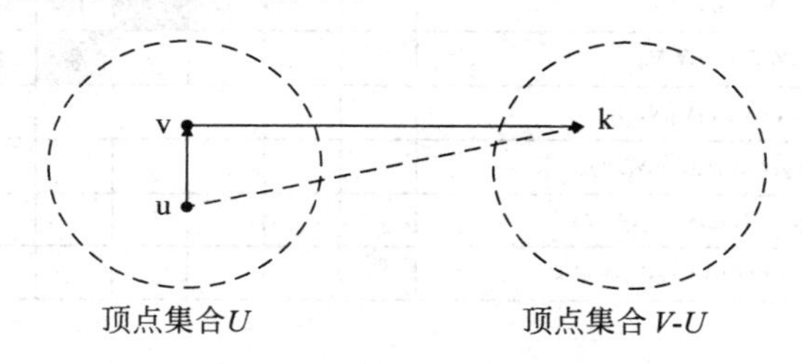

图 7-25 基于 Dijkstra 算法基本思想

【例 7-5】 设有图 7-26(a)所示的有向网图并设 v_0 为单源点。利用 Dijkstra 算法求解 v_0 其他顶点的最短路径过程，如图 7-26(b)所示，其中，长度栏中带阴影的数值表示相应最短长度。

图 7-26(b)中算法执行过程可以描述如下。

初始状态：$U=\{v_0\}$，$V-U=\{v_1,v_2,v_3,v_4,v_5,v_6,v_7,v_8,v_9\}$。此时仅有 v_2 和 v_0 有弧 $<v_0,v_2>$ 相连且权值为 1，将 v_2 添加到 *U*。

状态 01：$U=\{v_0,v_2\}$，此时只有 v_2 在 $V-U=\{v_1,v_3,v_4,v_5,v_6,v_7,v_8,v_9\}$ 分别有 $<v_2,v_3>$(权值 3)和 $<v_2,v_5>$(权值 1)，相应有：

路径 $v_0\rightarrow v_2\rightarrow v_3$ 的长度(权值和)为 1+3=4。

路径 $v_0\rightarrow v_2\rightarrow v_5$ 的长度(权值和)为 1+9=10。

将 v_3 添加到 *U* 中。

状态 02：$U=\{v_0,v_2,v_3\}$，*U* 中有 v_2 和 v_3 在分别 $V-U=\{v_1,v_4,v_5,v_6,v_7,v_8,v_9\}$ 中存在弧 $<v_2,v_5>$(权值 1)、$<v_3,v_1>$(权值 1)和 $<v_3,v_4>$(权值 3)。相应有

路径 $v_0\rightarrow v_2\rightarrow v_5$ 的长度(权值和)为 1+9=10。

路径 $v_0\rightarrow v_2\rightarrow v_3\rightarrow v_1$ 的长度(权值和)为 1+3+1=5。

路径 $v_0\rightarrow v_2\rightarrow v_3\rightarrow v_4$ 的长度(权值和)为 1+3+3=7。

将 v_1 添加到 *U* 中。

状态 03：$U=\{v_0,v_2,v_3,v_1\}$，*U* 中只有 v_2 和 v_3 在 $V-U=\{v_4,v_5,v_6,v_7,v_8,v_9\}$ 中分别

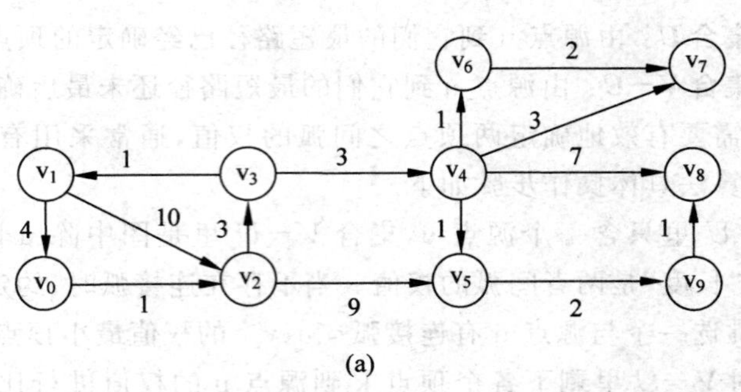

(a)

状态	集合U	长度								
		v_1	v_2	v_3	v_4	v_5	v_6	v_7	v_8	v_9
初始	v_0	∞	1	∞	∞	∞	∞	∞	∞	∞
01	v_0,v_2	∞		4	∞	10	∞	∞	∞	∞
02	v_0,v_2,v_3	5			7	10	∞	∞	∞	∞
03	v_0,v_2,v_3,v_1				7	10	∞	∞	∞	∞
04	v_0,v_2,v_3,v_1v_4					8	8	10	14	∞
05	$v_0,v_2,v_3,v_1v_4,v_5,v_6$							10	14	10
06	$v_0,v_2,v_3,v_1v_4,v_5,v_6,v_7$								14	10
07	$v_0,v_2,v_3,v_1v_4,v_5,v_6,v_7,v_9$								11	
08	$v_0,v_2,v_3,v_1v_4,v_5,v_6,v_7,v_9,v_8$									

(b)

图 7-26　基于 Dijkstra 算法最短路径计算

有$<v_3,v_4>$(权值 3)和$<v_2,v_5>$(权值 9)。相应有

路径 $v_0 \rightarrow v_2 \rightarrow v_3 \rightarrow v_4$ 的长度(权值和)为 1+3+3=7。

路径 $v_0 \rightarrow v_2 \rightarrow v_5$ 的长度(权值和)为 1+9=10。

将 v_4 添加到 U 中。

状态 04:$U=\{v_0, v_2, v_3, v_1, v_4\}$,$U$ 中只有 v_2 和 v_4 在 $V-U=\{v_5, v_6, v_7, v_8, v_9\}$中分别有$<v_2,v_5>$(权值 9)以及$<v_4,v_5>$(权值 1)、$<v_4,v_6>$(权值 1)、$<v_4,v_7>$(权值 3)和$<v_4,v_8>$(权值 7),相应有

路径 $v_0 \rightarrow v_2 \rightarrow v_5$ 的长度(权值和)为 1+9=10。

路径 $v_0 \rightarrow v_2 \rightarrow v_3 \rightarrow v_4 \rightarrow v_5$ 的长度(权值和)为 1+3+3+1=8。

路径 $v_0 \rightarrow v_2 \rightarrow v_3 \rightarrow v_4 \rightarrow v_6$ 的长度(权值和)为 1+3+3+1=8。

路径 $v_0 \rightarrow v_2 \rightarrow v_3 \rightarrow v_4 \rightarrow v_7$ 的长度(权值和)为 1+3+3+3=10。

路径 $v_0 \rightarrow v_2 \rightarrow v_3 \rightarrow v_4 \rightarrow v_7$ 的长度(权值和)为 1+3+3+7=14。

因此,将 v_5 和 v_6 添加到 U 中。

状态 05~08 类似,从略。

Dijkstra 算法的时间复杂度为 $O(n^2)$。

【算法 7-8】　求单源最短路径的 Dijkstra 算法。

```
00  public class GraphMatrix<T>{
01      static void printDijkstra(int[] parent,double[] distant,int start,int end){
```

```
02          int p = parent[end];
03          String path = "v" + end;
04          while(p!= -1){
05              path = "v" + p + "-->" + path;
06              p = parent[p];
07          }
08          System.out.println("v" + start + "->v" + end + "[" + path + "]:" + distant[end]
            + ";");
09      }
10      public static void dijkstra(double[][] matrix, int v0) {
11          int vertexCount = matrix.length;
12          boolean[] isInUSet = new boolean[vertexCount];
13          double[] distant = new double[vertexCount];
14          int[] parent = new int[vertexCount];
15          for (int i = 0; i < vertexCount; i++) {
16              isInUSet[i] = false;
17              distant[i] = matrix[v0][i];
18              parent[i] = v0;
19          }
20          isInUSet[v0] = true;
21          distant[v0] = 0;
22          parent[v0] = -1;
23          for (int i = 0; i < vertexCount; i++) {
24              double minCost = Double.POSITIVE_INFINITY;
25              int minIndex = v0;
26              for (int w = 0; w < vertexCount; w++) {
27                  if (!isInUSet[w]) {
28                      if (distant[w] < minCost) {
29                          minIndex = w;
30                          minCost = distant[w];
31                      }
32                  }
33              }
34              if (minCost < Double.POSITIVE_INFINITY) {
35                  isInUSet[minIndex] = true;
36              } else {
37                  break;
38              }
39              for (int w = 0; w < vertexCount; w++) {
40                if (!isInUSet[w] && (minCost + matrix[minIndex][w] < distant[w])) {
41                      distant[w] = minCost + matrix[minIndex][w];
42                      parent[w] = minIndex;
43                }
44              }
45              printDijkstra(parent,distant,v0,i);
46          }
47      }
48      public static void main(String[] args) {
49          double oo = Double.POSITIVE_INFINITY;
50          double[][] matrix = {
51                  {  0, oo,  1, oo, oo, oo, oo, oo, oo, oo},
```

```
52                  {  4,  0, 10, oo, oo, oo, oo, oo, oo, oo},
53                  { oo, oo,  0,  3, oo,  9, oo, oo, oo, oo},
54                  { oo,  1, oo,  0,  3, oo, oo, oo, oo, oo},
55                  { oo, oo, oo, oo,  0,  1,  1,  3,  7, oo},
56                  { oo, oo, oo, oo, oo,  0,  2, oo, oo,  2},
57                  { oo, oo, oo, oo, oo, oo,  0, oo, oo, oo},
58                  { oo, oo, oo, oo, oo, oo, oo,  0, oo, oo},
59                  { oo, oo, oo, oo, oo, oo, oo, oo,  0, oo},
60                  { oo, oo, oo, oo, oo, oo, oo, oo,  1,  0}
61                  };
62          GraphMatrix.dijkstra(matrix, 0);
63      }
64  }
```

算法分析:在上述算法中,需要注意下述几点。

(1) 算法7-8采用邻接矩阵存储结构,程序第50～61行定义了图的矩阵,其中oo表示正无穷。算法中主要用到两个数组distant []和parent[],其中parent[i]表示从源点v到终点i最短路径上i顶点的父结点,distant[i]表示从源点v到终点i最短路径代价。

(2) 在Dijkstra()方法中,用到isInUSet数组,初值为false,isInUSet[i]标记第i个顶点是否已经求得最短路径。程序第15～19行对distant、parent和isInUSet数组进行初始化,直接赋值源点到其他顶点的权值即可。程序第23～46行的for语句,循环$n-1$遍,找源点到另外$n-1$个顶点的最短路径。循环体中,程序第25～33行寻找源点v_0到其余未找到最短路径各点距离最短的点,记为minIndex; 程序第39～44行将minIndex作为源点到终点i最短路径的中转点,如minIndex作为中转点后的路径比原来的distant[i]代价小,则更新distant[i]和parent[i],将minIndex作为i的前驱顶点。

(3) 经过Dijkstra()方法的运算,源点v到其余顶点的最短路径代价已经求得,存储在distant向量中。printDijkstra()方法负责将路径还原显示出来。

2. 顶点对间最短路径

与从一个源点出发求解到达每个顶点的最短路径(单源点最短路径)不同,"顶点对间最短路径"就是对于给定有向网图G=(V,E),求解其中任意一对顶点之间的最短路径。

实际上,由于单源点的选择并没有特殊限定,只需要将可以将有向网图的每一个顶点都看作源点就可以将Dijkstra算法用于此种情形。此时,只要把有向网图的每一个顶点都调用一次Dijkstra算法,经过n次调用以后就可得到顶点间最短路径。由于调用了n次Dijkstra算法,而Dijkstra算法时间复杂度为$O(n^2)$,所以将顶点对间最短路径归结为单源最短路径的时间复杂度是$O(n^3)$。

除此之外,Floyd(弗洛伊德)算法通过不同方式给出直接求解顶点对间最短路径的处理方案,该算法也是一种贪心算法,其时间复杂度也是$O(n^3)$。Floyd算法基本思想如下。

(1) 有向连通网图G的顶点集合$E=\{v_1,v_2,\cdots,v_n\}$,使用n阶邻接矩阵表示G。

(2) 依次将各个顶点插入到已有的路径中去进行探测,探测中有可能对各顶点间的路径做必要的修改。

(3) 另外,每次探测都会得到一个新的矩阵,经过n次迭代探测之后,就可得到各顶点对间的最短路径。

将 G 中任意两顶点 v_i 和 v_j 间路径长度表示为 $D(v_i,v_j)$，可得 Floyd 探测具体步骤如下。

① **初始状态**。将 G 的 n 阶邻接矩阵记为 $A^{(0)}$，其中元素为 G 中相应各弧段上的权值，若顶点间无弧段相连，则记权值为∞，而对角线上权值为 0。

② **顶点探测**。依次将顶点 $v_k(1\leqslant k\leqslant n)$ 插入到矩阵所有元素中进行探测，对于矩阵原有路径 $(v_i, v_j)(i \neq j)$，插入 v_k 后就形成新的路径 (v_i,v_k) 和 (v_k,v_j)。当下式成立时

$$D(v_i, v_k) + D(v_k,v_j) < D(v_i,v_j)$$

使用新长度 $D(v_i, v_k) + D(v_k,v_j)$ 替换 $D(v_i,v_j)$，由此得到一个新的矩阵 $\boldsymbol{A}^{(k)}$。

③ **迭代执行**。对 k-1 次探测后矩阵 $\boldsymbol{A}^{(k-1)}$ 执行基于 v_k 的新的探测，经过 n 次迭代探测后，得到最终矩阵 $\boldsymbol{A}^{(n)}$ 就表示了 G 中各顶点对间最短路径长度。

【例 7-6】 设有如图 7-27(a)所示有向网图，使用 Floyd 算法求解图中各顶点对间最短路径过程，如图 7-27(b)～(f)所示。

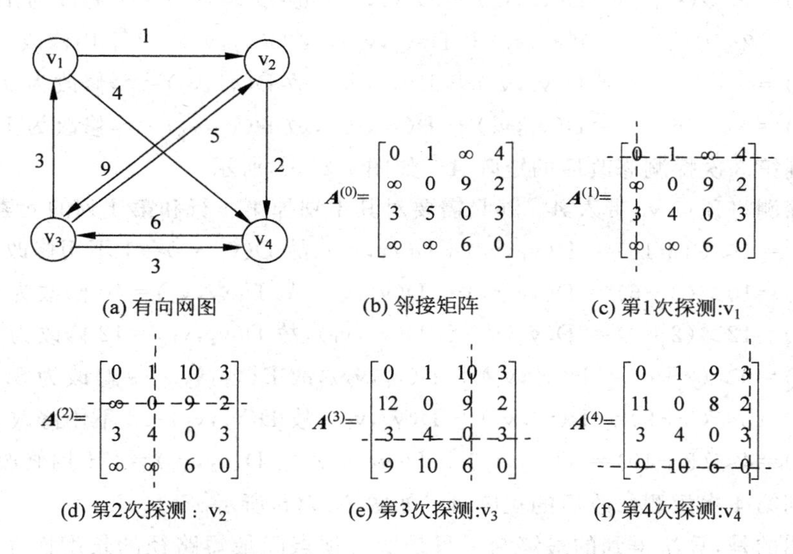

图 7-27 Floyd 算法求解顶点对间最短路径

初始状态：将图 7-27(a)所示有向连通网图 G 表示为如图 7-27(b)所示的邻接矩阵 $\boldsymbol{A}^{(0)}$。此时 G 的顶点集合 $E=\{v_1,v_2,v_3,v_4\}$。

第 1 次探测将顶点 v_1 带入 $\boldsymbol{A}(0)$ 所有元素中进行探测。此时 $\boldsymbol{A}^{(0)}$ 第 1 行和第 1 列都是记录 v_1 到其他各个顶点长度，因此对它们加入 v_1 后不会形成新的路径，因此不必进行探测，只需对 $\boldsymbol{A}^{(0)}$ 中划掉第 1 行和第 1 列的元素进行处理。

$D(v_2,v_3)=9$，而 $D(v_2,v_1)=\infty$，$D(v_1,v_3)=\infty$，故 $D(v_2,v_3)=9$ 不用修改。

$D(v_2,v_4)=2$，而 $D(v_2,v_1)=\infty$，故 $D(v_2,v_4)=2$ 不用修改。

$D(v_3,v_2)=5>(3+1)=D(v_3,v_1)+ D(v_1,v_2)$，故 $D(v_3,v_2)=5$ 修改为 4。

$D(v_3,v_4)=3<(3+4)=D(v_3,v_1)+ D(v_1,v_4)$，故 $D(v_3,v_4)=3$ 不用修改。

$D(v_4,v_2)=\infty$，而 $D(v_4,v_1)=\infty$，故 $D(v_4,v_2)=\infty$ 不用修改。

$D(v_4,v_3)=6<(\infty+\infty)= D(v_4,v_1)+ D(v_1,v_3)$，故 $D(v_4,v_3)=6$ 不用修改。

由此得到第 1 次探测修改后矩阵 $\boldsymbol{A}^{(1)}$ 如图 7-27(c)所示。

第 2 次探测将顶点 v_2 带入 $\mathbf{A}^{(1)}$ 并只需要对其中划掉第 2 行和第 2 列的元素进行处理。

$D(v_1,v_3)=\infty>(1+9)=D(v_1,v_2)+D(v_2,v_3)$，故 $D(v_1,v_3)=\infty$ 修改为 10。

$D(v_1,v_4)=4>(1+2)=D(v_1,v_2)+D(v_2,v_4)$，故 $D(v_1,v_4)=4$ 修改为 3。

$D(v_3,v_1)=3$，而 $D(v_2,v_1)=\infty$，故 $D(v_3,v_1)=3$ 不用修改。

$D(v_3,v_4)=3<(4+2)=D(v_3,v_2)+D(v_2,v_4)$，故 $D(v_3,v_4)=3$ 不用修改。

$D(v_4,v_1)=\infty$，而 $D(v_4,v_2)=\infty$，故 $D(v_4,v_1)=\infty$ 不用修改。

$D(v_4,v_3)=6$，而 $D(v_4,v_2)=\infty$，故 $D(v_4,v_2)=6$ 不用修改。

由此得到第 1 次探测修改后矩阵 $\mathbf{A}^{(2)}$ 如图 7-27(d)所示。

第 3 次探测将顶点 v_3 带入 $\mathbf{A}^{(2)}$ 并只需要对其中划掉第 3 行和第 3 列的元素进行处理。

$D(v_1,v_2)=1<(10+4)=D(v_1,v_3)+D(v_3,v_2)$，故 $D(v_1,v_2)=1$ 不用修改。

$D(v_1,v_4)=3<(10+3)=D(v_1,v_3)+D(v_3,v_4)$，故 $D(v_1,v_4)=3$ 不用修改。

$D(v_2,v_1)=\infty>(9+3)=D(v_2,v_3)+D(v_3,v_1)$，故 $D(v_2,v_1)=\infty$ 修改为 12。

$D(v_2,v_4)=2<(9+3)=D(v_2,v_3)+D(v_3,v_4)$，故 $D(v_2,v_4)=2$ 不用修改。

$D(v_4,v_1)=\infty>(6+3)=D(v_4,v_3)+D(v_3,v_1)$，故 $D(v_4,v_1)=\infty$ 修改为 9。

$D(v_4,v_2)=\infty>(6+4)=D(v_4,v_3)+D(v_3,v_2)$，故 $D(v_4,v_2)=\infty$ 修改为 10。

由此得到第 3 次探测修改后的矩阵 $\mathbf{A}^{(3)}$ 如图 7-27(e)所示。

第 4 次探测将顶点 v_4 带入 $\mathbf{A}^{(3)}$ 并只需要对其中划掉第 4 行和第 4 列的元素进行处理。

$D(v_1,v_2)=1<(3+10)=D(v_1,v_4)+D(v_4,v_2)$，故 $D(v_1,v_2)=1$ 不用修改。

$D(v_1,v_3)=10>(3+6)=D(v_1,v_4)+D(v_4,v_3)$，故 $D(v_1,v_3)=10$ 修改为 9。

$D(v_2,v_1)=12>(2+9)=D(v_2,v_4)+D(v_4,v_1)$，故 $D(v_2,v_1)=12$ 修改为 11。

$D(v_2,v_3)=9>(2+6)=D(v_2,v_4)+D(v_4,v_3)$，故 $D(v_2,v_3)=9$ 修改为 8。

$D(v_3,v_1)=3<(3+9)=D(v_3,v_4)+D(v_4,v_1)$，故 $D(v_3,v_1)=3$ 不用修改。

$D(v_3,v_2)=4<(3+10)=D(v_3,v_4)+D(v_4,v_2)$，故 $D(v_3,v_2)=4$ 不用修改。

由此得到第 4 次探测修改后的矩阵 $\mathbf{A}^{(4)}$ 如图 7-27(f)所示。

需要说明的是，算法得到的最终结果只是所有顶点间最短路径的长度而非最短路径本身，但实际上由于计算过程中需要涉及相应最短路径，只要采用适当方法就可记录所使用的路径，只不过算法叙述起来更加复杂。

7.6 有向无环图的应用

对于有向图 G 而言，如果其中不存在环，就可称 G 为一个有向无环图(direction acycline Graph，DAG)。与前面讨论的有向网图一样，DAG 也是一种在应用中常见的图，能够作为一种描述工程或系统的有效工具。实际应用中，几乎所有工程都可分成为若干称为活动的子工程，这些子工程通常都有一定条件的约束。例如，一项子工程必须在另一项子工程完成之前或之后进行等，此时如果将每个子工程看作顶点，实施工程的系统图就是一个有向图。对这种有向图进行分析处理，例如，该图是否为 DAG，当带有权值时如何选择其中的关键路径等。将这些经过适当抽象，就是下面将要学习的基于 DAG 的拓扑排序和关键路径。

7.6.1 AOV 网与拓扑排序

在高等院校中每门专业课程的学习也可以看作是整个大学学习环节(工程)的子环节(子工程),而各个子过程即专业课之间,通常会存在一些制约关系。例如,计算机专业学生,只有在学习了高级语言程序设计和离散数学之后,才能够学习数据结构;在学习了数据结构和计算机原理之后,才能学习操作系统。表 7-2 所示为计算机专业部分课程设置及其关系,这些关系可通过如图 7-28 所示的有向图进行描述。

表 7-2 计算机专业课程设置关系

课程代号	课 程 名	先修课代号	课程代号	课 程 号	先修课代号
C_0	高等数学	—	C_5	编译原理	C_3,C_4
C_1	计算机基础	—	C_6	操作系统	C_3,C_8
C_2	离散数学	C_0,C_1	C_7	普通物理	C_0
C_3	数据结构	C_2,C_4	C_8	计算机原理	C_7
C_4	程序设计	C_1	C_9	人工智能	C_3

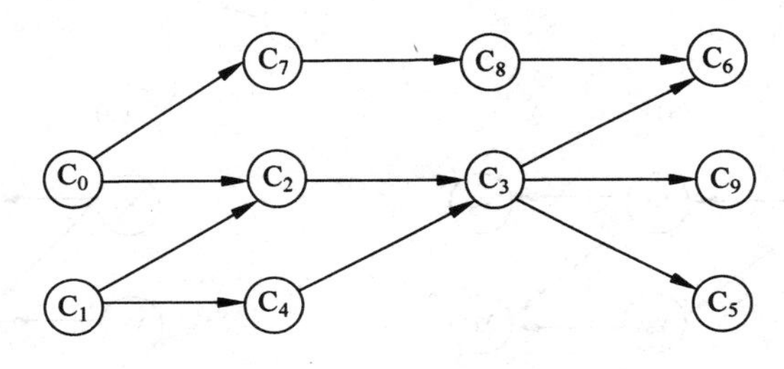

图 7-28 课程先修关系图

根据图 7-28 所示的有向图所示的课程先修关系,可以按照下述来安排学习顺序。

$$C_0 \to C_1 \to C_2 \to C_4 \to C_3 \to C_5 \to C_7 \to C_8 \to C_6 \to C_9$$

也可以按照另外一种方式安排学习顺序:

$$C_0 \to C_7 \to C_8 \to C_1 \to C_4 \to C_2 \to C_3 \to C_9 \to C_6 \to C_5$$

也就是说,满足先修关系的课程安排可以有多种方式,但所有方式都需要遵循的"先修课程不能排在后修课程之后"的基本原则;但对与没有先后修关系的课程,则可以灵活编排其顺序。

由此可以引入 AOV 网和拓扑排序概念。

AOV 网(Activity On Vertex Network,AOV):以顶点表示活动和顶点间弧表示各活动之间先后关系的有向图。

即是说,AOV 网含义为"顶点表示活动的网"。

若 AOV 网中顶点 u、v 间存在弧<u,v>,则活动 u 须在活动 v 之前完成,并称 u 是 v 的直接前驱,v 是 u 的直接后继。若顶点 u、v 间存在一条路径,就称 u 是 v 的前驱,v 是 u 的后继。

拓扑排序:AOV 网中所有顶点按照前驱与后继关系排成一个线性序列的过程,并称该序列为 AOV 网中顶点的"拓扑序列"。拓扑序列中的顺序是当顶点 u 是顶点 v 的前驱,u 就排在 v 的前面。

对已知 AOV 网求解相应拓扑序列的步骤如下。

① 在 AOV 网里选择一个没有前驱(即入度为 0)的顶点,并加以输出。

② 接着删除该顶点以及以它为尾的所有弧。

③ 重复执行步骤①和②,直到或者 AOV 网中全部顶点都被输出,此时表明拓扑排序成功,网中不存在有向回路,AOV 网是一个 DAG;或者 AOV 网中所有顶点未被全部输出但却不再有入度为 0 的顶点,此时表明剩余顶点都具有前驱顶点,即网中存在有向回路,AOV 网是一个非 DAG 网,无法完成拓扑排序。

由此可知,通过 AOV 网的拓扑排序过程可以判断其是否为 DAG。对于一个由 AOV 网表示的工程系统图而言,当相应 AOV 网不是 DAG 时,工程就不能正常进行。

【例 7-7】 对图 7-29(a)所示 AOV 网进行拓扑排序,以获得它的拓扑序列。

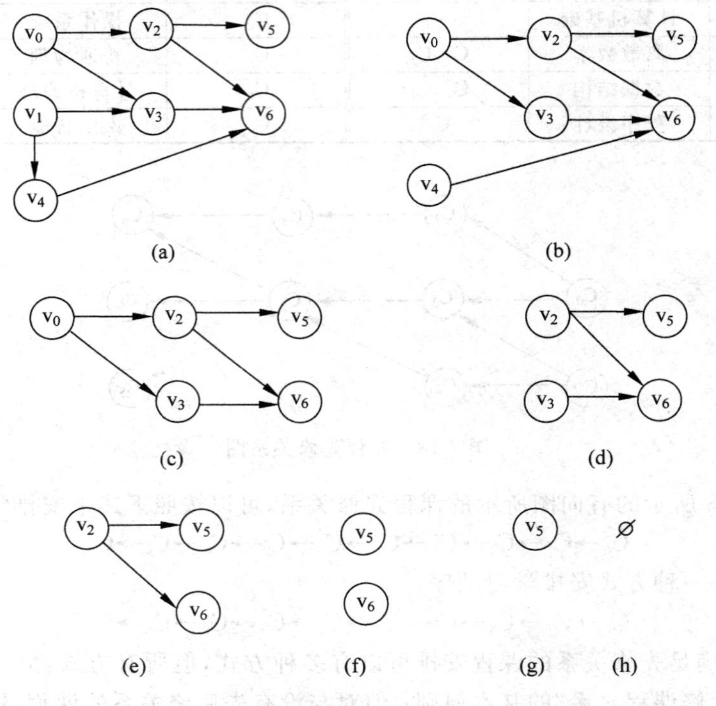

图 7-29 拓扑排序

实际上,在图 7-29(a)中,存在两个入度为 0 的顶点 v_0 和 v_1,任选其中之一作为实施拓扑排序起始点,例如选择 v_1 作为起始点。

输出 v_1,删除以其为弧尾的弧 $<v_1, v_3>$ 和 $<v_1, v_4>$,所得结果如图 7-29(b)所示。此时入度为 0 的两个顶点为 v_0 和 v_4。可以选择其中之一,例如 v_4 继续排序过程。

输出 v_4,删除以其为弧尾的弧 $<v_4, v_6>$,所得结果如图 7-29(c)所示。此时入度为 0 的顶点为 v_0。选择 v_0 继续排序过程。

输出 v_0,删除以其为弧尾的弧 $<v_0, v_2>$ 和 $<v_0, v_3>$,所得结果如图 7-29(d)所示。此时入度为 0 的两个顶点为 v_2 和 v_3。可以选择其中之一,例如 v_3 继续排序过程。

输出 v_3,删除以其为弧尾的弧 $<v_3, v_6>$,所得结果如图 7-29(e)所示。此时入度为 0 的顶点为 v_2。选择 v_2 继续排序过程。

输出 v_2，删除以其为弧尾的弧 $<v_2,v_5>$ 和 $<v_2,v_6>$，所得结果如图 7-29(f)所示。此时入度为 0 的两个顶点为 v_5 和 v_6。可以选择其中之一，例如 v_6 继续排序过程。

输出 v_6，所得结果如图 7-29(g)所示。此时入度为 0 的顶点为 v_5。选择 v_5 继续排序过程。

输出 v_5，网中所有顶点都被输出，表明拓扑排序成功，所得结果如图 7-29(h)所示。由此得到该网的拓扑序列为：

$$v_1 \rightarrow v_4 \rightarrow v_0 \rightarrow v_3 \rightarrow v_2 \rightarrow v_6 \rightarrow v_5$$

在实施拓扑排序时，网中有可能出现多个入度为 0 的顶点，因此存在多种排序的选择方案，即是说，在对 AOV 网进行拓扑排序的结果可能不唯一。

通常对给定有向图采用邻接表存储结构，以实现拓扑排序算法。此时，对每个顶点建立一个单链表，所有单链表都有一个表头结点组成一个数组。表头结点中设置一个存放入度的 inDegree 域。此时，邻接表中 TopoNode 类型定义如下。

```
00  public class TopoNode<T> {
01    public T data;
02    public int inDegree;
03    public EdgeNode firstAdjacencyNode;
04  }
```

执行拓扑排序过程中，当某顶点入度为 0 时，将此顶点输出，同时将该顶点所有后继顶点的入度减去 1。为了避免重复检测入度为 0 的顶点，需设置一个工作栈 zeroDegreeStack 存放入度为 0 的顶点。

【算法 7-9】 对 AOV 网进行拓扑排序的算法。

```
00  public class Topologic<T> {
01      public void sort(TopoNode<T>[] vertexes){
02          Stack<TopoNode<T>> zeroDegreeStack = new Stack<TopoNode<T>>();
03          int vertexCount = 0;
04          for(int i = 0;i < vertexes.length;i++){
05                if(vertexes[i].inDegree == 0){
06                    zeroDegreeStack.add(vertexes[i]);
07                }
08                while(!zeroDegreeStack.isEmpty()){
09                    TopoNode<T> element = zeroDegreeStack.pop();
10                    if(vertexCount > 0){
11                        System.out.print(" ->");
12                    }
13                    System.out.print(element.data);
14                    vertexCount++;
15                    EdgeListNode node = element.firstEdge;
16                    while(node!= null){
17                        int j = node.vertexIndex;
18                        vertexes[j].inDegree--;
19                        if(vertexes[j].inDegree == 0){
20                            zeroDegreeStack.add(vertexes[j]);
21                        }
22                        node = node.next;
23                    }
24                }
```

```
25                  if(vertexCount == vertexes.length){
26                      System.out.println();
27                      break;
28                  }
29              }
30          }
31          public static void main(String[] args) {
32              Object[] vertexes =   (TopoNode<String>[])
                                  Array.newInstance(TopoNode.class, 10);
33                vertexes[1] = new TopoNode<String>("V0",0,new EdgeListNode(2,0,new
                                  EdgeListNode(3,0,34null)));
35                vertexes[0] = new TopoNode<String>("V1",0,new EdgeListNode(3,0,new
                                  EdgeListNode(4,0,36null)));
37                vertexes[2] = new TopoNode<String>("V2",1,new EdgeListNode(5,0,new
                                  EdgeListNode(6,0,38null)));
39                vertexes[3] = new TopoNode<String>("V3",2,newEdgeListNode(6,0,null));
40                vertexes[4] = new TopoNode<String>("V4",1,newEdgeListNode(6,0,null));
41                vertexes[5] = new TopoNode<String>("V5",1,null);
42                vertexes[6] = new TopoNode<String>("V6",3,null);
43                Topologic<String> topo = new Topologic<String>();
44                topo.sort((TopoNode<String>[])vertexes);
45                return;
46          }
47  }
```

7.6.2 AOE 网与关键路径

实施一个工程项目,首先需要解决构成整个工程的各个子工程之间的先后次序问题,这关系到工程项目能够进行的前提;其次,就要考虑整个工程能够完成的最短时间,哪些活动是影响工程进度的关键。前者可以抽象为前面讨论的判断 AOV 网是否为 DAG 问题,即拓扑排序;后者可以抽象为将要学习的工程进度关键路径问题,即关键活动的求解。

为分析和处理问题方便,在拓扑排序中将主要关注对象"子工程"看作顶点,由此引入基于子工程顶点活动的 AOV 网概念;基于同样考虑,在关键路径讨论中将主要关注对象"活动"看作"边或弧段",由此需要先引入基于"事件顶点与活动边"的 AOE 网概念。

AOE 网(Activity On Edges Network):满足如下条件的带权 DAG 称为 AOE 网。

- **顶点**:表示事件即活动进行过程中的某个点;
- **弧段**:表示所涉及到的活动;
- **权值**:表示完成活动边所需要代价通常是所花费的时间。

即是说,AOE 网是以"边表示活动的网"。

表示时间工程计划系统的 AOE 网不能存在回路及必须是一个 DAG,同时只能存在一个入度即不存在入边的顶点并将其称为源点或始点,只能存在一个出度为 0 即不存在出边的顶点并称其为汇点或终点。

AOE 网中顶点 v 实际上表示了其入边活动<u,v>已经终止而其出边活动<v,w>可以实施的一种事件状态,所以也称其为"事件"或"事件顶点";而将连接两个事件顶点的弧<v_i,v_j>称为"活动"或"活动边",而将活动<u,v>称为活动<v,w>的先行活动。

一个 AOE 网如图 7-30 所示,用于表示整个工程开始到结束各个阶段的状态,该 AOE

网由 10 个事件（顶点）和 12 项活动（弧段）组成，活动上权值表示完成该活动的天数。

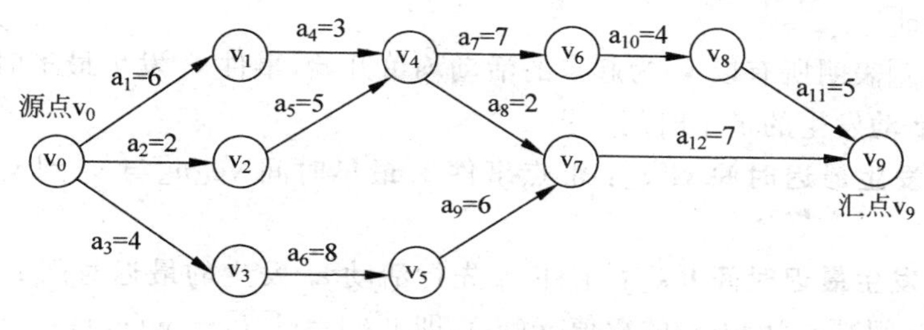

图 7-30　AOE 网

1. 关键路径与关键活动

在 AOE 网中，完成整个工程意味着从源点行进到汇点。注意到其中有些活动可以并行实施，如图 7-30 中的活动 a_1：$\langle v_0, v_1 \rangle$、a_2：$\langle v_0, v_2 \rangle$和 a_3：$\langle v_0, v_3 \rangle$等，这样由源点到汇点就会存在多种方式或多条路径，完成整个工程的实际工期就会出现多种情形。实际应用中就是需要在其中选择具有最短工期的工程实施方案。为分析和描述这类问题需要引入关键路径和关键活动概念。

作为一种无环的有向网图，AOE 网中路径长度就是该路径所经过弧段上权值之和。从直观上考虑，AOE 网如果存在着从源点到汇点的多条路径，则其中具有最长路径长度者对能否缩短整个工程工期具有关键作用而不是哪些路径更短者。引入相关概念如下。

关键路径（critical path）：AOE 网中由源点到汇点的具有最长路径长度的路径。

关键活动（critical activity）：关键路径上的活动即弧段。

由上述定义可知，关键路径由关键活动构成；一个 AOE 网可以存在多条关键路径。

从直观上不难理解，关键路径的路径长度就是整个工程所需要的最短工期，也就是说，AOE 网的工期为其关键路径所确定。

在如图 7-30 所示 AOE 网中，一条从源点 v_0 到汇点 v_9 的关键路径为$\langle v_0, v_1, v_4, v_6, v_8, v_9 \rangle$，其长度为 25 天，而其中活动$\langle v_0, v_1 \rangle$、$\langle v_1, v_4 \rangle$、$\langle v_4, v_6 \rangle$、$\langle v_6, v_8 \rangle$和$\langle v_8, v_9 \rangle$都是关键活动。此时，完成整个工程的时间至少需要 25 天。此外 $\langle v_0, v_3, v_5, v_7, v_9 \rangle$路径长度也是 25 天，也是 AOE 网中的一条关键路径。

如果缩短关键活动的权值不改变其所在关键路径组成的话，则就可缩短整个工程的周期。在图 7-30 所示 AOE 网中，如果 v_0 到 v_9 关键路径上的关键活动 a_{12} 天数（权值）并不能缩短整个工程的工期，这是由于受其他关键活动制约，缩短 a_{12} 天数就使得 a_{12} 不再是关键活动，此时就只有$\langle v_0, v_1, v_4, v_6, v_8, v_9 \rangle$一条关键路径。只有在不改变关键路径前提下缩短关键活动工期才能对缩短整个工期产生效果。

求解的关键是先求出关键活动，在此基础上构建关键路径。这里的关键是讨论在给定 AOE 网的所有活动中求出关键活动，这就需要对关键活动做进一步分析以得到关键活动应该具有的判定条件。为此引入如下相关概念。

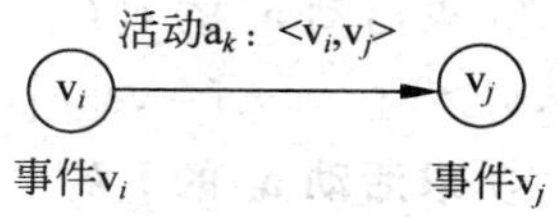

活动a_k：$\langle v_i, v_j \rangle$

v_i　　v_j

事件v_i　　事件v_j

图 7-31　事件（顶点）与活动（弧）

设有如图 7-31 所示的事件（顶点）v_i、v_j 和对应活动（弧）a_k：

- **事件 v_i 发生最早时间 ve[i]**：AOE 网中由汇点事件到事件 v_i 的最大路径长度；

- **活动 a_k 发生最早时间 e[k]**：活动 a_k：$<v_i, v_j>$中事件 v_i 的发生最早时间，即 e[k]=ve[i]；

实际上，ve[i]表明所有以 v_i 为起点的活动均可开始，事件 v_i 发生最早时间也就是所有以 v_i 为起点的活动发生的最早时间。

- **事件 v_i 发生最迟时间 vl[i]**：汇点事件 v_n 最早时间 ve[n]与 v_i 到 v_n 最大路径长度之差；
- **活动 a_k 发生最迟时间 l[k]**：事件 v_j 先行活动 a_k 发生的最迟时间 l[i]为事件 v_j 最迟发生时间减去活动 a_k 的权值 $w(a_k)$，即 $l[k]=vl[j]-w(a_k)$；

实际上，事件 v_j 的发生表示以 v_j 为终点的各个先行活动均可完成。

- **活动的时间余量**：活动 ak 的时间余量为最迟发生时间与发生最早时间之差：l[k]－e[k]。

关键活动 a_k 应当是其 l[k]－e[k]=0，即最迟发生时间 l[i] 和发生最早时间 e[i]相等的活动。也就是说，关键路径上的事件顶点的最早和最迟发生时间一致。关键活动不能延误，否则将影响整个工期。对于非关键活动 a_k，其在最早发生时间之后可以延迟 l[i]－e[i]天再进行该活动时不会影响到整个工期的按时完成。

由此可知，缩短或延误关键活动的工期，将提前或推迟整个工程的进度。因此，分析关键路径的重点在于识别哪些是关键活动即通过判断 l[i]－e[i]=0 与否检查相应活动 a_k 是否为关键活动。此时主要思路如下。

- 计算出所有活动的最早和最迟发生时间即可确定其是否为关键活动。
- 计算活动最早和最迟发生时间需先计算所有事件最早和最迟发生时间。

求解关键路径的具体步骤可以描述如下。

① **求事件顶点 v_i 的 ve[i]**。由源点 v_1 开始按事件发生次序由下述公式分别求各顶点最早发生时间 ve[i]：

$$\begin{cases} ve[i] = \max\{ve[l] + w(<v_l, v_i>),\quad 1 \in T\} & 2 \leqslant i \leqslant n \\ ve[1] = 0 \end{cases} \tag{7-1}$$

其中 T 表示以 v_i 为终点所有弧起点集合，$w(<v_l, v_i>)$为弧$<v_l, v_i>$权值。

② **求事件顶点 v_i 的 vl[i]**。从汇点 v_n 开始按事件发生次序的逆序由下述公式分别求各个顶点最迟发生时间 vl[i]：

$$\begin{cases} vl[i] = \min\{vl[l] - w(<v_i, v_l>),\quad 1 \in S\} & 1 \leqslant i \leqslant n-1 \\ vl[n] = ve[n] \end{cases} \tag{7-2}$$

其中 S 表示以 v_i 为起点所有弧终点集合，$w(<v_i, v_l>)$为弧$<v_i, v_l>$权值。

③ **求活动 a_k 的 e[k]**。活动最早发生时间＝活动起点顶点最早发生时间，即设活动 a_k：$<v_i, v_j>$时，e[k]=ve[i]。

④ **求活动 a_k 的 l[k]**。活动最迟发生时间＝活动终点顶点最迟发生时间－活动权值。即设活动 a_k：$<v_i, v_j>$时，$l[k]=vl[j]-w(a_k)$。

按以上 4 个步骤，如图 7-30 的 AOE 网计算过程如下。

1）事件最早发生时间

ve[0]=0

$ve[1]=max\{ ve(0)+w(<v_0,v_1>)\}=0+a_1=0+6=6$

$ve[2]=max\{ ve(0)+w(<v_0,v_2>)\}=0+a_2=0+2=2$

$ve[3]=max\{ ve(0)+w(<v_0,v_3>)\}=0+a_3=0+4=4$

$ve[4]=max\{ ve(1)+w(<v_1,v_4>), ve(2)+w(<v_2,v_4>)\}$

$\quad =max\{ 6+a_4, 2+a_5\}=max\{ 6+3, 2+5\}=9$

$ve[5]=max\{ ve(3)+w(<v_3,v_5>)\}=max\{ 4+a_6\}=max\{ 4+8\}=12$

$ve[6]=max\{ ve(4)+w(<v_4,v_6>)\}=max\{ 9+a_7\}=max\{ 9+7\}=16$

$ve[7]=max\{ ve(4)+w(<v_4,v_7>), ve(5)+w(<v_5,v_7>),\}$

$\quad =max\{ 9+a_8, 12+a_9\}=max\{ 9+2, 12+6\}=18$

$ve[8]=max\{ ve(6)+w(<v_6,v_8>)\}=max\{ 16+a_{10}\}=max\{ 16+4\}=20$

$ve[9]=max\{ ve(8)+w(<v_8,v_9>), ve(7)+w(<v_7,v_9>),\}$

$\quad =max\{ 20+a_{11}, 18+a_{12}\}=max\{ 20+5, 18+7\}=25$

需要说明的是，上述计算过程实际上是按照某种拓扑排序序列的次序进行。

2）事件最迟发生时间

$vl[9]=ve(9)=25$

$vl[8]=min\{ vl(9)-w(<v_8,v_9>)\}=min\{25-a_{11}\} =min\{25-5\}=20$

$vl[7]=min\{ vl(9)-w(<v_7,v_9>)\}=min\{20-a_{12}\} =min\{25-7\}=18$

$vl[6]=min\{ vl(8)-w(<v_6,v_8>)\}=min\{20-a_{10}\} =min\{20-4\}=16$

$vl[5]=min\{ vl(7)-w(<v_5,v_7>)\}=min\{18-a_9\} =min\{18-6\}=12$

$vl[4]=min\{ vl(6)-w(<v_4,v_6>), vl(7)-w(<v_4,v_7>)\}$

$\quad =min\{16-a_7,18-a_8\} =min\{16-7, 18-2\}=9$

$vl[3]=min\{ vl(5)-w(<v_3,v_5>)\}=min\{12+a_6\} =min\{12-8\}=4$

$vl[2]=min\{ vl(4)-w(<v_2,v_4>)\}=min\{9-a_5\} =min\{9-5\}=4$

$vl[1]=min\{ vl(4)-w(<v_1,v_4>)\}=min\{9-a_4\} =min\{9-3\}=6$

$vl[0]=min\{ vl(1)-w(<v_0,v_1>), vl(2)-w(<v_0,v_2>), vl(3)-w(<v_0,v_3>)\}$

$\quad =min\{6-a_1,4-a_2, 4-a_3\} =min\{6-6,4-2, 4-4\}=0$

需要注意的是，上述过程实际上是按照某种拓扑排序的逆次序进行。

3）活动发生最早时间

对 a_1：$<v_0,v_1>$而言：$e[1]=ve[0] =0$

对 a_2：$<v_0,v_2>$而言：$e[2]=ve[0] =0$

对 a_3：$<v_0,v_3>$而言：$e[3]=ve[0] =0$

对 a_4：$<v_1,v_4>$而言：$e[4]=ve[1] =6$

对 a_5：$<v_2,v_4>$而言：$e[5]=ve[2] =2$

对 a_6：$<v_3,v_5>$而言：$e[6]=ve[3] =4$

对 a_7：$<v_4,v_6>$而言：$e[7]=ve[4] =9$

对 a_8：$<v_4,v_7>$而言：$e[8]=ve[4] =9$

对 a_9：$<v_5,v_7>$而言：$e[9]=ve[5] =12$

对 a_{10}：$<v_6,v_8>$而言：$e[10]=ve[6] =16$

对 a_{11}：$<v_8,v_9>$而言：$e[11]=ve[8] =20$

对 a_{12}：$<v_7,v_9>$而言：$e[12]=ve[7]=18$

4）活动发生最迟时间

对 a_1：$<v_0,v_1>$而言：$l[1]=vl[1]-w(<v_0,v_1>)=6-a_1=6-6=0$

对 a_2：$<v_0,v_2>$而言：$l[2]=vl[2]-w(<v_0,v_2>)=4-a_2=4-2=2$

对 a_3：$<v_0,v_3>$而言：$l[3]=vl[3]-w(<v_0,v_3>)=4-a_3=4-4=0$

对 a_4：$<v_1,v_4>$而言：$l[4]=vl[4]-w(<v_1,v_4>)=9-a_4=9-3=6$

对 a_5：$<v_2,v_4>$而言：$l[5]=vl[4]-w(<v_2,v_4>)=9-a_5=9-5=4$

对 a_6：$<v_3,v_5>$而言：$l[6]=vl[5]-w(<v_3,v_5>)=12-a_6=12-8=4$

对 a_7：$<v_4,v_6>$而言：$l[7]=vl[6]-w(<v_4,v_6>)=16-a_7=16-7=9$

对 a_8：$<v_4,v_7>$而言：$l[8]=vl[7]-w(<v_4,v_7>)=18-a_8=18-2=16$

对 a_9：$<v_5,v_7>$而言：$l[9]=vl[7]-w(<v_5,v_7>)=18-a_9=18-6=12$

对 a_{10}：$<v_6,v_8>$而言：$l[10]=vl[8]-w(<v_6,v_8>)=20-a_{10}=20-4=16$

对 a_{11}：$<v_8,v_9>$而言：$l[11]=vl[9]-w(<v_8,v_9>)=25-a_{11}=25-5=20$

对 a_{12}：$<v_7,v_9>$而言：$l[12]=vl[9]-w(<v_7,v_9>)=25-a_{12}=25-7=18$

最终得到的各事件和活动的最早和最迟发生时间如表 7-3 所示。

表 7-3　关键路径计算

(a)顶点发生时间			(b)活动发生时间			
顶点	$ve[i]$	$vl[i]$	活动	$e[i]$	$l[i]$	$l[i]-e[i]$
v_0	0	0	a_1	0	0	0
v_1	6	6	a_2	0	2	2
v_2	2	4	a_3	0	0	0
v_3	4	4	a_4	6	6	0
v_4	9	9	a_5	2	4	2
v_5	12	12	a_6	4	4	0
v_6	16	16	a_7	9	9	0
v_7	18	18	a_8	9	16	7
v_9	25	25	a_9	12	12	0
			a_{10}	16	16	0
			a_{11}	20	20	0
			a_{12}	18	18	0

由表 7-3(b)中选择时间余量为 0 的关键活动：a_1、a_3、a_4、a_6、a_7、a_9、a_{10}、a_{11}、a_{12} 为关键活动，此时图 7-30 所示 AOE 网中关键路径分别是$<v_0,v_1,v_4,v_6,v_8,v_9>$和$<v_0,v_3,v_5,v_7,v_9>$，如图 7-32 所示。

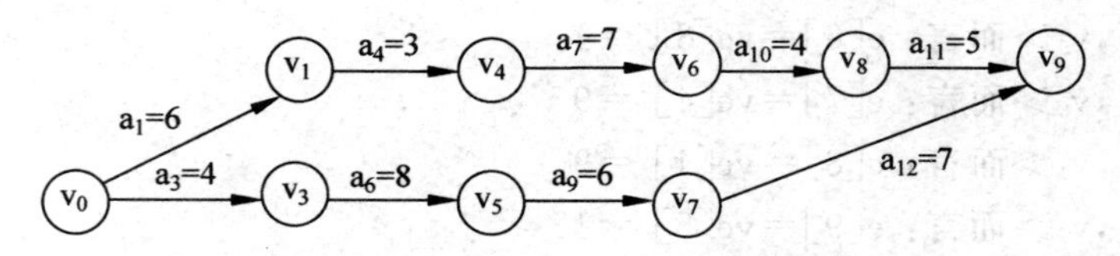

图 7-32　图 7-30 所示 AOE 网关键路径

2. 关键路径算法

计算机实现过程中可以对 AOE 网求关键路径算法设计如下。

(1) 求关键路径算法可采用邻接表存储 AOE 网,对邻接表做稍微的改良,邻接表的顶点结点需要保存对应顶点的入度信息,为之后的拓扑排序提供数据。

(2) 进行拓扑排序,保存拓扑排序序列。接下来求各顶点的最迟发生时间是按拓扑排序的倒序进行的。

(3) 生成各顶点的最早发生时间。

(4) 生成各顶点的最迟发生时间。

(5) 生成关键路径。对比顶点的最早发生时间与最迟发生时间,如果相一致的则是关键路径上的顶点,形成关键路径。

AOE 网关键路径算法的 Java 实现如下。

【算法 7-10】 求 AOE 网的关键路径算法。

```
00  public class Topologic<T> {
01      public double[] earlistTimeOfVertex(TopoNode<T>[] vertexes){
02          double[] ve = new double[vertexes.length];
03          for(int i = 0;i < vertexes.length;i++){
04              EdgeListNode edgeNode = vertexes[i].firstEdge;
05              while(edgeNode!= null){
06                  if(ve[i] + edgeNode.weight > ve[edgeNode.vertexIndex]){
07                      ve[edgeNode.vertexIndex] = ve[i] + edgeNode.weight;
08                  }
09                  edgeNode = edgeNode.next;
10              }
11          }
12          return ve;
13      }
14      public double[] lastestTimeOfVertex(TopoNode<T>[] vertexes,double lastv){
15          double[] vl = new double[vertexes.length];
16          for(int i = 1;i < vertexes.length;i++){
17              vl[i] = lastv;
18          }
19          for(int j = vertexes.length - 1;j > 0;j--){
20              EdgeListNode edgeNode = vertexes[j].firstEdge;
21              while(edgeNode!= null){
22                  double temp = vl[edgeNode.vertexIndex] - edgeNode.weight;
23                  if(temp < vl[j]){
24                      vl[j] = temp;
25                  }
26                  edgeNode = edgeNode.next;
27              }
28          }
29          return vl;
30      }
31      public void compare(double[] ve,double[] vl){
32          System.out.println("关键路径结点为: ");
33          for(int i = 0;i < ve.length;i++){
```

```
34              if(ve[i] == vl[i]){
35                  System.out.print("v" + i + ",");
36              }
37          }
38          System.out.println();
39      }
40      public static void main(String[] args) {
41          TopoNode<String>[] vertexes =  (TopoNode<String>[])
                        Array.newInstance(TopoNode.class, 10);
42          vertexes[0] = new TopoNode<String>("V0",0,new EdgeListNode(1,6,new
                        EdgeListNode(2,2,new EdgeListNode(3,4,null))));
43          vertexes[1] = new TopoNode<String>("V1",1,new EdgeListNode(4,3,null));
44          vertexes[2] = new TopoNode<String>("V2",1,new EdgeListNode(4,5,null));
45          vertexes[3] = new TopoNode<String>("V3",1,new EdgeListNode(5,8,null));
46          vertexes[4] = new TopoNode<String>("V4",2,new EdgeListNode(6,7,new
                        EdgeListNode(7,2,null)));
47          vertexes[5] = new TopoNode<String>("V5",1,new EdgeListNode(7,6,null));
48          vertexes[6] = new TopoNode<String>("V6",1,new EdgeListNode(8,4,null));
49          vertexes[7] = new TopoNode<String>("V7",2,new EdgeListNode(9,7,null));
50          vertexes[8] = new TopoNode<String>("V8",1,new EdgeListNode(9,5,null));
51          vertexes[9] = new TopoNode<String>("V9",2,null);
52          Topologic<String> topo = new Topologic<String>();  //创建一个 Topologic 类
                                                               实例
53          double[] ve = topo.earlistTimeOfVertex(vertexes);
54          double[] vl = topo.lastestTimeOfVertex(vertexes, ve[ve.length - 1]);
55          topo.compare(ve, vl);
56          return;
57      }
58  }
```

算法分析：上述算法首先创建 AOE 网，由程序第 41～51 行语句完成。首先，程序第 41 行创建头结点数组 vertexes，其中 TopoNode 类型定义详见 7.6.1 节；然后分别依次创建各个头结点元素，并将邻接边信息添加到相应的顶点结点邻接链表中(程序第 42～51 行)，其中 EdgeListNode 类型定义详见 7.2.2 节。

完成 AOE 网的创建后，求关键路径算法由 3 个方法组成，按调用的顺序分别是：earlistTimeOfVertex()为顶点最早发生时间生成函数，lastestTimeOfVertex()为顶点最迟发生时间生成函数，compare()为关键路径生成函数，现分别分析如下。

(1) earlistTimeOfVertex()顶点最早发生时间生成函数。每个顶点的最早发生时间是由该顶点的所有前驱顶点的最早发生时间加上对应连接弧的权值的最大值决定的，详见式(7-1)，具体算法由程序第 01～13 行完成。

(2) lastestTimeOfVertex()顶点最迟发生时间生成函数。每个顶点的最迟发生时间是由该顶点的所有后继顶点的最迟发生时间减去对应连接弧的权值的最小值决定的，详见式(7-2)，具体算法由程序第 14～30 行完成。

(3) compare()关键路径生成函数。比较存放各顶点最早发生时间的数组 ve[]和存放各顶点最迟发生时间的数组 el[]，对应位置上的值相等的则表示相应顶点为关键路径上的顶点，输出之。详见程序第 31～39 行。

本章小结

1）图与线性表和树的数据结构

数据的逻辑结构主要有线性表、树、图和集合 4 种类型。其中线性表相对简单和最为基本，树虽然相比于线性表更为复杂，但由于树形结构中结点之间存在着层次关联，因此其特性和相关算法仍然可以看作比较基本和齐整。作为 4 种逻辑结构中最一般的形式，图中顶点之间的关联相当任意，其显著特征是顶点之间可以存在“回路”也就是“环状”路径，从而呈现出描述概念更为众多、特征性质更为复杂等情形，而线性表、树和集合都可以看作在某种意义之下受到“限制”的图型结构。

数据结构反映的是数据对象中“数据元素”之间的“逻辑关系”。为了便于分析和思考，通常将“数据元素”图示为“结点”，“逻辑关系”图示为“连线段”，当两个数据元素具有给定的逻辑关系时，就将其对应的“结点”通过“连线段”联接。在不同数据结构中，“连线段”表示不同的语义。线性表中“连线段”表示数据元素之间“前驱/后继”的“前后”顺序关系，树形结构中“连线段”表示数据结点之间“双亲/子女”的“上下”层次关系；图结构中，“连线段（边或弧）”表示数据元素之间“邻接/路径”的“到达邻接”连通关系。

2）图的逻辑结构

在线性表情形，当两个数据元素之间没有“直接前驱（后继）”关系时，可以考虑“弱关系”——是否具有一般前驱（后继）关系；在树形结构情形，当结点之间不存在“父子”关系时，需要进一步考虑“弱关系”——是否具有“祖先子孙”关系；对于图结构来说，当两顶点之间不存在“邻接”关系时，相应的“弱关系”就是“路径”相连关系，因此图也分出相应的逻辑结构层次。

- **基本逻辑关系**：“邻接”关系，即两个顶点之间是否存在“一条邻边”将它们连接，如果图中每对顶点都有边关联，则就是“完全图”；
- **“弱化”逻辑关系**：“路径”关联即两个顶点之间是否存在“一条路径”将它们连接，如果图中每对顶点之间都有路径关联，则就是“连通图”。

由此可知，图结构中，逻辑关系的一般描述是顶点之间的“连通”概念。对于非连通图情形，还可以再退其次，考虑连通子图——连通分量。

按照上述考虑，通过“邻接”、“路径”和由此引入的“连通图”和“连通分量”等就构成了图逻辑结构的完整的层次描述，如图 7-33 所示。

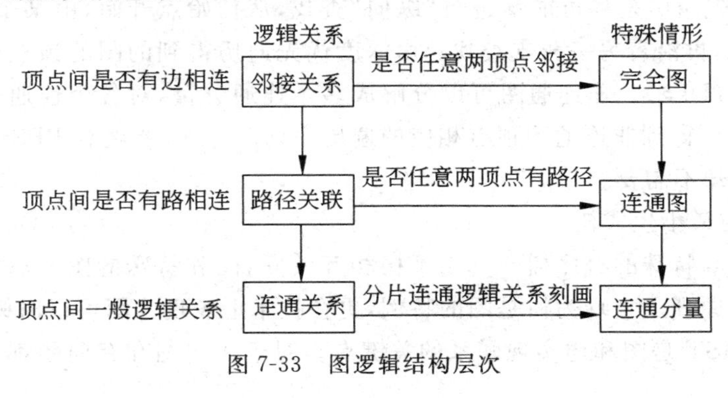

图 7-33　图逻辑结构层次

此外,对于有向图,需要注意相关概念中的"方向"描述,有向图逻辑结构层次如图 7-34 所示。

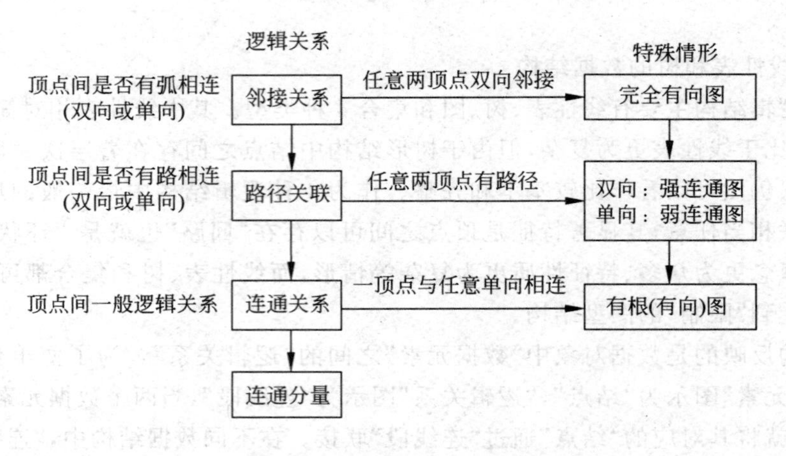

图 7-34　有向图逻辑结构层次

3）图的存储结构

与其他 3 种结构相同,图的数据操作实现依赖于图存储方式。线性表是以表中元素的线性关系为基准组织相应的存储方式(顺序表或链表);树是以其结点间的层次关系为基准组织相应的存储方式(顺序表、单链表以及顺序表与链表整合);图是以其顶点间关联即边的信息为基准组织相应存储方式,这就是邻接矩阵存储与邻接表存储结构。邻接矩阵存储是一种顺序存储方式,由于本质上是将图转化为二维数组处理,因此难以进行插入、删除等动态操作。图的邻接表存储是将图的顶点组织成顺序表(顶点结点顺序表),将每个顶点的邻接边组织成为单链表(边表结点单链表),并通过顶点结点顺序表中的"firstEdge"域将两者整合,从而适应了图的动态操作。学习中需要注意图的遍历算法在邻接表存储结构上实现过程。

4）图的遍历

图的遍历是图的各类操作的基础。由于图没有"层次",不能简单类比使用树的遍历方式。基于连通图的遍历主要有广度优先遍历和深度优先遍历两种方法。广度优先是尽可能地进行"横向"查找,从初始点开始,"一层接着一层"地实现查找,可以看作是对图在某种意义下进行"分层"。由广度优先遍历得到的图的顶点序列称为图的广度优先遍历序列(BFS)。深度优先遍历是尽可能地进行"纵向"查找,从初始点开始,由某个分支一直"查找到底",接着回溯,再沿着另一分支查找。由深度优先遍历得到的图的顶点序列称为图的深度优先遍历序列(DFS)。非连通图可以分解成多个连通分量,对各个连通分量进行广度或深度优先遍历就可得到非连通图顶点相应的遍历序列。另外,要注意 BFS 需要使用一个工作队列,而 DFS 却不需要。

5）生成树与最小生成树

如同一般树与特殊的有序树——二叉树相互关联,图和特殊的图——树也具有内在的关系。这不仅在原理上表现为树是图的特例,更在技术上表现为图可以由树"生成"。因此,图的生成树和 MST 是图和树实现联系的关键点。对于无向图和有向图都可以通过图的遍历实现相应生成树的构建；而对于无向连通网图，有意义生成树是能够体现权值的最小生成树 MST，这可以通过 Prim 算法和 Kruscal 算法进行构建。这两个算法都具有“贪心”特征，即算法执行的每一趟都能为最终结果做出贡献；如 Prim 算法适合于边稠密的无向连通网图，Kruscal 算法适合于需要按照边上权值递增顺序生成 MST 的情形。

6）图的应用

图有着广泛而深刻的实际应用，如图 7-35 所示。

对于有向网图，图可以用于计算单源最短路径和顶点对间最短路径；

对于有向无环图，通过引入“基于顶点活动”AOV 网来计算拓扑排序，以判定有向图中是否有环；还通过引入“基于边活动”的 AOE 网来计算关键路径，以获取完成工程最短工期。

本章学习的图应用既显示出图结构在解决实际应用时的威力，也展现出图相关算法的精致闪光之点与细腻入微之处，值得尽力学习和细心体会。当然它们也构成本章学习难点与重点之一，学习中首先需要结合实例掌握相应算法的顶层描述，再结合所采用实现方法具体动手验证，以理解相应算法步骤，掌握思想，吃透实例，多看多练，就应该能够较好完成相关学习任务。

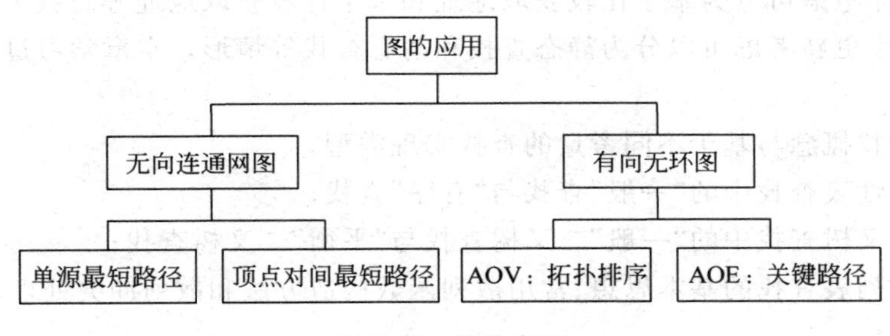

图 7-35　图的应用

本章主要内容要点如图 7-36 所示。

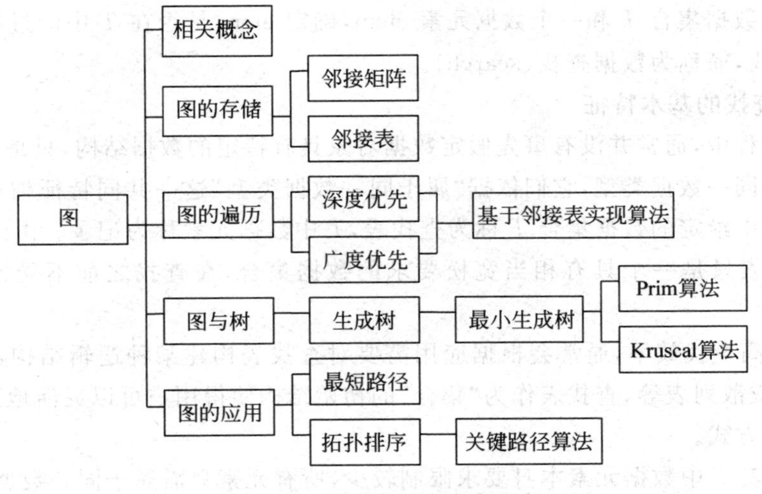

图 7-36　第 7 章基本内容要点

第8章　查　找

计算机数据处理过程中很多操作都建立在对给定数据集合中数据元素进行查找基础之上，例如，删除需要首先找到被删除的数据元素；而有些本身就以查找为其基本操作，例如数据库中数据集合。需要进行查找的数据从整体上来讲是以集合形式存在，此时可根据实际情况将所涉及数据元素组织为相应逻辑结构，并选择合适的存储结构以有效地实现查找操作。需进行查找操作的数据集合通常称为查找表。具体实施查找时可将查找表组织成为线性表、树表(二叉树)和散列表等形式，从而分别得到相应的数据查找算法。这些算法从查找所采用的操作考虑可分为基于比较获取地址和基于计算获取地址等查找方式；从查找表中数据是否发生更新考虑可以分为静态查找和动态查找等情形。本章学习过程中需注意以下问题。

- 数据查找概念与基于不同考量的查找实现类型；
- 基于线性表查找中的“一般”查找与“有序”查找；
- 基于二叉树查找中的“一般”二叉树查找与“平衡”二叉树查找；
- 基于散列表查找的基本思想、常用散列函数构造方法和散列冲突处理。

8.1　数据查找

给定一个数据集合 T 和一个数据元素 elem，确定 elem 是否在 T 中的过程称为关于数据 elem 的查找，简称为数据查找(search)。

1. 数据查找的基本特征

在应用过程中，通常并没有事先假定数据对象具有特定的数据结构，只是要求所涉及的数据元素具有同一数据类型，它们依据“属于同一数据类型”这一共同特征构成一个数据集合。查找过程中给定的数据集合 T 称为查找表，T 中数据元素称为记录。由此可知：

(1) 查找表只是一个具有相当宽松要求的数据集合，在查找之前不受特定数据结构约束。

(2) 为提高查找效率，通常会根据应用需要对查找表构建某种逻辑结构，例如，组织成线性表、树表或散列表等，查找表作为“集合”的初始结构使得用户可以灵活地选择相应的数据结构和操作方式。

(3) 查找表 T 中数据元素本身要求限制较少，所有元素只需属于同一数据类型，通过数据的关键码 k 对进行查找操作，一般也将此时的关键码称为关键字。

从 ADT 角度考虑，对于查找表这种数据类型，主要有如表 8-1 所示的 4 种基本操作。

表 8-1 查找表基本操作

序号	操作	描述
01	search(elem)	输入参数：数据元素 elem 输出参数：查找到数据元素(序号) 基本功能：查找数据元素 elem 在查找表中的位置，成功时返回元素序号，否则返回－1
02	searchkey(elem, key)	输入参数：数据元素 elem 查找码 key 输出参数：查找到数据元素(序号) 基本功能：查找查找码与给定值相等的数据元素 elem，成功时返回元素序号，否则返回－1
03	insert(elem)	输入参数：数据元素对象 elem 输出参数：boolean 基本功能：在查找表中插入 elem，成功返回 true，否则 false
04	delete(elem)	输入参数：数据元素对象 elem 输出参数：boolean 基本功能：在查找表中删除 elem，成功返回 true，否则 false

实际上，对于查找表 T 和数据元素 elem，“查找”的基本含义就是要确定 elem 是否为 T 中元素，然后基于 elem 在 T 中的前提下，查询 elem 具有怎样的特性，因此 01 和 02 可以看作是数据查找的基本内容。所谓“查找完成”包括查找成功和查找失败两种情形。

(1) 查找成功。在 T 中查找到给定数据元素 elem，此时返回一个成功标识。

(2) 查找失败。在 T 中查找不到给定数据元素 elem，此时返回一个失败标识。

事物不断地发展变化，反映事物特征的数据也会随之改变。为了正确地反映客观事物，需要不断地对查找表 T 中数据进行更新，此时基本要求是“保证更新前后的查找表具有相同数据结构”，即具有关于所采用“结构”的封闭性，因此表 8-1 中的 03 和 04 实际上对更高层面要求上的数据操作。

- **静态查找**：具有表 8-1 中 01 和 02 表示的数据查找操作，其特点是操作过程没有改变查找表 T 的内容，实行静态查找的查找表称为“静态查找表”。
- **动态查找**：具有表 8-1 中 03 和 04 表示的数据查找操作，其特点是操作过程可能会改变查找表 T 的内容，实行动态查找的查找表称为“动态查找表”。

2. 查找结构

查找表“松散”的“初始”结构提供了根据实际灵活设置相应数据“关系”的可能性。

查找结构：对于查找表 T 所选择的面向查找操作的数据结构。

常用的查找结构有线性表、树表和散列表 3 种类型，其中：

- 线性表结构主要用于静态查找；
- 树表和散列表结构可用于静态和动态查找。

查找表 T 中数据限制相当宽松的特性使得其中元素可以展示其比较丰富的属性特征，具有各种属性特征(数据项)的数据元素就是通常所讲(数据)记录。表示属性特征的各个数据项在数据记录中的地位并不相同，有些特征可以标识整个数据记录，这些“关键性”的数据项或数据项集合就称为数据记录 elem 的“关键码”(key)或“关键字”。关键码概念的引入实际上仅仅为根据数据记录中部分数据项来确定整个数据记录。

设给定查找表 T 中存在 n 条如下形式的记录：

$$(k_1, D_1), (k_2, D_2), (k_3, D_3), \cdots, (k_n, D_n)$$

其中，k_1、k_2、…、k_n 是 n 个关键码值，D_i 是与 k_i 相关联的记录信息（$1 \leqslant i \leqslant n$）。给定某个值 K，“查找”就是要在集合 T 中寻找出记录(k_j，D_j)，使得 $k_j = K$。

结合前述可知，所谓“查找成功”，就是在 T 里找到一个关键码为 k_j 的记录，使得 $k_j = K$；而“查找失败”就是在 T 里找不到记录，使得 $k_j = K$，即 T 中并不存在这样的记录。

记录中关键码 k_i 是记录（即数据元素）中的数据项或数据项集合。一般要求互不相同，由此用以标识记录。但需要注意，查找表 T 中数据记录可能存在多种关键码，有的关键码可以标识记录，但不具有唯一性。能够唯一标识一个记录的数据项一般称为记录的“主关键码”(primary key)；不能唯一标识一个记录的数据项称为记录的“次关键码”(second key)。

关键码的作用是将关于查找对象全部属性特征的匹配转化为部分属性的匹配，从而提升查找效率。查找表中数据元素具有如图 8-1 所示存储结构，后续章节中的数据元素如无特别定义亦约定采用此存储结构。

关键码	key	data	数据域

图 8-1　数据元素存储结构

图 8-1 所示的数据元素存储结构定义及方法参见算法 8-1。

【算法 8-1】　查找表数据元素类型定义。

```
00  public class DataItem < T extends Comparable < T >, E > {
01      private T key;
02      private E data;
03  }
```

上述代码定义了一个查找表的数据元素类 DataItem，包含键值 key(T 类型)和数据值 data(E 类型)。其中，键值 key 是用于查找的关键码，为了在查找过程中匹配待查给定值，key 的类型 T 必须实现 Comparable 接口，Comparable 接口是一个符合 T 类型要求的比较函数。

3. 查找效率

查找效率除了要考虑查找算法复杂度外，还需结合查找自身特点进行评估，这就是查找算法的平均查找长度 ASL(Average Search Length)。查找中如果采用给定值 k 与各记录的关键码 k_i（$1 \leqslant i \leqslant n$）进行比较，假设 C_i 表示在查找表 T 中查找第 i 个记录时需要进行比较的次数，P_i 表示在查找表 T 中查找第 i 个记录的概率，则查找成功的“平均查找长度(ASL)”定义如下。

$$\mathrm{ASL} = \sum_{i=1}^{n} P_i \times C_i$$

8.2 基于线性表的查找

当查找表 T 使用线性表进行构建时，在 T 中进行的查找就为基于线性表查找。由线性表的学习可知，线性表中的元素基于“前驱/后继”的“顺序”，但“前驱/后继”并不具有通常

"大小"的语义次序。本教材中的"有序"和"无序"都是一种诸如"大小"等"语义"顺序。按照这样的理解，基于线性表查找可分为下述两种类型。

1）无序表类型

对于由无序线性表表示的查找表 T，在查找过程中采用顺序查找算法，即从查找表 T 首记录开始，将待查找数据关键码 k 按顺序依次与 T 中每个记录关键码比较，直到找到要查找的记录（找到），或到达查找表的末尾（没有找到）为止。在应用中，顺序查找时间复杂度为 $O(n)$，效率相对低下。作为改进，可考虑将查找表 T 表示为具有某种特性的无序线性表，然后根据相应特性设计具有较高效率的查找方法，例如，无序线性表的分块查找法。

2）有序表类型

对于有序线性表表示的查找表 T，通常可设计出具较高效率的查找方法。实际上，给定查找表 T 本身可能无序，但在查找之前可根据某种规则进行排序（例如，采用第 9 章所讨论的排序方法），此时将 T 表示为一个有序线性表。有序线性表（有序表）中所有数据元素通常按照关键码"大小"顺序进行排列。基于有序表的查找方法通常有具较高查询效率的二分（折半）查找法。

基于线性表方法主要适用于静态查找情形。本节将分别讨论无序线性表中"顺序查找"以及"分块查找"和有序线性表中"二分查找"。

8.2.1 顺序查找

顺序查找（sequential search）：从线性表的一端向另一端逐个将关键码与给定数据元素关键码值进行比较，相等则查找成功，给出相等元素在 T 中序号；否则，当全部元素扫描结束后仍无数据元素关键码等于 k，则查找失败。

顺序查找时，查找表采用顺序表或链表进行存储。顺序查找可以从 T 始端开始由前向后进行，也可以用 T 的终端开始由后向前扫描。

如图 8-2 所示基于顺序表存储的无序线性表的关键码，如查找 key=10。由顺序表左端开始，依次比较三次即可查找到 key=10 的数据记录。

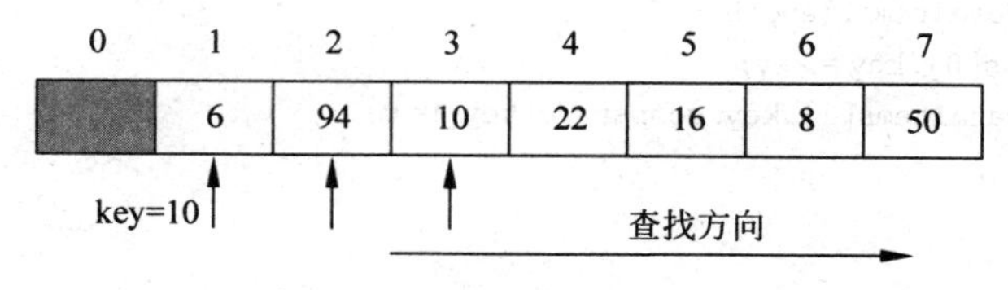

图 8-2 顺序查找 key=10

【算法 8-2】 基于顺序表查找。

在数组 dataItems 中顺序查找关键码为 key 的数据元素是否存在，存在时返回元素标号，不存在时返回－1。

```
00  public int seqSearch(DataItem<T, E>[] dataItems, T key) {
01      int n = dataItems.length;
02      int i = 0;
03      while (i < n && dataItems[i].key.compareTo(key) != 0)
04          i++;
05      if (dataItems[i].key.compareTo(key) == 0)
```

```
06          return i;
07      else
08          return -1;
09  }
```

算法分析：上述程序控制条件分别由 $i<n$ 和 dataItems[i].key.compareTo(key)！=0 表示。$i<n$ 表示查找表还未完成查找，dataItems[i].key.compareTo(key)！=0 表示还未查找到关键字等于 key 的数据记录。两个条件只要有一个没有满足，相应循环就须结束。此时在循环之后还应再使用条件判别区分两种不同情况并返回相应值。为了处理这个问题，可以设置所谓“监视哨”而把对查找表是否完成查找的判断条件取消。其基本思想是将待查值 key 放在查找方向的尽头处，免去了在查找过程中每一次比较后都要判断查找位置是否越界，从而提高查找速度。如果采用从顺序表右端开始查找，将待查值 key 放置在左端 dataItems[0]处。此时，可根据查找到数据 key 的数组标号 dataItems[i].key.compareTo(key)==0 判定查找是否成功。

- 若 $i\neq0$，则查找成功；
- 若 $i=0$，则查找失败，即在给定查找表中不存在数据元素关键码 k。

实验证明，设有监视哨的顺序查找可以有效地解决算法中判定越界问题，这种改进能够使得查找效率提高 50%以上。图 8-3 表示设置监视哨后查找 key=33 的过程。

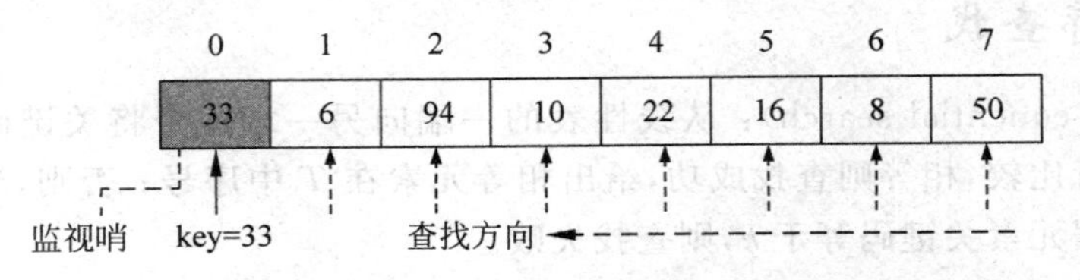

图 8-3　设置监视哨顺序查找 key=33

设置监视哨的查找程序如下。

```
00  public int sequenceSearch(DataItem<T,E>[] dataItems, T key) {
01      int i = dataItems.length - 1;
02      dataItems[0].key = key;
03      while (dataItems[i].key.compareTo(key)!= 0)
04          i--;
05      return i;
06  }
```

顺序查找优势在于对表中记录存储没有任何要求，顺序存储和链接存储均可，算法简单且适应面广。同时对表中记录的有序性也没有要求，无论记录是否按关键码有序。顺序查找不足在于平均查找长度较大，特别是当待查找集合中元素较多时，查找效率较低。

8.2.2　分块查找

顺序查找实际是一种“逐个”查找，即需要“一个接一个”地将待查找值与查找表中数据进行“比对”。如果能够采用某种合适方法“一次”就“比对”多个查找表中数据，那么就可以更好地提高查找效率。分块查找就是基于这种考虑而对顺序查找进行的一种改进。

分块查找(block search)：建立在顺序查找基础之上，也称为“索引顺序查找”，其中“分块”是将整个无序查找表按照其“工作”顺序分为若干部分，每一部分称为一个“块”，每块中记录关键码无序，但“前驱”块中记录的最大关键码小于“后继”块中最小关键码。例如，设有无序查找表中记录关键码排列顺序为：

4 38 12， 43 55 40 52， 82 75 71 68

可以将其分为如图 8-4 所示的三块，即 3 个子表。

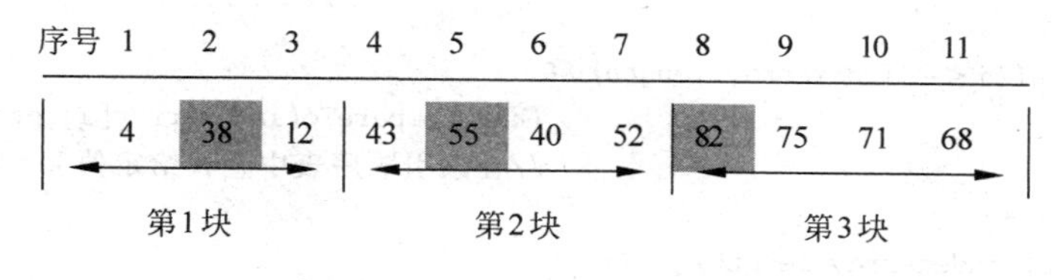

图 8-4 分块查找有序表

分块查找基本思想：依照分块有序表的块的顺序，以每块中记录最大关键码值建立起一个索引顺序表。在查找过程中，首先使用给定关键码 key 在索引顺序表里采用顺序查找确定可能所在的块，然后在该块里使用顺序查找算法最终获得查找结果。

分块有序表可以使用顺序表存储在一维数组当中，数组元素的结点结构如图 8-5 所示，其中，maxKey 为记录块中最大关键码；length 为块的长度；firstIndex 为块中首记录序号。

maxKey	length	firstIndex

图 8-5 分块查找索引顺序表结点存储结构

对于图 8-5 分块所示有序表建立相应顺序索引，结构如图 8-6 所示。如查找关键码 key=40 时，先确定 40 如果存在的话，应该在块号为 2 的分块，再根据该块的首记录序号 firstIndex，从序号 4 开始在其后 length 个长度范围内顺序查找，最终确定 key=40 在查找表中的序号为 6。

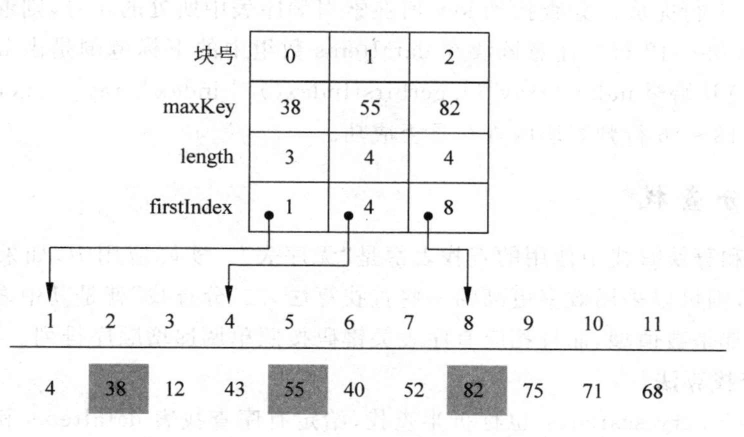

图 8-6 分块查找索引顺序表

下面讨论基于分块查找算法。

已知分块有序表 dataItems 存储在一个一维数组里，结点的存储结构如图 8-6 所示，结点类型为 DataItem。为 dataItems 建立的索引顺序表 indexArray 存储在一个一维数组里，结点的存储结构如图 8-5 所示，结点类型为 BlockNode。给定值 key，假设 key 的类型为 T。

要求对 dataItems 进行分块查找,返回查找成功或失败的信息。参数为 dataItems、indexArray 和 key。

【算法 8-3】 基于分块有序表的分块查找算法。

```
00 public int BlockSearch(DataItem<T,E>[] dataItems, BlockNode<T>[] indexArray, T key) {
01     int i, j;
02     i = 0;
03     while ((i <=  indexArray.length) &&
                                  (key.compareTo(indexArray[i].getMaxKey()))> 0)
                                  //在索引顺序表中查找给定值 key 所在块
04         i++;
05     if (i > indexArray.length)
06         return - 1;
07     else
08     {
09         j = indexArray[i].getFirstIndex();
10         while ((j <=  indexArray[i].getFirstIndex() + indexArray[i].getLength() - 1)
                                  && (key.compareTo(dataItems[j].key)!= 0)) {
11         j++;
12         }
13         if (j > indexArray[i].getLength() + indexArray[i].getFirstIndex() - 1)
14             return - 1;
15         else
16             return j;
17     }
18 }
```

算法分析:首先采用顺序查找的方式,查找给定 key 值在索引顺序表 indexArray 中所处的块号,如 key 比索引顺序表中所有块的 maxKey 都大,则查无此块,返回查找失败标志,由程序第 02～06 行完成。如查找到 key 值在索引顺序表中所处的块号,则继续在该块中顺序查找(程序第 09～12 行),注意该块在 dataItems 数组中的下标范围是由 indexArray[i].getFirstIndex()开始至 indexArray[i].getFirstIndex() +indexArray[i].getLength() − 1 结束。程序第 13～16 行判断块内查找是否成功。

8.2.3 二分查找

顺序查找和分块查找中使用的查找表都是“无序表”。实际应用中,如果给定查找表关于关键码有序,则可以采用效率更高的一些查找算法,“二分查找”就是其中之一。以下讨论中假设关键码都是数值型,而且相应有序表关键码按照单调递增顺序排列。

1. 二分查找算法

二分查找(binary search):也称折半查找,给定有序查找表 dataItems 和待查询数据关键码 key,将 key 与 dataItems 所有元素关键码比较转化为对 dataItems 的“中间”记录关键码 dataItems[mid]的比较,此时,mid 将 dataItems 划分为[low,mid−1]和[mid+1, high]左右两个子表。如果 key=dataItems[mid],则查找完成;如果 key< dataItems[mid],则 high= mid − 1,dataItems =[low, high],再做出新 mid 与 key 进行比较;如果 key> dataItems[mid],则 low=mid+1,dataItems=[low, high],再做出其 mid 与 key 进行比较。

重复这种做法，直到查找成功，或无该记录存在而查找失败。通常取 mid=[(low+high)/2]。

二分查找时相应线性表需要进行顺序存储即存储在一维数组当中。

【例 8-1】 设查找表 dataItems 的关键码序列如下：

5　10　12　18　23　31　35　40　53　68　72

使用二分查找完成对于 key=12 的查找过程如图 8-7 所示。

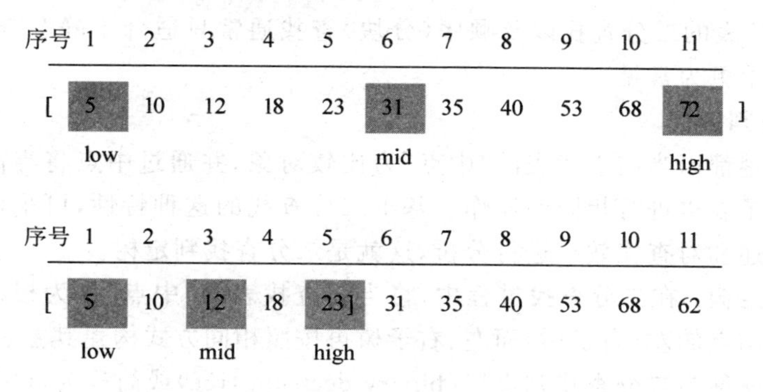

图 8-7　二分查找基本过程

n 个元素的查找表 dataItems 采用二分查找时，效率为 $O(\log_2 n)$。

下面讨论非递归的有序表二分查找算法，其中，输入为查找表数组 dataItems，查找范围 low、high，待查关键码 key；输出查找结果在 dataItems 中的位置。

【算法 8-4】 非递归有序表二分查找算法。

```
00  public int binarySearch(DataItem<T, E>[]dataItems, int low, int high, T key) {
01      while (low <= high) {
02          int mid = (low + high)/2;      //计算查找范围中间记录序号 mid
03          if (dataItems[mid].key.compareTo(key) == 0)
04              return mid;
05          else if (dataItems[mid].key.compareTo(key)>0)
06              high = mid - 1;            //所查记录在左子表,修改查找范围终端记录序号
07          else
08              low = mid + 1;
09      }
10      return -1;
11  }
```

算法分析：算法在合理范围内查找给定关键码 key，合理范围指查找范围最小下标 low 小于等于查找范围最大下标 high 时(程序第 01 行)。首先计算查找范围中的中间元素所在下标(程序第 02 行)，然后再根据中间元素与 key 的比较结果，确定找到 key 或者需重新调整查找范围，由程序第 03～08 行完成。最后如因 low>high 而退出循环，说明查找不到给定关键码 key，返回查找失败的标志(程序第 10 行)。

由上述算法过程得知，因查找过程中需能计算出中间元素下标，故查找表需采用顺序存储结构。另外，因关键码 key 只需与中间元素比较大小，即可确定其如存在会在查找范围的前半段或者后半段，故查找表须是有序表。二分查找一次比较能排除一半的元素，查找效率为 $O(\log_2 n)$，查找效率高，但适应面小。

在基于线性表查找方法中，二分查找具有较高的查找效率。但二分查找也有其弱项，具

体如下。

(1) 二分查找要求查找表有序,对于无序表来说,如果需要使用该方法,就要在查找之前将查找表进行排序,此时查找效率实际上应当包含查找表排序的代价。

(2) 二分查找不能使用链式结构进行存储,不能进行随机查找,还会导致为了维护其有序性,插入和删除效率低下。实际上,分块查找也有此问题。

(3) 基于线性表的二分查找以及顺序(分块)查找通常只适合于静态查找情形,而动态查找在实际应用中更为常见。

2. 二分查找判定树

二分查找每趟都以当前查找表的“中点”为比较对象,并通过中点将当前表分为两个子表。对定位好的子表再进行相同的操作。基于二分查找的这种特性,可采用相应二叉树对查找过程进行描述和对查找效率进行分析,这就是二分查找判定树。

二分查找判定树:在二分查找过程中,将当前查找表的“中点”作为根结点,左、右子查找表分别作为根结点的左、右子树,而左、右子树再按照相同方式构建其左、右子树。由此得到的一棵二叉树就称为二分查找判定树(binary decision tree)或简称为判定树。

由上述定义可以将判定树的构造方法描述如下:

- 当 $n=0$ 时,二分查找判定树为空;
- 当 $n>0$ 时,二分查找判定树的根结点是有序表中序号为 mid=$\lfloor (n+1/2 \rfloor$ 的记录,根结点的左子树是与有序表 r[1] ~ r[mid-1]相对应的二分查找判定树,根结点的右子树是与 r[mid+1]~r[n]相对应的二分查找判定树。

判定树中每个结点对应有序表中一个记录,结点值为该记录在有序表中位置标号,当查找过程中某一趟中左子查找表或右子查找表为空时,相应的左子树或右子树也为空。

二分查找判定树的构造依赖于相应有序查找表中数据元素个数,与数据元素本身“取值”无关。对于判定树来说,查找成功,就在树中对应一个“实在”的结点;查找失败,树中就没有结点对应。为了统一起见,通常为判定树中只有左或右子树的结点以及每个叶结点添加一个“虚拟”的子结点,由此,二分查找成功就对应判定树的实结点,失败就对应判定树中虚结点。

例 8-1 中的有序查找表有 11 个数据元素,相应二分查找判定树如图 8-8 所示。虚线矩形表示虚结点。如果虚线结点是左子结点,则矩形框中左边数字表示本结点标号,右边表示其父结点标号;虚线结点是右子结点,则矩形框中左边标号表示父结点标号,右边表示本结点标号。此时,实(圆形)结点和虚(矩形)结点分别称为如图 8-8 所示判定树的内部结点和外部结点。

由图 8-8 可知下述情形:

(1) 当需要查找查找表中第 6 个数据时,进行 1 次比较即可,此时对应树的根结点。

(2) 当需要查找查找表中第 3 和 9 个数据时,进行两次比较即可,此时对应树中的第 1 层结点。

(3) 当需要查找查找表中第 1、4、7 和 10 个数据时,进行 3 次比较即可,此时对应树中的第 2 层结点。

(4) 当需要查找查找表中第 2、5、8 和 11 个数据时,进行 4 次比较即可,此时对应树中的第 3 层结点。

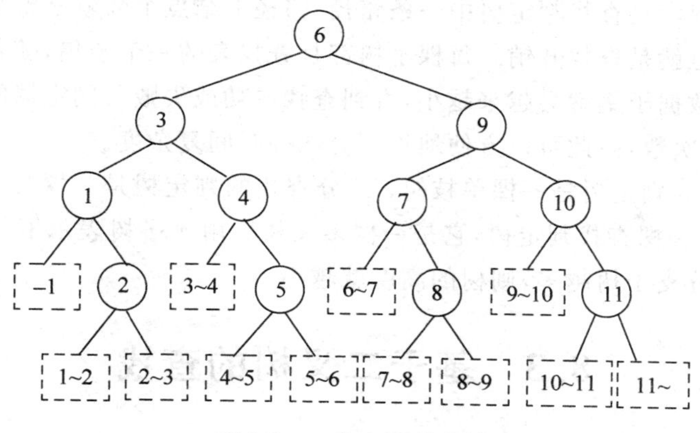

图 8-8　二分查找判定树

由此可得下述结论：

(1) 二分查找过程实际上就是在判定树中行进一条由根结点到被查找数据结点的路径。

(2) 判定树中每个子结点都对应一个查找子表，随着查找过程继续，相应查找子表就越来越少，最后结果是查找成功或查找失败。

(3) 当查找路径行进到判定树内部(非叶)结点终止时，表明查找成功，路径终止点就是查找结果。设根结点所在层为第 0 层时，查找中与给定值比较次数等于结果数据在树中的层数＋1。

(4) 当查找路径行进到外部(叶)结点终止时，表明查找失败。查找中给定值与关键码比较次数等于该路径上内部结点的个数。

(5) 通过判定树对二分查找过程的描述可知，具有 n 个结点的二分查找判定树的深度为$\lceil \log_2 n \rceil$(不超过 $\log_2 n$ 的最大整数)。

【例 8-2】 假设在有序表 a[25]上进行二分查找，则比较一次查找成功的元素个数为 1；比较两次查找成功的元素个数为________；比较 4 次查找成功的元素个数为________；查找成功时最多比较________次；等概率情况下查找成功的平均查找长度为________。

答案：2，8，5，3.96。

分析：根据二分查找流程可分析得出，在二分查找过程中，比较 1 次查找成功的元素有 1 个，比较两次查找成功的元素有两个，比较 3 次能成功的元素有 4 个，比较 4 次能成功的元素有 8 个，受有序表的元素个数所限，比较 5 次能成功的元素有 10 个。如画出其二分查找判定树，高度为 4，最后一层有 10 个叶子。所以该有序表查找成功时最多比较 5 次。等概率情况下查找成功的平均查找长度将每个元素的查找次数平均即可，故：

$$ASL=(1\times1+2\times2\times+3\times4+4\times8+5\times10)\div25=3.96$$

二分查找的判定树具有重要的意义，因为由其可以判定查找过程中许多问题，如前所述的查找成功与否的判定、查找开销的判定等。实际上，一般查找过程也可以定义相应的查找判定树。

查找判定树：查找表中每个数据元素可以看作是树中的一个结点并使用元素标号表示；树中结点的子结点表示需要进行下一步查找的结点；结点的度即子结点的个数表示下一步查找的各种可能选择。

因此,查找过程就是查找判定树中一条路径,路径上结点个数就是整个查找中需要与关键码比较的次数,也就是查找开销。每棵子树都是查找表的一个子集,随着查找过程的逐次进行,对应的查找数据子集就会越来越小,直到查找成功或失败。判定树的高度就是整个查找算法的最大比较次数,由此可以方便地得到算法的时间复杂度。

前述顺序查找的判定树是一棵单枝树;二分查找的判定树是一棵二叉树;后面将要学习的 B 树本身就是一棵查找判定树,它是一棵多叉树。由于子树表示下一步查找的可能选择,因此判定树的分支子树越多,则树的高度就越小。

8.3 基于二叉树的查找

前述的"顺序查找"、"分块查找"以及"二分查找"都是基于线性表的"静态查找"。静态查找表不是完全没有"插入"和"删除"等动态操作,只是需要的话可以将"查找"与"更新"分在不同阶段进行,而每一阶段只进行"查找"或"更新"。在实际应用中,有些情况下,查找表的查找与更新可能需要交叉进行而无法分为两个彼此隔离的阶段,此时就需要对查找表进行"动态处理"。如果动态查找表采用"线性表"进行组织,由于其"前驱/后继"是一种较强的逻辑关系,因此频繁的数据更新可能需要进行大量的数据移动;树形结构的"双亲/子女"逻辑关系相对较弱,在更新时可能只涉及某些"分支",因此通常是将动态查找表按照"树形"结构进行逻辑组织,这就是基于树的查找方法。按照树形结构组织的查找表也称为"树表"。基于树表查找就是按照某些特殊类型的树,例如,二叉树和多叉树作为查找表的组织方式。

- 如果数据都存放在内存中,通常采用二叉查找树技术。
- 如果数据不能完全调入内存,将相关数据存储在外存,通常采用多叉查找树技术。

本节讨论一种基于二叉树的查找方法——二叉排序树查找,该方法具有较高的查找效率,还能够在查找表中进行数据插入和删除等动态查找操作,具有更为广泛的应用价值。

8.3.1 二叉查找树概念

作为一种特殊的二叉树,二叉查找树(binary search tree, BST)也称为二叉排序树(binary sort tree),它采用递归方式进行定义,即一个 BST 或者是一棵空树,或者是一棵满足如下性质(BST 性质)的二叉树:

(1) 当 BST 左子树非空时,其左子树上所有结点值都小于根结点值。

(2) 若 BST 右子树非空时,其右子树上所有结点值都大于根结点值。

(3) BST 左子树和右子树自身又是一棵二叉排序树。

不难证明,二叉查找树的中序遍历序列一定是一个递增的有序序列。

二叉查找树中"大于(小于)"概念是基于"序"而言。当涉及的数据为数值时,就是常规意义下的"大于(小于)";当数据为字符时如是字母时,就表示其中的字典排序。图 8-9(a)和(b)都是二叉查找树。其中对图 8-9(a)进行中序遍历,得到如下递增序列:

$$24 \rightarrow 30 \rightarrow 32 \rightarrow 35 \rightarrow 38 \rightarrow 41 \rightarrow 56$$

二叉查找树通常使用二叉链表存储结构,其结点的结构如图 8-10 所示。

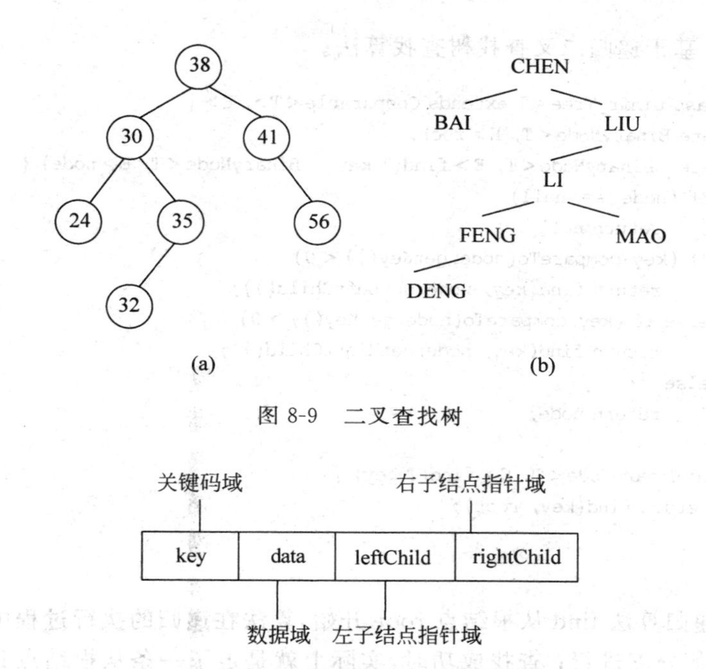

图 8-9　二叉查找树

图 8-10　二叉查找树结点存储结构

二叉查找树结点类型定义如下。

```
00  public class BinaryNode<T extends Comparable<T>,E> {
01      public T key;
02      public E data;
03      public BinaryNode<T,E> leftChild;
04      public BinaryNode<T,E> rightChild;
05  }
```

8.3.2　基于二叉查找树的查找

由于按照中序遍历二叉查找树就可以得到一个(递增)的序列,因此二叉查找树本身可以看作一个有序表。这样,基于二叉查找树的查找就类似于二分查找,两者都是一个逐步缩小查找范围的过程。二叉查找树查找的基本思想是将给定关键码值 key 与二叉查找树根结点中关键码值进行比较,相等就得到查找成果;否则,key 小于根结点关键码,所查找数据只可能在根结点的左子树中,需要沿左子树继续进行查找;key 大于根结点关键码时,所查记录只可能在根结点的右子树中,需要沿右子树继续进行查找。

基于二叉查找树的查找当待查关键码与当前结点关键码不相等时,就会跳转到当前结点的左或右子树继续查找,此时下一步比较就将去除了"一半"的数据记录,由树形结构特征可知,相应关键码比较次数不会超过二叉树的深度 h。这说明,在二叉查找树上进行查找时的效率,查找效率与树的形状存在很大关系,也就是说,两个具有相同结点数的二叉查找树来说,其中树的形态较为均匀的比不均匀的查找效率要高。

下面给出在二叉查找树中查找数据元素的递归算法,其中,输入:待查元素的关键字 key,输出:查找成功输出对应元素在二叉查找树中的结点位置;否则,输出 null。

【算法 8-5】 基于递归二叉查找树查找算法。

```
00 public class BinaryTree<T extends Comparable<T>, E> {
01     private BinaryNode<T, E> root;
02     private  BinaryNode<T, E> find(T key,  BinaryNode<T, E> node) {
03         if (node == null)
04             return null;
05         if (key.compareTo(node.getKey()) < 0)
06             return find(key, node.getLeftChild());
07         else if (key.compareTo(node.getKey()) > 0)
08             return find(key, node.getRightChild());
09         else
10             return node;
11     }
12     public BinaryNode<T, E> find(T key) {
13         return find(key, root);
14     }
15 }
```

算法分析：递归算法 find 从根结点 root 开始，算法在递归的执行过程中只会沿着左子树或右子树的一条分支进行；查找成功时，实际上就是走了一条从根结点到某个结点的路径，路径上结点的个数为算法执行中进行关键字比较的次数；查找失败时，走了一条从根到某个空结点的路径，算法中进行关键字的比较次数依然是路径上结点个数；因此算法的时间复杂度为 $O(h)$，h 为二叉查找树的高度。

由于在二叉查找树中查找数据元素，实际上是给定元素与当前结点进行比较，若不等，则是向左或右子树不断深入的过程。因此也可以使用下述非递归形式实现，其中，输入：根结点 root，待查元素的关键字 key；输出：查找成功输出对应元素在二叉查找树中的结点位置；否则，输出 null。

【算法 8-6】 基于非递归二叉查找树查找算法。

```
00 public BinaryNode<T, E> search(T key, BinaryNode<T, E> root) {
01     BinaryNode<T, E> p = root;
02     while (p!= null) {
03         int equalValue = key.compareTo(p.getKey());
04         switch (equalValue) {
05         case 0:
06             return p;
07         case -1:
08             p = p.getRightChild();
09             break;
10         case 1:
11             p = p.getLeftChild();
12             break;
13         }
14     }
15     return null;
16 }
```

上述查找过程中按照从根到某个结点的一条路径行进，因此算法时间复杂度是 $O(h)$。

通过上面的查找算法分析知道二叉查找树的关键字比较次数不超过树的高度。然而，与折半查找不同的是，对长度为 n 的查找表进行折半查找，其判定树是唯一的；而含有 n 个结点的二叉查找树却不唯一。因此，含有 n 个结点的二叉查找树的平均查找长度和树的形态有关。假设二叉查找树中每个结点的关键字互异。在具有 n 个结点的二叉树中，树的最小高度为 $\lfloor \log_2 n \rfloor$，即在最好的情况下二叉查找树的平均查找长度与折半查找一样，与 $\log_2 n$ 成正比；最坏情况是具有 n 个结点的二叉树退化为一个单链表，其深度为 $n-1$，此时其平均查找长度与 n 成正比。在平均情况下，如果随机生成二叉查找树，其平均查找长度和 $\log_2 n$ 是等数量级的，即平均查找长度为 $O(\log_2 n)$。

8.3.3 二叉查找树插入与生成算法

查找表动态操作包括表中数据元素的插入和删除。二叉查找树的插入算法同时也是其生成算法的基础。本节学习二叉查找树的插入及生成算法。

1. 二叉查找树插入算法

对二叉查找树进行插入时，需要保证操作后的二叉树满足 BST 条件，即仍然是一棵二叉查找树。二叉查找树插入的基本思想是：按照需插入数据的关键码在相应二叉查找树中进行查找，如果查找成功，则插入失败；如果查找失败，则需插入数据就作为查找所经过路径上最后一个结点的左子结点或右子结点，即成为整个二叉树的一个新的叶结点。

下述算法实现了上述操作过程，其中，输入：待插元素的 key 和 data，输出：在二叉查找树中插入新结点成功与否的标志。

【算法 8-7】 二叉查找树的插入算法。

```
00  public boolean insertNode(T key,E data){
01      if(root == null){
02          root = new BinaryNode<T, E>(key,data);
03          return true;
04      }
05      BinaryNode<T, E> currentNode = root;
06      BinaryNode<T, E> insertedNode = root;
07      while(currentNode!= null){
08          if(key.compareTo(currentNode.getKey()) == 0){
09              return false;
10          }
11          insertedNode = currentNode;
12          if(key.compareTo(currentNode.getKey())< 0){
13              currentNode = currentNode.getLeftChild();
14          }else{
15              currentNode = currentNode.getRightChild();
16          }
17      }
18      BinaryNode<T, E> newNode = new BinaryNode<T, E>(key,data);
19      if(key.compareTo( insertedNode.getKey())< 0){
20          insertedNode.setLeftChild(newNode);
21      }else{
22          insertedNode.setRightChild(newNode);
```

```
23    }
24    return true;
25  }
```


算法分析：上述算法主要由三部分组成。

首先，判断当前树是否为空树，当原树为空时，直接为将待插入元素申请结点并赋值为 root，root 即为二叉查找树的根结点(程序第 01～04 行)。

然后通过一个 while 循环找到在二叉查找树非空情况下待插入数据记录正确的插入位置(程序第 05～17 行)。此时需要完成两个方面工作，一是当发现树中存在记录的关键码与待插入记录关键码 key 相等时就立即返回，不能进行插入；二是根据二叉查找树概念找到待插入元素的合适空位，使用 insertedNode 记录可能的插入位置的父结点。

最后是完成插入。为待插入元素创建新结点 newNode，并通过判断待插入元素关键码与 insertedNode 结点关键码的大小，将 newNode 作为 insertedNode 的左孩子或右孩子(程序第 18～23 行)。

2. 二叉查找树生成算法

对于由递归方式定义的二叉查找树来说，通过上述插入算法就可以在初始数据结构(空结构)上创建出所需的相应结构。二叉查找树生成算法基本思想是：由一棵空树开始，输入一个结点后就调用一次插入算法，进而将各个结点插入到适当位置，直到输入某个特殊值例如“－1”结束二叉查找树的创建。

算法基本点就是不断地调用插入算法 insertNode()完成一棵二叉查找树的创建工作。当接收到输入的“－1”值时，创建工作完成，返回指向根结点的指针。

【例 8-3】 设有关键码序列：38、30、41、24、35、32、56，按照上述二叉查找树生成算法构造的二叉查找树过程如图 8-11 所示。

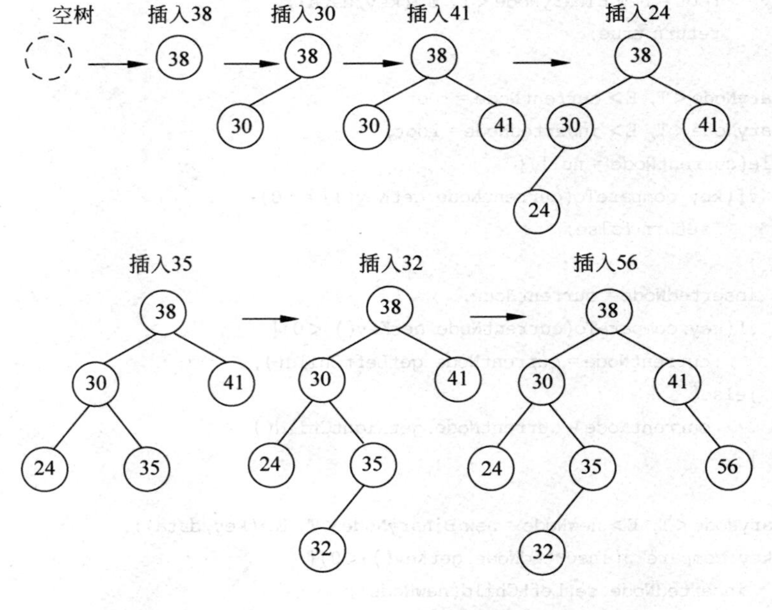

图 8-11　二叉查找树创建

首先,创建开始时,二叉查找树为一棵空树;依次向空树中插入关键码为 38 的结点使其成为该树的根结点;关键码 30 小于根结点关键码 38,将其插入到 38 的左子结点位置;关键码 41 大于根结点 38,将其插入到根结点的右子结点位置;如此不断地做下去,最终得到二叉查找树。

【算法 8-8】 二叉查找树的创建算法。

```
00  public static void main(String[ ] args) {
01      BinaryTree < Integer, Integer > tree = new BinaryTree < Integer, Integer >( );
02      tree.insert Node(38,38);          //待插入结点的 key 域和 data 域均为 38,以下雷同
03      tree.insert Node(30,30);
04      tree.insert Node(41,41);
05      tree.insert Node(24,24);
06      tree.insert Node(35,35);
07      tree.insert Node(32,32);
08      tree.insert Node(56,56);
09      return;
10  }
```

算法 8-8 创建了图 8-11 所示的二叉查找树。

【例 8-4】 有数列 38、26、60、94、75、50、35,试画出构造的二叉查找树,并计算等概率情况下查找成功时的平均查找长度。

答案:构造的二叉查找树如图 8-12 所示。

$$ASL=(1\times1+2\times2+3\times3+4\times1)\div7=2.57$$

分析:二叉查找树的构造就是不断地插入结点的过程,每次待插入结点都要从根结点开始,根据其概念,从上到下依次比较,直到找到一个合适的空位,将待插入结点作为一个新叶子插入到空位。等概率情况下查找成功时的平均查找长度为查找到每个结点时的查找次数之和除以结点个数。

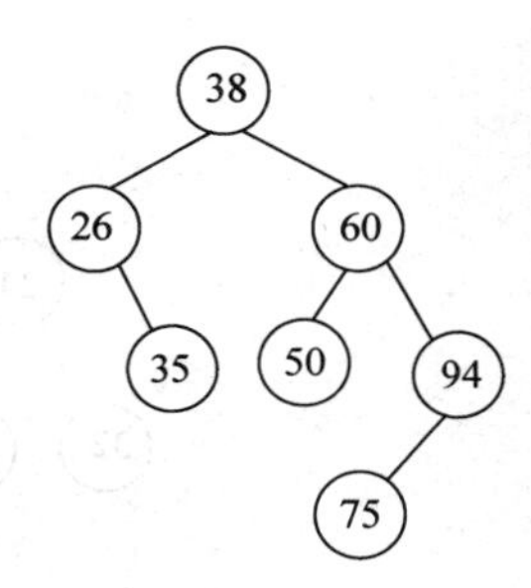

图 8-12 二叉查找树构造结果

8.3.4 二叉查找树删除

与插入情况类似,在二叉查找树中删除一个结点后,可能需要对树进行调整,以保证其满足 BST 性质,仍然是一棵二叉查找树。二叉查找树删除算法程序比较复杂,下面仅从原理方法上进行讨论。根据被删除结点在二叉查找树中位置,可以将相应删除分为 4 种类型。除此之外,还需考虑被删结点为根结点的特殊情况。以下设 node 为需要删除结点并且非根结点的一般情况,nodeParent 为 node 的父结点,nodeChiled 为 node 的左或右子结点。

1. 待删结点为叶结点

若待删除的 node 为叶子结点,直接将 nodeParent 指向 node 的域置空即可。如假设 node 为 nodeParent 的左子结点,则更改 nodeParent 的左结点 leftChild 域置为 null;反之,更改 nodeParent 右指针域 nodeParent. setRightChild(null)。

图 8-13 表示删除叶结点 node 为 25 的情形。

2. 待删结点只有一棵非空子树

若 node 只有一棵非空子树,直接将 nodeParent 指向 node 的域指向 node 的非空子树。即先判断 node 为 nodeParent 的哪个分支,假设为左分支,再判断 node 的非空子树为哪个

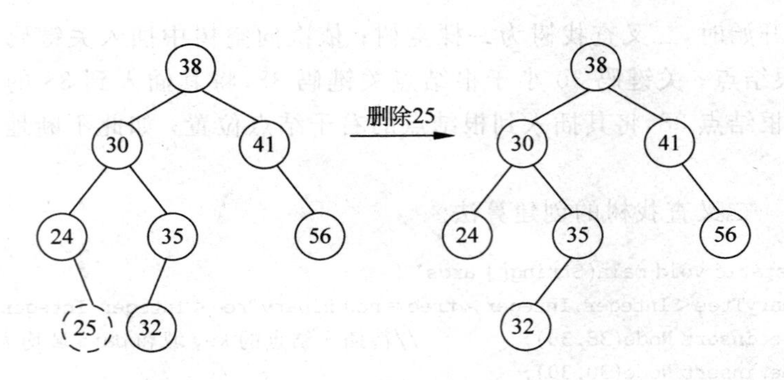

图 8-13　删除叶结点

分支,假设为右分支,则执行 nodeChild＝node. geRightChild()；nodeParent. setLeftChild (nodeChild)。

图 8-14 表示删除结点 node 为 30 的情形。

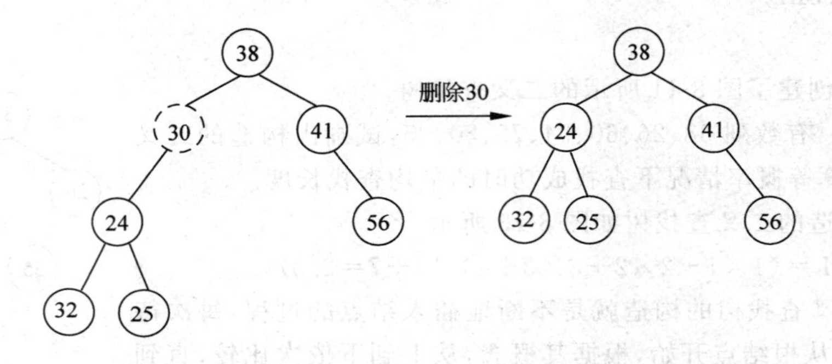

图 8-14　被删除结点只有左子树

3. 待删结点具有两棵非空子树

此时可以通过下述方法之一完成删除工作。

1）基于中序前驱删除

设若 maxNode 为 node 中序遍历序列中的前驱,则 maxNode 为 node 左子树中关键码值最大者,应当位于 node 左子树中的最右位置,即 maxChild 有可能有左子树,但不会有右子树。此时,将 maxNode 父结点的右子结点域赋值为 maxNode 的左子结点,更改 maxNode 的左右子树为 node 的左右子树,再将 nodeParent 指向 node 的域指向 maxNode。

图 8-15 表示删除结点 node 为 30 的情形。

2）基于中序后继删除

设若 minNode 为 node 中序遍历序列中的后继,则 minNode 为 node 右子树中关键码值最小者,应当位于 node 右子树中的最左位置。此时,将 minNode 父结点的左子结点域赋值为 minNode 的右子结点,更改 minNode 的左右子树为 node 的左右子树,再将 nodeParent 指向 node 的域指向 minNode。

图 8-16 表示基于中序后继删除结点 node 为 30 的情形。

下述算法实现了二叉查找树结点删除操作,其中,输入：待删除元素关键码 key；输出：删除成功与否的标志。

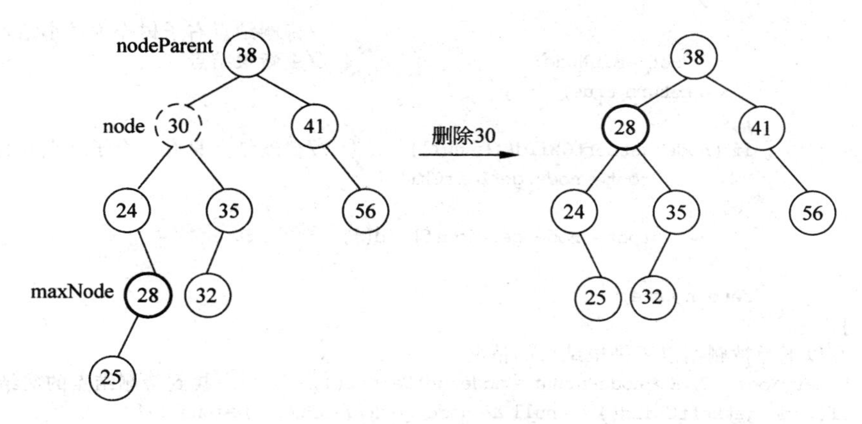

图 8-15　基于中序前驱删除

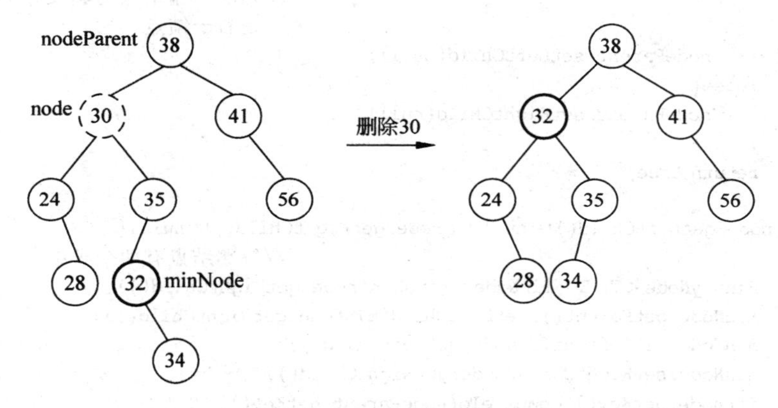

图 8-16　基于中序后继删除

【算法 8-9】 二叉查找树结点删除算法。

```
00 public boolean removeNode(T key){
01       BinaryNode<T, E> node = find(key);
02       if(node == null){
03            returnfalse;
04       }
05       if(node.compareTo(root) == 0){             //待删除结点为根结点
06            if(node.getLeftChild() == null && node.getRightChild() == null){
                                                    //待删除结点为叶子结点
07                 root = null;
08                 return true;
09            }
10            if(node.getLeftChild()!= null && node.getRightChild()!= null){
                                                    //待删除结点有两个子结点
11                 BinaryNode<T, E> minNode = findMin(node.getRightChild());
                                                    //查找 node 右子树中的最小结点
12                 minNode.getParent().setLeftChild(minNode.getRightChild());
                                                    //最小结点的父结点的左子结点指向最小
                                                      结点的右结点
13                 minNode.setLeftChild(node.getLeftChild());
                                                    //待删结点左子树作为最小结点左子树
14                 minNode.setRightChild(node.getRightChild());
```

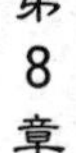

```
                                                      //待删结点右子树作为最小结点右子树
15                  root = minNode;                   //更新根结点
16                  return true;
17              }
18              if (node.getLeftChild()!= null)     {  //待删结点只有一个子结点并且为左结点
19                      root = node.getLeftChild();
20              }else{
21                      root = node.getRightChild();
22              }
23              return true;
24      }
        //以下为被删结点不是根结点的情况
25      BinaryNode<T, E> nodeParent = node.getParent();       //找到待删结点的父结点
26      if(node.getLeftChild() == null && node.getRightChild() == null){
27          if(node.getKey().compareTo(nodeParent.getKey())<0){
                                                      //判断待删结点为其父结点的左子结点还
                                                        是右子结点
28              nodeParent.setLeftChild(null);
29          }else{
30              nodeParent.setRightChild(null);
31          }
32          return true;
33      }
34      if(node.getLeftChild()!= null && node.getRightChild()!= null){
                                                      //待删结点有两个子结点
35          BinaryNode<T, E> minNode = findMin(node.getRightChild());
36          minNode.getParent().setLeftChild(minNode.getRightChild());
37          minNode.setLeftChild(node.getLeftChild());
38          minNode.setRightChild(node.getRightChild());
39          if(node.getKey().compareTo(nodeParent.getKey())<0){
                                                      //判断待删结点为其父结点的左子结点还
                                                        是右子结点
40              nodeParent.setLeftChild(minNode);
41          }else{
42              nodeParent.setRightChild(minNode);
43          }
44         return true;
45      }
46      if (node.getLeftChild()!= null){
                                                      //待删结点只有一个子结点的情况,需记
                                                        录待删结点的子结点
47          BinaryNode<T, E> nodeChild = node.getLeftChild();
48      }else{
49            BinaryNode<T, E> nodeChild =  node.getRightChild();
50      }
51      if(node.getKey().compareTo(nodeParent.getKey())<0){
                                                      //判断待删结点为其父结点的左子结点还
                                                        是右子结点
52           nodeParent.setLeftChild(nodeChild);
53      }else{
54           nodeParent.setRightChild(nodeChild);
55      }
56      return true;
57  }
```

算法分析：在算法中首先查找待删结点，如果找到，先判断待删除结点是否为根结点，根结点与非根结点的删除方法类似，区别在于待删结点如为根结点需更新根结点。下面对删除非根结点的基本方法进行解释：首先找到待删结点的父结点(程序第 25 行)。然后判断待删除结点 node 子结点的情况，如果 node 既没有左子树又没有右子树，则直接将 node 的父结点指向该结点的域置空，即直接删除该结点(程序第 26～33 行)；如果具有两个子结点，则采用中序后继删除进行删除(程序第 34～45 行)；如果待删结点仅有一个子结点，则判断其具有左子结点还是右子结点，将 node 的父结点指向该结点的域指向其子结点(程序第 46～56 行)。算法执行查找的时间为 $O(h)$，如果待删结点 node 不为空，需时 $O(h)$ 确定 node 的父结点，其他操作常数时间即可完成，因此算法总的时间复杂度为 $O(h)$。

8.3.5 平衡二叉树

如果二叉查找树中没有很长的枝，也没有很短的枝，这样的二叉树就可看作比较匀称。比较匀称的二叉查找树通常具有比较高的查找效率。为了明确二叉树"匀称"准确含义，人们引入了平衡二叉树概念。

一棵**平衡二叉树**(balanced binary tree)：或者是一棵空树，或者具有下列性质的二叉树：其左子树和右子树深度之差的绝对值不超过 1，同时其左子树和右子树也都是平衡二叉树。

二叉树的深度是指二叉树中由根结点到叶结点最大路径长度，空二叉树深度定义为 −1。

对于二叉树每个结点，其左子树高度与右子树高度之差定义为该结点的平衡因子(或平衡度)。平衡二叉树也就是树中任意结点的平衡因子的绝对值小于等于 1 的二叉树，即是说，平衡二叉树中每个结点的平衡因子只能是 −1、0、1 三者之一。

一棵二叉查找树如果满足平衡二叉树定义就称其为一棵平衡的二叉排序树，平衡的二叉排序树又称为平衡查找树。研究平衡二叉树的目的在于研究如何动态地使一棵二叉排序树保持平衡，从而使它具有较高的检索效率。

Adelson-Velskii 和 Landis 于 1962 年提出了一种动态保持二叉查找树平衡的算法(Adelson 算法)，其基本思想是：在构建二叉查找树过程中，插入结点时就检查是否插入后损坏了二叉树平衡性。当平衡性被破坏时，就搜寻出其所谓"最小不平衡子树"，在保持查找树 BST 性质前提下，调整最小平衡子树中各个结点之间联系，以达到新的平衡。

这里讲的"最小不平衡子树"指的是这样一棵子树，其以距离插入点最近，同时平衡因子的绝对值大于 1 的结点为根结点。

通过 Adelson-Velskii 和 Landis 提出的上述算法得到的平衡查找树就称为 AVL 树。

不失一般性，下面在假设二叉查找树最小不平衡子树根结点为整个树根结点 A 情况下讨论 Adelson 算法。在下述讨论中，以圆形表示结点，以矩形表示子树。结点旁边的数字表示该结点平衡因子，矩形旁边数字表示该子树深度。P 为新插入元素。

情形 1：AVL 树 T 为空树，则新插入数据元素 P 作为 T 的根结点，树 T 的深度增 1。

情形 2：新插入数据 P 的关键码和 AVL 树 T 根结点 A 关键码相等，则不进行插入。

情形 3：新插入数据 P 的关键码不等于树 T 根结点 A 关键码，此时，若 A 的平衡因子为 0，这表明 A 的左子树 AL 和 A 的右子树 AR 深度相等，则只需将根结点 A 的平衡因子调整为 1,树的深度同时增 1 即可。而 A 平衡因子等于1 或"−1"情况需要分别讨论如下。此时按照 P 插入到 AL 或 AR 分为两种情形。

(1) 新插入数据 P 的关键码小于树 T 根结点 A 关键码,即 P 插入到 A 左子树 AL 上。

① LL 型调整。P 插入在 A 的左子结点 B 的左子树 BL 上。

- 原树 T 根结点 A 平衡因子为−1,此时表明 A 右子树 AR 深度大于 A 左子树 AL 深度,则将根结点 A 的平衡因子调整为 0,并且插入后树的深度不变;
- 原树 T 根结点 A 平衡因子为 1,此时表明 A 左子树 AL 深度大于 A 右子树 AR 深度,插入 P 后,A 的平衡因子将为 2,插入后二叉树失衡。此时,将 B"提升"为根结点,将 A"下降"为 B 的右子结点,将 B 的右子树 BR 转换为 A 的左子树,即顺时针旋转。LL 型调整如图 8-17 所示。

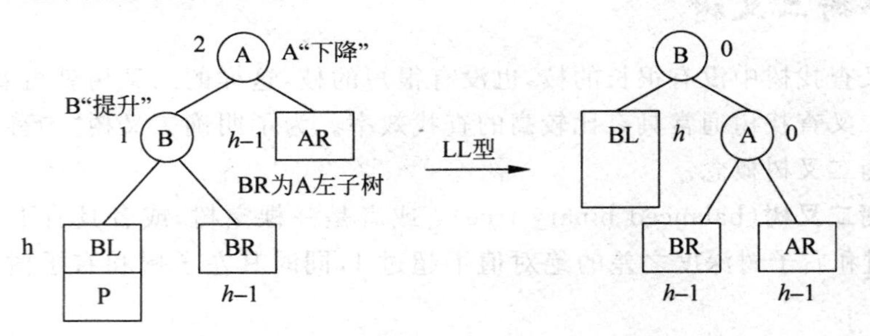

图 8-17 LL 型调整

② LR 型调整。P 插入在 A 的左子结点 B 的右子树 BR 上。

此时,调整分两部分进行。先处理 B 这棵子树,将 C"提升"为根结点,B"下降"为 C 的左子结点,C 原来的左子结点成为 B 的右子结点,即局部逆时针旋转;再处理整棵树,将 C"提升"为根结点,将 A"下降"为 C 的右子结点,C 原来的右子结点成为 A 的左子结点,即整体顺时针旋转。LR 型调整如图 8-18 所示。

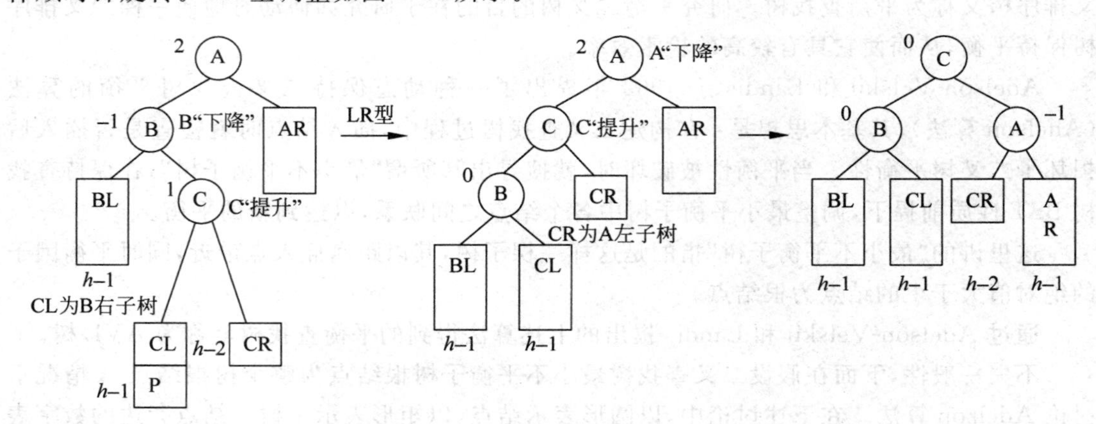

图 8-18 LR 型调整

(2) 新插入数据 P 的关键码大于树 T 根结点 A 关键码,即 P 插入到 A 右子树 AR 上。

① RR 型调整。P 插入在 A 的右子结点 B 的右子树 BR 上。

此时,将 B"提升"为根结点,将 A"下降"为 B 的左子结点,将 B 左子树 BL 转换为 A 的右子树,即逆时针旋转。RR 型调整如图 8-19 所示。

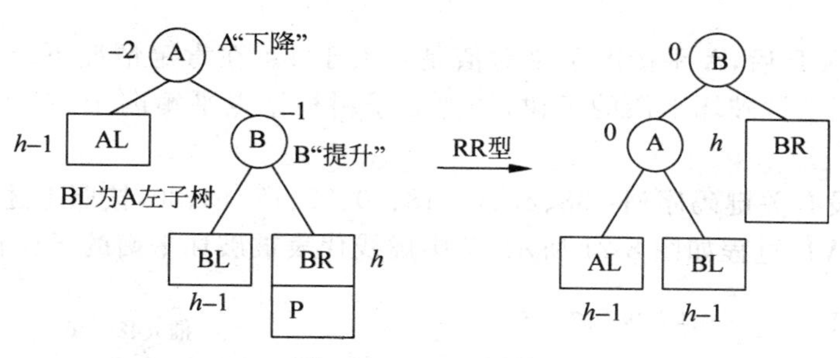

图 8-19　RR 型调整

② RL 型调整。P 插入在 A 的右子结点 B 的左子树 BL 上。

此时，调整分两部分进行。先处理 B 这棵子树，将 C“提升”为根结点，B“下降”为 C 的右子结点，C 原来的右子结点成为 B 的左子结点，即局部顺时针旋转；再处理整棵树，将 C“提升”为根结点，将 A“下降”为 C 的左子结点，C 原来的左子结点成为 A 的右子结点，即整体逆时针旋转。RL 型调整如图 8-20 所示。

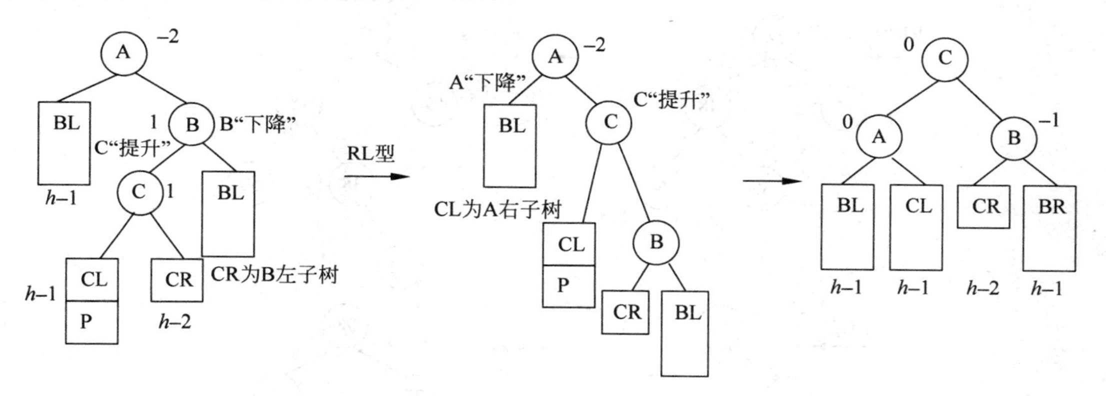

图 8-20　RL 型调整

由上述平衡调整算法具有以下特点。

(1) 只需要改变较少的指针值，同时调整前后树的深度也不改变，且最小不平衡树调整后的根结点平衡因子为 0，此时完全不用考虑最小不平衡树之外结点。

(2) 调整后叶结点由左至右相对次序也保持不变。

建立了上述最小不平衡子树调整算法，就有下述的 AVL 树插入算法。

(1) 判断点 P 插入后的二叉树是否失衡。

(2) 如果失衡，找出相应最小不平衡子树。

(3) 根据失衡类型进行调整。

在实际应用中，(1)和(2)可以一并进行，这是因为 AVL 树失衡等价于其存在最小不平衡子树。一棵子树失衡等价于其根结点的平衡因子绝对值大于 1。

当 AVL 树在插入 P 后失衡，则最小不平衡子树根结点就会距 P 最近位置，同时该根结点在插入前的平衡因子绝对值会等于 1，由此就提供了寻找最小不平衡子树根结点的一个基本思路，即找出根结点的过程可以与查找 P 插入位置的过程结合进行。相应算法描述如下。

(1) 查找 P 插入位置过程中记录距插入位置最近同时平衡因子不等于 0 的结点 A，这是可能的最小不平衡树的根结点。

(2) 修改 A 到插入位置路径上所有点的平衡因子，而其他结点平衡因子不予改变。

(3) 判断插入 P 后，A 平衡因子绝对值是否大于 1。在肯定情况下调用最小不平衡树调整算法(只需调整被破坏平衡的子树，调整后子树根结点平衡因子为 0)；否则插入 P 的过程就此结束。

【例 8-5】 设有关键码序列：38、27、15、48、50、32、18、13、20，按照上述算法构造二叉查找树并调整为 AVL 过程如图 8-21 所示(其中虚线代表被破坏平衡的子树根结点)。

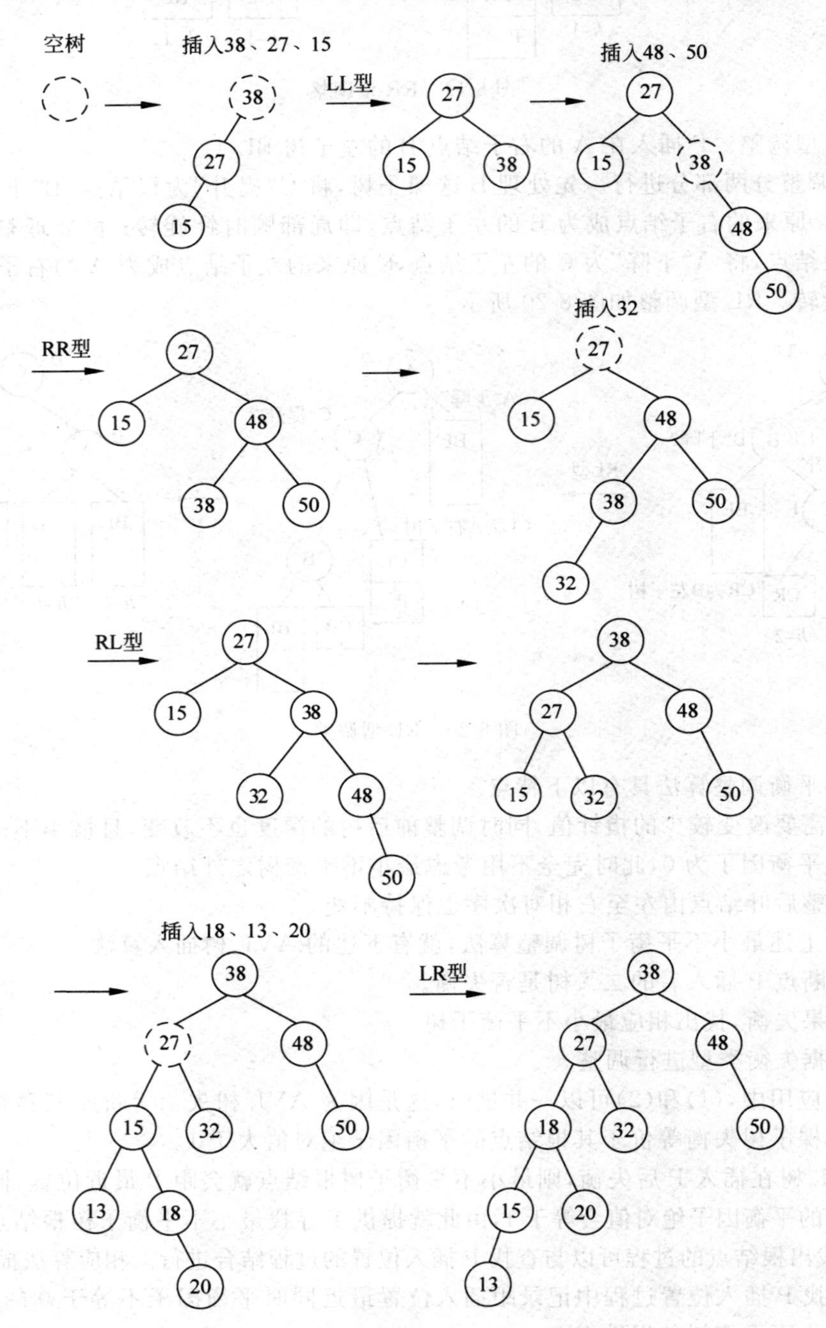

图 8-21　生成 AVL 过程

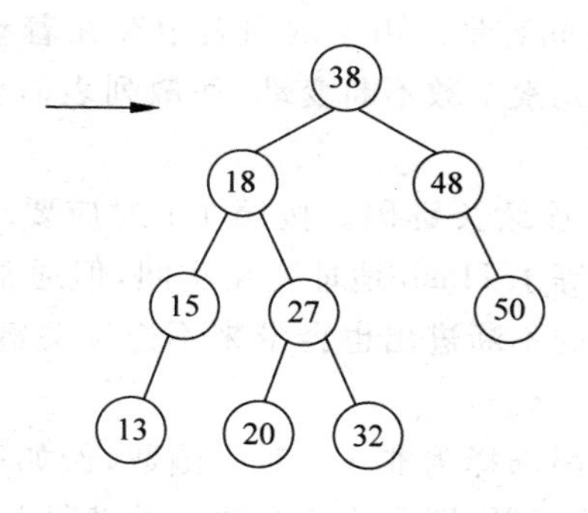

图 8-21 （续）

可以说明，基于 AVL 查找的时间复杂度为 $O(\log_2 n)$。当然，在对 AVL 进行动态管理如插入的时间开销也不小，因此需要根据实际情况确定是否采用 AVL 树进行查找。通常当关键码呈随机分布状态时，使用 AVL 树效果就不够理想。

8.4 基于散列表的查找

作为基于数据查找结构，前述基于线性表和树表查找中，由于数据元素存储位置和关键码之间不存在确定关系，需要通过进行一系列将被查找数据关键码与查找表中已有关键码的“比较”，这里的“查找”实际上是一个逐步“逼近”的过程，查找效率依赖于上一次比较之后查找范围的缩小程度。例如，顺序查找是从头到尾对查找表中关键码进行比较以确定查找成功与否；二分查找是通过不断地将查找表“折半二分”以快速缩小查找范围；分块查找是将查找表分成多个子集后建立索引，以快速定位所需查找关键码可能所在的块；二叉查找树则是通过树的层次特性以缩小关键码的比较次数。这些查找方法都是给定查询要求后，通过各种合适的途径，逐步递进，“间接”获得查询结果。

能否设计一个“直接”的查找过程，由需要查找的关键码通过“直接”计算就得到所需数据的实际存储位置呢？本节将要学习的散列表就是这样一种查找结构，它不是通过关键码比较进行查找，而是通过一个适当函数，由关键码计算出相应记录在查找表中应该位于的存储地址。基于线性表和树表查询效率依赖于查找过程中所进行的比较次数，即查找开销与查找表长度紧密相关，在散列表中，无论是插入还是查找数据，所花费时间都与表中元素个数(即表长)没有关系。

散列表：设线性表中数据对象个数为 n，开辟一个长度为 $m(m\geqslant n)$ 的连续内存单元。若满足如下条件，则将该连续的存储空间称为散列表(Hash 表)。

(1) 构建散列函数：以数据元素关键码 k 为自变量构建一个散列函数 H(k)，该 H(k) 将关键码 k 映射为内存单元地址(也称为下标)同时将对应数据元素存储在该内存单元当中。

(2) 获得散列地址：函数值 H(k)称为以 k 为关键码的数据元素的散列地址。

由上述可知，构建散列函数时进行散列查找的首要课题。

从理论上来看，只需找到一个 1-1 对应函数即可，例如直接就取 H(k)＝k。但从实际应用考虑，简单选择 1-1 对应函数作为散列函数在实际过程中通常是不适用的，这是因为：

(1) 难以预先确定存储空间容量。由于散列表中存在着动态的“插入”和“删除”,从整体上考虑,相关查找表中数据元素个数不断变动,而散列表需要建立在数组存储基础之上,因此难以确定初始数组的大小。

(2) 频繁插入删除导致不连续关键码。按照 1-1 对应要求,需要设置一个充分大的数组,使关键码取值空间小于或等于 Hash 地址变化空间,但通常关键码是不连续的;即便是关键码连续情况下,由于数据的不断进出也会带来不连续关键码,因此,这将会造成存储空间的较大消耗浪费。

由此可知,散列函数通常都选择为非 1-1 对应函数,例如取模函数等,此时就会出现不同关键码具有相同散列地址的情形,即可能存在两个关键码 $k_i \neq k_j$ 而 $H(k_i)=H(k_j)$,此时称相应散列表存在散列冲突。这种关键码不同而散列地址相同的数据元素称为“同义词”,相应冲突也可称为同义词冲突。由于散列函数通常非 1-1 对应,同时在实际中,散列地址变化空间都会远远小于关键码取值空间,因此,同义词冲突在一般散列存储结构难以避免。如何处理同义词冲突是散列查找中的另一个重要课题。

8.4.1 常用散列函数构建

构建散列函数的基本出发点是要使得相应函数值即 Hash 地址尽可能均匀地分布在 n 个连续的内存单元当中,同时使得散列函数的计算过程尽可能简单以获取较高的计算效率。常用的散列函数主要由下述几种。

1. 数字分析法

数字分析法也称为提取法,其基本点是对组成关键码的数字进行分析,然后提取其中分布较为均匀的数字片段作为散列地址。

【例 8-6】 设有 80 个记录,关键码为 8 位的十进制数,80 个关键码中部分如下:

…				…			
8	1	3	**4**	**6**	**5**	**3**	2
8	1	3	**7**	**2**	**2**	**4**	2
8	1	3	**8**	**7**	**4**	**2**	2
8	1	3	**0**	**1**	**3**	**6**	7
8	1	3	**2**	**2**	**8**	**1**	7
8	1	3	**3**	**8**	**9**	**6**	7
8	1	3	**5**	**4**	**1**	**5**	7
8	1	3	**6**	**8**	**5**	**3**	7
8	1	4	**1**	**9**	**3**	**5**	5
…				…			
①	②	③	④	⑤	⑥	⑦	⑧

假定散列表的表长为 100,则可取两位十进制数(00~99)组成散列地址。由上述所给关键码可知,所有关键码中第①和第②位都是 81,第③位只能取 3 或 4,第⑧位只能取 2,5 或 7,因此,这些数位上的数字取做 Hash 地址组成元将不合适。而中间粗体显示的 4 个位置上的数字分布近似随机,可以考虑选取其中任意两位作为 Hash 地址,也可以选取其中两位与其他两位进行叠加而得到 Hash 地址。

2. 除余法

除余法也称除留余数法,主要是使用一个整数 p 来除关键码 key,取相应余数作为散列地址。除余法中选取的散列函数 H(k)为 H(k)＝key％p。

除余法是设计散列函数较为简单常用的方法，其基本点在于如何选取适当的 p 值。大多数情况下，p 可以取小于或等于散列表长 m 的最大素数。如散列表长为 30，选取 p 为 29。

【例 8-7】 设有 11 个记录的关键码(key)如下：

25，6，1，20，22，27，10，13，41，15，18

散列函数为：h(key)＝key％11。利用它将这 11 个键值存放到大小为 11 的散列表里。

解：把每一个关键码代入散列函数 h，求出它们在散列表的地址索引如下：

h(25)＝25％11＝3，　h(6)＝6％11＝6，
h(1)＝1％11＝1，　h(20)＝20％11＝9，
h(22)＝22％11＝0，h(27)＝27％11＝5，
h(10)＝10％11＝10，h(13)＝13％11＝2，
h(41)＝41％11＝8，　h(15)＝15％11＝4，
h(18)＝18％11＝7

存储后散列表如图 8-22 所示。

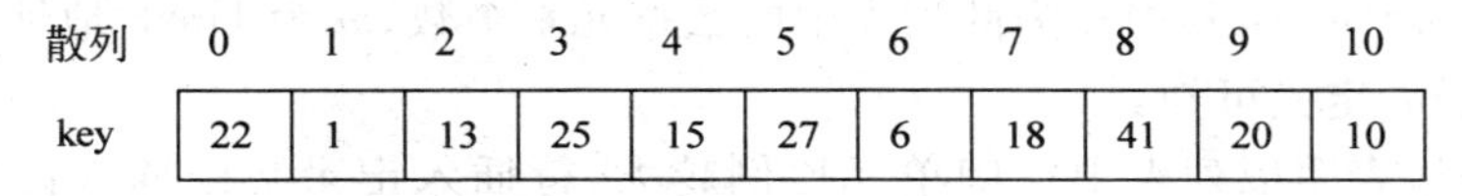

散列	0	1	2	3	4	5	6	7	8	9	10
key	22	1	13	25	15	27	6	18	41	20	10

图 8-22　例 8-7 所得散列表

3. 平方取中法

平方取中法是先将关键码进行平方，然后根据散列表大小选取平方数中间若干位作为相应数据记录的散列地址，这样做的好处是使得散列地址与关键码的每一位都有关联。

设有一组关键码值及其平方如下：

关键码值	平方数
010203	0104**101**209
020304	0412**252**416
030405	0924**464**025
040506	1640**739**036

如果散列表存储空间为 10^3，采用平方取中法，以各个平方数的中间三位数作为相应数据元素的 Hash 地址，即 101、252、464、739。

4. 折叠法

折叠法的基本点是将关键码分割成位数相等的几部分(最后一部分的位数可以不同)，对这几部分叠加求和。随后，根据散列表空间的大小，取和的后几位作为记录的散列地址。依据对分割部分采用的叠加方式不同，折叠法可以分为移位折叠和边界折叠两种类型。

1) 移位折叠法

将各分割部分依最低位对齐，然后进行求和。设有关键码 123456789，若以三位划分，就有 123、456、789。采用移位折叠法有 123＋456＋789＝1368，再根据散列表空间大小取该和后若干为位作为记录的散列地址。

2) 边界折叠法

按照各部分的边界,从一端向另一端来回地进行折叠,然后依最低位对齐进行求和。对于前述关键码123456789,以三位划分为123、456、789。采用边界折叠法,分割的第一部分123保持原有顺序123,而第二部分456就成为654,第三部分789保持原有顺序789,此时折叠后3个数相加有123+654+789=1566,再根据散列表空间大小取该和后若干为位作为记录的散列地址。

8.4.2 散列冲突处理

如前所述,使用散列表时,通常情况下"同义词"冲突不可避免。因此实现散列查找的一个重要课题就是处理散列冲突,这里可以考虑遵循下述思路。

1) 可能冲突程度预先评估

为了有效地处理冲突,在设计散列表时,需要对可能发生的冲突程度进行必要的预先评估。为此,可以根据查找表中数据元素的多少和能够为其分配的存储数组大小定义一个可能冲突的指标——装填因子。

装填因子:$\alpha=n/m$,其中n为散列表中的数据元素个数,m为Hash地址空间大小。

由装填因子α定义可知:

- α越小时,表明散列表中空闲单元比例越大,待插入记录与已插入记录发生冲突的可能性也越小;
- α越大时,表明散列表中空闲单元比例越小,发生冲突的可能性越高。

当然,值得注意的是,当α越小时,存储空间利用率也就越低。为了达到适当平衡,通常需要控制α在0.6至0.9的范围之内。

2) 散列函数选择

散列函数选择适当,就可使得Hash地址均匀分布,进而减少冲突的发生;否则,将使得Hash地址集中于一个区域,冲突发生的可能性就会加大。这是上一小节讨论的内容。

3) 散列冲突函数选择

散列冲突函数选择适当与否可减少或增加冲突发生可能性。本小节主要讨论这个课题。

1. 开放定址法

开放定址法:将散列表中的可使用位置向发生冲突的同义词开放。其基本思想如下。

- 在向散列表中插入数据时,若无冲突发生,直接将记录插入到由散列函数计算出的散列位置处;
- 若有冲突发生,根据某种给定方法,在散列表里去探测和冲突关键码原先散列位置(地址)不同的空闲的另一个可用位置,然后完成插入。

由此可知,开放地址法就是当通过散列函数计算得到的散列地址已经存储有数据元素时,就按照适当的方法去寻找下一个空闲的散列地址。这里,寻找"下一个"的适当方法也称为"探测方法",常用探测方法分为线性探测、二次探测和随机探测等3种类型。

1) 线性探测

线性探测(linear probing):在散列过程发生冲突时,一个一个位置地往下探测,寻找空闲的散列地址。这时探测地址的一般形式如下。

$$h_i(key)=(h(k)+i)\%m, \quad (i=1, 2, \cdots, p)$$

其中,h(k)是关键码 k 的直接散列地址,i 是每次探测时的地址增量,m 是散列表的长度,$h_i(k)$是第 i 次探测形成的散列地址,p 是探测的最大次数。p 不能定得太大,不然在查找冲突时,容易沦为顺序查找,当探测了 p 次均无空位时,应视为无法插入。

【例 8-8】 散列表长为 10,以关键码末尾数字作为散列地址,依次插入 35、22、23、85、19、32、39、72 共 8 个记录,采用线性探测法处理可能发生的冲突,此时选取 $m=10$。

依次插入 35、22、23,这是无冲突情形,按照散列函数结算散列地址后直接插入散列表情形如图 8-23(a)所示。

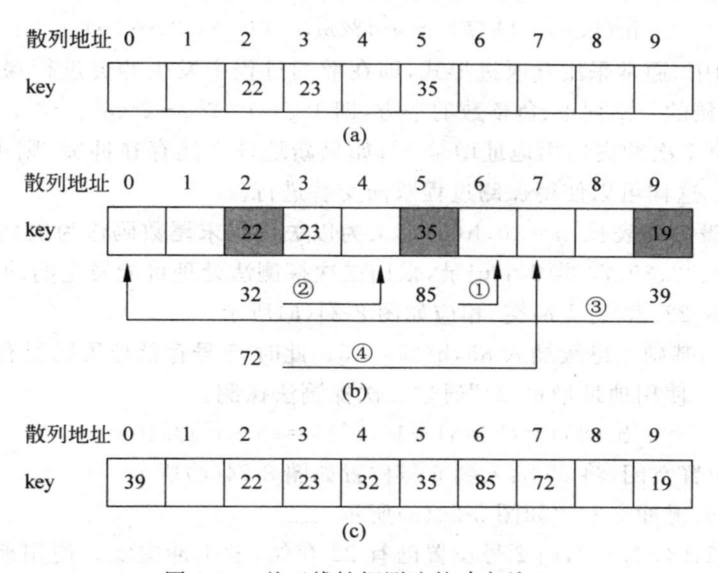

图 8-23 基于线性探测法的冲突处理

在图 8-23(a)基础上继续插入 85,但 h(85) =5,此时,35 已经位于存储位置 5,85 与 35 发生 Hash 冲突①。采用线性探测法继续探测:

$$h_1(85)=(h(85)+1)\%10=6$$

此时,6 号位置空闲,将 85 插入如图 8-23(b)所示。

继续插入 19,h(19)=9 无冲突发生。

继续插入 32,h(32)=2,由于 2 号位置已有 22 存储,发生冲突②。进行线性探测:

$$h_1(32)=(h(32)+1)\%10=3$$

但 3 号位置已有记录 23 存储;继续在向下探测:

$$h_2(32)=(h(32)+2)\%10=(2+2)\%10=4$$

此时,4 号位置空闲,32 存储到 4 号位置如图 8-23(b)所示。

继续插入 39,h(39) =9,但 9 号位置上已有 19 存储,发生冲突③,进行线性探测:

$$h_1=(h(39)+1)\%10=(9+1)\%10=0$$

此时,0 号位置空闲,将 39 存储在 0 号位置,如图 8-23(b)所示。

继续插入 72,h(72) =2,但 2 号位置上已有 22 存储,发生冲突④,连续进行 5 次线性探测:

$$h_1=(h(72)+1)\%10=(2+1)\%10=3$$

$$h_2=(h(72)+2)\%10=(2+2)\%10=4$$
$$h_3=(h(72)+3)\%10=(2+3)\%10=5$$
$$h_4=(h(72)+4)\%10=(2+4)\%10=6$$
$$h_5=(h(72)+5)\%10=(2+5)\%10=7$$

此时,7 号位置空闲,72 被存储在 7 号位置如图 8-23(b)所示。

最终,散列表如图 8-23(c)所示。

2) 二次探测

二次探测(quadratic probing):选取探测函数如下的冲突探测方法:

$$h_i(key)=(h(k)\pm i^2)\%m,\quad (i=1,2,\cdots,p)$$

在实际应用中,通常采用其改进形式,即在散列过程中发生冲突进行探测时,使用的地址增量是从 1 开始的一系列正、负整数的平方,即 1^2、-1^2、2^2、-2^2、3^2、-3^2、…、k^2、$-k^2$($k^2\leqslant m/2$),也就是,第 1 次冲突使用地址增量 1^2,如果新地址上还存在冲突,则再使用地址增量 -1^2,如此等等。这样可以使得探测过程双向交替进行。

【例 8-9】 设散列表长 $m=10$,h(k)定义为以关键码末尾数码作为散列地址,依次插入 35、22、23、85、19、32、39、72 共 8 个记录,采用二次探测法处理可能发生的冲突。

依次插入 35、22、23 后无冲突,相应如图 8-24(a)所示。

在图 8-24(a)基础上继续插入 85,h(85)=5。此时,5 号存储位置已经有 35,85 与 35 发生 Hash 冲突①。使用地址增量“1^2”通过二次探测法探测:

$$h_1(85)=(h(85)+1^2)\%10=(5+1^2)\%10=6$$

此时,6 号位置空闲,将 85 插入到 6 号位置如图 8-24(a)所示。

继续插入 19,无冲突发生如图 8-24(a)所示。

继续插入 32,h(32)=2,而 2 号位置已有 22 存储,发生冲突②。使用地址增量“1^2”通过二次探测法探测:

$$h_1(32)=(h(32)+1^2)\%10=(2+1^2)\%10=3$$

此时,3 号位置有关键码 23 存储;使用地址增量“-1^2”通过二次探测法继续探测:

$$h_2(32)=(h(32)-1^2)\%10=(2-1^2)\%10=2$$

此时,2 号位置空闲,将 32 存储到 2 号位置如图 8-24(a)所示。

继续插入 39,h(32)=9,而 9 号位置上已有 19 存储,发生冲突③,使用地址增量“1^2”通过二次探测法探测:

$$h_1=(h(39)+1^2)\%10=(9+1)\%10=0$$

此时,0 号位置空闲,将 39 存储在 0 号位置如图 8-24(a)所示。

继续插入 72,h(72)=2 发生冲突④,此时依次使用地址增量“1^2”,“-1^2”,“2^2”,“-2^2”通过连续 4 次的二次探测法探测:

$$h_1=(h(72)+1^2)\%10=(2+1)\%10=3$$
$$h_2=(h(72)-1^2)\%10=(2-1)\%10=1$$
$$h_3=(h(72)+2^2)\%10=(2+4)\%10=6$$
$$h_4=(h(72)-2^2)\%10=(2-4)\%10=8$$

此时,8 号位置空闲,72 被存储在 8 号位置。这样,72 经过 2,3,1,6 到达 8 号位置如图 8-24(a)所示。

最终，基于散列的查找结构即散列表如图 8-24(b)所示。

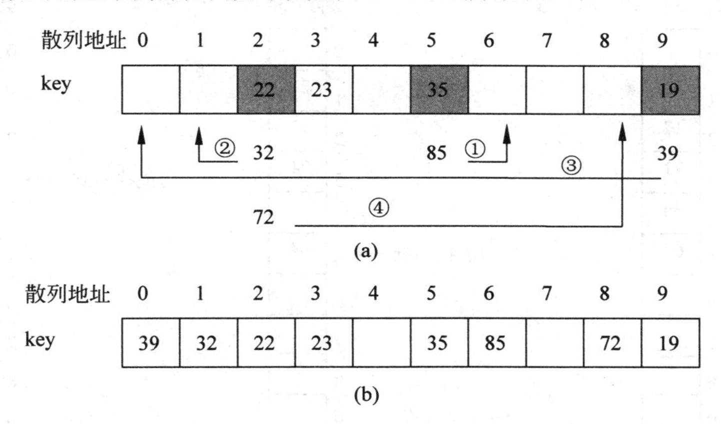

图 8-24 基于二次探测法的冲突处理

3）伪随机探测

伪随机探测(pseudo random probing)：在散列过程中发生冲突进行探测时，使用的地址增量是一个事先预设好的伪随机数序列。探测函数如下：

$$h_i(\mathrm{key})=(h(k)+d_i)\%m$$

其中 d_i 为预设好的伪随机数序列，如 $d_i=\{2,6,-4,7\}$。

在图 8-23 所示例子中，当插入 85 发生散列冲突时，假设伪随机数为 2，则新地址可以按照(5+2)%10=7 进行探测。若 7 号位置可用，将 85 存储在该位置当中；若 7 号位置不可用，则需按照(5+6)%10=1 进行探测，依次类推。

采用开放定址法时，散列表被存储在一个一维数组里。在散列的探测过程中，如果所有后继散列地址都不空闲，那就表示散列表已满(溢出)，无法再继续插入新记录了。

需要注意的是，采用开放定址法时，要谨慎对待删除问题。例如，对于如图 8-25(a)所示的散列表，以关键码末尾数作为存储地址，采用线性探测法处理出现的冲突。当插入 21、34、12、64、71 后，继续插入 64 时，由于 4 号位置已存储 34，按照线性探测法将其插入到 5 号位置；但插入到 71 时，1 号位置已经存储 21，需要进行两次探测才可找到可用的 3 号位置，此时结果如图 8-25(a)所示。

当删除 34 后，如图 8-25(b)所示，4 号位置空闲。此时查找 64 需要从 4 号位置开始探测，而 4 号空闲，由此可能得到 64 不在表中的判断。删除 12 后，2 号位置空闲，如图 8-25(c)所示，如果此时查找 71，由于实行线性探测时，查找将在 2 号位置停止，由此也会得到 71 不在表中的误判。

此时一种可行方法是将被删除关键码保留在表中，只是给其标注上“无效”的标识，随后任何查找都不会提前终止。当需要使用该位置进行插入时，就可去除无效标识。但上述方法也带来一些可能的不良后果，例如，当进行了大量删除和小量插入后，无效记录就会占用大量存储空间，查找时同样需要探测这些记录，由此加大了查找的各种开销。在进行了大量删除之后，需要及时地进行散列表的清理，将已有记录移动到被无效数据占据的位置，由此可以有效地解决删除带来的各种问题。

2. 拉链法

在树的“子结点链表”存储法中，将所有结点按照层序存储在数组当中，再将每个结点都

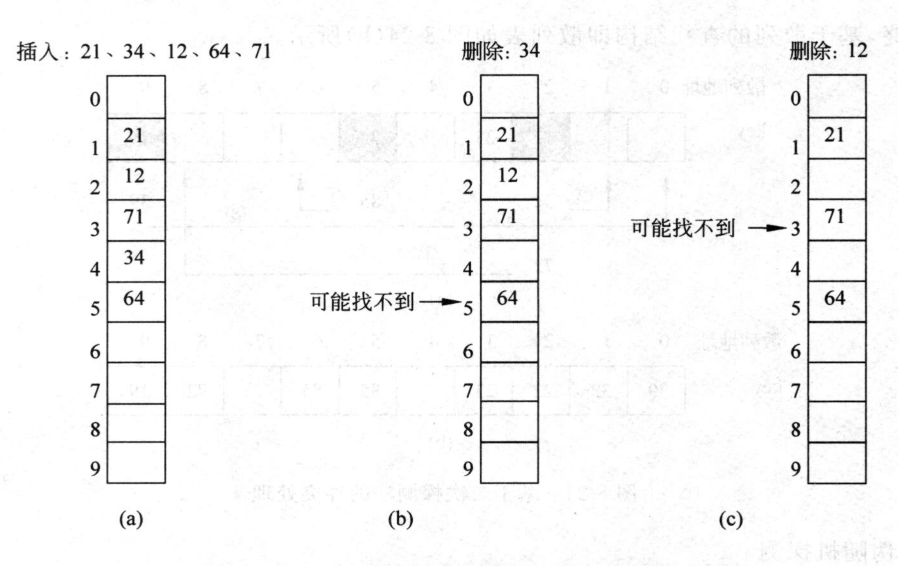

图 8-25　基于开放地址法带来的删除问题处理

“附接”上其“子结点”构成的单链表；在图的“邻接链表存储法”中，将所有顶点都存储在一个数组当中，其中每个顶点都“附接”上由其“邻接顶点”构成的单链表。这些数据结构都具有下述特点。

(1) 将“顺序存储”和“链式存储”整合使用，有助于发挥两种基本存储结构的各自优势和克服各自弱势。

(2) 能够有效地存储数据元素之间的逻辑关系(逻辑结构)，如“子结点链表”存储树形结构结点之间的“父-子”关系；“邻接链表”存储图型结构顶点之间的“邻接”关系等。

基于同样考虑，为了有效地处理散列表中数据的同义词冲突，也可以采用类似的“数组”与“链表”的整合存储结构，这就是下述的“拉链法”。

拉链法：也称“链地址法”，其基本点是把具有相同散列地址的关键码记录(它们都是同义词)用一个单链表链接在一起，组成同义词链表，以此方法来解决散列过程中出现的冲突问题。这时，若有 m 个散列地址，链地址法中就有 m 个同义词链表，每个同义词链表的表头指针被集中存放在一个一维数组里。

采用拉链法时，根据计算所得到的散列地址 i，就可以找到该地址对应的同义词链表表头指针，然后到相应链表里去查找或插入所需要的记录。

表长 $m=10$，插入序列为 35、22、23、85、19、32、39、72 的散列表采用拉链法处理冲突过程如图 8-26 所示。

采用关键码的末尾数字作为 Hash 地址。35、22、23 的 Hash 地址分别为 5、2、3，通过相应的链表表头指针将对应数据元素插入到散列表中。

在插入 85 时，其 Hash 地址 5 对应的链表位置上已经存放了 35，将其插入到 35 之后。同理，依次插入剩余的数据记录，其中共得到 10 个同义词链表，其中 Hash 地址为 0、1、4、6、7、8 的链表为空链表。

【例 8-10】　设散列表的地址范围为 0～17，散列函数为 H(K)＝K%13，K 为关键字。用线性探测法处理冲突，输入关键字序列(10,24,32,17,31,30,46,47,40,63,49)，完成以下问题：

(1) 试画出构造的散列表。

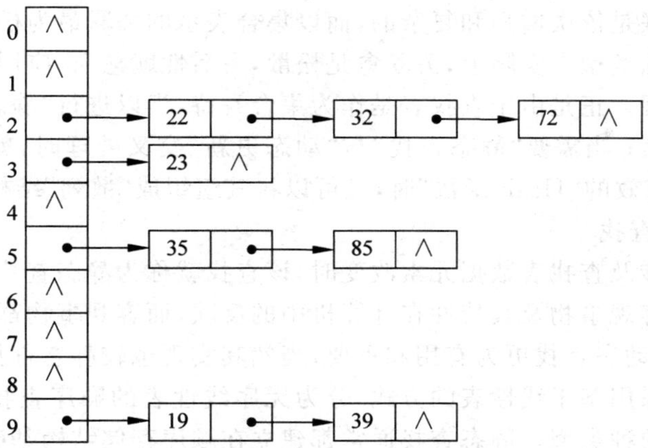

图 8-26 基于拉链法的冲突处理

(2) 说明查找关键字 49 时需要依次与哪些关键字进行比较。

(3) 计算等概率情况下查找成功时的平均查找长度。

解答：

(1) 根据题意，H(10)=10；H(24)=11；H(32)=6；H(17)=4；H(31)=5；H(30)=4；H(46)=7；H(47)=8；H(40)=1；H(63)=11；H(49)=10；散列表如图 8-27 所示。

	0	1	2	3	4	5	6	7	8	9	10	11	12	13	14	15	16	17
		40			17	31	32	30	46	47	10	24	63	49				
比较次数：		1			1	1	1	4	2	2	1	1	2	4				

图 8-27 例 8-10 构造的散列表

(2) 由于 49%13 =10，并采用线性探测解决冲突，所以查找 49 需要依次与 10、24、63、49 进行比较。

(3) 每个元素的比较次数如图 8-27 所示，所以：

$$ASL=(1+1+1+1+4+2+2+1+1+2+4)/11=1.82$$

解析：本题采用线性探测解决冲突，如产生冲突，依次探测其后的空地址。ASL 为每个元素查找成功的比较次数总和除以元素个数。

本 章 小 结

1) 数据查找与查找表

数据处理中一个基本课题就是数据查找，前面各章讨论的数据结构虽然都涉及数据查找，但都服从于相关数据结构而没有作为主要部分而重点探讨。在实际当中，有些情况下相应数据操作主要就是数据查找，例如，数据库技术应用，其中使用的数据量巨大，频繁地进行数据的检索，需要将相应的数据集合单独作为“查找表”处理，研究专门技术方法以适应数据查找上升到主要地位的应用需求。因此，需要将数据查找作为数据结构与算法中一项基本工作。

需要进行查找处理的数据全体通常只是作为“集合”看待。由前述讨论，数据的逻辑结构主要有集合、线性表、树和图等 4 种类型。所谓“结构”就是数据之间的关联，上述 4 种类型中数据之间的关联是依次增强和复杂的，而以集合表示的关联最为松散，它只要求其中数据元素属于同一数据类型。实际上，关联愈是松散，灵活性就愈强，应用面就愈广，这在本章学习中可以得到体现。正是由于查找表是作为集合看待，当以进行“静态查找”为主时，就可以将其组成为线性表；当需要“静态查找”与“动态更新”交叉处理时，就可以将其组织成为树形结构；当采用有效的“Hash 函数”时，又可以将其组织成“散列”结构。

2）静态与动态查找

当查找过程不涉及查找表数据元素改变时，该查找就称为静态查找；否则，就称为动态查找。由于数据是客观事物及其特性在计算机中的反映，而客观事物都是发展变化的，数据也会随之改变，所以动态查找更为有用和重要，当然其实现也较静态查找更为精细。

静态查找通常采用基于线性表的方式，分为无序线性表的顺序查找及分块查找和有序线性表的二分查找两种类型。静态查找通常都建立在顺序存储结构基础之上。

动态查找通常采用基于树表的方式，分为二叉树查找和多叉树查找两种类型。基于二叉树的查找表称为二叉查找表或二叉排序表，这是一种基于内存的查找方式；基于多叉树的查找表称为多叉查找表，最为有用的就是 B^+ 树，这是一种基于外存的查找方式。B^+ 树将在第 10 章中学习。动态查找通常都建立在链式存储结构基础之上。

3）比较查找与计算查找

在线性查找表和树形查找表中，数据结点存储位置与数据结点查找(关键)码之间不存在确定的联系，为了得到查找数据的存储位置，需要对待查数据关键码和查找表中数据关键码不断地进行比较，查找效率对于查找表长度存在本质上的依赖，是一种基于“比较”的“间接”查找。

在散列表的查找中，通过散列函数建立数据本身与存储地址的映射关系，是一种不通过相关比较而通过计算得到数据元素的存储位置的“直接”查找。在散列计算过程中，“冲突”通常是会经常出现的，因此“散列冲突处理”和“散列函数选择”一起就成为散列技术中的两个关键课题。散列查找也适用于动态查找情形。

本章主要内容要点如图 8-28 所示。

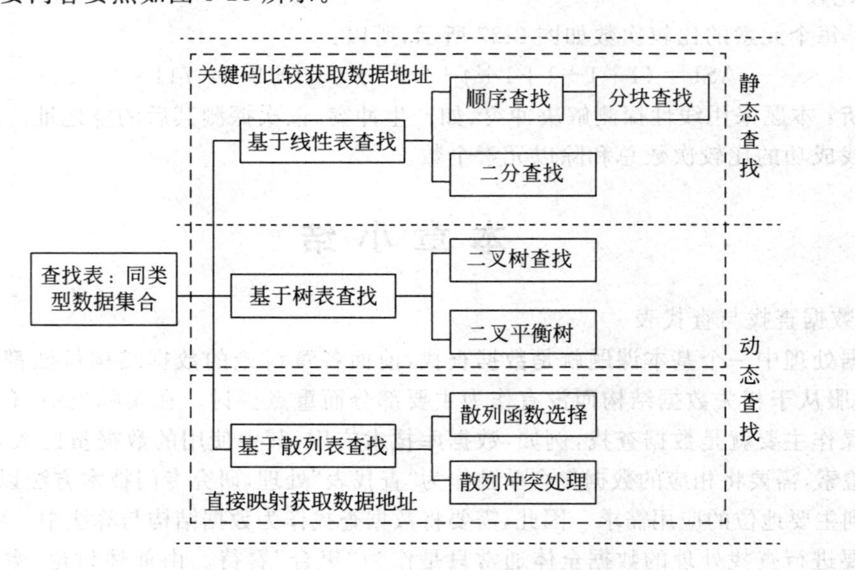

图 8-28　第 8 章基本内容要点

第9章 排 序

数据排序,实际上就是将给定的一个数据元素序列,按照其排序码顺序重新排列成一个单调新序列的过程。排序是数据处理过程中的重要内容和精华部分,目的是加快数据查找速度和提升数据处理效率。在学习本章内容过程中,需要注意下述问题。

- 排序码、数据排序及排序稳定性概念;
- 插入排序基本概念,直接插入排序及其改进希尔排序;
- 交换排序基本概念,冒泡排序及其改进快速排序;
- 选择排序基本概念,简单选择排序及其改进堆排序;
- 归并排序基本概念,一次归并排序与了解二路归并排序;
- 各类排序方法的关键步骤和性能比较。

9.1 数据排序

排序就是使杂乱无章的数据集合按照排序码(关键码)成为符合某种规则的序列。各类排序算法体现了数据结构课程中较为高超的算法分析与算法设计技术,因而也被称为是数据结构中具有特色的内容。在排序操作中,通常将待排序数据集合称为排序表,其中数据元素称为数据记录,相应数据项称为字段(项)。排序表的逻辑结构可以看作是"集合",其中的基本运算就是就是"排序"。

9.1.1 排序的基本概念

排序过程是一个比较过程,因此需要有一个比较的基准。给定的一个数据记录通常具有多个属性字段,各个字段项作用可能不同。有的字段项能够"确定"其所在的整个数据记录,有的则不能。例如,对于一个学生记录,其中"学号"和"姓名"字段项可以确定相应整个"学生"记录,而"年龄"和"性别"等字段项则不能。由第8章已经知道,能够确定整个数据记录的字段项(集合)称为该数据记录关键码(key),其中一个数据记录集合中如果所涉及到关键码互不相同,则称确定使用的关键码为主关键码(primary key),否则称其为次关键码(secondary key)。在数据排序操作中,主关键码和次关键码统称为排序码。例如,关于学生记录中,"学号"可做主关键码,而"姓名"就是次关键码,因为有"同名"情形。另外,排序码也可以是多个字段项构成的集合,但本章只讨论单个字段项构成的排序码。在排序码概念基础上就可建立排序概念。

1. 排序

排序(sort):给定一组数据记录集合:r_1、r_2、…、r_n,对应排序码即选定的数据字段项分别为：k_1、k_2、…、k_n。将上述数据记录重新排列成顺序为 r_{s1}、r_{s2}、…、r_{sn}，使得对应排序码满足：$k_{s1} \leqslant k_{s2} \leqslant \cdots \leqslant k_{sn}$ 升序条件。这种重排一组数据记录而使其排序码值具非递减顺序的过程，就称为“排序”(sort)。同理，将排序码排序后表现出一种非递增关系也是一种排序。

上述中的“≤”或“≥”不一定只是“数值”的“大小”比较关系，也可以是“字符串”的“字典”顺序关系。

【例 9-1】 按照序号(No.)排序的学生成绩表如表 9-1 所示。

表 9-1 学生成绩表

No.	name	Ds	Os	Dm	Db
201510001	white	89	92	78	90
201510002	rose	72	90	93	92
201510003	mary	95	99	89	80
201510004	black	84	88	77	96
201510005	raul	80	85	100	83

如果需要将上述表按照某门课程成绩进行递增或递减排序，在选定了排序码后该表就成为了一个排序表。成绩表中的 6 个属性列都可以作为排序码，若采用单键排序，将会得到 6 种排序结果。

排序过程通常需要进行下述基本操作。

- **比较**：比较排序码的“大小”。对于字符型排序码而言，这是排序过程的主要开销；
- **移动**：将数据记录从原先位置移动到适当位置。当排序表中数据记录很大时，移动成为排序过程的主要开销。

关于排序概念，还需要注意以下几点。

(1) 排序依据是排序码，而排序码是所给数据记录中的一个或多个数据(字段)项。数据记录的排序码可以由次关键码组成，因此容许重复，而主关键码不可重复。

(2) 在给定数据记录集合中，可通过各种方式选取排序码，即是说，待排序表可以有多个或多组排序码。依据不同排序码，得到的排序序列通常也不相同。

(3) 在计算机处理排序问题的过程中，输入的是数据记录的集合，输出的是按照排序码进行排序的数据记录序列(线性表)。

(4) 在以下讨论相关排序算法时，通常采用顺序存储结构，排序码设置为整型，且只讨论具单个排序码情形。排序码通过一维数组存储，默认情况是将待排序数据记录重新排序为按排序码升序的序列。

2. 排序分类

根据不同的考量，可以对排序进行不同的分类。

1) 单键排序和多键排序

按照选取排序基准是单个排序码还是多个排序码进行排序分类。

- **单键排序**：按照一个给定排序码进行排序；
- **多键排序**：按照多个给定排序码进行排序。

多键排序的排序点是通过适当方法转换为单键排序。本章主要讨论单键排序。

2）内排序和外排序

按照数据记录放置在内存或外存进行排序分类。

- **内排序**：指待排记录序列全部存放在内存，整个排序过程也都在内存里完成；
- **外排序**：指内存中容纳不下所有待排记录序列，排序过程中需要不断地与外存进行数据交换。

内排序是外排序基础，本章主要学习内排序。

3）有序区增长排序与有序度增长排序

按照排序中排序表整体变化趋势分类。

- **有序区增长排序**：将排序表分为已经排好序的有序区和尚待排序的无序区，通过逐步排序使得有序区逐渐增长，无序区逐渐减小直到为空集。初始有序区只包含一个数据元素，单个元素的集合总是认为有序，而剩余元素构成无序区；
- **有序度增长排序**：通过完成排序的每一趟操作，都使得整个排序表有序程度得到一次提高，乃至最终达到排序表的完全有序。

4）内排序基本排序技术

按照排序过程中所采用的技术进行内排序分类。

- **插入排序**：将待排序数据元素"插入"到一个已经排好序的序列当中的合适位置；
- **交换排序**：将排序表中两排序码比较，然后按照"大小"顺序进行必要"交换"；
- **选择排序**：将排序表中排序码最小者"选择"出来添加到已经排好序的序列当中；
- **归并排序**：将多个规模较小的已经排好序的序列逐步"归并"成为更大的有序序列；
- **基数排序**：通过多键排序的桶式排序技术完成相应的单键排序。

上述各项内排序算法的共同点都是需要进行排序码的"比较"，因此也可以看作是基于"比较"运算的排序。本章主要讨论前 4 种内排序技术。

3. 排序意义

排序是数据处理的一项常用操作，其基本功能就是将一个任意数据记录集合重新排列成一个按照排序码有序的序列。

1）排序数据集合便于阅读理解和彼此交互

顺序是人们对数据记录集合中最基本和最直观的"结构"理解，有了具有常规意义的"顺序"观念，就能够比较容易地阅读把握数据中包含的信息。例如，从一个班级按照降序排列的课程成绩表，立刻就可以知道该班同学成绩的"最高分"和"最低分"，从而对该班学习基本情况有了大致了解。另外，数据顺序化是信息条理化的一种形式，条理化数据当然更易进行相互间信息交流。

2）排序数据记录能够较好提高查找效率

数据查找是存储和管理数据的一项基本操作，通过在第 8 章顺序查找算法学习可知，无序的顺序查找效率是 $O(n)$，而有序的二分查找效率却是 $O(\log_2 n)$，"无序"和"有序"查找效率之间存在巨大差异。当然，排序时间复杂度也不容忽视，但人们可以将"排序"工作放在"闲时"完成，而在需要查找时，就在已经排好序的查找表上进行，从而可以大大地提高数据查找效率。实际上，第 8 章中建立树表的过程也就是一种排序的过程。

9.1.2 排序算法性能分析

排序是数据处理中一项核心操作,由于排序自身特殊性,排序算法性能除了需要考虑常规算法的时间复杂性和空间复杂性之外,还需要讨论排序的稳定性。

1. 排序算法时间性能分析

对于前述基于"比较"的内排序算法,其排序过程主要是由下述两个基本操作构成。

- **排序码的比较**:对于查找表中各个排序码"大小"进行比较操作。
- **数据记录移动**:根据排序码比较结果,将相应数据记录从一个位置移动到另一位置。

由此可知,对于给定大小的排序表,排序算法的时间复杂度主要由排序码比较次数和数据记录移动次数确定。一个具有较高效率的内排序算法需要具有较少的比较操作和较小的移动规模。

2. 排序算法的空间性能分析

空间复杂度主要是指排序过程中需要占用内存中的辅助存储空间大小。各类排序算法涉及的辅助内存空间主要有下述情形。

- **算法递归**:当一个排序算法需要通过递归方式实现时,就需要为递归中的栈提供辅助内存空间。
- **数据对调**:基于比较的排序算法都会出现数据记录的"对调",这时就需要一个额外的内存空间。

显然排序过程中需要占用的辅助内存空间越小,其空间性能就越佳。在将要学习的排序算法中,各类"简单"的内排序算法(例如,直接插入排序、冒泡排序、简单选择排序等)的空间复杂度都是 $O(1)$。

3. 排序算法的稳定性分析

对于排序算法来说,稳定性是其一个具有自身特色和基本价值的性能指标。

排序稳定性:假定待排序表中存在相同排序码。若经某种排序之后,那些具有相同排序码值的记录与排序前的相对位置保持不变,那么称这种排序方法具有"稳定性",否则就是"不具稳定性"。

【例 9-2】 通过某种排序算法将图 9-1(a)所示按照排序码"Dm"重新排序为图 9-1(b),具有相同排序码 79 的"No. 11003"数据记录和"No. 11006"相对位置没有发生改变,如果对其他任意情况也都是如此,则可以知道该排序方法可能是稳定的。

No	Name	Ds	Db	Dm
…	…	…	…	…
11003	Rose	90	85	79
11004	Black	88	84	83
11006	White	97	80	**79**
…	…	…	…	…

(a) 排序前

排序 →

No	Name	Ds	Db	Dm
…	…	…	…	…
11003	Rose	90	85	79
11006	White	97	80	**79**
11004	Black	88	84	83
…	…	…	…	…

(b) 排序后

图 9-1 稳定排序

而当某种排序算法将图 9-2(a)所示按照排序码"Dm"重新排序为图 9-2(b),此时,具有相同排序码的两个数据记录相对位置发生了改变,此时该排序方法是不稳定的。

No	Name	Ds	Db	Dm
…	…	…	…	…
11003	Rose	90	85	79
11004	Black	88	84	83
11006	White	97	80	**79**
…	…	…	…	…

(a) 排序前

排序 →

No	Name	Ds	Db	Dm
…	…	…	…	…
11006	White	97	80	**79**
11003	Rose	90	85	79
11004	Black	88	84	83
…	…	…	…	…

(b) 排序后

图 9-2　不稳定排序

上述例子还说明了实际应用中引入排序稳定性的意义。例如上例中,我们可能希望按照排序码"Dm"排序后,数据记录按照"学号 No."的顺序不变,这样对于后续的阅读和统计都更为方便,而不稳定的排序算法就实现不了此项要求。

由排序算法稳定性概念可以知道:

- 为说明一个排序算法是不稳定的,只需列举出一个实例即可;
- 为说明一个算法是稳定的,需要对算法进行一般分析证明。

因此,判断一种排序方法是稳定的,则应当是对任意一个数据集合按照该方法进行排序后,相同排序码的不同数据记录其相对位置都不改变,即判定稳定性应当是一个理论推导过程而不能依赖具体检验。而判断一种排序方法是不稳定的,则只需要对于一个特定数据集合,相应条件不成立。

9.2 插入排序

插入排序(insertion sort):"一趟一个"地将待排序记录插入到已经排好序的部分记录的适当位置中,使其成为一个新的有序序列,直到所有待排序记录全部插入完毕。

从不同考虑出发,可以得到不同的插入排序,例如,直接插入排序、二分插入排序和 Shell 排序等。

9.2.1 直接插入排序

直接插入排序(straight insertion sort)基本思想如下。

- 初始时默认第 1 个记录为已经排好序的单元素集合,将第 2 个记录与其进行比较后插入到正确的位置,得到新的排好序的一个序列;
- 再将第 3 个记录与这个序列中记录进行比较后插入到相应的位置,得到由前 3 个记录排好序的一个序列;
- 如此将第 i 个记录与前面已经排好序的前 $i-1$ 个记录的序列进行比较,然后将第 i 个记录插入到相应位置,得到前 i 个记录排好序的子序列;
- 这个过程一直持续到最后一个记录时结束。

排序过程中,待排序的第 i 个记录称为"被考察记录",前面已经排好序的前 $i-1$ 个记录组成的子序列称为“比较范围”。

存储待排序序列的一维数组元素存储结构如图 9-3 所示。

排序码	key	data	数据域

图 9-3　数据元素存储结构

图 9-3 所示的数据元素存储结构定义及方法见算法 9-1。

【算法 9-1】 待排序元素类型定义。

```
00  public class DataItem<T extends Comparable<T>,E> implements Comparable<DataItem<T,E>> {
01      private T key;
02      private E data;
03      public int compareTo(DataItem<T,E> dataItem) {
04          return key.compareTo(dataItem.getKey());
05      }
06  }
```

上述代码定义了一个排序表的数据元素类 DataItem,包含键值 key(T 类型)和数据值 data(E 类型)。其中,键值 key 是用于排序的关键码。

排序的主要时间花费在比较和移动上。其中元素之间的比较由 DataItem 定义的 Comparable 接口来实现,支持不同的 DataItem 对象的关键码 key 直接比较大小。在比较两个 DataItem 时,是基于关键码 key 来比较的,所以 key 类型 T 也必须实现 Comparable 接口。

【例 9-3】 已知一个排序表的排序码为 67、34、89、56、23、45、78、12,对其实施直接插入排序步骤如下。

首先将所有待排记录存放在一维数组 r 里,如图 9-4 第 1 行“初始”所示。此时可以认为 r[1]=67 已经完成了排序并用阴影进行标注。

再从第 2 个记录 r[2]=34 开始,将其与 r[1]=67 进行比较:(r[2]=34)<(67=r[1]),将 r[2]插在 r[1]之前,如图 9-4 中第 2 行所示。

将第 3 个记录 r[3]=89 与 r[2]=67、r[1]=34 进行比较:(r[1]=34)<(r[2]=67)<(r[3]=89),r[3]保持原有位置不变,如图 9-4 中第 3 行所示。

……

如此依次将数组中下一个被考察记录与前面已经排好序的记录进行比较,从而找到当前记录应该处于的位置,这样就使得已经排好序的子序列不断地扩大直至处理完整个数组中记录。最终得到排序结果为 12、23、34、45、56、67、78、89。

在每次扫描过程中,都有一个已经排好序的区域作为比较范围。例如,初始时,默认 r[1]是比较范围;第 1 次扫描后,已经排好序的 r[1]和 r[2]就成为新的比较范围;第 2 次扫描后,已经排好序的 r[1]、r[2] 和 r[3]又成为新的比较范围;……;如此等等。被考察排序码是从记录 r[2]开始,一个一个先后选取直至 r[n]排序码为止。此时扫描进行次数就是数组拥有元素的个数减去 1。

下面给出直接插入排序法的具体实现。其中,输入:数据元素数组 r,数组 r 的待排序区间[low…high];输出:数组 r,并已按排序码有序排列。

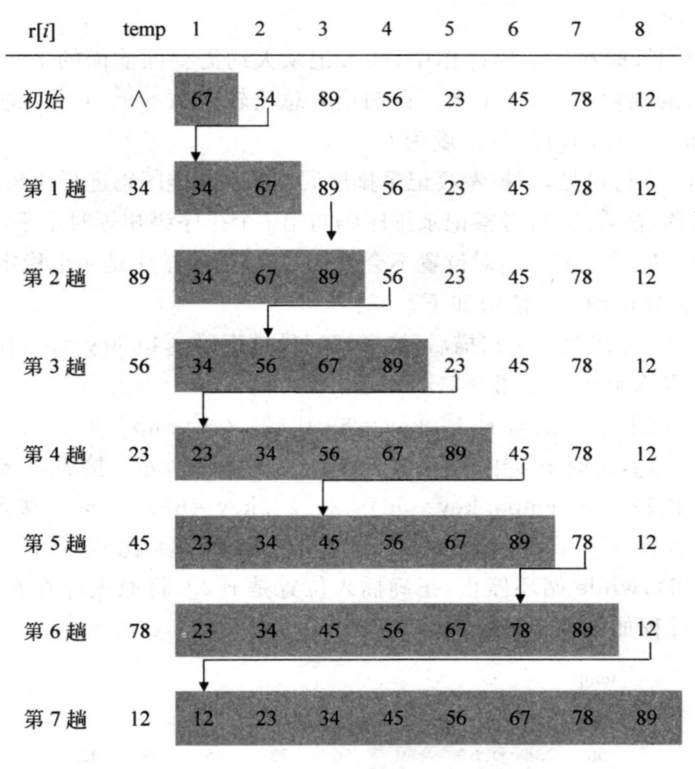

图 9-4　直接插入排序

【算法 9-2】 直接插入排序算法。

```
00 public void insertSort(DataItem<T,E>[] r, int low, int high) {
01   for (int i = low + 1; i <= high; i++)
02     if (r[i].compareTo(r[i - 1]) < 0) {        //小于时,需将 r[i]插入有序表
03           DataItem<T,E> temp = r[i];
04           r[i] = r[i - 1];
05           int j = i - 2;
06           for (; j >= low && temp.compareTo(r[j]) < 0; j-- )
07                r[j + 1] = r[j];                //记录后移
08           r[j + 1] = temp;                     //插入到正确位置
09     }
10 }
```

算法分析：算法在空间效率上，仅需使用一个辅存单元。假设待排序的元素个数为 n，则向有序表中逐个插入记录的操作进行了 $n-1$ 趟，每趟操作分为比较关键码和移动记录，而比较的次数和移动记录的次数取决于待排序列按关键码的初始排列。

(1) 在最好情况下，即待排序序列已按排序码有序，每趟操作只需比较 1 次和移动 0 次。此时有：总比较次数 $=n-1$ 次；总移动次数 $=0$ 次。

(2) 在最坏情况下，即待排序序列按关键字逆序排序，这时在第 j 趟操作中，为插入元素需要同前面的 j 个元素进行 j 次关键字比较，移动元素的次数为 $j+1$ 次。此时有：总比较次数 $=1+2+3+\cdots+(n-1)=n(n-1)/2$ 次；总移动次数 $=2+3+4+\cdots+n=$

$(n+2)(n-1)/2$ 次。

(3) 平均情况下,即在第 j 趟操作中,插入记录大约需要同前面的 $j/2$ 个元素进行关键字比较,移动记录的次数为 $j/2+1$ 次。此时有:总比较次数 $\approx n^2/4$ 次;总移动次数 $\approx n^2/4$ 次。由此,直接插入排序的时间复杂度为 $O(n^2)$。

(4) 由程序第 06 行可见,当被考察记录排序码与第 i 个排序码进行比较时,只有前者小于后者时,后者才后移,换言之,被考察记录排序码与第 i 个排序码相等时是不需移动第 i 个关键码的,所以相同排序码排序前后相对位置不会改变,直接插入排序是一个稳定的排序方法。

按照上述算法分析例 9-3 情形如下。

(1) 在例 9-3 中,完成第 2 次扫描后,被考察记录排序码 r[4].key=56,比较范围是 r[1]~r[3],此时,将 56 存入 temp,如图 9-5(a)所示。

(2) 将 r[temp].key=56 与 r[3].key=89 比较:(r[temp].key=56)<(r[3].key=89),将 r[3]移入 r[4],此时 r[4]中就存放 89,如图 9-5(b)所示;接着将 r[temp].key=56 与 r[2].key=67 比较:(r[temp].key=56)<(r[2].key=67),将 r[2]移入 r[3],此时 r[3]中就存放 67;然后将 r[temp].key=56 与 r[1].key=34 比较:(r[1].key =34)<(r[temp].key=56),while 循环停止,正确插入位置是 r[2],将原先保存在 temp 中的 56 移放到 r[2]。这个过程如图 9-5 所示。

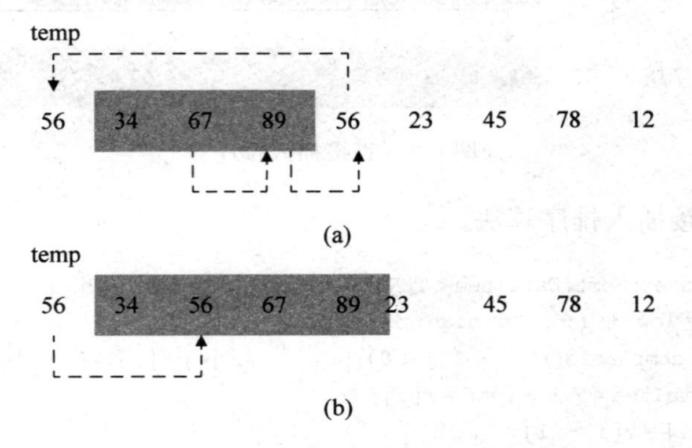

图 9-5 直接插入排序中 temp 作用

可以证明直接插入排序是一种稳定的排序方法。下面例子可以用来解释直接插入算法的稳定性。

【例 9-4】 设待排记录排序码序列 67、34、89、56、23、45、**56**、12,使用直接插入排序算法进行排序,由图 9-6 可知此时的排序是稳定的。

此时,在给定排序序列中出现两个相同的排序码 r[4].key=r[7].key。在图 9-6 中以粗体表示第 2 个 **56**,以示区别。算法进行到第 5 趟时,一切都属正常进行,已经排好的子序列为:

23,34,45,56,67,89

对于被考察排序码 r[7].key=**56**,首先将其存入 temp,然后进入 while 循环。由于 **56**<89,将 89 移入 r[7],56<67,将 67 移入 r[6]。继续将 **56** 和 56 进行比较,此时两者相等,while 循环停止。将 **56** 从 temp 移入 r[5]并随之引入下一个 for 循环。此时,原先 56 在 **56** 之前,经过排序后仍然保持原有顺序不变。

本章中的内排序都是基于顺序存储结构。由于链式存储也是一种常用的存储结构,因

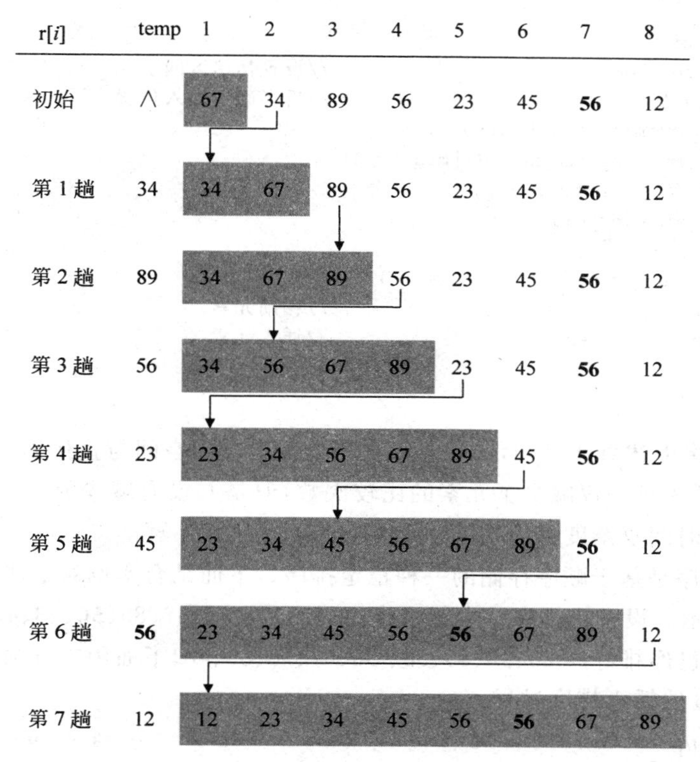

图 9-6　直接插入排序稳定性

此基于顺序存储的各类排序方法也可以通过链式存储如单链表实现,或者说可以通过适当方法将基于顺序存储的排序算法转换为基于链式存储的排序算法。此时,需要注意两个问题:一是深刻理解并体会顺序存储框架下相应排序算法的基本原理和执行过程;二是牢牢把握住链式存储的基本结构和操作特点。

9.2.2　二分插入排序

插入排序的基本操作是在一个已经排好序的部分表中进行比较和插入,而其中"比较"的过程实际上就是"查找"的过程。注意到"查找"是在已经排好序的"有序区"进行,因此还可以通过"二分查找"来实现其中的查找部分以减少待排序记录与已排序记录比较次数。通过"二分查找"完成排序过程查找任务的插入排序就是二分插入排序,也称为"折半插入排序"。因此,"二分插入排序"可以看作是"直接插入排序"在"比较(查找)"部分的改进。

二分插入排序(binary insertion sort):在已排好序的子序列中确定未排好序的子序列中一个数据记录插入位置时,采用二分查找法确定待排序记录插入位置的插入排序方法称为二分插入排序。由于已排好序的子序列是一个有序表,所以可以对它实施二分查找。

下面给出二分插入排序的实现算法,其中输入:数据元素数组 r,数组 r 的待排序区间[low…high];输出:数组 r,并已按排序码有序排列。

【算法 9-3】　二分插入排序算法。

```
00 public void binaryInsertSort(DataItem<T,E>[] r, int low, int high) {
01   for (int i = low + 1; i <= high; i++) {
02       DataItem<T,E> temp = r[i];            //保存待插入元素
```


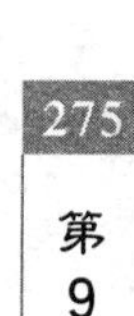

```
03          int hi = i - 1;
04          int lo = low;                              //设置初始区间
05          while (lo <= hi) {                         //折半确定插入位置
06              int mid = (lo + hi) / 2;
07              if (temp.compareTo(r[mid]) < 0)
08                  hi = mid - 1;
09              else lo = mid + 1;
10          }
11          for (int j = i - 1; j > hi; j--)
12              r[j + 1] = r[j];                       //移动元素
13          r[hi + 1] = temp;                          //插入元素
14      }
15  }
```

算法分析：由上述算法可知，二分插入排序所需的辅助空间与直接插入排序相同，从时间上比较，二分插入排序仅减少了元素的比较次数，但是并没有减少元素的移动次数，因此二分插入排序的时间复杂度仍为 $O(n^2)$。

二分插入排序是基于顺序存储的一种稳定排序。下面结合实例对上述算法进行分析。

如图 9-7 所示。设有待排序 9 个记录排序码为 56、34、67、89、**56**、23、45、78、48，假设其中前 8 个排序码已经排好序 23、34、45、56、**56**、67、78、89、48，下面用二分插入排序算法分析第 9 个排序码 48 的插入排序过程。

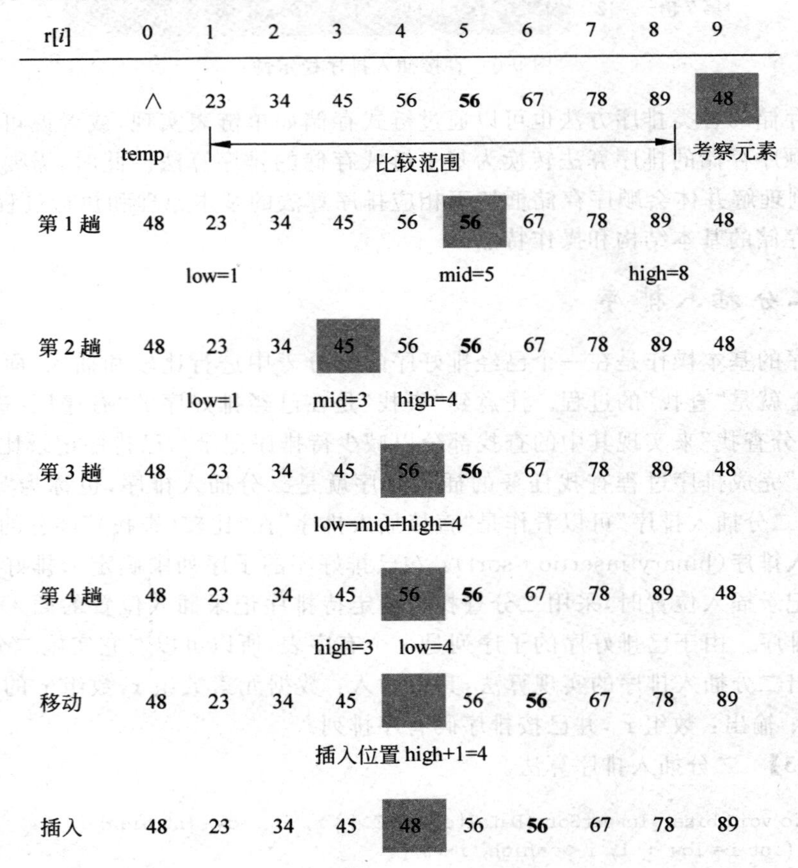

图 9-7　二分插入排序过程分析

第 1 趟：low＝1，high＝8，mid＝5。（r[5]. key＝**56**）＞48，48 插入位置应在 mid 左部。修改 high＝mid－1＝4。

第 2 趟：low＝1，high＝4，mid＝3。（r[3]. key＝45）＜48，48 插入位置应在 mid 右部。修改 low＝mid＋1＝4。

第 3 趟：low＝high＝mid＝4。（r[4]. key＝56）＞41，41 插入位置应在 mid 左部。修改 high＝mid－1＝3。

第 4 趟：（low＝4）＞（high＝3），二分结束。

移动：high＋1＝4，41 插入位置 $i=4$。将 r[$n-1$]～ r[high＋1] 中原有记录逐一移动到 r[n]～r[high＋2]，空置 r[high＋1]，即 r[4]。

插入：将暂存在 temp 中的 48 移入 r[4]，完成插入，结束相应排序。

可以证明，二分插入排序是一种稳定的排序算法。

9.2.3 Shell 排序

影响直接插入排序效率主要有下述两点。

（1）如果排序"一次"涉及的数据记录"较少"，即规模较小，则直接插入排序效果较好。

（2）如果排序表中"无序"化程度低，则比较和移动次数就少。

对于(1)，可以考虑将排序表中数据记录进行"分组"，每次只对"分组"中数据进行直接排序。

对于(2)，只要排序表中各个分组"有序"了，则"可能"整个排序表的"有序化"程度也会提高。

排序表的"有序化"程度有下列两种情形。

（1）**局部有序化**。各组成部分有序，如排序表{3，6，7，1，4，9，5，8，10，14}；

（2）**基本有序化**。整体接近于有序，如排序表{3，4，8，21，**2**，36，41，73，**16**，80}。

由于直接插入排序特点，只有"基本有序化"才能较好地提升排序效率。注意到对"排序表"进行常规的简单分组常常会出现"局部有序化"情形，因此"如何"将排序表进行"分割"就成为按照上述考虑对直接插入排序进行改进的关键点。

D. L. Shell 在 1959 年提出的 Shell(希尔)排序就是这样的一种改进，基本思想就是基于上述考虑对待排记录序列先做"宏观"调整，再做"微观"调整，其要害是对排序表进行"跳跃分割"。

这里的"宏观"调整是以减少问题规模为着眼点，进行"跳跃式"的插入排序，即将记录序列分成若干子序列，每个子序列分别进行插入排序。需要注意的是，这种子序列并不是由相邻记录构成，而是由间隔为某个增量的一组数据组成，即"跳跃"式选择数据组。

假设待排数据记录共有 n 个，将其分成 d 个子序列：

$$\{R[1],R[1+d],R[1+2d],\cdots,R[1+kd]\}$$

$$\{R[2],R[2+d],R[2+2d],\cdots,R[2+kd]\}$$

$$\vdots$$

$$\{R[d],R[2d],R[3d],\cdots,R[kd],R[(k+1)d]\}$$

开始时选取 d 值较大，子序列中的对象较少，排序速度较快；随着排序进展，d 值逐渐变小(一般可以按 $d=\lceil d/2\rceil$ 的规律变化)直至为 1,子序列中对象个数逐渐变多,由于前面工作的基础,大多数对象已基本有序,所以排序速度仍然很快。

【例 9-5】 设待排序的 8 记录排序码序列为 56、34、67、89、**56**、23、45、78、12,初始 $d=5$,此后每趟取 $d=\lceil d/2\rceil$,相应排序过程如图 9-8 所示。

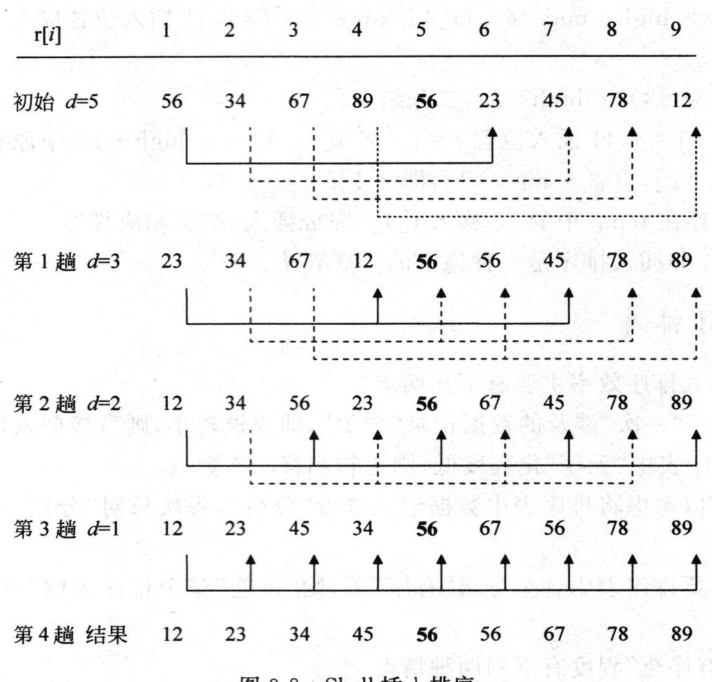

图 9-8 Shell 插入排序

从图 9-8 所示希尔排序的例子中可以看到,在每趟排序过程中子序列的划分并不是简单的逐段划分,而是将间隔某个步长的元素组成一个子序列。如此,在对每个子序列进行简单插入排序时,关键字较小的元素就不是一步一步向前移动,而是按步长跳跃式向前移动,从而使得在进行最后一趟步长为 1 的插入排序时,整个序列已基本有序,此时,只需要做比较少的比较和移动即可完成排序。

希尔排序的算法具体实现如下,其中,输入:数据元素数组 r,数组 r 的待排序区间[low…high],步长序列 delta;输出:数组 r,并已按排序码有序排列。

【算法 9-4】 希尔排序算法。

```
00 public void shellSort(DataItem<T,E>[] r, int low, int high, int[] delta) {
01  for (int k = 0; k < delta.length; k++)
02       shellInsert(r, low, high, delta[k]);        //一趟步长为 delta[k]的直接插入排序
03 }

04 private void shellInsert(DataItem<T,E>[] r, int low, int high, int deltaK) {
05  for (int i = low + deltaK; i <= high; i++)
06       if (r[i].compareTo(r[i - deltaK]) < 0) { //小于时,需将 r[i] 插入有序表
07            DataItem<T,E> temp = r[i];
08            int j = i - deltaK;
09            for (; j >= low && temp.compareTo(r[j]) < 0; j = j - deltaK)
```

```
10                    r[j + deltaK] = r[j];           //记录后移
11              r[j + deltaK] = temp;                 //插入到正确位置
12          }
13  }
```

算法分析：从直观上可以预见希尔排序的效率会较直接插入排序要高。当待排序文件规模 n 较大时，直接插入排序效率低。希尔排序将记录通过增量分组，从而降低子问题规模。开始时增量较大，分组较多，每组的记录数目少，当排序规模 n 值较小时，n 和 n^2 的差别也较小，即直接插入排序的最好时间复杂度 $O(n)$ 和最坏时间复杂度 $O(n^2)$ 差别不大，故各组内直接插入排序较快。随着增量 d_i 逐渐缩小，分组数逐渐减少，而各组的记录数目逐渐增多，但由于已经按 d_{i-1} 作为增量排序，使文件较逐渐接近有序状态，所以新的一趟排序过程也较快。希尔排序在效率上较直接插入排序有较大的改进，通过大量的实验，给出 Shell 排序的时间复杂度约在 $O(n^{1.25})$ 到 $O(n^{1.6})$ 之间。

希尔排序的时间复杂度与步长序列的选取密切相关，如何选择步长序列才能使得希尔排序的时间复杂度达到最佳，这还是一个有待解决的问题。但是，对于希尔排序的研究已经得出许多有趣的局部结论。例如，当步长序列 delta[k] $=2_{t-k+1}-1$ 时，希尔排序的时间复杂度为 $O(n^{3/2})$，其中 t 为希尔排序的趟数，$1\leqslant k\leqslant t\leqslant\lfloor\log(n+1)\rfloor$。

9.3 交换排序

交换排序(swap sort)：不断地将待排序列中的"两两"记录做排序码比较，当它们大小次序相反时就进行交换，直到所有记录的排序码都满足排序要求。

交换排序基本特征：将键值较大的向排序表的一端移动，而将键值较小的向另一段移动。交换排序主要可以分为"冒泡排序"和其改进型"快速排序"。

9.3.1 冒泡排序

冒泡排序(bubble sort)：对 n 个记录的排序码序列进行 $n-1$ 次扫描。每次扫描时，都从下到上对相邻的两个排序码进行比较，如果不符合由小到大的顺序，就将它们交换位置。这样，经过第 1 次扫描，就能从 $n-1$ 对相邻排序码的比较中，把排序码序列里最大的元素渐渐地移动到序列的"最后"边；经过第 2 次扫描，就能从 $n-2$ 对相邻排序码的比较中，把排序码序列里次大的元素渐渐地排到序列的"次后"位置；……，如此最多经过 $n-1$ 次扫描，n 个排序码都排到了自己的最终位置。如果将排序表顺时针旋转 90 度，并将键值的"大小"看作其"重量"，那么上述过程就相当于每一趟将最"重"的键值"沉"下去，将最"轻"的键值"浮"上来，或者说，"轻"的键值就像气泡那样逐一"往上冒"，这就是冒泡排序名称的由来。

【例 9-6】 设有待排数据记录排序码 56、34、67、89、**56**、23、45、78、48，将其存放在一维数组 r[]里。

首先将数组由左到右进行排放。扫描从左到右进行。当发生元素交换时就用深色表示。

第 1 趟扫描：进行 6 次交换，将当前最大值 89 移动到 r[8]；

第 2 趟扫描：进行 4 次交换，将当前最大值 78 移动到 r[7]；

第 3 趟扫描：进行 3 次交换，将当前最大值 67 移动到 r[6]；

第 4 趟扫描：进行 3 次交换，将当前最大值 **56** 移动到 r[5]；

第 5 趟扫描：进行 2 次交换，将当前最大值 56 移动到 r[4]。

此时，存在 9 个排序码，最多需要进行 8 次扫描。如某趟扫描过程中，全无交换，即排序码已有序，可停止扫描。本例只用了 5 趟扫描，最终冒泡排序结果为 23、34、45、48、56、**56**、67、78、89，过程如图 9-9 所示。

r[*i*]	0	1	2	3	4	5	6	7	8
初始	56	34	67	89	**56**	23	45	78	48
第 1 趟	34	56	67	89	**56**	23	45	78	48
	34	56	67	**56**	89	23	45	78	48
	34	56	67	**56**	23	89	45	78	48
	34	56	67	**56**	23	45	89	78	48
	34	56	67	**56**	23	45	78	89	48
	34	56	67	**56**	23	45	78	48	89
第 2 趟	34	56	**56**	67	23	45	78	48	89
	34	56	**56**	23	67	45	78	48	89
	34	56	**56**	23	45	67	78	48	89
	34	56	**56**	23	45	67	48	78	89
第 3 趟	34	56	23	**56**	45	67	48	78	89
	34	56	23	45	**56**	67	48	78	89
	34	56	23	45	**56**	48	67	78	89
第 4 趟	34	23	56	45	**56**	48	67	78	89
	34	23	45	56	**56**	48	67	78	89
	34	23	45	56	48	**56**	67	78	89
第 5 趟	23	34	45	56	48	**56**	67	78	89
	23	34	45	48	56	**56**	67	78	89

图 9-9　冒泡排序实现过程

冒泡排序的实现算法如下，其中，输入：数据元素数组 r，数组 r 的待排序区间[low…high]输出：数组 r，并已按排序码有序排列。

【算法 9-5】 冒泡排序算法。

```
00  public void bubbleSort(DataItem<T,E>[] r, int low, int high) {
01      int n = high - low + 1;
02      int flag;
03      for (int i = 0; i < n - 1; i++){
04          flag = 0;                   //这一趟是否发生交换的标志
05          for (int j = low; j < high - i; j++){
06              if (r[j].compareTo(r[j + 1]) > 0) {
07                  flag = 1;
08                  DataItem<T,E> temp = r[j];
09                  r[j] = r[j + 1];
10                  r[j + 1] = temp;
11              }
12              if (flag == 0)      //若没有发生交换，就结束算法
13              break;
14          }
15      }
16  }
```

算法分析：算法主要由两重 for 循环组成。外层 for 循环(程序第 03～15 行)控制对排序码序列进行 n～1 趟扫描。内层 for 循环(程序第 05～14 行)控制每次扫描范围内排序码的比较与交换，扫描过程中发生的交换通过临时工作单元 temp 完成。

当某次扫描过程中没有交换发生时，就表示所有记录排序码已经排好了序，不必进行下次扫描。算法设置了 flag 标志对此进行管理，即当每进入一次新扫描时将 flag 设置为 0，如当前扫描发生交换时，将 flag 设置为 1，否则扫描结束后 flag 仍旧为 0。这样，通过检查 flag 为 0 与否就可确定是否还需要将其后的扫描进行下去。

冒泡排序是稳定的，一般情况下，时间复杂度为 $O(n^2)$。正序情况是冒泡排序的最好情况，只比较了 $n-1$ 次，交换 0 次，时间复杂度为 $O(n)$。冒泡排序适合问题规模小的场合。

9.3.2 快速排序

由前述讨论可知，冒泡排序过程中，数据记录间的比较都在“相邻”位置进行，但需要调整时每次都只能“向前”或“向后”移动一个位置，这样就会带来较多的“比较”和“移动”次数，影响排序效率。因此，可以考虑采用适当方式，增加参与比较和移动数据记录之间的“距离”，即对“相距较远”的数据记录进行排序操作，将排序码较大的记录“直接”从较前位置移动到较后位置，由此加快相应排序进程。按照这样的思路，霍尔(Hoare)于 1962 年提出了冒泡排序法的改进形式——快速排序。

快速排序(quick sort)：按照下述步骤进行的排序方法。

① 在排序表的 n 个排序码序列中，选择一个基准元素 x，并称其为“枢轴(Pivot)”(通常把序列的第 1 个元素选为枢轴，也可以把位于序列中间位置的元素选为枢轴)。

② 然后把所有小于等于 x 的排序码调整到 x 的左边，把大于 x 的排序码调整到 x 的右

边,如图 9-10 所示,这被称为是快速排序的一次划分。

③ 继续对左、右两个部分重复进行相同的这种划分过程,每次划分后就会让作为枢轴的排序码位于它最终应该在的位置上,直到最后分割的每一部分都只有一个排序码时就结束整个排序过程。

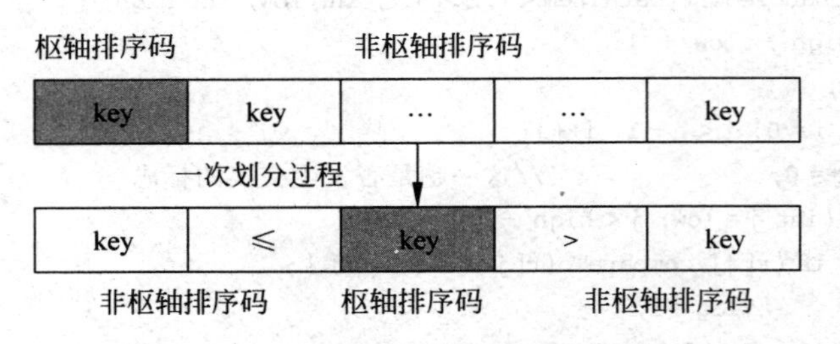

图 9-10　快速排序中的一次划分

【例 9-7】 将排序码序列"56,34,67,89,**56**,23,45,78,48"存放在一维数组 r[]中。使用快速排序一次划分算法完成一次划分的过程如图 9-11 所示,一次划分算法见算法 9-6。

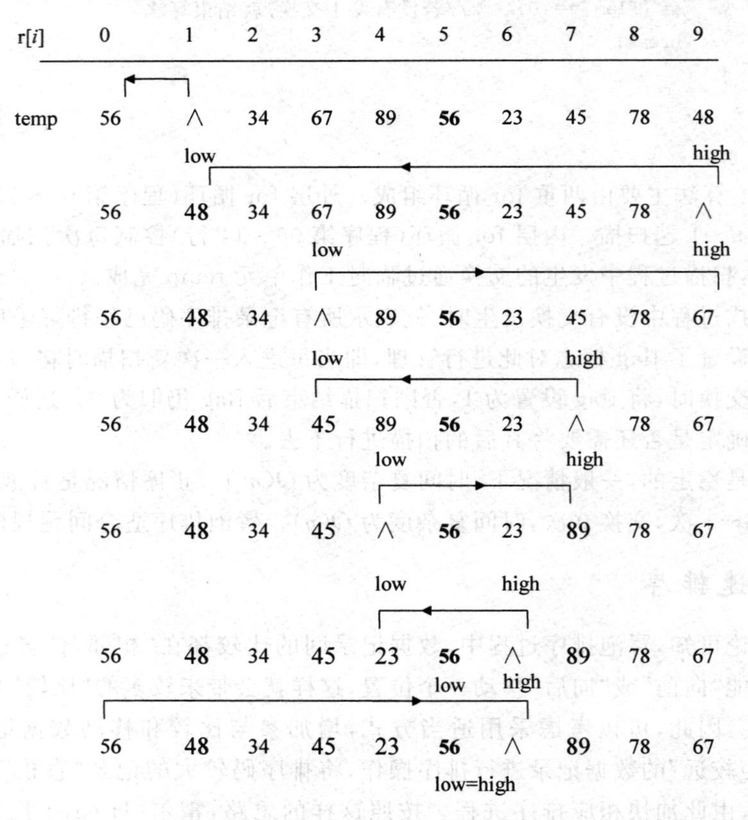

图 9-11　快速排序一次划分过程

此时,low=1,high=9。初始时将 r[low]=56 作为枢轴存放在 temp 中。这里,r[1]位置就被腾空用以存放小于等于 56 的排序码。由于 low<high,此时进入 while 主循环。

第一个 while 子循环由于 r[high]. compareTo(temp) <0,即(r[high]. key =48)<(temp. key=56),不执行第 03 行的 while 进而执行第 05 行的 r[low]=r[high],即将

r[high]=48 存入 r[low](r[1])。

此时执行到第二个 while 子循环,当(low<high && r[low].compareTo(temp) <=0),即 r[low].key<= temp.key 时,low 向右移动(low++),low 移动到 3。接着执行程序第 08 行的 r[high]=r[low],将 r[low]=67 存入 r[high](r[9])。

此时 low=3,high=9,由于 low<high,继续执行程序第 02 行的 while 主循环。

第一个 while 子循环,当(low<high && r[high].compareTo(temp)>=0 时,high 向左移动(high--),high 移动到 7。接着执行第 05 行的 r[low]=r[high],即将 r[high]=45 存入 r[low](r[3])。

进而执行到第二个 while 子循环,当(low<high && r[low].compareTo(temp) <=0)时,low 向右移动(low++),low 移动到 4。接着执行程序第 08 行的 r[high]=r[low],将 r[low]=89 存入 r[high](r[7])。

此时 low=4,high=7,由于 low<high,继续执行程序第 02 行的 while 主循环。

第一个 while 子循环,当(low<high && r[high].compareTo(temp)>=0 时,high 向左移动(high--),high 移动到 6。接着执行第 05 行的 r[low]=r[high],即将 r[high]=23 存入 r[low](r[4])。

进而执行到第二个 while 子循环,当(low<high && r[low].compareTo(temp) <=0)时,low 向右移动(low++),low 移动到 6 时,low 和 high 均为 6,由于 low<high 的条件已不满足,退出 while 子循环。接着执行程序第 08 行的 r[high]=r[low],但对元素没有影响。

此时 while 主循环结束。

最后程序第 10 行将枢轴 temp 放入正确位置 r[6]: r[low]=temp。

将前述给定排序码序列进行快速排序依次划分后得到的结果如图 9-12 所示。

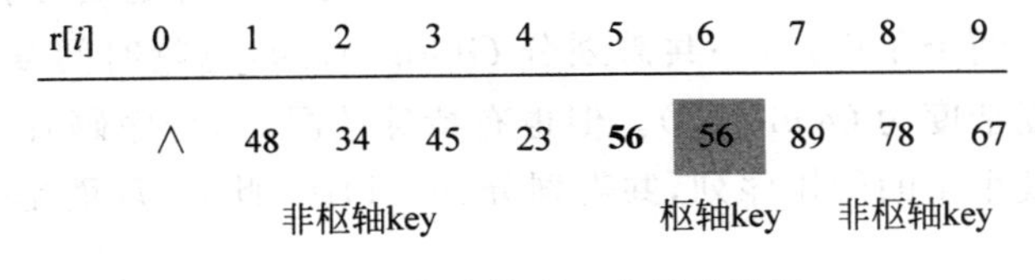

图 9-12 快速排序一次划分结果

对排序码序列进行一次划分之后,枢轴到达最终应该在位置,其他排序码被分列在其左、右两个子序列当中。对它们继续进行划分,直到每个子序列只有一个排序码时止。

在冒泡排序算法中,排序码比较和交换都是在相邻位置进行,每次只移动一个位置,总的比较次数和移动次数较多。快速排序算法中,比较和移动都是从排序码中间开始,排序码较大的记录依次就可以从左边位置移动到右边位置,减少了总的比较和移动次数,达到快速排序的目的。

下面给出快速排序一次划分的实现算法,其中,输入:数据元素数组 r,划分序列区间[low…high];输出:将序列划分为两个子序列并返回枢轴元素的位置。

【算法 9-6】 快速排序一次划分算法

```
00 private int partition(DataItem<T,E>[] r, int low, int high) {
01   DataItem<T,E> pivot = r[low];                    //使用 r[low]作为枢轴元素
```

```
02    while (low < high) {                             //扫描范围内从两端交替向内扫描
03        while (low < high && r[high].compareTo(pivot) >= 0)
04            high--;
05        r[low] = r[high];                             //将比 pivot 小的元素移向左端
06        while (low < high && r[low].compareTo(pivot) <= 0)
07            low++;
08        r[high] = r[low];                             //将比 pivot 大的元素移向右端
09    }
10    r[low] = pivot;                                   //将枢轴放到最终合适位置
11    return low;                                       //返回枢轴元素位置
12 }
```


在一次划分算法的基础上，下面给出快速排序算法的递归实现算法，其中，输入：数据元素数组 r，数组 r 的待排序区间[low…high]；输出：数组 r，并已按排序码有序排列。

【算法 9-7】 快速排序递归算法。

```
00 public void quickSort(DataItem<T,E> r, int low, int high){
01    if (low < high){
02          int pa = partition(r,low,high);
03          quickSort(r,low,pa - 1);
04          quickSort(r,pa + 1,high);
05    }
06 }
```

算法分析：快速排序算法的运行时间依赖于划分是否平衡，即根据枢轴元素 pivot 将序列划分为两个子序列中的元素个数，而划分是否平衡又依赖于所使用的枢轴元素。下面我们在不同的情况下来分析快速排序的渐进时间复杂度。

一般情况下，排序码大小杂乱无章时，n 个排序码的序列每趟划分将排序码分为左、右元素个数大概相等的两个子序列，一共需划分 $O(\log_2 n)$ 趟，每趟时间复杂度为 $O(n)$，所以快速排序总的时间复杂度为 $O(n\log_2 n)$。但也有特殊情况，当排序码有序时，每趟划分的结果总是一个问题规模小 1 的待排序列，共需划分$(n-1)$趟，此时，反而是一种最坏情况，时间复杂度为 $O(n^2)$。

经验证明，在所有同数量级的排序方法中，快速排序时间复杂度的常数因子即系数是最小的，因此就平均时间而言，快速排序被认为是目前最好的一种内部排序方法。

快速排序的平均性能最好，但是，若待排序序列初始时已按关键字有序或基本有序，则快速排序蜕化为冒泡排序，其时间复杂度为 $O(n^2)$。为改进之，可以采取随机选择枢轴元素 pivot 的方法，具体做法是，在待划分的序列中随机选择一个元素然后与 r[low]交换，再将 r[low]作为枢轴元素，做如此改进之后将极大地改进快速排序在序列有序或基本有序时的性能，在待排序元素个数 n 较大时，其运行过程中出现最坏情况的可能性可以认为不存在。

从空间上看，快速排序需要一个栈来实现递归。若每次划分都将序列均匀分割为长度相近的两个子序列，则栈的最大深度为$\lceil \log_2 n \rceil$，但是，在最坏的情况下，栈的最大深度为 n。

快速排序不是一种稳定的排序算法，这可由前述例中可以看出。

【例 9-8】 有待排排序码序列 56、34、67、89、**56**、23、45、78、48，对其排序码序列实施快速排序算法的整个过程，如图 9-13 所示。

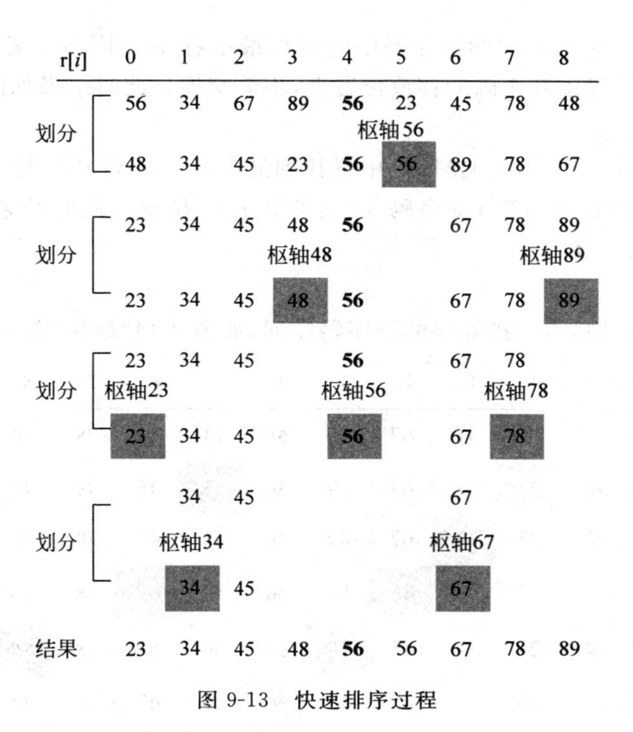

图 9-13　快速排序过程

9.4　选择排序

选择排序(selection sort)：在操作过程第 1 趟中从 n 个待排序的排序表里选出键值最小者，第 2 趟从 $n-1$ 个待排序的排序表中选出次小者，如此反复进行直到整个排序结束。选择排序通常有直接选择排序和堆排序两种方式。

9.4.1　直接选择排序

直接选择排序(straight selection sort)：在每趟过程中将待排序表中最小排序码放到最前，使得排序表规模比上一次小 1。由 n 个排序码组成的排序表需要进行 $n-1$ 趟扫描，在每趟扫描过程中，在排序表中通过不断地比较挑选小的排序码，记住它的位置，直到找到了最小排序码后才进行一次位置的交换操作，把最小排序码放置到它的正确位置上，完成一趟扫描。

【例 9-9】　设有待排序的排序码序列 56、34、67、89、**56**、23、45、78、48，对其进行直接选择排序过程如图 9-14 所示。

初始状态是将待排序排序码序列存放在一个一维数组 r 中。

第 1 趟：从 r[0]～r[8]中的排序码中寻找最小者。通过将 r[0]与 r[1]比较可知 r[1]为小；再将 r[1]与 r[2]比较可知 r[1]为小；再将 r[1]与 r[3]比较可知 r[1]为小；再将 r[1]与 r[4]比较可知 r[1]为小；再将 r[1]与 r[5]比较可知 r[5]为小；再将 r[5]与 r[6]、r[7]和 r[8]比较可知扫描结束后 r[5]排序码最小。将 r[5]与 r[0]交换，将排序码 23 置于其正确的存放位置，排序码 56 交换到 r[5]位置。此时结果如图 9-14 中“第 1 趟”中深色部分所示。

第 2 趟：从 r[1]～ r[8]中的排序码中寻找到最小者 34。因最小者位置与欲交换位置相等，排序码 34 已经置于其正确的存放位置上，不需交换。此时结果如图 9-14 中“第 2 趟”中深色部分所示。

第 3 趟：从 r[2]～ r[8]中的排序码中寻找到最小者 45。将 r[6]与 r[2]交换，将排序码 45 置于其正确的存放位置 r[2]，排序码 67 交换到 r[6]位置。此时结果如图 9-14 中“第 3 趟”中深色部分所示。

……

如此经过 7 趟扫描，得到排好序的排序码序列，如图 9-14“结果”部分所示。

r[i]	0	1	2	3	4	5	6	7	8
初始	56	34	67	89	**56**	23	45	78	48
第 1 趟	23	34	67	89	**56**	56	45	78	48
第 2 趟	23	34	67	89	**56**	56	45	78	48
第 3 趟	23	34	45	89	**56**	56	67	78	48
第 4 趟	23	34	45	48	**56**	56	67	78	89
第 5 趟	23	34	45	48	**56**	56	67	78	89
第 6 趟	23	34	45	48	**56**	56	67	78	89
第 7 趟	23	34	45	48	**56**	56	67	78	89
第 8 趟	23	34	45	48	**56**	56	67	78	89
结果	23	34	45	48	**56**	56	67	78	89

图 9-14　直接选择排序

下面给出直接选择排序的实现算法，其中输入：数据元素数组 r，数组 r 的待排序区间[low…high]；输出：数组 r，并已按排序码有序排列。

【算法 9-8】 直接选择排序算法。

```
00  public void selectSort(DataItem<T,E>[] r, int low, int high) {
01    for (int k = low; k < high - 1; k++) {          //作 n-1 趟选取
02      int min = k;
03      for (int i = min + 1; i <= high; i++)         //选择关键字最小的元素
04          if (r[i].compareTo(r[min]) < 0)
05              min = i;
06      if (k != min) {
07          DataItem<T,E> temp = r[k];               //关键字最小的元素与元素 r[k]交换
08          r[k] = r[min];
09          r[min] = temp;
10      }
11    }
12  }
```

算法分析：上述算法中，对于 n 个排序码，使用程序第 01～11 行的 for 循环将待排序列

进行 $n-1$ 趟扫描。每趟扫描完成两项操作。首先在比较范围内选择最小者，得到最小者下标由变量 min 予以记录，这主要由其中内层 for 循环完成。其次当 min 记录的下标与比较范围第 1 个记录下标不同时，通过临时变量 temp 将这两个排序码进行交换，使得选择出来的最小者置放在正确位置上。

从直接选择排序过程可知，排序主要时间发生在排序码比较上，无论排序码初始状态如何，都需要进行 $n(n-1)/2$ 次比较操作，故直接选择排序效率与初始状态无关，即无最好、最坏情况。n 个排序码的直接选择排序共需执行($n-1$)趟排序，每趟时间复杂度为 $O(n)$，总的时间复杂度为 $O(n^2)$。

直接选择排序算法可以看作是冒泡排序的一种改进。在比较过程中，冒泡排序发现排列次序不符时就进行交换，因此在交换中时间开销较大；而直接选择排序在发现排列次序不符时并立即进行交换，只是记住当前谁是最小者，直至最终确定当前一趟扫描中的最小者后才进行交换。两者比较次数相同。对于在进行一次交换时时间开销较大的排序过程来说，使用直接选择排序将会提高排序效率。

直接选择排序算法不是稳定的算法，这由上述例子就可得出。

9.4.2 堆排序

通过对直接选择排序过程进行分析可知，在排序过程中并没有将每一趟的比较结果进行保留，使得在下一趟排序中所做的数据记录比较实际上在上一趟中已经做过了，由此可能会对同一比较过程重复进行而增加比较次数。如何通过使用已经得到的比较结果来减少实际比较次数就成为改进直接选择排序的一个切入点。“堆排序”就是通过有效使用已经有的比较结果而对直接选择排序进行的一种改进。

堆(heap)：一棵满足某种条件的完全二叉树，这里条件就是根结点和任何分支结点的排序码值均小于(大于)或等于其左、右孩子结点(如果有的话)的排序码值。“小于或等于”成立时，称其为小顶(根)堆；“大于或等于”成立时称其为大顶(根)堆。

堆排序(heap sort)：将排序表按排序码创建一个堆，再利用堆进行排序。

1. 堆的基本概念

小顶堆：设有 n 个记录的排序码序列：k_1、k_2、…、k_n，$k_i \leqslant k_{2i}$ 并且 $k_i \leqslant k_{2i+1}$($i=1,2,\cdots,n/2$，且 $2i+1 \leqslant n$)成立。

大顶堆：对于 n 个记录的排序码序列：k_1、k_2、…、k_n，$k_i \geqslant k_{2i}$ 并且 $k_i \geqslant k_{2i+1}$($i=1, 2,\cdots,n/2$，且 $2i+1 \leqslant n$)成立。

在“小顶堆”中，堆的上面“顶”小，“底”大；在“大顶堆”中，堆的上面“顶”大，“底”小。

以下仅讨论小顶堆并简称为堆。

当采用一个一维数组存储一个排序表时，由二叉树性质可以将其看作是一棵结点按照“层序”排列而得到的完全二叉树的顺序存储，将排序码序列的 k_i 看作是这棵有 n 个结点的完全二叉树的第 i 个结点，其中 k_1 是该树的根结点。

设有排序码序列 12、36、24、51、**51**、87、45、99，存储在一个一维数组 r 里，如图 9-15(a)所示。

与图 9-15(a)数组相对应的完全二叉树如图 9-15(b)所示(结点旁边数字是相应数组元素的下标)。可以看出，该完全二叉树上结点的排序码之间满足堆的条件，即有：

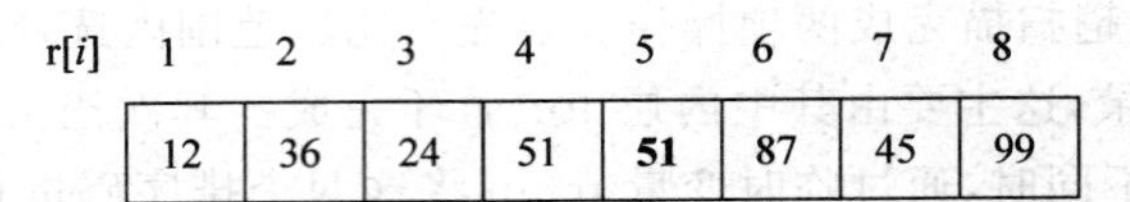

(a) 用数组存储的排序表

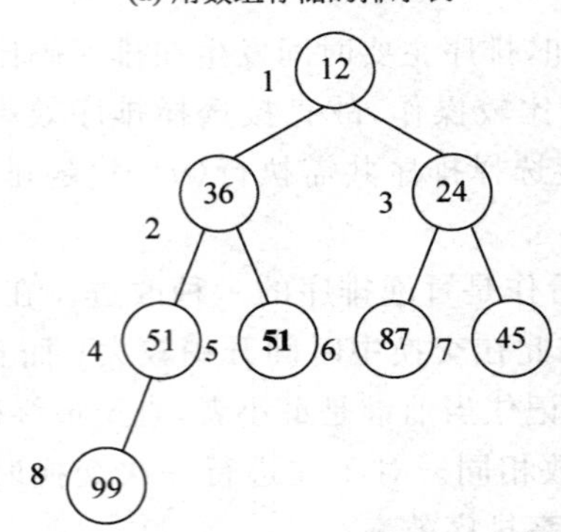

(b) 层序编码完全二叉树

图 9-15　满足堆性质完全二叉树

$$12 \leqslant 36 \leqslant 51 \leqslant 99,\quad 12 \leqslant 36 \leqslant \mathbf{51},\quad 12 \leqslant 24 \leqslant 87,\quad 12 \leqslant 24 \leqslant 45$$

所以,图 9-15(b)所示的完全二叉树是一个堆。

对于堆,需要注意如下 3 点。

- 在一个堆里,k_1(即完全二叉树的根结点)是堆中最小的排序码值;
- 堆的任何一棵子树本身也是一个堆;
- 堆中任一结点的排序码值都不大于左、右两个孩子的排序码值(如果有的话),但在左、右孩子的排序码值之间没有大小关系存在。

由堆定义可知堆本身有序,即从堆根结点到叶结点的每条路径上排序码都是由小到大排序。由此,J. Willioms 和 Floyd 于 1964 年得到一种有效的选择排序算法即堆选择排序算法。

2. 堆的创建

创建堆的基本思想如下。

(1) **构建完全二叉树**。先将无序的排序码序列存放在一维数组里,并得到该数组对应的完全二叉树。对于这棵完全二叉树的每一个叶结点,以它们为根结点的子树显然已经满足堆的条件。

(2) **由“最后”分支点“从后向前”进行调整**。从得到完全二叉树的最后一个分支结点开始往前,对以其为根结点的子树自上而下的适当调整即“筛选”,将这样的“子树”调整成为一个堆。

直至进行到完全二叉树的根结点为止。由此就建立起了一个堆。

筛选是指将不满足堆性质的完全二叉树根结点调整到适当位置以便构成一个新堆。

【例 9-10】 设待排序的 8 记录排序码序列为 56、34、67、89、**56**、23、45、12,创建相对应堆的过程如图 9-16 所示。

3. 堆排序

堆排序(heap sort)基本思想如下。

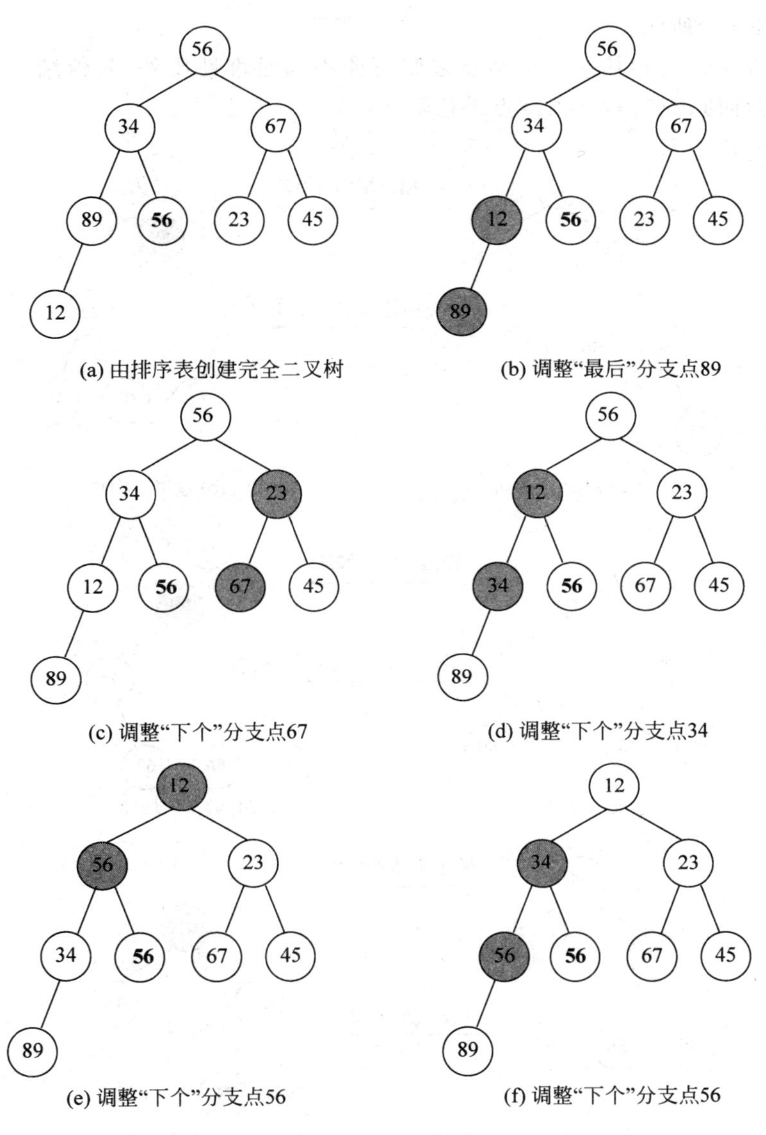

(a) 由排序表创建完全二叉树　　(b) 调整“最后”分支点89

(c) 调整“下个”分支点67　　(d) 调整“下个”分支点34

(e) 调整“下个”分支点56　　(f) 调整“下个”分支点56

图 9-16　堆的创建

(1) **输出根结点**。(小顶)堆中根结点排序码值 k_1 为堆中最小,因此首先输出根结点 k_1。

(2) **构建减少一个结点的新完全二叉树**。将原完全二叉树中的最后一个叶结点“填补”到根结点位置,对新形成的完全二叉树通过一定规则对剩余结点进行调整,使之再成为一个堆。

(3) **重复(1)和(2),直到“根树”**。由于每次的二叉树都比上次的减少一个结点,如此下去得到“根树”时,算法终止,得到一个“由小到大”的排序码序列。

【例 9-11】 设有排序码序列 12、34、23、56、**56**、67、45、89,做成一个堆,将其存储在一维数组 r[]中,相应堆树如图 9-17(a)所示,对其进行堆排序的过程可描述如下。

图 9-17(a)所示堆的根结点是当前最小者,输出堆顶元素 12 并由堆中最后一个元素 89

代之,如图 9-17(b)所示。

此时,除堆顶元素和其左右子结点之间可能不满足堆性质外,其他结点并未破坏堆性质。为维护堆性质,只需对堆顶结点进行筛选。

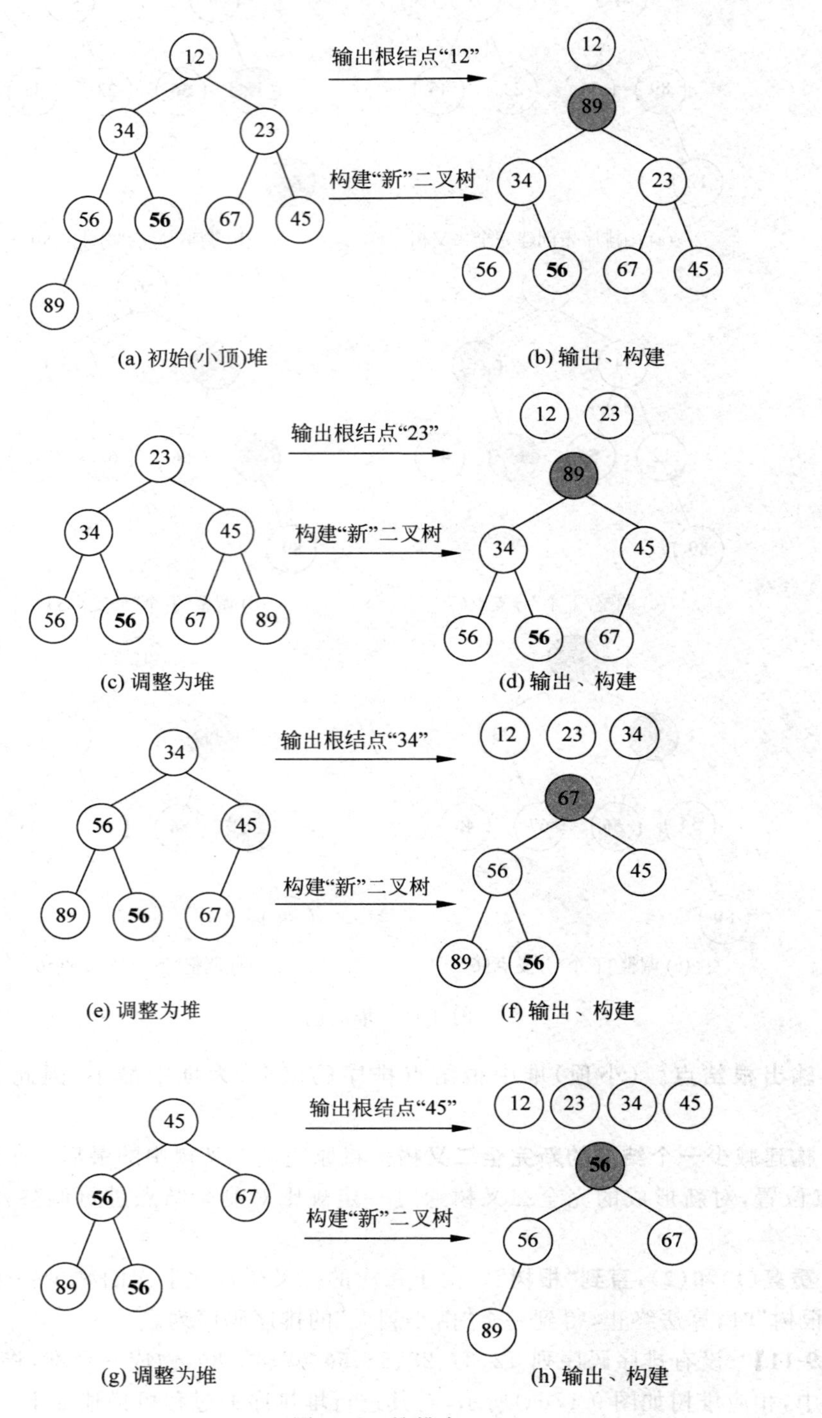

图 9-17 堆排序

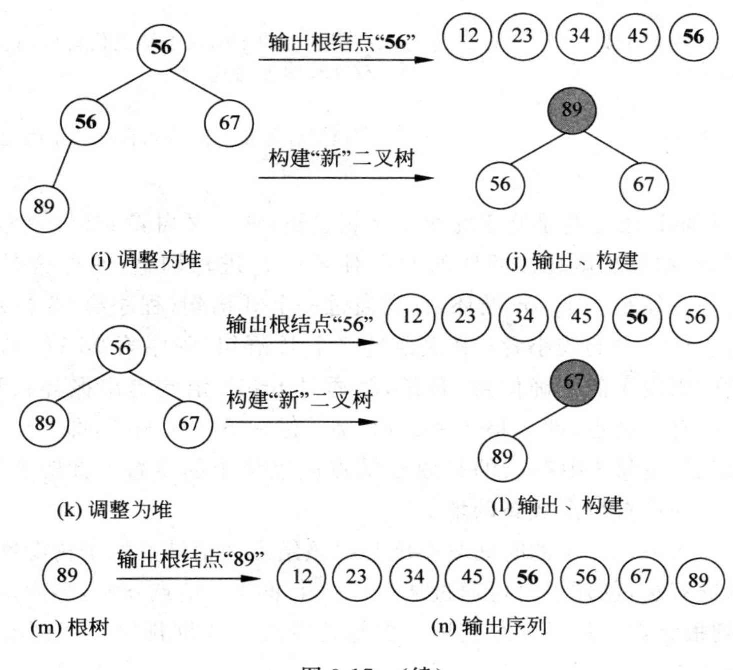

图 9-17 (续)

在本例中,将此时根结点排序码 89 与其左右子结点比较,与较小者 23 进行交换,但交换后,89 仍旧不满足堆性质,继续与其左右子结点中较小者 45 进行交换,交换结果如图 9-17(c)所示。此时,本趟筛选结束,整个完全二叉树又构成一个新堆。

再次输出新的堆顶元素 23,并以该堆中最后一个元素 89 代替,如图 9-17(d)所示。此时又需进行筛选,调整结果如图 9-17(e)所示,此时又形成新堆。输出其堆顶元素 34 并将最后元素 67 代之,如图 9-17(f)所示。

……

重复上述过程,即输出堆顶元素,将堆中最后元素放置到堆顶位置,筛选完全二叉树根结点使之满足堆条件,直至堆中所有元素都被输出。最后得堆排序结果为 12、23、34、45、**56**、56、67、89。

对一个不满足堆性质的结点完成筛选,称为一次筛选。从上面的分析中我们可以看到,无论是初始建堆还是进行排序,都需要完成以某个元素为根的调整操作。

下面给出堆排序中调整操作的实现算法,其中,输入:数据元素数组 r,数组 r 的待调整区间[low…high];输出:调整 r[low…high]使之成为大顶堆。

【算法 9-9】 堆的调整算法。

```
   //已知 r[low…high]中除 r[low]之外,其余元素均满足堆的定义
00 private void heapAdjust(DataItem<T,E>[] r, int low, int high) {
01  DataItem<T,E> temp = r[low];                      //临时存放待调整根结点
02  for (int j = 2 * low; j <= high; j = j * 2) {
03      if (j < high && r[j].compareTo(r[j + 1]) < 0)//令 j 指向关键之较大的孩子
04          j++;
05      if (temp.compareTo(r[j]) < 0)                //比其孩子都小,无须调整
```


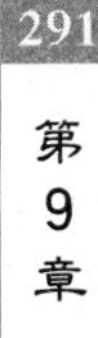

```
06            break;
07        r[low] = r[j];                          //用选中的小的孩子结点代替待调整结点
08        low = j;                                //继续向下筛选
09    }
10    r[low] = temp;                              //最终让原根结点进入自己的正确位置
11  }
```

算法分析：上述算法主要是基于完全二叉树进行，该二叉树除 r[low]外，其他结点都符合堆的定义。因此，本算法就是按照堆的性质对 r[low]进行调整，使得这课完全二叉树成为一个堆。算法的主体是一个 for 循环，首先通过一个 if 语句(程序第 03 行)确定筛选进行方向，找到左、右子结点中的较小者；其次通过一个 if 语句(程序第 05 行)判定当前找到的是否就是根结点应当位于的正确位置，若是，就通过 break 语句退出循环；否则，用筛选方向上的结点取代原有根结点，即 r[low]＝r[j]，接着进入下一次循环，即 low＝j。

for 循环结束后，变量 i 中存放的是原根结点应该位于的位置。此时通过 r[i]＝temp 将原根结点放入正确位置以形成新的堆。

完成某结点一次筛选算法的时间复杂度与以该结点为根结点的子树深度有关。

有了一次筛选算法，创建堆时可通过从最后一个非叶子结点开始，多次调用一次筛选算法进行筛选，直到根结点。然后继续利用一次筛选算法完成堆排序。下面给出构建堆以及排序的具体实现算法。

【算法 9-10】 堆排序算法。

```
00  public void heapSort(DataItem<T,E>[] r) {
01    int n = r.length - 1;
02    for (int i = n / 2; i >= 1; i--)            //初始化建堆
03        heapAdjust(r, i, n);
04    for (int i = n; i > 1; i--) {               //不断输出堆顶元素并调整 r[1..i-1]为新堆
05        DataItem<T,E> temp = r[1];              //交换堆顶与堆底元素
06        r[1] = r[i];
07        r[i] = temp;
08        heapAdjust(r, 1, i - 1);                //调整
09    }
10  }
```

算法分析：为了代码的易读性，在上述算法中对数组 r 进行排序时，排序的范围是[1…length－1]，这一点和前面的算法是不一样的，前面的算法其排序范围是由参数指定的。当然堆排序也可以对指定范围内的元素进行排序，只不过在对下标进行操作之前都必须进行相应的处理，读者可自行设计实现指定范围的堆排序算法。

算法首先构建堆，由程序第 02～03 行完成，从完全二叉树的最后一个分支结点开始向前筛选，直至根结点，有$\lfloor n/2 \rfloor$个结点需要筛选。一次筛选算法效率与以该结点为根结点的子树深度有关。因此构建堆的时间复杂度为 $O(n\log_2 n)$。

构建堆后，在正式堆排序时，需要执行 $n-1$ 次交换根结点与筛选根结点，因此，排序的时间复杂度为 $O(n\log_2 n)$。

堆排序的时间由建构堆与排序的时间组成，总的堆排序时间复杂度为 $O(n\log_2 n)$。由于堆排序对原始记录的排序状态并不敏感，因此它无论是最好、最坏和平均时间复杂度均为

$O(n\log_2 n)$。这相对于快速排序而言是堆排序的最大优点。堆排序在元素较少时由于消耗较多时间在初始建堆上,因此不值得提倡,然而当元素较多时还是很有效的排序算法。

在进行堆排序时,算法不需要开辟新的数组存储已经排好序的排序码序列,而是使用原有的存储空间,具体做法过程是将堆顶元素与堆底元素进行交换,将当前最小元素存放在堆底。所以输出已排序序列时需从数组后面向前进行。

构建堆与堆排序过程中,结点与其左、右孩子的比较与交换是跳跃式进行,因此堆排序是一种不稳定的排序方法。

9.5 归并排序

归并排序(merging sort):使用"归并"技术进行排序,即将若干个已经排好序的子序列合并成一个有序的序列。

二路归并排序基本思想可以表述如下。

(1) 初始时,将待排序表 R[1]到 R[n]看作是 n 个长度为 1 的子有序表。

(2) 进行第 1 趟归并,即将上述子表两两合并,得到$\lceil n/2 \rceil$个子有序表,若 n 为奇数,则归并后最后一个子表长度为 1。

(3) 再将这$\lceil n/2 \rceil$个子有序表两两合并,如此反复,直至最终得到一个长度为 n 的有序表。

上述归并总是将相邻的子有序表两两归并为更大的一个有序表,因此称为二路归并排序,当然,也可以有三路归并或多路归并排序等。

【例 9-12】 设排序表中排序码序列为 56、34、67、89、**56**、23、45、78、12,对其进行归并排序过程如图 9-18 所示。

r[i]	1	2	3	4	5	6	7	8	9
初始状态	56	34	67	89	**56**	23	45	78	12
第 1 趟归并	34	56	67	89	23	**56**	45	78	12
第 2 趟归并	34	56	67	89	23	45	**56**	78	12
第 3 趟归并	23	34	45	56	**56**	67	78	89	12
第 4 趟归并	12	23	34	45	56	**56**	67	78	89

图 9-18 归并排序

实现归并排序的二路归并算法需要调用"一次归并"和"一趟归并"这两个操作。

- **一次归并**:把首尾相接的两个有序表 r[low…mid]、r[mid+1…high]归并成为有序表 r[low…high]。

- **一趟归并**：把一些相互邻接的有序表(在数组 r 中)依次两两归并成一些更大有序表。

下面给出归并排序中一次归并的算法，其中，输入：数据元素数组 r，r 待合并的两个有序区间[formerStartIndex… formerEndIndex]以及[formerEndIndex＋1… laterEndIndex]；输出：将两个有序区间合并为一个有序区间。

【算法 9-11】 一次归并算法。

```
00  private void merge(DataItem< T, E >[ ] r, int formertStartIndex, int formerEndIndex, int
    laterEndIndex) {
01          @SuppressWarnings("unchecked")//提示语句
02          DataItem< T, E >[ ] mergedItems = (DataItem< T, E >[ ]) new Object[ laterEndIndex -
            formertStartIndex + 1];
03          int formerIndex = formertStartIndex;
04          int laterIndex = formerEndIndex + 1;
05          int mergedIndex = 0;
06          while (formerIndex <=  formerEndIndex && laterIndex <=  laterEndIndex)
07              if (r[formerIndex].compareTo(r[laterIndex]) < 0)
08                  mergedItems[mergedIndex++] = r[formerIndex++];
09              else
10                  mergedItems[mergedIndex++] = r[laterIndex++];
11          while (formerIndex <=  formerEndIndex)
12              mergedItems[mergedIndex++] = r[formerIndex++];
13          while (laterIndex <=  laterEndIndex)
14              mergedItems[mergedIndex++] = r[laterIndex++];
15          for (int i = 0; i < mergedItems.length; i++)
16              r[formertStartIndex + i] = mergedItems[i];
17  }
```

算法分析：算法时间复杂度为 $O(n)$。假设待合并的两个子序列总长为 n，则这 n 个元素在从数组 r 移动到 mergedItems 的过程中，每个元素移动一次，而每次元素移动最多只需要一次比较；最后从数组 b 移回 a 也只需要 n 次移动操作即可，因此，上述算法的时间复杂度为 $O(n)$。

一趟归并是在一次归并基础上对排序表中的子有序表依次两两归并的过程，包括处理最后一个子有序表出现长度小于其他子有序表长度的特殊情况。在一趟归并过程中，设各个子有序表长度为 listSize，但最后一个子有序表长度可能小于 listSize，此时，归并前 r[low…high]共有 high/liseSize 个子有序表，即 r[low…liseSize]，r[liseSize＋1…2×liseSize]，…，r[(high/listSize－2)×len＋1…(high/listSize－1)×listSize]，r[(high/listSize－1)×listSize＋1…high]，此时，在归并最后两个子有序表时，r[(high/listSize－1)×listSize＋1…high]的长度可能会大于了 1 而小于 liseSize。一趟归并排序就需要对此情形进行处理。

【算法 9-12】 一趟归并算法。

```
00  public void mergepass(DataItem< T, E >[ ] r, int listSize) {
01  int i = 1;
02  while (i <=  r.length - 2 * listSize + 1) {
03      merge(r, i, i + listSize - 1, i + 2 * listSize - 1);
04      i = i + 2 * listSize;
```

```
05  }
06  if (i + listSize - 1 < r.length)
07        merge(r, i, i + listSize - 1, r.length);
08  }
```

算法分析：本算法分为三部分。

(1) 初始化部分(程序第 01 行)　i 是第 1 对子有序表的起点。

(2) 依次归并部分(程序第 02～05 行)　这是一个 while 循环，依次对各相邻的有序表对进行一次归并。

(3) 对长度不足 2×listSize 的剩余部分的处理(程序第 06～07 行)，这是一个 if 语句，其中剩余部分大于 listSize 小于 2×listSize。

建立了一次归并和一趟归并操作后，就可以讨论二路归并算法。

【算法 9-13】　二路归并算法。

```
00  public void mergeSort(DataItem<T, E>[] r) {
01        int listSize = 1;
02        while (listSize < r.length) {
03             mergepass(r, listSize);
04             listSize = listSize * 2;
05        }
06  }
```

二路归并算法也可以通过递归实现。

【算法 9-14】　基于递归的二路归并算法。

```
00  public void mergeSort(DataItem<T, E>[] r, int low, int high) {
01        if (low < high) {
02              mergeSort(r, low, (high + low) / 2);
03              mergeSort(r, (high + low) / 2 + 1, high);
04              merge(r, low, (high + low) / 2, high);
05        }
06  }
```

算法分析：在一趟归并排序算法 9-12 中，假设排序表的长度 r.length 为 n，则函数 mergepass()要调用 merge()函数 $\lceil n/(2\times \text{listSize})\rceil \approx O(n/\text{listSize})$ 次。二路归并算法 9-13 中，函数 mergeSort()调用 mergepass()正好 $\lceil \log_2 n \rceil$ 次，而每次 merge()要执行比较 $O(\text{listSize})$ 次，所以算法总的时间复杂度为 $O(n\log_2 n)$。

归并排序占用附加存储较多，需要另外一个与原待排序对象数组同样大小的辅助数组。这是这个算法的缺点。

归并排序是一个稳定的排序方法。

9.6　外　排　序

计算机通常具有内存和外存两种存储设备。内存存取速度快，但容量较小，成本也较高；外存通常是磁盘，容量更大，成本较低，但存取速度较慢。计算机对数据的处理都是在内存中进行，但前提是所需处理的数据对象都能够由外存调送到内存当中。如果数据量大小适合,就可以将所需处理数据一次调入内存;但如果外存中所需处理的数据量很大,内存不能一次容纳,就需要各个击破,“一部分一部分”地调入内存。

本章前述各节讨论的排序方法都是基于内存的,当排序表中记录数量很大时,如上所述,就只能分批处理。然而,排序是对所涉及的整个数据集合而言,分批进入内存的各个部分可以按照前述各种方法排序,但此时整个数据集合仍然不是有序。此时,就要借助于 9.5 节中归并排序思想进行处理。

9.6.1 外排序的基本步骤

外排序(external sort):对于外存中数据集合(文件)进行的排序。

基于外存的数据(文件)排序的基本思想如下。

(1) 对待排序数据文件按照当前内存可用大小进行适当分割,将分割后子文件逐次调入内存,选用已知的某种内部排序方法,对每个分割部分构造数据记录的有序子序列。排序后存储在外存中的有序子序列通常称为“顺串”(run)或“归并段”。

(2) 借鉴内存中“归并”排序思想,逐步地扩大(记录的)有序子序列的长度,直至外存中整个记录序列按排序码有序为止。

例如,设存储在外存中待排序数据文件具有 100 000 条数据记录,而当前计算机内存每次只能提供 10 000 条记录的可用空间。

首先,将所涉及数据文件以 10 000 条记录为标准分为 10 个分割段;然后,再逐次调入各段进入内存,选定某种排序方法进行排序,从而得到 10 个顺串如图 9-19 所示。

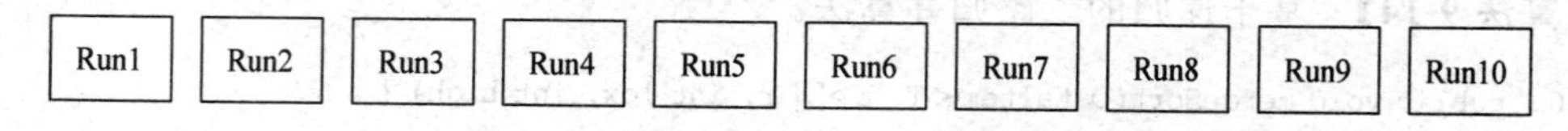

图 9-19　文件的顺串

一般而言,对于具有 n 条记录的数据文件来说,如果将其分割为含有 p 条记录的子文件,则通过每次调入这样的子文件,就可以得到 $\lceil n/p \rceil$ 个顺串。

假设采用两路归并方法即将这 10 个顺串依次两两进行“归并”:

第 1 趟由 10 个顺串得到 5 个新顺串。

第 2 趟由 5 个顺串得到 3 个新顺串。

第 3 趟由 3 个顺串得到 2 个新顺串。

最后一趟归并得到整个记录的有序序列(有序文件),如图 9-20 所示。

一般来说,顺串进行“归并”时,当采用类似于 merge 算法的二路归并时,如果内部排序得到含有 p 条记录的初始顺串个数为 m,进行两两归并后就得到 $\lceil m/2 \rceil$ 个含有 $2p$ 条记录的的顺串。因此可知,n 条记录 m 个顺串的需要经过 $\lceil \log_2 m \rceil$ 趟归并才可最终完成外部排序,而每一趟都需要进行全部 n 条记录的内存和外存交换。

由于内、外存设备的物理差异,数据内、外存储器交换的时间开销远大于相应子文件进行内部排序的时间开销,因此,外排序基本点在于减少内存和外存数据交换次数即减少归并的趟数。

在实际应用中,还可对顺串采用多路如 k 路归并方式。当一次归并能够使 k 个顺串归并成一个较大的顺串时,m 个初始顺串只需 $\lceil \log_k m \rceil$ 趟归并。k 大小可选,需综合考虑各种

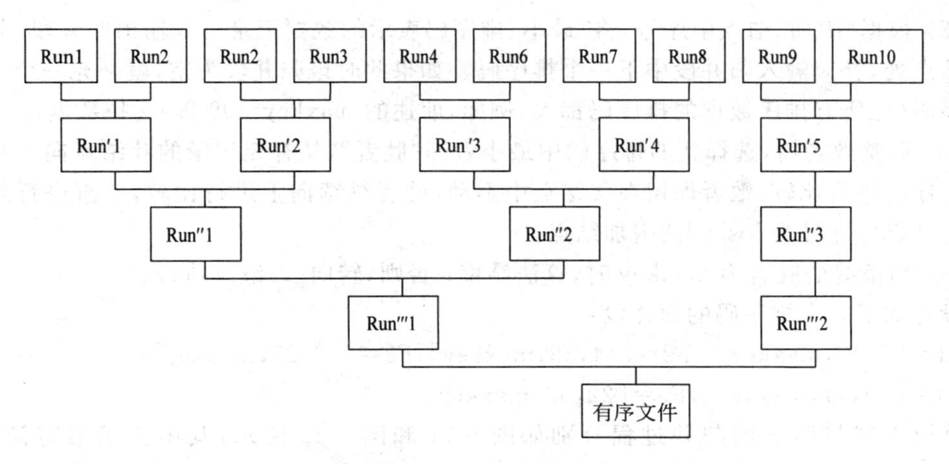

图 9-20 分割段的归并

因素。

由 m 个初始顺串进行 k 路归并趟数计算公式 $\lceil \log_k m \rceil$ 可知，减少 m 即初始顺串个数也能减少归并的趟数，进而提高外排序效率。为此可对待排序的初始记录进行所谓“置换-选择”排序就可以得到平均长度为 2p 的初始顺串，这样就可以进一步减少顺串个数 m。

顺串归并思想比较简单，但在进行 k 趟归并时，需要在 k 条记录中选择排序码进行比较以得到最小者。此时，从减少选择最小排序码所需比较次数考虑，通常并不简单采用选择排序方法，而是采用所谓“胜者树”或“败者树”技术。这种技术实际上构成了外排序具体实现算法的基本内容。

9.6.2 败者树 k-路归并算法

类似于前述的树表排序，基于败者树进行 k 路归并可使从 k 个排序码中选出当前最小排序码的比较次数由 $k-1$ 次缩减为 $\log_2 k$。

以下假定(两个)排序码进行比较时，较小的为“胜者”，较大的为“败者”。

败者树实际上是将叶结点和非叶结点进行如下约定后而得到的一棵完全二叉树：

- 叶结点由“方形”结点表示，依次存放各个归并段中的当前(最小)排序码。叶结点按照“层序”确定其序号并由数组 b[…]保存相应序号；
- 非叶结点由圆形结点表示，存放左右子结点比较后败者的序号(路数号)。非叶结点序号也由“层序”确定并由数组 los[…]保存，其中 los[0]表示附加结点，存放最终胜者的路数号。

作为一棵完全二叉树，败者树可以通过顺序表进行存储。

对于具有 k 个归并段来说，基于败者树的 k-路归并算法可以描述如下。

(1) 将每个归并段的当前排序码即最小排序码作为败者树的叶结点，由此出发建立败者树。具体过程是由最后一个非结点开始，将其子结点中排序码进行比较，较大者即“败者”结点的序号填入该非叶结点，而较小者“胜者”继续参与更高层次的比较。这样，在最高层次即根结点上的“附加”结点(序号为 los[0])中就记录最后胜者(该趟过程中最小排序码)结点序号。

(2) 根据"附加"结点中序号,将"最小"排序码表示的数据记录写入输出归并段,并在相应叶结点处,补充输入归并段中下一个排序码。如果此时该归并段为空,就补充一个"最大"的排序码(比所有排序数据的排序码都大,例如,前述的 maxkey=99 等)虚拟数据记录。

(3) 调整败者树,选择新的排序码中最小者即"胜者",从补充记录的叶结点向上和其父结点排序码进行比较,败者保留在父结点中不动,胜者继续向上进行比较,一直进行到根结点的父结点即序号为 los[0]的附加结点。

(4) 当最终的胜者为 maxkey 时,算法结束;否则,转向(2)继续执行。

设有如下 5 个排序码的归并段:

F1=[8,17,maxkey], F2=[14,35,maxkey],F3=[12,25,maxkey],

F4=[10,41,maxkey],F5=[22,33,maxkey]

其第 1 趟与第 2 趟归并过程分别如图 9-21 和图 9-22 所示,其中为了书写简便,将 maxkey 记为∞。各趟中选到的最小排序码(最终胜者)结点由深色方形表示。

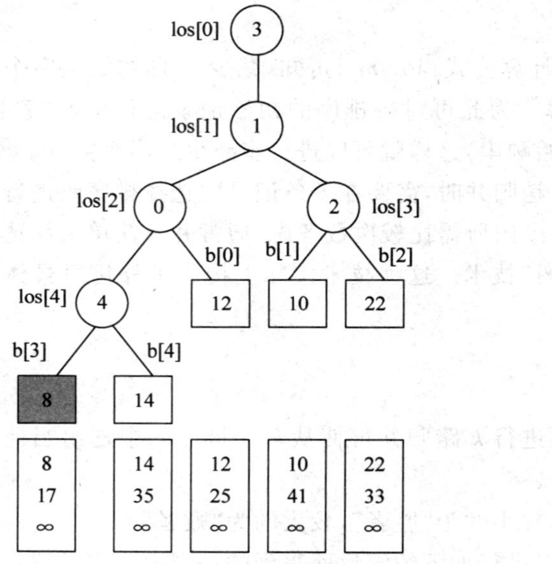

图 9-21 第 1 趟选出当前最小排序码 8

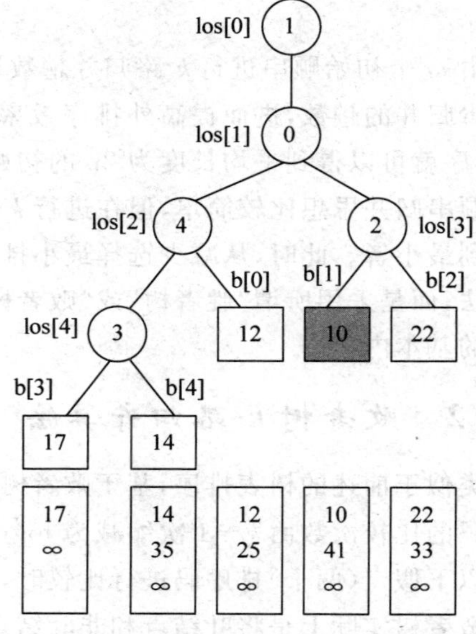

图 9-22 第 2 趟选出当前最小排序码 10

9.6.3 k-路归并算法实现

基于败者树的 k-路归并算法实际上是由"调整"与"初建"败者树这样两个基本部分组成。如果设执行 k 路归并的函数为 k_merge(),则"调整"函数 adjust(int s)和"初建"函数 CrtLoserTree()就是其两个需要调用的子函数。

1. 调整函数

首先讨论调整函数 adjust(int s)。adjust(int s)的基本功能是沿着叶结点 b[s]到根结点 los[0]的路径对败者树进行调整。设某次处理后,s 路为胜者,则 s 路的当前排序码即被改变。在算法中 s 表示当前胜者的路数号,而 t 表示当前结点在败者树中的序号,调整中的比较是第 s 路与 los[t]路进行比较,也就是排序码 b[s]与 b[los[t]]的比较。

adjust(int s)处理过程可以描述如下。

(1) 将 s 的双亲作为当前结点，由 t 指向。

(2) 将 s 路的当前排序码与当前结点中的路数所对应的排序码进行比较，若后者小，则交换两者中的路数号。

(3) 取 t 的双亲作为当前结点。

(4) 重复执行过程(2)、(3)，直至根结点，即 t 无双亲为止。

(5) 将 s 中的序号记入 los[0]。

2. 初建树函数

CrtLoserTree()的基本功能是初建败者树，即按叶结点中存放的 k 个排序码生成败者树的非终端结点。

败者树的初建过程就相当于从最后一个非终端结点到根结点的 k 条路径对败者树进行调整的过程。初始时，在叶结点 b[0]至 b[$k-1$]中存入对应归并段的当前排序码，在 b[k]中存入一个最小的排序码，而且令所有的非终端结点均为 k。因为最小的排序码不可能成为败者，在调整过程中非终端结点中的 k 必然会被其他各路所代替，直至败者树建成。

初建树的处理过程如下。

(1) 置树中所有的非终端结点的初值均为 k(k 为最小排序码的路数号)。

(2) 从 $k-1$ 路至 0 路依次调整败者树的 k 条路径。

3. k 路归并函数

k-路归并函数 k_merge()的基本功能是利用败者树 los 将编号从 0 至 $k-1$ 的 k 个输入归并段的记录归并到输出归并段中。b[0]至 b[$k-1$]为败者树的 k 个叶结点，分别存放 k 个输入归并段中当前排序码。

此时，需要在每一个归并段的最后都附加一个最大排序码，这样可以不去考虑某一归并段是否已先归并完，而且当这个最大的排序码也被作为胜者取出时，说明本次归并已经完成。

k-路归并函数 k_merge()的处理过程如下。

(1) 输入形成叶结点 b[0]至 b[$k-1$]。

(2) 初建败者树形成非终端结点。

(3) 按 los[0]中的路数号取出相应的记录到输出归并段，更新相应的叶结点，并调整从该叶结点到根结点的路径。

(4) 重复过程(3)直至 k 路全归并完，即归并出最大排序码为止。

本 章 小 结

1. 数据排序和分类

数据集合中元素之间的排序就是将一组任意排列的数据元素进行必要整理，使之按照排序码递增或递减顺序重新排列。待排序的数据集合也可称为排序表，从逻辑上来看，排序表是一种集合结构，其上的核心运算是“排序(sorting)”，当然，也可以包含其他一些基本运算。

对排序表进行排序的方法很多，按照不同考虑可以将这些排序算法进行必要分类。

- 按照排序过程涉及存储设备不同，可分为内排序和外排序两种类型；

- 按照整个排序过程中排序表呈现的总体变化趋势不同,可以分为有序区间增长法和有序度增长法两种类型;
- 按照排序所使用策略不同,可以分为插入排序、交换排序、选择排序、归并排序和分配排序 5 种类型。其中每种类型中又有多种实现方法。本章只学习前 4 种排序方法。

2. 排序操作与算法效率

排序运算主要涉及两种运算,即排序码比较操作和排序码移动(插入)操作。因此,排序的时间开销就由排序码比较次数和移动次数两部分组成。当排序码为字符串时,比较操作就会占用较多时间;而当数据记录个数较大时,移动数据就会占用较多时间。

在排序过程中,比较操作是必需的,但移动操作次数却可以通过链表方式进行改进。基于排序表的存储方式主要由顺序存储、链表存储和索引顺序存储 3 种。

学习中需要注意掌握各种排序方法的时间复杂度的分析方法,从"排序码间的比较次数"出发分析排序算法的平均情况和最坏情况的时间性能。按平均时间复杂度划分,内部排序可分为三类:$O(n^2)$的简单排序方法、$O(n\log_2 n)$的高效排序方法和$O(d*(r+n))$的基数排序方法。同时需要掌握排序方法"稳定"或"不稳定"的含义,弄清楚在什么情况下要求应用的排序方法必须是稳定的。

3. 外排序

外排序基本思想并不复杂,其基本过程是先由内排序方法得到多个顺串,而对顺串进行归并。外排序得以有效实现的主要技术在于归并过程时每趟中最小排序码的比较获取。

本章主要内容要点如图 9-23 所示。

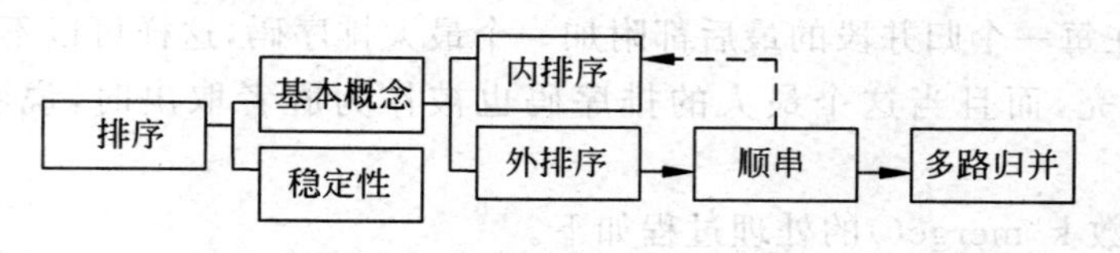

图 9-23　第 9 章基本内容要点

各类排序方法如图 9-24 所示。

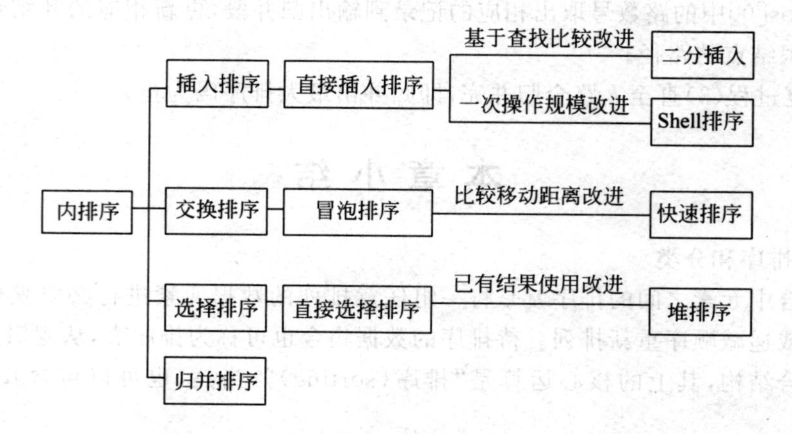

图 9-24　各类排序方法

各类排序方法性能比较如表 9-2 所示。

表 9-2　排序方法性能比较

排序方法		平均时间开销	辅助空间开销	稳定性与否
插入排序	直接插入排序	$O(n^2)$	$O(1)$	Yes
	二分插入排序	$O(n^2)$	$O(1)$	Yes
	表插入排序	$O(n^2)$	$O(n)$	Yes
	Shell 排序	$O(n^{1.3})$	$O(1)$	No
交换排序	快速排序	$O(n\log_2 n)$	$O(\log_2 n)$	No
	冒泡排序	$O(n^2)$	$O(1)$	Yes
选择排序	直接选择排序	$O(n^2)$	$O(1)$	No
	堆排序	$O(n\log_2 n)$	$O(1)$	No
归并排序	归并排序	$O(n\log_2 n)$	$O(n)$	Yes

为了更好地掌握本章基本内容,下面通过一个实例对各类排序进行总结比较。

对于数据集合 8、3、7、18、5、26、20、**8**,应用本章学习的各类排序方法进行排序。

1）插入排序

（1）**直接插入排序**。依次将排序表中每一个数据记录插入到已排好序的序列,直到全部记录都已排好序,如图 9-25 所示。

初始关键字序列	[8]	3	7	18	5	26	20	**8**
第 1 趟排序结果	[3	8]	7	18	5	26	20	**8**
第 2 趟排序结果	[3	7	8]	18	5	26	20	**8**
第 3 趟排序结果	[3	7	8	18]	5	26	20	**8**
第 4 趟排序结果	[3	5	7	8	18]	26	20	**8**
第 5 趟排序结果	[3	5	7	8	18	26]	20	**8**
第 6 趟排序结果	[3	5	7	8	18	20	26]	**8**
第 7 趟排序结果	[3	5	7	8	**8**	18	20	26]

图 9-25　直接插入排序实例

（2）**Shell 排序**。基于“数据规模”对直接插入排序进行的一种改进。基本思想是将排序表“跳跃分割”成若干子排序表,所有相隔为某个增量的记录为一组,在各个组中分别进行直接插入排序。初始时增量 d1 较大,分组较多(每组记录数少),以后增量逐渐减少,分组减少,每组记录数增加,直到最后增量为 1,此时所有记录都在同一组中,在整体进行依次直接插入排序,如图 9-26 所示。

2）交换排序

交换排序的基本思想：每次比较两个待排序的数据记录,当相应关键字为逆序时就交换两记录位置,直到没有逆序的记录为止。交换排序的特点是键值较大的记录向排序表的一端转移,键值较小的记录向另一端转移。

（1）**冒泡排序**。将待排序表视为垂直放置,将每个记录看作是重量,为其关键字的气泡,由于较轻气泡不能在较重气泡之下原理,从左到右扫描排序表,凡是违反上述原理者就让其上浮,如此反复进行,直到最后任何两个气泡都是轻的在上,重的在下,如图 9-27 所示。

（2）**快速排序**。基于数据记录比较移动距离增加对冒泡排序的一种改进。基本思想是

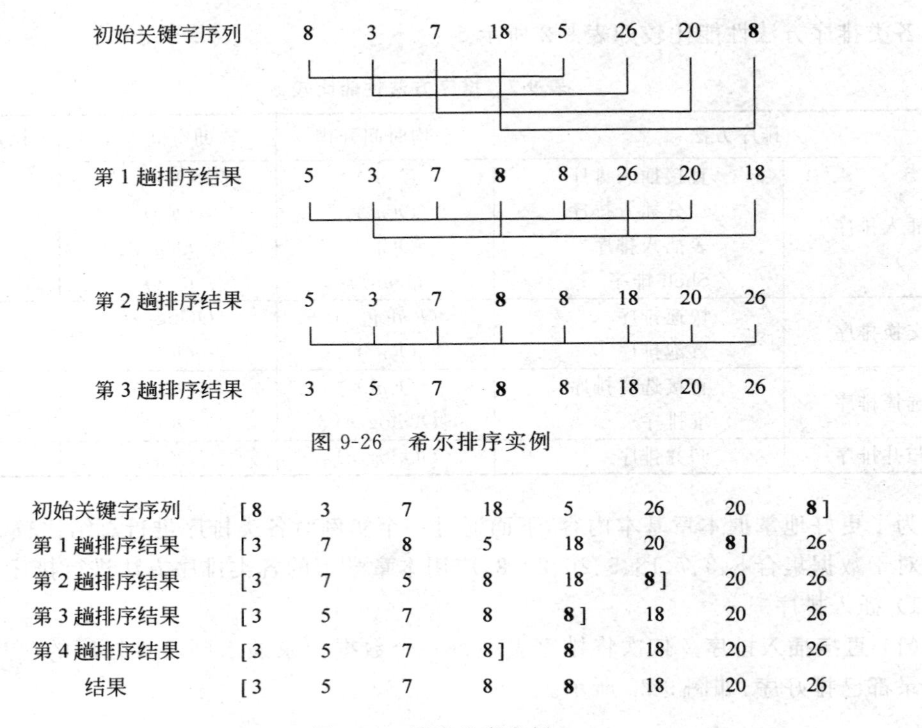

图 9-26　希尔排序实例

初始关键字序列	[8	3	7	18	5	26	20	**8**]
第 1 趟排序结果	[3	7	8	5	18	20	**8**]	26
第 2 趟排序结果	[3	7	5	8	18	**8**]	20	26
第 3 趟排序结果	[3	5	7	8	**8**]	18	20	26
第 4 趟排序结果	[3	5	7	8]	**8**	18	20	26
结果	[3	5	7	8	**8**	18	20	26

图 9-27　冒泡排序实例

在排序表的 n 个记录中任取一个作为基准，将其余记录分为两组，基准左边一组中各个记录键值都小于基准键值，右边一组中各个记录键值都大于或等于基准键值，基准就排在两组之间，这实际上也就是其最终位置。对上述分成两组重复上述方法，直到所有记录都排在适当位置，如图 9-28 所示。

初始关键字序列	8	3	7	18	5	26	20	**8**
第 1 趟排序结果	[5	3	7]	8	[18	26	20	**8**]
第 2 趟排序结果	[3]	5	[7]	8	[**8**]	18	[20	26]
第 3 趟排序结果	3	5	7	8	**8**	18	20	[26]
第 4 趟排序结果	3	5	7	8	**8**	18	20	26

图 9-28　快速排序实例

3）选择排序

选择排序的基本思想：每趟由排序表记录中选出关键字最小(或最大)的记录，顺序放置在已经排好序的子序列最后(或最前)，直到全部记录排序完毕。

(1) **直接选择排序**。首先将所有记录组成无序区间，从中选出最小键值的记录，与无序区第 1 个记录交换，再由新的无序区选出最小键值记录，与新无序区第 1 个记录交换，如此重复，在进行了第 $n-1$ 次排序后，就得到了排好序的序列，如图 9-29 所示。

(2) **堆排序**。基于有效使用已有比较结果，是对"直接选择排序"的一种改进。基本思想是首先将排序表中记录构造成一个堆，选出堆中最小者即堆顶记录，然后将其从堆中移走，并将剩余记录再调整成为堆，又找出最小者，依次反复直到堆中只剩余一个记录为止，如图 9-30 所示。

初始关键字序列	[8	3	7	18	5	26	20	**8**]
第 1 趟排序结果	3	[8	7	18	5	26	20	**8**]
第 2 趟排序结果	3	5	[7	18	8	26	20	**8**]
第 3 趟排序结果	3	5	7	[18	8	26	20	**8**]
第 4 趟排序结果	3	5	7	8	[18	26	20	**8**]
第 5 趟排序结果	3	5	7	8	**8**	[26	20	18]
第 6 趟排序结果	3	5	7	8	**8**	18	[20	26]
第 7 趟排序结果	3	5	7	8	**8**	18	20	26

图 9-29　直接选择排序实例

初始关键字序列	[8	3	7	18	5	26	20	**8**]
初建堆结果	[3	5	7	**8**	8	26	20	18]
第 1 趟排序结果	3	[5	**8**	7	18	8	26	20]
第 2 趟排序结果	3	5	[7	**8**	20	18	8	26]
第 3 趟排序结果	3	5	7	[**8**	8	20	18	26]
第 4 趟排序结果	3	5	7	**8**	[8	18	20	26]
第 5 趟排序结果	3	5	7	**8**	8	[18	26	20]
第 6 趟排序结果	3	5	7	**8**	8	18	[20	26]
第 7 趟排序结果	3	5	7	**8**	8	18	20	[26]

图 9-30　堆排序实例

4）归并排序

归并排序将若干个已经排好序的子表合并成一个有序表。最简单的是将两个有序子表合并成一个有序表，如图 9-31 所示。

初始关键字序列	[8	3	7	18	5	26	20]	**8**]
第 1 趟排序结果	[3	8]	[7	18]	[5	26]	[**8**	20]
第 2 趟排序结果	[3	7	8	18]	[5	**8**	20	26]
第 3 趟排序结果	3	5	7	8	**8**	18	20	26

图 9-31　二路归并排序实例

第10章 文　件

计算机的内部存储器（主存或内存）和外部存储器（辅存或外存）具有不同的物理性质，两者使用方式也有较大的区别。如果相关数据规模较大，同时需要长期保存共享，就需要使用外部存储器。外存中数据集合一般称为文件。文件又可分为操作系统文件和数据库文件。本课程前述各章所述各种数据处理技术大多只适合内存中数据，对于外存中文件则需要针对其特点进行专门讨论。本章主要内容是文件的逻辑结构、存储组织以及相关文件操作。在学习本章过程中，需要注意下述问题。

- 文件的应用背景，数据结构范畴内文件概念；
- 文件逻辑结构、存储方式和基本操作；
- 顺序文件、索引文件和散列文件的概念与实现。

10.1 文件及其分类

在计算机中，内（主）存储器中的数据规模相对较小同时还是易失的，大量的需要永久保存的数据都是存储在外存储器中的，存储在外存中的数据通过文件形式进行管理操作。

10.1.1 文件概述

文件（file）：存储在计算机外部存储器中的性质相同和逻辑相关的数据集合。

由上述定义可知，与本教材前面各章主要讨论存储在内存中数据集合不同，文件是与外存密切关联的。

通过前述各章学习已经知道，“数据项”、“数据元素”和“数据对象”是分析和讨论一般计算机数据处理时不可缺少的基本元语，它们无论是对于“内存”还是“外存”的数据都是一样适用。但为了使用方便和习惯，在讨论“外存数据”通常是将“数据项”称为“字段”或“属性”，“数据元素”称为“记录”或“元组”，“数据对象”称为“文件”。另外前面引入的数据元素（记录）“关键码（字）”的概念对于文件来说同样适用。

按照文件是否存在显式结构可以分为两种类型。

1）操作系统文件

作为记录的集合而无严格意义下的数据结构并具有下述基本特征。

- 数据表现形式为一维无结构连续字符序列，记录之间没有结构说明和特性的解释；
- 相应文件操作只有“整体”操作，即打开或关闭文件、删除文件或复制文件等；
- “字节”操作即从文件读取一个字节或将一个字节写到文件当中。

2）数据库文件

各记录之间具有严格的逻辑结构(例如，线性结构、关系文件和面向对象文件结构等)，同时每个记录也有相应结构，即数据库记录由若干数据项构成。由于文件本身具有结构，因此可进行精细数据操作，通常分为“文件查询”和“文件维护”两种情形。

(1) **文件查询**。查询文件中完整的数据记录，同时还可查询数据记录中特定的数据项(例如，关系数据文件中的投影操作等)。

(2) **文件维护**。数据库文件需长期保存，由此带来随时间推移文件记录更新维护问题。

- **文件更新**(update)：文件记录插入(insert)、删除(delete)和文件记录中数据项的修改(modify)；
- **文件管理**：由文件共享性产生的安全性、完整性、故障恢复和并发控制等管理项目。

文件维护是现代数据库必备的基本功能，相关内容将在后续课程“数据库系统与技术”中进一步学习。本章研究对象是数据库文件，但限于文件的逻辑结构、存储结构和文件查询操作，同时也涉及文件维护中的文件更新，并不讨论数据库系统本身。

此外，按照文件中各个记录的长度是否确定而分为定长文件和不定长文件两种情形。

(1) **定长文件**：文件中所有记录含有的数据项个数相同。

(2) **不定长文件**：文件中记录含有的数据项个数不等。

按照其中只有主关键码还是同时具有主关键码和次关键码而分为单关键码文件和多关键码文件两种情形。

(1) **单关键码文件**：记录中只有一个唯一标识记录的主关键码的文件。

(2) **多关键码文件**：记录中除了含有一个主关键码外还含有若干个次关键码的文件。

如表 10-1 所示是一个学生学籍文件，这是一个多关键码文件。每个学生情况形成一个记录。每个记录由学号、姓名、性别、籍贯、出生年月和住址 6 个数据项组成。定义“学号”是主关键码，“姓名”、“性别”等是次关键码。

表 10-1　学生学籍表

学　号	姓　名	性　别	籍　贯	出生年月	住　址
101	张宏	男	湖南	1990.12	长沙
102	李焯	男	广东	1991.5	广州
…	…	…	…	…	…

10.1.2　文件结构与操作

与前述讨论的内存数据类似，为了明确定义文件的各种操作，就需要讨论文件的逻辑结构；为了有效地实现文件的各种操作，就需要讨论文件的存储结构。也就是说，讨论文件操作的前提是研究文件的结构，即文件的操作定义在逻辑结构之上，操作实现又完成于存储结构之上。

1. 文件逻辑结构

作为存储在外存中的数据，文件是具有相同性质的记录集合，其逻辑结构应当为集合。但在实际操作过程中，文件中各个记录都是“顺次”进入计算机的，即其至少具有“工作”顺序，在这种意义下，通常将文件看作一种具有顺序逻辑结构的线性表，也就是说，文件的逻辑结构就是外存中的线性表。

与内存中数据元素之间情形类似,文件中记录的"顺序"(sequential)和文件记录的"有序"(order)概念通常并不一致。数据记录的"有序"一般是指按照记录关键码"大小"进行的语义次序,而数据记录的"顺序"可以没有任何语义上的含义,而仅仅是一种"操作"(例如读入)的顺序。也就是说,"有序"一定是具"顺序"的,而具"顺序"不必"有序"。

2. 文件存储结构

文件存储结构是文件在物理存储介质(磁盘或磁带)上的组织方式,它决定了文件信息在存储设备上的存储位置和文件操作的技术实现方式。

在内存数据存储当中,物理存储时的技术单位和逻辑结构中描述单元通常一致,即都是以"数据元素"为基准。但在文件存储过程中,由于外存与内存的技术差异,数据记录通常只是逻辑意义下存取操作的基本单位,而实际的物理存储的存取单位往往与其不尽一致。为了区分这种情形,从逻辑角度考虑的基本操作单元称为逻辑记录,而从外部存储设备角度考虑的基本存取单位称为物理记录或存储记录。

物理记录:大小取决于相应外部存储设备特性和实际应用需求的基本存取单位,一条物理记录就是计算机用一条 I/O 命令进行读写的数据单元。文件 I/O 次数是文件存取效率的基本度量。

如同内存数据的存储有顺序表和链表等基本组织方式,文件基本存储结构也有顺序、索引、散列和链式存储等多种组织方式,相应文件也称为顺序文件、索引文件、散列文件和链式文件。

(1) **顺序文件**。将数据记录间的逻辑上顺序作为相应线性表中元素的"次序"关系,在存储上,这种顺序关系与物理存储顺序一致。此时,如果文件中记录是关于主关键码有序的,则称其为有序顺序文件,如果只是操作顺序,则称之为无序顺序文件。

(2) **索引文件**。在存储的文件(称为主文件)之外,建立一个相对于主文件用于描述文件逻辑记录与物理存储记录之间的一一关系(即文件的第 i 号记录对应存储的物理地址)的索引表,此时,主文件和其索引表构成的二元组就称为索引文件。索引表中记录称为索引项。索引项一般由主文件中记录的关键码和该记录的存储地址组成。通常索引项之间需要关键码有序。如果索引文件中的主文件也是主关键码有序,则称之为索引顺序文件(indexed sequential file),否则称之为索引非顺序文件(indexed nonsequential file)。

(3) **散列文件**。即哈希(hash)文件或者直接存取文件,其特点是使用散列存储方式组织文件。散列文件类似于第 8 章中讨论的基于内存数据的散列表,但差别在于文件记录在磁盘上是成组存放,相应的存储单位称为"桶"(bucket),m 个同义词可以放在同一地址的桶内,但第 $m+1$ 个同义词出现时发生"溢出"。处理"溢出"可以采用与散列表类似的方法,但实际应用中主要采用拉链法。

(4) **链式文件**。链式文件中的链结点一般都比较大,同时也不定长。链结点除包括结点本身信息和链指针外,对于不定长结点还包括结点本身长度。在文件存储方式中,链式文件通常都是结合索引文件一起使用,例如,多关键码文件等。使用链式结构时,只要指明该文件的第 1 个块号就可以按链指针检索整个文件。链式结构另一特点是文件长度可动态地增长,只要调整链指针就可插入或删除一个信息块。链式结构文件能够提高磁盘空间利用率,解决磁盘碎片问题,同时能方便地插入和删除记录操作,适合于文件动态增长;但链式文件只能顺序存取，不便于进行直接存取，在存取第 i 各记录时，必须搜索在它之前的 $i-1$ 各记录。

为提高文件存取效率，实际应用中通常是将相应的存储结构与索引结构整合起来使用。例如，将顺序和索引结合使用的索引顺序文件、将索引和链式组合使用的多关键码文件等。选择何种文件组织方式，主要取决于对文件中记录的使用方式、频繁程度、存取要求以及外存的性质和容量。

本章主要讨论索引顺序文件、索引非顺序文件和散列文件。

3. 文件基本操作

如前所述，本课程学习的文件操作主要是文件查询和文件更新。文件查询在“数据结构”课程中也称为文件检索。

1）文件检索

文件检索：在文件中查找满足给定条件的数据记录，实现途径可以是按照记录进入外存的时间顺序（逻辑序号）查找，也可以是按照记录的关键码大小查找。实际上，文件检索就是对文件中的数据记录进行定位。常用记录定位方式主要有下述3种类型。

（1）**顺序检索**。通过逐次读取所有序号小于 i 的记录，定位所需要的第 i 号记录。

（2）**直接检索**。不通过逐次读取所有序号小于 i 的记录而直接定位第 i 号记录。直接检索也称为随机检索。

（3）**按关键码检索**。定位关键码与给定关键码相同或相关的数据记录。此时可分为下述4种情形。

- **简单检索**。询问单个关键码等于给定值的记录。例如，在表10-1中查询学号＝102，或姓名＝“张珊”的记录。
- **范围检索**。询问单个关键码属于某个范围内的所有记录。例如，在表10-1中查询学号＞120的前20位同学的记录。
- **函数检索**。规定单个关键码的某个函数，询问该函数的某个值。例如，查询某职工表中全体职工的平均工资是多少。
- **布尔检索**。以上3种询问用布尔运算（与、或、非）组合起来的询问。例如，查询某成绩表中，查找表中（数学成绩＞90）且（性别＝“女”）的记录。

按操作的处理方式，可分为实时与批量处理两种不同的方式。

- **实时处理**。响应时间要求严格，要求在接受询问后几秒钟内完成检索和更新。
- **批量处理**。响应时间要求宽松一些，不同的文件系统有不同的要求。

例如，一个银行的账户系统，需要满足实时检索要求，也可进行批量更新，即可以将一天的存款和提款记录在一个事务文件上，在一天的营业之后再进行批量处理。

2）文件更新

如前所述，数据库文件的维护操作可以分为文件更新、故障恢复、安全性保护和完整性约束等基本情形，在本章主要讨论的文件维护主要是文件更新操作。

（1）**插入记录**。在给定文件中插入给定的数据记录。此时是针对整条数据记录的操作。

（2）**删除记录**。在给定文件中删除其中一条或多条记录，此时也是针对整条记录的操作。

（3）**修改记录**。在给定文件中修改其中一条记录的某个或多个数据项，此时是针对记录中部分数据项的操作。如果需要对记录中所有数据项进行修改，则可以先删除该记录，再将所需修改的内容作为新的记录插入。

10.2 顺序文件

顺序文件是最基本的物理结构文件,也是文件处理上最早使用的存储结构。

顺序文件(sequential file):记录按其在文件中的逻辑顺序依次存入存储介质而建立的文件,即顺序文件中物理记录的顺序和逻辑记录的顺序是一致的。

顺序文件中记录按关键码有序时则称其为有序顺序文件,否则称为无序顺序文件。为提高检索效率,常将顺序文件组织为有序顺序文件。本节讨论均为有序顺序文件。

10.2.1 顺序文件存储结构

顺序文件可有“连续”和“链式”两种不同的存储结构。

- **连续结构**:逻辑上相邻的记录其存储位置相邻,具此结构的称为连续顺序文件;
- **链式结构**:物理记录之间次序由指针链表示,具此结构的称为链接顺序文件。

由于顺序文件相当于内存数据线性结构,则顺序文件的“连续”和“链式”存储结构也就相当于线性表的顺序存储和链式存储。

连续结构简单明了,便于计算机实现,同时顺序访问速度快,对于等长记录的连续文件可进行顺序存取,也可进行类似二分查找的随机存取。

连续结构存储也存在下列不足。

(1) 由于插入和删除记录会引起其他记录的移动,在外存中执行此操作会引起磁头的频繁来回移动,因此连续结构只能在文件的末尾插入记录;删除记录时,只做标记进行逻辑删除,只有用户指定物理删除时才真正删除相应记录,进行记录的移动。

(2) 顺序文件需要连续的盘块存放数据,因此,在插入记录时如果原来分配的盘块已没有空闲空间,而与其相邻接的盘块也不空闲时,需要重新在外存中查找新的较大的空闲空间,并将原有数据移动到新空间中,然后才能插入新的数据,因此,连续结构不易动态增长,而且外存容易存在碎片。

10.2.2 顺序存储的实现

文件的顺序存储实现可以分为基于磁带和基于磁盘两种方式。

1. 顺序存储器存储

磁带是一种典型的顺序存储器(如磁带),只能通过“顺序存取”和“成批处理”方式存储顺序文件,主要适合于存放文件数据量大、文件中的记录平时变化少和只做批量修改的情况。存储在磁带上的顺序文件采用顺序查找法,即顺序扫描文件,按记录的主关键码逐个查找。要检索第 i 个记录,必须检索前 $i-1$ 个记录。

磁带顺序文件连续存取速度快,如果文件中的第 i 个记录刚被存取过,而下一个要存取的记录就是第 $i+1$ 个记录,则此次存取就会快速地完成,批处理效率高并节省存储空间。不足在于实时性差,实行更新操作是需要复制整个文件,因此,对于记录更新通常不做随机处理,而是对需要插入或删除的记录只做更新标记处理。

2. 直接存储器存储

顺序文件也可存放于直接存取设备,磁盘是一种常用的直接存取的存储设备。实际上,磁盘还适合于存放包括索引文件的其他各类文件。

存储在直接存储器上的顺序文件可以进行顺序存取，还可进行分块检索和二分检索等数据操作。

(1) **分块检索**。设文件按主关键码的递增排序并将文件中的记录进行分块，例如，每100个记录为一块并设各块最后一个记录关键码分别为 $K_1, K_2, \cdots, K_i, \cdots$。查找时，将所要查找记录的主关键码 K，依次和各块最后一个记录的主关键码比较，当 $K_{i-1} < K \leqslant K_i$ 时，则在第 i 块内进行扫描。分块查找可以有效地缩小检索范围而不必扫描整个文件中的记录。

(2) **二分检索**。对有序排列的关键码的中间元素进行比较以确定要查找关键码在查找范围的前半段还是后半段，一次即可排除大约一半的记录。二分检索法适合于较小文件或文件的索引文件。磁盘等直接存取设备还可对顺序文件进行插值检索和跳步检索。

10.3 索引文件

文件系统存储在外存当中，相对于内存读取速度慢且数据量巨大。为提高检索效率，通常采用索引方式组织文件，数据库系统中索引技术使用更加常见与有效。

10.3.1 索引表与索引文件

索引文件建立在索引表基础之上。

索引表：文件记录关键码（逻辑标号）和与相应记录存储地址（物理块号）之间的对照表。索引表中数据成为索引项，它通常是关键码（逻辑记录标号）和相应记录物理地址组成的二元组。索引项须按关键码（或逻辑记录号）有序排列而无论主文件是否按关键码有序排序。

索引表和需要存储的文件相关联。相对于索引表，对应的数据文件也称为主文件。

索引文件(index file)：由需要存储的主文件和对应的索引表构成的二元组。

1. 索引基本类型

组成索引文件的索引表总是关于关键码有序，但此时并不涉及主文件本身对于关键码是否有序。如果主文件本身也是按照主关键码有序，相应索引文件就为“索引顺序文件”(indexed sequential file)，否则就是“索引非顺序文件”(indexed nonsequential file)。

图 10-1(a)、(b)分别表示索引顺序文件和索引非顺序文件情形。

物理块	学号	姓名	年龄
1001	128	王一兵	18
1002	129	李焯	20
1003	130	周海	20
1004	131	赵林	18
1005	132	刘燕	19
1006	133	张宏	19

主文件

学号	物理块
128	1001
129	1002
130	1003
131	1004
132	1005
133	1006

索引表

(a) 索引顺序文件

图 10-1 索引文件

物理块	学号	姓名	年龄
1001	133	张宏	19
1002	129	李焯	20
1003	128	王一兵	18
1004	132	刘燕	19
1005	131	赵林	18
1006	130	周海	20

主文件

学号	物理块
133	1001
129	1002
128	1003
132	1004
131	1005
130	1006

索引过渡表

学号	物理块
128	1003
129	1002
130	1006
131	1005
132	1004
133	1001

索引表

(b) 索引非顺序文件

图 10-1 (续)

1) 索引顺序文件

通常有 ISAM(Indexed Sequential Access Method,索引顺序存取方法)文件和 VSAM(Virtual Storage Access Method,虚拟存储存取方法)文件两种类型。

索引顺序文件由于主文件记录按关键码有序,顺序访问记录时,磁头只朝一个方向移动,索引顺序文件可进行顺序访问和随机访问。

索引顺序文件时,由于主文件按照关键码有序,能够对于一组记录建立一个索引项,例如,按照关键码值每十位建立一个索引项等,此时索引表也称为稀疏索引。稀疏索引空间占有率较低,管理简单。

2) 索引非顺序文件

由于索引非顺序文件中主文件记录无序,访问记录时需要频繁前后移动磁头来定位各个记录,只适合通过索引表快速定位记录形式的随机访问而不宜于顺序访问。

索引非顺序文件时,记录没有按照关键码有序,需要对每个记录都建立一个索引项。此时文件中每个记录都对应一个索引项,此时索引表也称为稠密索引。稠密索引空间耗费较大,管理相对复杂,其优势在于能够从索引表中直接判断查找记录是否存在,同时还能够进行某些逻辑运算。

2. 索引基本操作

索引文件操作主要是查找和修改两种情形。

1) 索引文件查找

一般分为直接存取和按关键码存取,检索可以分成两步进行。

(1) 在索引表容量合适的情况下(如整个索引表存储在一个物理块中),将索引表读入内存。

(2) 根据关键码通过二分检索方法在索引表中查找记录是否存在。如果索引表中存在该记录,则根据索引表中标识的物理块号,将外存中的记录读入内存,否则说明该记录在外存中不存在而停止操作。此时在检索记录成功情况下至少需要访问外存两次。

当文件存在大量记录时,相应索引表由于较大而存放在多个物理块中,此时很可能难以将其一次放入内存,也就是说,需要多次访问外存才能够完成对索引表的查阅。由此还可以为索引表再建立一个“索引表”,称其为二级索引表。查询文件记录时,先查找能够一次调入内存的二级索引表,再查索引表,最后再查找所需文件记录。这个过程至少需要访问外存 3 次。还可以根据需要再建立更高一级索引表,最高可以建立到四级索引。

- **简单索引**：只有一级索引表的索引文件；
- **多级索引**：具有两级以上索引表的索引文件。

2）索引文件修改

插入记录时，记录插入在主文件的末尾，同时在索引表中合适的位置插入索引项，而删除记录时，在索引表中删除相应的索引项。由于索引表具有顺序存储结构，插入和删除后应当保持新的索引表的顺序结构，因此可能需要移动大量的索引记录。更新记录时，将更新后的记录插入在主文件的末尾，同时修改相应的索引项。

10.3.2 ISAM 文件

ISAM 即"索引顺序存取方法"，是一种专为磁盘存取文件设计的文件组织方式，采用静态索引结构。在 B-树和 B^+ 树使用之前，数据库厂商们曾广泛使用 ISAM 技术。

1. ISAM 结构

磁盘是以盘组、柱面和磁道三级地址存取的设备，因此 ISAM 可以为磁盘数据文件建立盘组、柱面和磁道三级索引。以下为叙述简便，只讨论在同一盘组上建立的 ISAM 文件。

(1) **磁道索引**。每个索引项都由基本索引项和溢出索引项等两个子索引项组成。每一个子索引项由关键码和指针两项组成。

- 基本索引项中关键码记录该磁道中最大(最后一个记录)的关键码，指针记录该磁道中第 1 个记录的位置；
- 溢出索引项中关键码记录磁道中溢出记录最大关键码，指针记录溢出区中第 1 个记录。

(2) **柱面索引**。每一个索引项由关键码和指针两项组成，关键码记录该柱面中最大(最后一个记录)的关键码，指针记录该柱面中磁道索引的位置。柱面索引存放在某个柱面上，如果柱面索引过大，占多个磁道时，则建立柱面索引的索引——主索引。

因此可知，ISAM 文件由多级主索引、柱面索引、磁道索引和主文件组成。

存放记录时遵循以下原则。

- 记录在同一盘组上存放时，先集中放在一个柱面上，然后再顺序存放在相邻柱面上；
- 对同一柱面，则应按盘面次序顺序存放。

各种索引项结构如图 10-2 所示。

该组最大关键字	该组柱面索引项起始地址

(a) 主索引项结构

该柱面最大关键字	该柱面磁道索引起始地址

(b) 柱面索引项结构

该道最大关键字	该道起始地址	该道溢出链表最大关键字	该道溢出链表头指针

(c) 磁道索引项结构

图 10-2　各种索引项结构

图 10-3 为一个 ISAM 文件的结构示意图。由图看出，这里只有一级主索引，而主索引是柱面索引的索引。当文件占用柱面索引很大，一级主索引也会较大，可采用多级主索引；若柱面索引较小时，则主索引可省略。通常主索引和柱面索引放在同一个柱面上(如图 10-3 中是放在 0 号柱面上的)，主索引放在该柱面最前面的一个磁道上(如图 10-3 中放在 0 柱面 0 磁道上)，其后的磁道中存放柱面索引。每个存放主文件的柱面都建立有一个磁道索引，放在该柱面最前面的磁道 T_0 上，其后的若干个磁道是存放主文件记录的基本区，该柱面最后的若干个磁道是溢出区。基本区中的记录是按主关键码大小顺序存储的，溢出区被整个柱面上基本区的各磁道共享，当基本区中某磁道溢出时，就将该磁道的溢出记录按主关键码大小链成一个链表(溢出链表)放入溢出区。

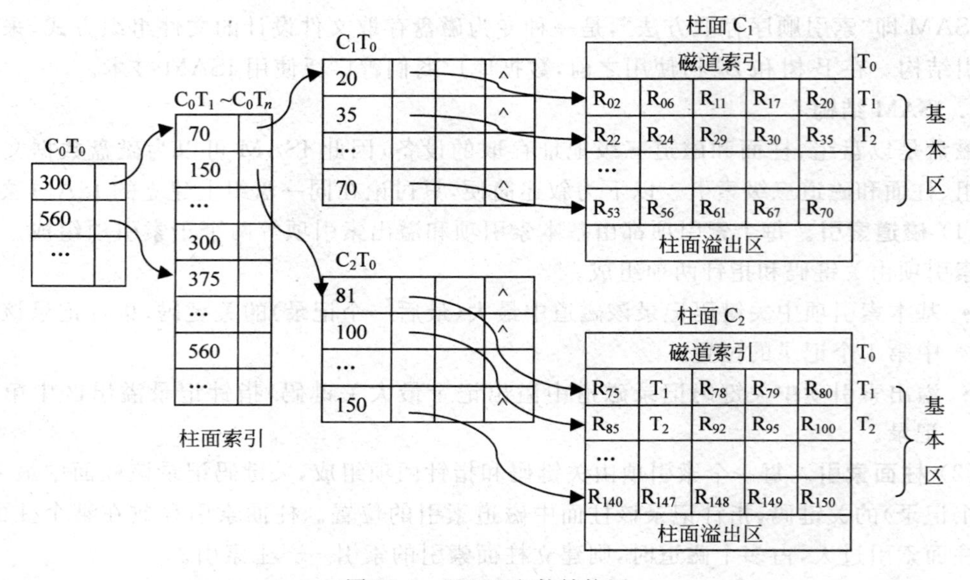

图 10-3 ISAM 文件结构图

2. ISAM 检索

ISAM 文件记录检索步骤如下。

① 从主索引出发，找到相应的柱面索引。

② 从柱面索引找到记录所在柱面的磁道索引；从磁道索引找到记录所在磁道的起始地址，由此出发在该磁道上进行顺序查找。

③ 若找遍该磁道均不存在此记录，则表明该文件中无此记录；若被查找的记录在溢出区，则可以从磁道索引项的溢出索引项中得到溢出链表的头指针，然后对该表进行顺序查找。

例如，在图 10-3 中查找记录 R_{98}，先读入 C_0T_0 查主索引，因为 $98<300$，则读入柱面索引查找 C_0T_1，因为 $70<98<150$，所以进一步把磁道索引 C_2T_0 读入内存，因为 $81<98<100$，所以 C_2T_2 即为 R_{98} 所存放的磁道，读入 C_2T_2 后即可查找 R_{98}。

为提高检索效率，主索引常驻内存，并将柱面索引放在数据文件所占空间居中位置的柱面上，从柱面索引查找到磁道索引时，磁头移动距离的平均值最小。

3. ISAM 更新

ISAM 文件插入新记录步骤如下。

① 首先找到它应插入的磁道。

② 若该磁道不满，则将新记录插入该磁道的适当位置上即可；若该磁道已满，则新记录或插在该磁道上，或直接插入到该磁道的溢出链表上。

③ 插入后，可能要修改磁道索引中的基本索引项和溢出索引项。

ISAM 文件中删除记录的操作比插入操作更为简单，只要找到待删除的记录，在其存储位置上做删除标记而无须移动记录或改变指针。经过多次增删后，文件结构可能变得不合理。此时，大量记录进入溢出区，而基本区中又有很多浪费的空间。因此，通常需要周期性地整理 ISAM 文件，把记录读入内存重新排列，复制成一个新 ISAM 文件，填满基本区而空出溢出区。

10.3.3 VSAM 文件

VSAM 即"虚拟存储存取方法"，也是一种索引顺序文件的组织方式，采用 10.4 节中 B^+ 树作为动态索引结构。这种文件组织方式利用操作系统中提供的虚拟存储器功能，用户读/写记录时不必考虑外存储器中柱面、磁道等具体存储信息，文件只有控制区间和控制区域等逻辑存储单位，这种存储方式可以在一个磁道中放 n 个控制区间，也可一个控制区间跨 n 个磁道。

1. VSAM 结构

VSAM 文件的结构由索引集、顺序集和数据集三部分组成，如图 10-4 所示。

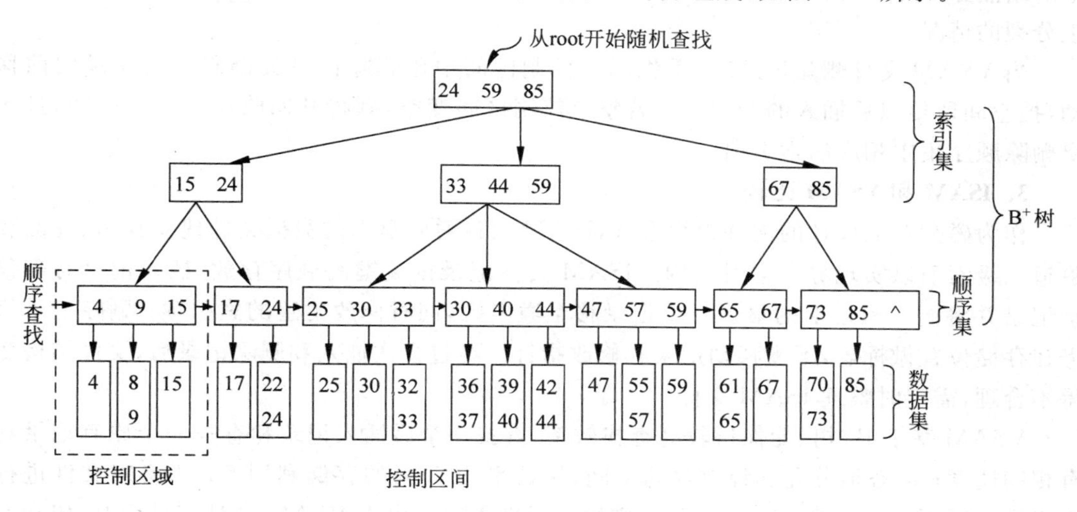

图 10-4 VSAM 文件结构

顺序集中存放每个控制区间的索引项，每个索引项由两部分信息组成：该控制区间中的最大关键码和指向控制区间的指针。若干相邻的控制区间的索引项形成顺序集中的一个结点，结点之间用指针相连接，而每个结点又在其上一层的结点中建有索引，且逐层向上建立索引，所有的索引项都由最大关键码和指针两部分信息组成，这些高层的索引项形成 B^+ 树的非终端结点。因此，顺序集中的每个结点即为 B^+ 树的叶子结点，索引集中的结点即为 B^+ 树的非叶子结点。

顺序集和索引集一起构成一棵 B^+ 树，作为文件的索引部分。

文件记录均存放在数据集中，数据集即为主文件。数据集中一个结点称为控制区间

(control interval),它是一个 I/O 的基本单位,每个控制区间含有一个或多个数据记录。当含多个记录时,同一控制区间内的记录按关键码自小至大有序排列,且文件第 1 个控制区间中记录的关键码最小。

VSAM 文件既可按顺序集中进行顺序存取,又可从最高层索引(B^+树的根结点)出发,按关键码进行随机存取。顺序集中一个结点连同其对应的所有控制区间形成一个整体,称作控制区域(control range),它相当于 ISAM 文件中一个柱面,而控制区间相当于一个磁道。

2. VSAM 更新

VSAM 文件没有溢出区,解决方法是在初建文件时留出空间。例如,对每个控制区间内不填满记录,在最后一个记录和控制信息之间留有空隙;或者在每个控制区域中有一些完全空的控制区间,并在顺序集的索引中指明这些空区间。

当 VSAM 文件插入新记录时,大多数新记录能插入到相应的控制区间内,为保持区间记录的关键码从小至大有序,则需将区间内关键码大于插入记录关键码的记录,向控制信息方向移动。若在若干记录插入之后控制区间已满,则在下一个记录插入时,要进行控制区间的分裂,即把近乎一半的记录移到同一控制区域内全空的控制区间中,并修改顺序集中的相应索引。倘若控制区域中已经没有全空的控制区间,则要进行控制区域的分裂,此时顺序集中的结点亦要分裂,由此需要修改索引集中的结点信息。但由于控制区域较大,通常很少发生分裂的情况。

当 VSAM 文件删除记录时,需将同一控制区间中比删除记录关键码大的记录向前移动,把空间留给以后插入的新记录。若整个控制区间变空,则将其回收用作空闲区间,且还要删除顺序集中相应的索引项。

3. ISAM 和 VSAM 比较

作为磁盘存取设计的文件组织形式,ISAM 通过对磁盘上的数据文件建立盘组、柱面和磁道三级索引以实现静态索引结构。ISAM 文件记录按关键码顺序存放,插入记录时需移动记录并将同一磁道上的最后一个记录移至溢出区,同时修改磁道的索引项;删除记录只需在存储位置做标志,不需移动记录和修改指针。经过多次插入和删除记录后,文件结构变得不合理,需定时整理 ISAM 文件。

VSAM 基于 B^+ 树,能保持较高查找效率,查找一个后插入记录和查找一个原有记录具有相同速度;动态地分配和释放存储空间,保持平均 75%的存储利用率;不必对文件进行再组织。因而通常作为大型索引顺序文件的标准组织。由于 VSAM 文件多采用 B^+ 树动态索引结构,文件只有控制区间和控制区域等逻辑存储单位,与外存储器中的柱面、磁道等具有存储单位没有必然联系。VSAM 文件结构包括索引集、顺序集和数据集三部分,记录存放于数据集中,顺序集和索引集构成 B^+ 树,作为文件的索引部分,可实现顺链查找和从根结点开始的随机查找。

10.4 动态索引 B-树

索引非顺序文件通常采用多级索引方式并将其中各级索引作为顺序表处理,此时对于检索比较简便,但由于每次更新后都需要重新组织各级索引而导致更新效率不高。鉴于此,一般可以将索引非顺序文件分为下列两种类型。

(1) **静态索引**。更新文件时需重新构建索引表。静态索引中索引表通常是基于顺序结构。

(2) **动态索引**。更新文件只需部分修改索引表。动态索引中索引表通常是基于树形结构。

动态索引技术基于树表索引结构,而树本身具有"多层次"特征,因此也就无须建立多级索引。

树表:基于树形结构而建立的动态索引形式。

由于树表本身存在外存,索引检索过程需多次访问外存。注意到树表访问外存次数实际上是检索路径上结点个数,从减少内外存交换次数考虑,所使用树表高度应尽可能地降低。显然,由于二叉树的分支较少从而导致高度较大,基于二叉树的索引结果通常效率不高。

R. Bayer 和 E. M. McCreight 于 1972 年提出一种称为 B-树的多叉树表。这是一种基于多叉平衡树的树表,能够很好地适合在磁盘等直接存取设备上组织动态查找,已经成为一种有效的索引结构而得到广泛应用。

10.4.1 B-树

B-树现在使用不多,但作为现在广泛使用的 B^+ 树前身,仍然具有十分重要的参考价值。

1. B-树基本概念

B-树(B_ tree):一棵 m 阶($m \geqslant 3$)B-树或为空树,或为满足下述条件的 m 叉树:

(1) 每个结点至多有 m 棵子树。

(2) 当根结点是非叶结点至少有两棵子树。

(3) 非叶结点包含信息:$(n, p_0, k_1, p_1, k_2, p_2, \cdots, k_n, p_n)$,其中:

- $k_i (1 \leqslant i \leqslant n)$ 为关键码,且 $k_i < k_{i+1} (1 \leqslant i < n)$;
- $p_j (0 \leqslant j \leqslant n)$ 为指向子树根结点的指针,且 $p_j (0 \leqslant j < n)$ 所指子树中所有结点的关键码均小于 k_{j+1},p_n 所指子树中所有结点的关键码均大于 k_n;
- $n (\lceil m/2 \rceil - 1 \leqslant n \leqslant m-1)$ 为关键码个数($n+1$ 为子树个数)。

(4) 根结点外非叶结点至少有 $\lceil m/2 \rceil$ 棵子树,即每个内部结点至少包含 $\lceil m/2 \rceil - 1$ 个关键码。

(5) 所有叶结点位于树的同一层。叶结点本身不带数据信息,可看作外部结点或查找失败的结点(实际上这些结点不存在,指向这些结点的指针为空)。

一棵三阶 B-树如图 10-5 所示,其中树高度为 3,叶结点层是虚拟结点层。

B-树存储结构中结点类定义如下。

```
00  public class BMinorTreeNode<T extends Comparable<T>> {
01    public int keyCount;
02    T[] keys;
03    BMinorTreeNode<T> parent;
04    BMinorTreeNode<T>[] children;
05  }
```

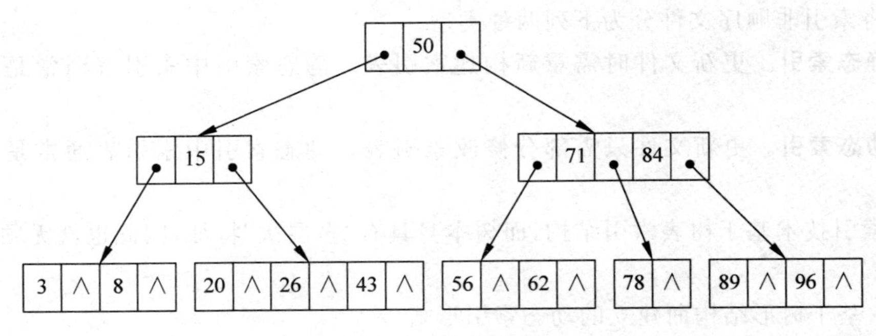

图 10-5 B-树实例

为方便在 B-树查找时返回结果，还可定义如下类。

```
00  public class Result<T extends Comparable<T>> {
01    public BMinorTreeNode<T> node;
02    public int keyIndex;
03    public boolean isFound;
04  }
```

2. B-树查找

B-树中检索给定关键码与二叉树检索类似，此时在每个记录上确定向下检索路径可能是多路而非只是二叉。数据记录关键码序列为有序的数组 key[1,…,n]，这样既可进行顺序检索也可进行二分检索。

在一棵 B-树上进行顺序检索关键码 k 的步骤如下。

将 k 与根结点中 k[i]进行比较。

- 若 $k=k[i]$，检索成功；
- 若 $k<k[i]$，沿指针 p[0]所指子树继续进行检索；
- 若 $k[i]<k<k[i+1]$，沿指针 p[i]所示子树继续检索；
- 若 $k>k[n]$，沿指针 p[n]所指子树继续检索。

【算法 10-1】 B-树检索算法。

已知 m 阶的 B-树 T，在 T 中检索关键码 k，返回检索结果 Result，Result 中包含三方面的信息：p、i 和 tag。若检索成功，则特征值 tag=1，指针 p 所指结点中第 i 个关键码等于 K；否则，特征值 tag=0，等于 k 的关键码应插入在指针 p 所指结点中第 i 个关键码和第 $i+1$ 个关键码之间。

```
00  public class BMinorTree<T extends Comparable<T>> {
01      private int searchKey(BMinorTreeNode<T> node, T key){
02        int index = 0;
03        while(index < node.keyCount){
04            if(node.keys[index].compareTo(key)> = 0){
05                break;
06            }
07            index++;
08        }
09        return index;
10      }
```

```
11      public Result search(BMinorTreeNode<T> tree,T key){
12        Result result = null;
13        BMinorTreeNode<T> currentNode = tree;
14        while(currentNode!= null){
15          int i = searchKey(currentNode,key);
16          if(i > 0 && currentNode.keys[i].compareTo(key) == 0){
17               result = new Result(currentNode,i,true);
18               break;
19          }else{
20               currentNode = currentNode.children[i];
21          }
22        }
23        return new Result(currentNode.parent,0,false);
24      }
25  }
```

算法分析：在B-树中进行检索的时间开销主要在搜索结点即访问外存上，而这主要取决于B-树深度。因此，需要研究含有 n 个关键码的 m 阶 B-树最大可能达到的深度 h 为多少，或者等价地考虑，深度为 h 的B-树中，至少含有多少个结点。实际上，可以先讨论每一层所含最少结点数：第1层为1个；第2层为2个；第3层为 $2\times\lceil m/2\rceil$ 个；第4层为 $2\times(\lceil m/2\rceil)^2$ 个；第5层为 $2\times(\lceil m/2\rceil)^3$ 个，……，第 $h+1$ 层为 $2\times(\lceil m/2\rceil)^{h-1}$ 个。

如果 m 阶B-树深度为 $h+1$，第 $h+1$ 层为叶子结点层，而当前树中含有 n 个关键码，则必有 $n+1$ 个叶结点，由此可知：$n+1\geqslant 2(\lceil m/2\rceil)^{h-1}$；$h-1\leqslant\log_{\lceil m/2\rceil}((n+1)/2)$；$h\leqslant\log_{\lceil m/2\rceil}((n+1)/2)+1$。因此，在含 n 个关键码B-树上进行一次检索，需访问结点个数L满足：$L\leqslant\log_{\lceil m/2\rceil}((n+1)/2)+1$。实际上，在一般情况下，$\lceil m/2\rceil>>2$，因此相对于平衡二叉检索树的 $\log n$，这里的结果将要好出很多。例如，当 $m=199$ 时，即使 $n=2\,000\,000$，则L至多为4，即访问不超过4个结点就可完成检索操作，所以B-树检索具有非常高的检索效率。

3. B-树插入与生成

与二叉查找树类似，B-树生成是建立在B-树插入算法基础之上。

1) B-树插入

在B-树中插入关键码 k 步骤如下。

① **位置查找**。在B-树中查找 k，若找到，则直接返回(假设不处理相同关键码插入)；否则，查找操作失败于某叶结点。在查找不成功的情况下，利用函数 search()返回值中的 *p 及 i 可确定关键码 k 插入位置，即将 k 插入到p所指叶结点第 $i+1$ 个位置上。

② **非满插入**。若该叶结点原来是非满(结点中原有关键码总数小于 $m-1$)，插入 k 不会破坏B-树平衡性质，插入 k 后即完成了插入操作。

③ **满则分裂**。若p所指示叶结点为满，插入 k 后 keynum=m，破坏B-树平衡性质，须进行调整，以维持B-树性质不变。此时，将违反平衡结点中关键码和需要新插入的 k 按照升序排列即$(m,p_0,k_1,p_1,\cdots,k_m,p_m)$，由序列的中间位置的关键码 key[$\lceil m/2\rceil$]为分割点将序列分为两部分，左部分为$(\lceil m/2\rceil-1,p_0,k_1,\cdots k_{\lceil m/2\rceil-1},p_{\lceil m/2\rceil-1})$，右部分为$(m-\lceil m/2\rceil,p_{\lceil m/2\rceil},k_{\lceil m/2\rceil+1},\cdots,k_m,p_m)$，所分割的左部放入原结点，分割的右部构成新的结点，而分割中间位置关键码 $k_{\lceil m/2\rceil}$ 连同新结点存储位置都插入到原结点的父结点中。

④ **分裂传递**。此时,父结点中指向被插入结点的指针 pre 改成 pre、k$\lceil m/2 \rceil$、p′三部分。指针 p 指向分裂后左边结点,指针 p′指向分裂后右边结点。将 k$\lceil m/2 \rceil$插入父结点后,父结点亦可能原本为满,即添加后父结点中关键码个数也被破坏了平衡性质,则需要按照(3)方法进行再分裂,再将新的中间位置关键码和新结点向上添加,这个过程可能传递到根结点为止。

2) B-树生成

B-树的生成实际上就是从一棵空的 B-树开始,逐个插入关键码来获得。下面设有关键码为 1、2、6、7、11、4、8、13、10、5、17、9、16、20、3、12、14、18、19、15,通过创建一棵五阶 B-树说明关键码插入过程。

此时,$m=5$,所创建 B-树中各个结点中关键码个数需大于等于 2 而小于等于 4。此时,先由给定关键码的前 4 个组成一个初始 B-树,如图 10-6(a)所示(此树只有一个结点 p,p 既是叶结点,也是根结点),然后将剩余关键码依次插入。

在图 10-6(a)所示的五阶 B-树叶结点 p 中插入关键码 11 后,需要进行分裂。此时中间位置关键码为 6,将分割后左部结点(原有结点 p)和右部结点(包含关键码 7、11)的存储位置和分割点关键码 6 提升为左、右部的父结点,得到如图 10-6(b)所示新的五阶 B-树。

接着依次插入关键码 4、8、13。此时由于插入相应叶结点后并不破坏平衡条件,故直接插入即可,由此得到如图 10-6(c)所示新的 5 阶 B-树。

当插入关键码 10 时,图 10-6(c)所示 B-树的第 2 个叶结点需要分裂,分裂后新的五阶 B-树如图 10-6(d)所示。

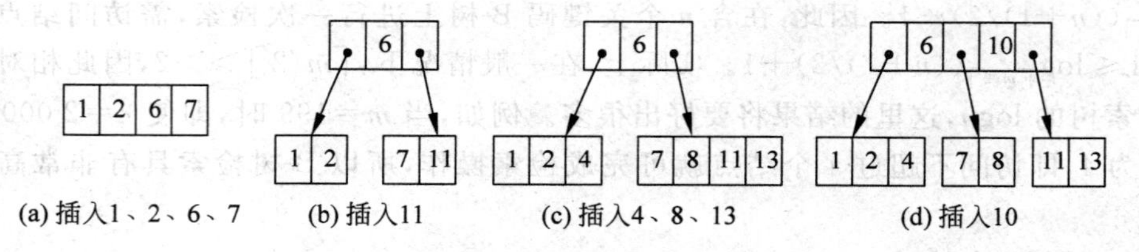

图 10-6　B-树插入

依次插入关键码 5、17、9、16 时,没有破坏平衡条件,故直接插入,由此得到如图 10-7(a)所示新的 5 阶 B-树。

插入关键码 20 时,图 10-7(a)所示 B-树的第 3 个叶结点需要分裂,分裂后新的五阶 B-树如图 10-7(b)所示。

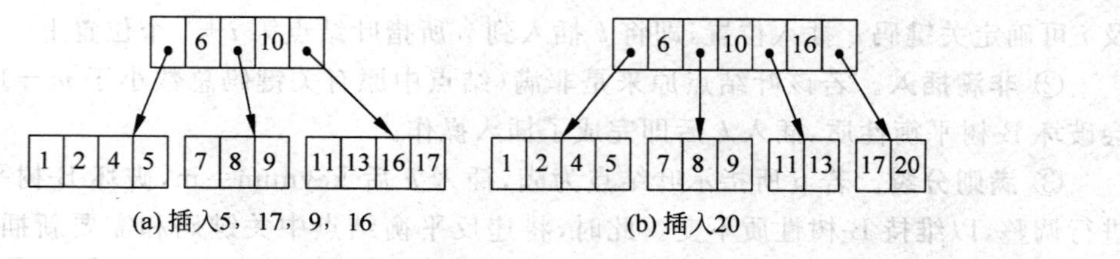

图 10-7　B-树插入 5、17、9、16 以及 20

此时插入 3,图 10-7(b)所示 B-树的第 1 个叶结点需要分裂。插入 12、14,第 3 个叶结点不需要分裂。插入 18、19,第 4 个结点不需要分裂。由此得到新的五阶 B-树如图 10-8 所示。

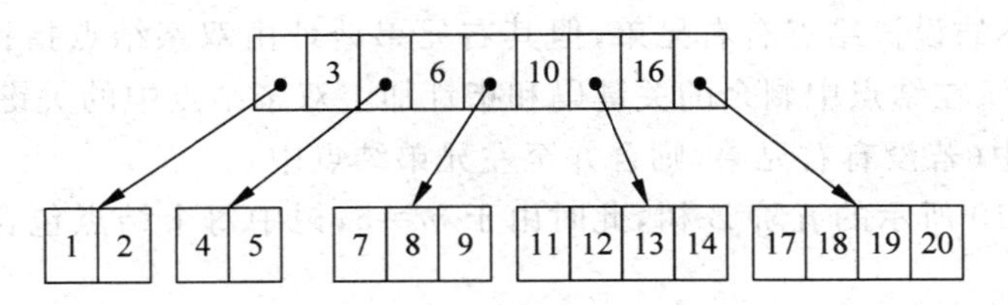

图 10-8　B-树插入 3、12、14、18、19

最后插入关键码 15，此时图 10-8 所示五阶 B-树中第 3 个叶结点需要分裂，分割点关键码 13 提升至父结点后破坏了父结点平衡条件，父结点需要继续分裂。此时中间位置关键码为 10，继续提升为新的根结点，由此得到新的五阶 B-树如图 10-9 所示。

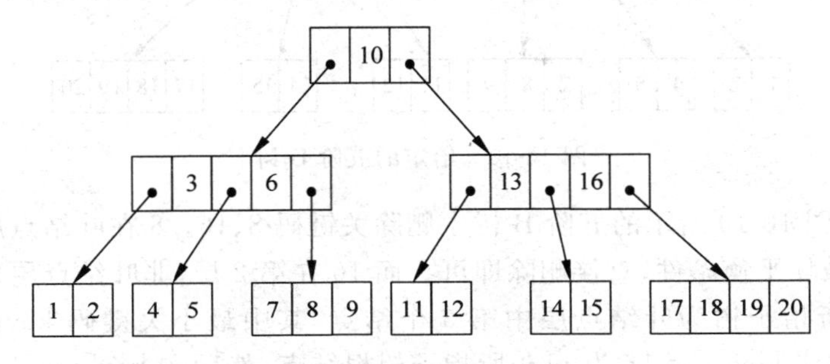

图 10-9　B-树插入 15

4. B-树删除

B-树中删除一个关键码 k 的基本点是要保证使删除后结点中关键码个数不小于$\lceil m/2 \rceil-1$，即不破坏 B-树的平衡条件。与"插入"关键码情形相反，可能需要进行结点的"合并"。

B-树中删除关键码 k 的基本步骤如下。

① **结点查找**。查找 k 所在结点 p 及其在结点中的位置 pos。若找到，则直接返回；否则，查找操作失败于某叶结点。在查找成功情况下，利用函数 search()返回值 * p 及 i 以确定关键码 k 位置。

② **非叶结点关键码删除**。若被删除结点为 key[i]($1 \leqslant i \leqslant n$)，在删除该叶结点后，以该结点 p[$i$]所指子树中最小关键码 key[min]代替被删关键码 key[i]所在位置，此时 p[i]所指子树中最小关键码 key[min]在叶结点上。然后再以 p[i]所指结点为根结点查找并删除 key[min]，即以 p[i]所指结点为 B-树根结点，以 key[min]为删除关键码，接着调用删除算法。由此就将非叶结点上关键码 k 的删除转化为叶结点上关键码的 key[min]。

③ **叶结点关键码删除**。此时可以分为下述 3 种情形。

a. k 所在叶子上面一层结点中的关键码数目不小于$\lceil m/2 \rceil$，则只需要从该结点中删去关键码 k_i 和相应的指针 p_i，树的其他部分不变。

b. k 所在叶子上面一层结点中的关键码数目等于$\lceil m/2 \rceil-1$，而与该结点相邻的右兄弟结点(或左兄弟结点)中的关键码数目大于$\lceil m/2 \rceil-1$，则需要将其右兄弟的最小关键码(或其左兄弟的最大关键码)移至双亲结点中，而将双亲结点中小于(或大于)该上移关键码的关键码下移至被删关键码所在的结点中。

c. k 所在叶子上面一层结点中的关键码数和其相邻的兄弟结点中的关键码数目均等于$\lceil m/2 \rceil-1$，则"b"中情况中采用的移动方法将不奏效，此时须将被删关键码所有结点与其左或右兄弟合并。不妨设该结点有右兄弟,但其右兄弟地址由双亲结点指针 p_i 所指,则在删除关键码之后,它所在结点中剩余的关键码和指针加上双亲结点中的关键码 k_i 一起合并到 p_i 所指兄弟结点中(若没有右兄弟,则合并至左兄弟结点中)。

设有如图 10-10 所示的五阶 B-树,此时由于 $m=5$,树中每个结点包含关键码个数不能小于 2。

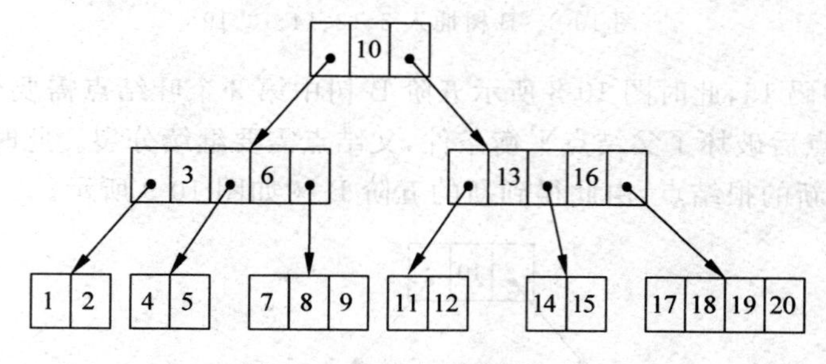

图 10-10 给定的五阶 B-树

假设需要在图 10-10 所示的五阶 B-树中删除关键码 8、16。8 在叶结点层中第 3 个结点中,删除后没有破坏平衡条件,直接删除即可。而 16 在第 2 层(非叶结点层)中第 2 个结点,此时,相应 p[i]所指子树为叶结点层中第 5 个结点,其中最小关键码 key[min]=17。以 key[min]=17 替代 key[i]=16 为 p[i]所指子树根结点,然后在 key[min]=17 原在的第 5 个叶结点中删除 key[min]=17。由于删除 key[min]=17 后并不破坏相应结点平衡条件,所得到新的五阶 B-树如图 10-11 所示。

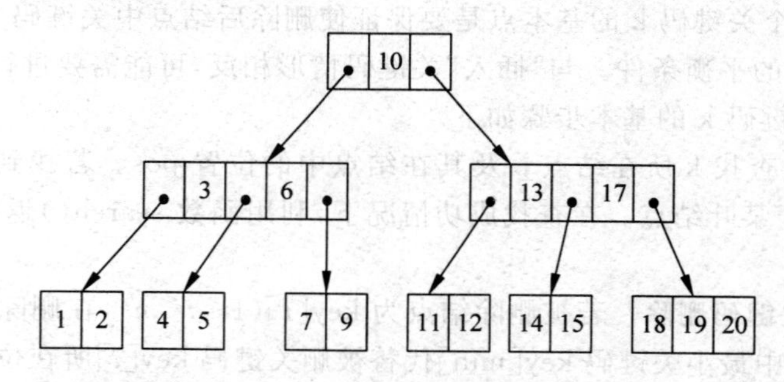

图 10-11 图 10-10 删除 8、16 后的 B-树

假设还需要删除关键码 15。此时 15 在图 10-11 所示 5 阶 B-树中第 4 个叶结点中,删除后破坏了 B-树的平衡条件。此时 15 所在叶结点的父结点(第 2 个内部结点)中关键码个数等于$\lceil m/2 \rceil -1=3-1=2$,而其右兄弟结点(第 5 个叶结点)关键码个数 3 大于$\lceil m/2 \rceil - 1=3-1=2$,属于步骤③中的第 2 种情形,此时,将第 5 个叶结点中最小关键码 18 提升至父结点替换其中关键码 17,将 17 下降到第 5 个叶结点替换 15,得到新的五阶 B-树如图 10-12 所示。

假设在如图 10-12 所示五阶 B-树中删除关键码 4。此时 4 所在的第 2 个叶结点中就只有一个关键码 5,平衡条件被破坏。该结点的左右兄弟结点都只有两个关键码,属于步骤③中第 3 种情形,将其与左兄弟结点和父结点进行合并。此时,原先包含 1、2 的结点成为包含 1、2、3、5 的结点,原先父结点成为包含 6 的结点,此结点又破坏了平衡条件,在将其与其右

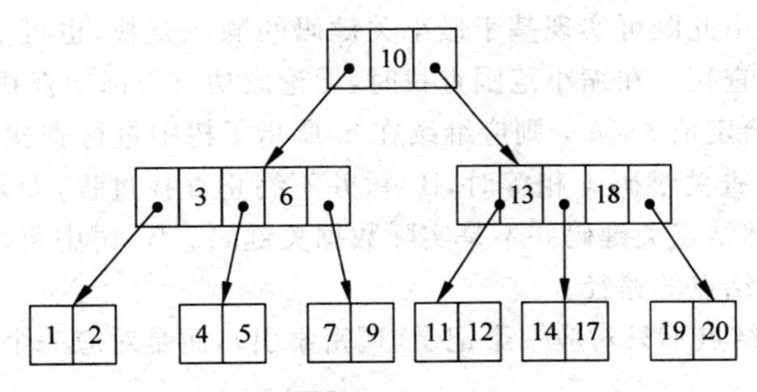

图 10-12　图 10-11 删除 15 后的 B-树

兄弟结点和父结点进行合并，使得原先包含 13、17 的右兄弟结点成为包含 6、10、13、17 的结点。这样原先根结点成为空结点，相应的 B-树减少一层，得到的新的五阶 B-树如图 10-13 所示。

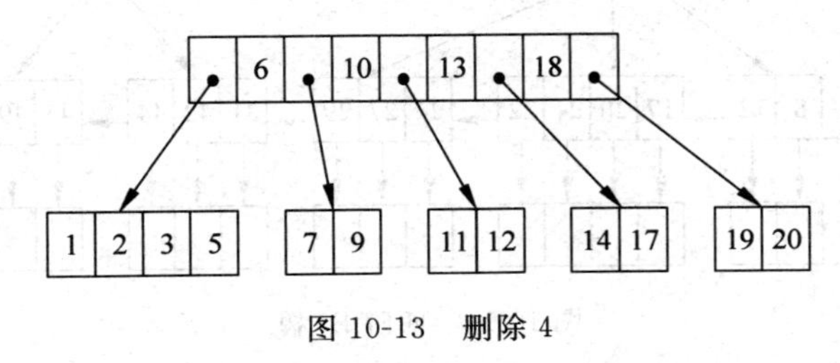

图 10-13　删除 4

10.4.2　B^+ 树

作为 B-树一种改进，B^+ 树比 B-树更为常用和有效。

1. B^+ 树概念

B^+ 树(B^+ tree)：一棵 m 阶 B^+ 树是满足如下条件的多叉树。

(1) 每个结点至多具有 m 棵子树。

(2) 非根结点每个分支至少具有 $\lceil m/2 \rceil$ 棵子树。

(3) 非叶结点的根结点至少具有两棵子树。

(4) 具有 n 棵子树的结点具有 n 个关键码。每个非叶结点中的关键码 k_i 即为其相应指针所指子树中关键码中最大值。

(5) 所有叶结点都位于树的同一层面，每个叶结点含有 n 个关键码和 n 个指向记录的指针；每个叶结点中关键码个数 n 满足 $\lceil m/2 \rceil \leqslant n \leqslant m$；所有叶子结点彼此相链接构成一个有序链表，其头指针指向含最小关键码的结点。

一棵四阶 B^+ 树如图 10-14 所示。

由上述可知，B^+ 树分支结点中关键码与指向其子结点的指针成对出现。这些由关键码和指针构成的二元组按照其关键码大小排序。分支结点中每个关键码都大于等于相应指针所指子结点中最大关键码。分支中关键码称为分界值关键码，通常不是实际数据记录关键码。

2. B^+ 树查找

B^+ 树设有两个头指针，分别指向根结点和关键码最小的叶结点，同时 B^+ 树所有叶结点构成一个线性链表。由此既可实现基于最小关键码的顺序查找,也可实现基于根结点进行逐次缩小范围的随机查找。在缩小范围查找时,无论成功与否都须查找到叶结点方可结束;若在结点内查找时,给定值 $k \leqslant k_i$,则应继续在 a_i 所指子树中进行查找。与 B-树不同,当在内部结点关键码与待查关键码 k 相等时,B^+ 树并不终止查找过程,而是继续向下查找直到叶结点,这是由于内部结点关键码并不是实际数据关键码。B^+ 树中每次查找都需要完成一条由根结点到某个叶结点的路径。

实际中,B^+ 树叶结点不只对应一个记录(稠密索引),而是对应一个磁盘块(稀疏索引)。

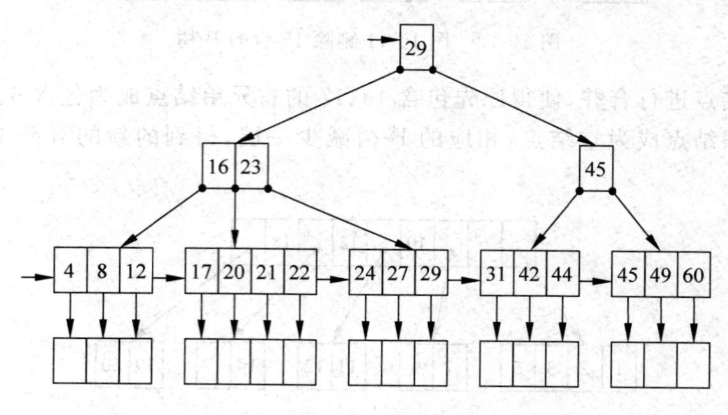

图 10-14　四阶 B^+ 树

3. B^+ 树插入和删除

与 B-树相同,B^+ 树关键码插入都在叶结点层进行。当结点中原关键码个数等于 m 时,需要进行相应分割,即分裂为所含关键码个数分别为 $\lfloor m/2 \rfloor$ 和 $\lceil m/2 \rceil$ 的两个结点。同时还需要使得它们父结点中包含这两个结点最大关键码和指向它们的指针。当其父结点关键码个数因此而大于 m 时,需要继续分裂,依次类推。

与 B-树不相同,B^+ 树中关键码删除都在叶结点层进行。当删除关键码破坏平衡条件时,需与相应兄弟结点进行合并。具体合并实施过程与 B-树类似,但其区别在于父结点作为分界关键码时,并不放在合并后的结点中。

10.5　散 列 文 件

与内存数据的散列查找类似,文件的散列存储也是一种直接存取技术。

1. 散列文件概念

散列文件(hash file):根据文件记录关键码特征设计相应散列函数和采用适当冲突处理方法,将文件存储到外存储器一种组织方式。

散列文件通过直接计算确定记录在外存设备中存储位置,逻辑顺序相邻的记录在物理地址上可以是存储不相邻的,因此散列文件适宜于磁盘存储。同时,散列文件适合于定长记录文件和按主键随机查找的访问方式。

与内存散列中以数据元素为散列单位不同,文件散列中的记录需要成组存储,因此文件散列的存取单元表通常是多个记录组成的数据块。具体而言,文件中若干个记录组成一个称为"桶"(bucket)的存储单位,每个桶可以包括一个或多个磁盘页块,每个页块中的记录个数则由逻辑记录和物理记录的大小决定。

一个散列文件通常存放在若干个“桶”中。按照取定散列函数将记录“映射”到某个桶号。当设定一个桶存放 m 个记录，即 m 个散列函数值相同的记录（同义词）可以存放在同一个桶中，当第 $m+1$ 个散列函数值相同的记录出现时才认为发生冲突。

2. 散列文件冲突

散列文件可采用内存散列表中相应方法处理出现的冲突，但通常多采用链地址法。

链地址法基本思想：当某个桶中的散列函数值相同的记录超过 m 个时，便产生“溢出”，需要将第 $m+1$ 个同义词存放到另一个桶中，此时会动态生成一个桶以存放那些溢出的散列函数值相同的记录。

将存放前 m 个散列函数值相同的记录的桶称为“基桶”，存放溢出记录的桶称为“溢出桶”。两者结构相同，通常都是由存放 m 个记录的数组和一个桶地址指针组成的结构体。当一个基桶未出现溢出时，基桶指针为空；当溢出桶中散列函数值相同记录再溢出时，就动态生成第 2 个溢出桶存放溢出记录，第 1 个溢出桶中指针置为指向第 2 个溢出桶。这样就构成了一个链接溢出桶。

例如，假定某个文件有 20 个记录，其中关键码集合为{12，23，17，26，21，35，28，18，27，22，7，9，46，19，6，16，30，19，10，64}。桶的容量 $m=3$，桶数 b=9，用除留余数法作散列函数 H(key)=key%9，其对应的散列文件如图 10-15 所示。

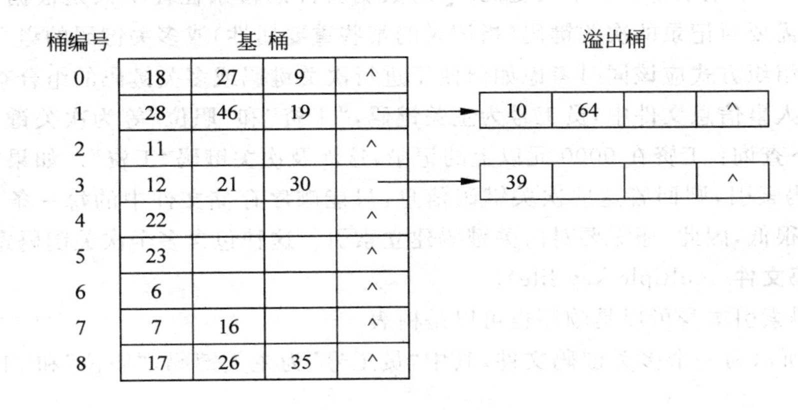

图 10-15 散列文件

3. 散列文件检索

散列文件中查找某一个记录基本步骤如下。

① 根据待查记录的关键码值求得散列地址（即基桶地址），将基桶的记录读入内存进行顺序查找。

② 找到某记录的关键码等于待查记录的关键码，则查找成功。

③ 基桶内无待查记录且基桶内指针为空，则文件中没有待查记录，查找失败。

④ 基桶内无待查记录且基桶内指针不空，则将溢出桶中的记录调入内存进行顺序查找。

⑤ 在某溢出桶中查找到待查记录，则查找成功；当所有溢出桶链内均未查找到待查记录，则查找失败。

4. 散列文件更新

更新包括在给定散列文件中删除和插入记录。

(1) **插入记录**。查找该记录是否存在。存在,则表明插入出错;否则,插入到最后一个桶尚未填满的页块中。当桶中所有页块都已被填满,就需向系统申请一个新溢出桶,链入桶链表之链尾,然后将新插入记录存于其中。

(2) **删除记录**。查找待删记录是否存在,不存在,则表明删除出错;否则,就将查找到的记录删除,删除后的存储可供其后需要插入的文件记录使用。

由于直接计算记录的存储地址,可以认为散列文件中记录是"随机"存放的,因此散列文件插入和删除记录操作容易实现,存取速度快于索引文件,同时还不需要额外的索引区,从未省存储空间,容易实现文件的扩充。但也正是由于散列文件只能按关键码随机存取而不能进行顺序存取和批处理,所以检索多为简单检索。同时经过多次的插入和删除后,可能造成文件结构不合理,即溢出桶满而基桶内多数为被删除的记录。此时需要重组文件,带来较大的系统开销。

10.6 多关键码文件

当文件中一个记录中含多个关键码时,对数据文件的检索往往不只是根据主关键码进行查找,经常需要对记录的次关键码(指记录的某些重要属性)或多关键码的组合进行检索,此时,文件的组织方式应该同时考虑如何便于进行次关键码或多关键码的组合查询。

例如,在人事信息文件中,员工号为主关键码,"工资"和"职位"等为次关键码。允许对文件进行如下查询:工资在 9000 元以上的记录,这涉及次关键码"工资"。如果文件组织中只有主关键码索引,则回答这些次关键码信息,只能顺序存储文件中的每一条记录进行比较,从而效率很低,因此,还需要对次关键码建立索引。这种包含多个次关键码索引的文件,称为**多关键码文件**(multiple key file)。

次关键码索引本身可以是顺序也可以是树表。

表 10-2 所示为一个多关键码文件,其中"员工号"为主关键码,"职位"和"工资"为次关键码。

表 10-2 人事信息表

员 工 号	姓 名	职 位	工 资
101	张宏	经理	9000
102	李源	普通员工	6000
103	王琪	经理	8000
104	丁宁	经理	8000
105	刘芳	普通员工	6000
106	赵彬	普通员工	7000

假设该文件为索引顺序文件,则当需按"工资"进行检索时,只能依次存取各个记录,比较他们的工资数是否满足条件,直至找到相应记录。为此应该为这类文件在主文件之外另建立次关键码索引。又例如对"职位"进行检索时,也需要为职位建立一个次关键码索引。

可见次关键码索引的特点是对应每个次关键码值的记录可能有多个，因此每个次索引项应该包含一个次关键码值和一个线性表，线性表中的记录含有相同的次关键码值。对线性表的不同组织方法得到两种不同的多关键码文件：多重表文件和倒排文件。

10.6.1 多重表文件

多重表文件(multiple table file)：一种将索引方法和链接方法相结合的组织方式，即对文件中的主关键码建立主索引，而对每个需要查询的次关键码均建立一个索引，同时将具有相同次关键码的记录链接成一个链表，并将此链表的头指针，链表长度及次关键码作为索引表的一个索引项。

通常多重表文件的主文件是顺序文件。

例如，考虑表 10-2 所示文件的多重表文件情形。此时，员工号为主关键码，记录按员工号顺序链接。表 10-2 对应的多重表文件的主文件存储结构如图 10-16 所示，其中，设职位和工资为次关键码，分别建立 3 个链表，如图 10-17(a)、图 10-17(b)和图 10-17(c)所示。这里，具有相同次关键码的记录链表在同一链表中。

物理地址	员工号		姓名	职位		工资	
01	101	02	张宏	经理	03	9000	^
02	102	03	李源	普通员工	05	6000	05
03	103	^	王琪	经理	04	8000	04
04	104	05	丁宇	经理		8000	^
05	105	06	刘芳	普通员工	06	6000	^
06	106	^	赵彬	普通员工		7000	^

图 10-16 多重表数据文件

主关键字	头指针
101	01
104	04

(a) 主关键字索引

主关键字	头指针	长度
经理	01	3
普通员工	02	3

(b)“职位”索引

主关键字	头指针	长度
9000	01	1
6000	02	2
8000	03	2
7000	06	1

(c)“工资”索引

图 10-17 多重表文件索引

多重表文件的查询分为单关键码简单查询和多关键码组合查询。单关键码简单查询根据给定值在对应次关键码索引表中查找对应索引项，如果找不到，则查找失败；否则，从头指针出发，列出该索引项链表上的所有记录。多关键码组合查询在查找同时满足两(或多)个关键码条件的记录时，可先比较两(或多)个索引链表的长度，然后选较短链表进行查找，如果在较短的链表中不存在符合条件的记录，则查找失败；否则，再在较长的链表中查找。

假设在上述多重文件表中需要检索所有工资为 8000 的职工，在工资索引(图 10-17(c))中找到工资为 8000 的索引项，由该项的头指针 3 出发，找到 03 号记录，由此可以得到满足查询条件的所有文件记录。

多重表文件易于构造，也易于修改。相同次关键码链表不按主关键码大小连接时，在文件插入新记录后,将记录插在各关键码链表中的头指针之后即可,在删去一个记录时,需同时在每个次关键码链表中删去该记录。

10.6.2 倒排文件

倒排文件(inverted file):与多重表文件构造相似,区别在于其对次关键码的记录之间不需设指针进行链接,而是为每个需要进行检索的次关键码建立一个倒排表,列出具有该次关键码记录的所有物理记录号。倒排表和主文件一起就构成了倒排文件。

图 10-16 所示文件的倒排表如图 10-18 所示。

次关键字	物理地址
经理	1,3,4
普通员工	2,5,6

(a)"职位"倒排表

次关键字	物理地址
9000	1
6000	2,5
8000	3,4
7000	6

(b)"工资"倒排表

图 10-18 倒排表示例

倒排文件和一般文件区别:一般文件组织需先找到记录,然后再找到该记录所含的各次关键码;倒排文件是先给定次关键码,然后查找含有该次关键码的各个记录,这种文件的查找次序正好与一般文件的查找次序相反,因此称之为"倒排"。

倒排表做索引便于记录的查询,尤其是在处理复杂的多关键码查询时,不用实际读取每条记录就可得到记录的结果。只需在倒排表中先完成查询的交、并等逻辑运算,得到结果后再对符合条件的记录进行存取,把对记录的查询转换为物理集合的运算,从而提高查找速度。

例如,要在图 10-16 中查询工资为 6000 的普通员工,则只需将工资倒排表中的次关键码"6000"的物理集合和职位倒排表中的次关键码为"普通员工"的物理集合做"交"运算即可:$\{2,5\} \cap \{2,5,6\} = \{2,5\}$,即符合条件的记录的物理记录号为 1、5。

在插入和删除记录时,倒排表也要做相应的修改。因为倒排表中具有次关键码的记录号,如果是有序排列的,修改时可能要删除或者修改移动倒排表中的记录号。

倒排表的优点是对于主文件的存储具有相对的独立性,对于多关键码组合查询,可以先对由每个次关键码得到的多个主关键码集合进行集合运算,最后只对得到的满足多关键码检索要求的主关键码进行存取即可,具有速度快且灵活的优势。

倒排表文件的缺点是维护困难。在同一索引表中,不同的关键码其记录不同,各倒排表的长度不等,同一倒排表中各项长度也不等。

本章小结

1) 文件结构与操作

本书前述部分中数据结构大多基于内存,此时数据量不能太大,数据元素也不能长期保存以用于共享,因此需研究基于外部存储器的数据库文件。但与后续课程"数据库系统与技术"有所不同,本课程主要从数据库文件逻辑结构、存储方式和检索操作等方面进行讨论。

文件：存储在计算机外部存储器中的具有相同性质的数据记录集合。

- **文件逻辑结构**：按照记录进入外存顺序构成线性结构，即文件是外存中的线性表；
- **文件数据操作**：文件记录的检索，同时也涉及文件更新；
- **文件存储结构**：物理存储器的存取单元是计算机中一条 I/O 命令进行读写的数据块；存储方式由顺序存储、索引存储、散列存储和链式存储，其中链式存储主要和索引整合使用。

2）顺序文件

顺序文件：记录依据进入外存次序存放，逻辑顺序与存储顺序一致。

顺序文件适合于磁带存储器，同时也适合于磁盘情形，主要用于顺序查找。批量检索速度较快，但不适合单个记录检索。由于文件中记录不能“移动”而只能通过复制整个文件，因此外存中顺序文件不能像内存中顺序表那样进行随机的插入、删除和修改。

3）索引文件

索引文件：主文件与索引表构成的二元组。索引表中记录称为索引项，索引项由主文件中若干关键码和物理地址组成。索引表总是关于索引项中关键码有序。

- **索引顺序文件**：由于主文件关键码有序，所以可以顺序存取和随机存取。此时，索引占空间较少，管理要求低，索引查找效率会得到较大的提升。索引顺序有序文件是稀疏索引，即一组记录对应一个索引项；
- **索引非顺序文件**：由于主文件关键码无序，顺序存取会引起磁头频繁移动，只适合随机存取。索引顺序无序文件是稠密索引，即一条记录对应一个索引项。

4）动态索引 B-树

从文件存取的 I/O 考虑，基于多叉树查找表具有比较理想的效果，而现有最基本的多叉树查找表就是 B-树和其改进 B^+ 树。B-树和 B^+ 树的基本差异在于下述几点。

- B^+ 树中具有 n 棵子树的结点包含 n 个关键码；
- 根结点和内部结点中关键码只起“导航”作用，不是实际数据元素的关键码，上层结点只是下层结点的索引；
- 所有数据元素关键码都出现在叶结点当中，每个结点中关键码有序，各个叶结点本身也按照关键码大小由小到大顺次连接。

需要指出，B^+ 树是进行一般文件索引查找的最重要和最基本的方法。

5）散列文件与多关键码文件

（1）**散列文件**。即直接存取文件，根据关键码的散列函数值和处理冲突的方法，将记录散列到外存上。这种文件组织只适用于像磁盘那样的直接存取设备，其优点是文件随机存取，记录不必排序，插入、删除方便，存取速度快，无须索引区，节省存储空间。其缺点是不能顺序存取，且只限于简单查询。经多次插入、删除后，其文件结构不合理，需重组文件，这很费时。

（2）**多关键码文件**。考虑多关键码组合检索（特征选择性检索），如何为其建立方便的索引，达到快速检索的目的。

文件及相关概念如图 10-19 所示。

本章基本内容与要点如图 10-20 所示。

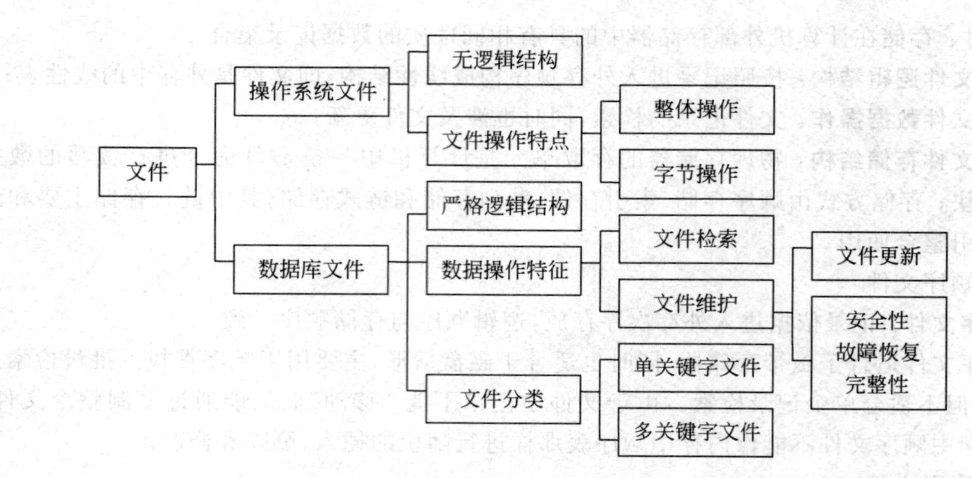

图 10-19　操作系统文件与数据库文件

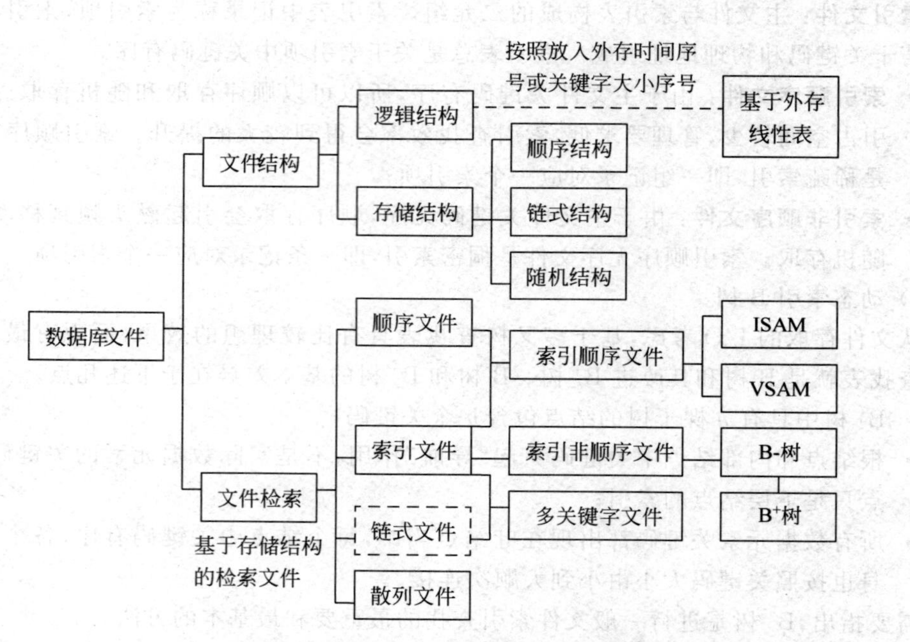

图 10-20　第 10 章基本内容(数据库文件结构与操作)要点

参考文献

[1] (美)刘易斯,(美)蔡斯著.Java软件结构与数据结构(第4版)(世界著名计算机教材精选).北京:清华大学出版社,2014.

[2] (美)韦斯.数据结构与算法分析Java语言描述(第2版).冯舜玺译.北京:机械工业出版社,2009.

[3] (美)卡拉罗著.数据结构与算法分析(Java语言描述)(第2版).金名,等译.北京:清华大学出版社,2007.

[4] 胡昭民.图解数据结构——使用Java.北京:清华大学出版社,2015.

[5] 陈媛,涂飞,卢玲,等.算法与数据结构(Java语言描述).北京:清华大学出版社,2012.

[6] 徐孝凯.数据结构教程(Java语言描述).北京:清华大学出版社,2010.

[7] 朱振元,朱承,刘聆.数据结构教程——Java语言描述.西安:电子科技大学出版社,2007.

[8] 雷军环,吴名星.数据结构(Java语言版).北京:清华大学出版社,2015.

[9] 朱战立.数据结构——Java语言描述.北京:清华大学出版社,2005.

[10] 吴仁群.数据结构(Java版).北京:中国水利水电出版社,2013.

[11] 王学军.数据结构(Java语言版).北京:人民邮电出版社,2008.

[12] 库波,曹静.数据结构(Java语言描述).北京:北京理工大学出版社,2012.

[13] 叶核亚.数据结构(Java版)(第4版).北京:电子工业出版社,2015.

[14] (美)Drozdek, A. 著.C++数据结构与算法(第4版)(国外计算机科学经典教材).徐丹,吴伟敏译.北京:清华大学出版社,2014.

[15] (美)维斯著.数据结构与算法分析:C语言描述(原书第2版).冯舜玺译.北京:机械工业出版社,2004.

[16] (美)霍罗威茨,等著.数据结构(C语言版)——计算机科学丛书.李建中,等译.北京:机械工业出版社,2006.

[17] 严蔚敏,吴伟民.数据结构(C语言版).北京:清华大学出版社,2010.

[18] 张乃孝.算法与数据结构(第2版).北京:高等教育出版社,2010.

[19] 王红梅,胡明,王涛.数据结构(C++版).北京:清华大学出版社,2008.

[20] 胡圣荣,周霭如,罗穗萍.数据结构教程与题解(用C/C++描述).北京:北京大学出版社,2006.

[21] 宗大华,陈吉人.数据结构.北京:人民邮电出版社,2010.

[22] 徐凤生.数据结构与算法(C语言版).北京:机械工业出版社,2010.

[23] 张建林,刘玉铭,申贵成.数据结构.北京:机械工业出版社,2010.

[24] 唐国民,王国钧.数据结构(C语言版).北京:清华大学出版社,2009.

[25] 教育部高等学校计算机科学与技术教学指导委员会.高等学校计算机科学与技术专业发展战略研究报告暨专业规范(试行).北京:高等教育出版社,2006.

[26] 教育部高等学校计算机科学与技术教学指导委员会.高等学校计算机科学与技术专业核心课程教学实施方案.北京:高等教育出版社,2009.

[27] 中国计算机学会,全国高校计算机教育研究会.中国计算机科学与技术学科教程2002(CC2002).北京:清华大学出版社,2002.

[28] 中国高等院校计算机基础教育改革课题研究组.中国高等院校计算机基础教育课程体系2004.北京:清华大学出版社,2004.